U0791228

“十四五”职业教育国家规划教材

“十四五”时期水利类专业重点建设教材
国家精品在线开放课程配套教材
国家课程思政示范课程配套教材
“互联网+”新形态教材

水工建筑物

（第2版）

主　编　张守平　雷伟丽　王晓琴
副主编　王世儒　吴明洋　邓　晓
　　　　闵志华　沈小玲　何姣云
　　　　黄湘今　邓　刚　崔　琦
主　审　周洪波

黄河水利出版社
·郑州·

内 容 提 要

本书是“十四五”职业教育国家规划教材、“十四五”时期水利类专业重点建设教材、国家精品在线开放课程配套教材、国家课程思政示范课程配套教材，是按照教育部关于职业教育国家规划教材编写基本要求及相关行业课程标准编写完成的。全书共分10个项目，包括水工建筑物基础知识、重力坝设计、拱坝设计、土石坝构造与设计、水闸设计、河岸溢洪道设计、水工隧洞及坝下涵管、渠系中的主要水工建筑物设计、水利枢纽布置、水利工程管理等。根据课程教学特点，本书采用项目教学法进行编写，是传统纸质教材与富媒体数字资源相结合的新形态一体化教材，配套建设了课程标准、全课程PPT课件、微课视频、“3D”动画、任务测试、项目练习等数字化教学资源，对学生巩固所学知识、检验目标达成情况有很大帮助。

本书主要作为高等职业教育水利水电建筑工程、水利工程、水利工程管理、农田水利、水利工程监理等专业的教学用书，也可作为水利职工岗位培训或水利工程技术人员学习用书，还可作为中职水利类学校相关专业的参考用书。

图书在版编目(CIP)数据

水工建筑物 / 张守平，雷伟丽，王晓琴主编. -- 2版. -- 郑州 : 黄河水利出版社，2024. 10
“十四五”职业教育国家规划教材
ISBN 978-7-5509-3845-8

Ⅰ. ①水… Ⅱ. ①张… ②雷… ③王… Ⅲ. ①水工建筑物-职业教育-教材 Ⅳ. ①TV6

中国国家版本馆 CIP 数据核字(2024)第 050545 号

出版顾问：王路平　电话：13623813888　E-mail：hhslwlp@ 163. com
组稿编辑：田丽萍　0371-66025553　912810592@ qq. com

责任编辑：王燕燕　责任校对：王单飞　封面设计：李思璇　责任监制：常红昕
出版发行：黄河水利出版社　网址：www. yrcp. com　E-mail：hhslcbs@ 126. com
地址：河南省郑州市顺河路49号　邮政编码：450003
发行部电话：0371-66020550、66028024
承印单位：河南承创印务有限公司
开本：787 mm×1 092 mm　1/16
印张：19. 25
字数：460千字　印数：1—2 100
版次：2016年11月第1版　印次：2024年10月第1次印刷
2024年10月第2版

定价：58. 00元

第 2 版前言

本书是根据《中共中央关于认真学习宣传贯彻党的二十大精神的决定》，中共中央办公厅、国务院办公厅《关于推动现代职业教育高质量发展的意见》，国务院《国家职业教育改革实施方案》(简称“职教 20 条”)，教育部《职业院校教材管理办法》《高等学校课程思政建设指导纲要》《“十四五”职业教育规划教材建设实施方案》《教育部办公厅关于公布首批“十四五”职业教育国家规划教材书目的通知》，水利部、教育部《关于进一步推进水利职业教育改革发展的意见》等文件精神，坚持立德树人根本任务，适应行业数字化转型升级需求，适应“互联网+”时代教育教学要求，产教融合、校企“双元”合作编写的“十四五”职业教育国家规划教材、国家精品在线开放课程配套教材、国家课程思政示范课程配套教材。教材注重吸收产业升级和行业发展的新知识、新技术、新工艺、新方法、新规范，具有丰富的数字化教学资源，是理论联系实际、教学面向生产的职业教育精品规划教材。

本书自 2016 年 11 月第 1 版出版以来，因其以学生职业能力培养为主线，以工程项目案例为载体，融“教、学、练、做”于一体，适合开展项目化教学等特点，受到全国职业院校水利类专业师生及水利行业广大从业人员的喜爱。本书第 1 版于 2023 年 3 月被中国水利教育协会推荐为“十四五”时期水利类专业重点建设教材，2023 年 6 月成功入选首批“十四五”职业教育国家规划教材。为了贯彻落实党的二十大精神，适应水利行业数字化转型升级需求和“互联网+”时代教育教学要求，进一步丰富课程标准、全课程 PPT 课件、微课视频、“3D”动画、任务测试、项目练习等数字化教学资源，编者在第 1 版的基础上对原教材内容进行了全面修订、补充、更新、完善。

本次再版，以项目为导向设计典型工作任务，以“水利精神培根铸魂、若水文化启智润心”为思政主线，将“节水优先、空间均衡、系统治理、两手发力”治水思路、水利精神、工匠精神、治水文化、职业道德、工程伦理等思政元素融入教材中，培养学生科学精神、文化自信、规范意识、严谨作风、创新意识。贯彻党的二十大精神，大力提升治水管水的数字化、网络化、智能化水平，增补水工建筑物设计与运行管理中的数字化控制、智能化标准化管理、智慧化决策等新技术新业态，更新行业企业的最新规范和标准，注重理论联系实际，注重“岗、课、赛、证”相融通，开发“教-学-做”数字化教材，实现人才培养的实践性、开放性和职业性。全书采用“项目-任务-模块”体例进行编写，共设计 10 个项目，每个项目包括学习目标、思政导引、任务导航、任务解析、任务测试、项目练习等六大模块。

本次再版突出体现了三个特点：一是注重思政引领。本书是国家课程思政示范课程“水工建筑物”配套教材，在注重对学生知识和能力培养的同时，还特别注重学生素养目标的达成，在每个项目开始之前均加入“素质目标”“思政导引”，通过与该项目知识点相关的典型案例讲述，采用“隐性”与“显性”相结合的方式，达到思政教学子目标；通过全书

10 个项目的讲述,采用“润物无声”和“教化无痕”的方式,最终实现对学生进行“社会主义核心价值观”教育的总目标。二是数字化资源配套完整。本书是在国家精品在线开放课程“水工建筑物”配套教材基础上开发建设的教材,具有教学资源丰富、质量高的特点。为方便教师“教”与学生“学”,本书配套建设了课程标准、全课程 PPT 课件,主要知识点和技能点有微课视频或“3D”动画,每个项目有学习目标、思政导引、任务导航、任务解析、任务测试、项目练习等学习模块,有利于学生巩固所学知识,检验目标达成情况。课后任务测试与项目练习还可以形成试题库,便于随机组卷和线上考试。三是知识更新紧跟行业发展。教材编写时,主动贯彻落实党的二十大精神,依据新阶段水利高质量发展对水利人才的需求,以最新的研究数据、最新的设计理念、最新的规范和技术标准为蓝本,结合“1+X”证书制度改革,融入与所取证书密切相关的知识,使教材内容新颖、实用且符合行业发展的要求,做到“岗、课、赛、证”相融通。

本书编写单位及编写人员如下:重庆水利电力职业技术学院张守平、雷伟丽、王晓琴、王世儒、吴明洋、邓晓、闵志华、沈小玲,湖北水利水电职业技术学院何姣云,温州科技职业学院黄湘今,重庆市渝西水利电力建筑勘测设计院邓刚,黑龙江农垦职业学院崔琦,新疆石河子职业技术学院韩冬梅,贵州水利水电职业技术学院杨倩,湖南城建职业技术学院史劲。本书由张守平、雷伟丽、王晓琴担任主编,张守平负责全书统稿;由王世儒、吴明洋、邓晓、闵志华、沈小玲、何姣云、黄湘今、邓刚、崔琦担任副主编,韩冬梅、杨倩、史劲参编;由雅砻江流域水电开发有限公司正高级工程师周洪波担任主审。

在本书编写过程中,引用了大量有关专业文献和资料,未能一一详尽列出,在此对相关作者一并致谢!

限于编者水平,加之时间仓促,书中难免存在不足之处,恳请广大读者批评指正。

编 者

2024 年 2 月

本书互联网全部资源

目 录

项目1　水工建筑物基础知识

【学习目标】

学习任务	能力目标	知识要点	素质目标
任务1.1	掌握水资源的定义和我国水资源的特点	水资源的概念	了解水利行业世情国情,引导学生发现水利建筑之美,增强民族自豪感;培养守护人民生命财产安全的职业自豪感和使命感
任务1.2	掌握水利工程的分类及各种水利工程的特点	水利工程的分类及特点	
任务1.3	掌握水利水电工程分等及水工建筑物分级的方法;了解水工建筑物的特点及水利枢纽的组成、布置	水利枢纽及水工建筑物的概念;水工建筑物的特点;水利水电工程的分等及水工建筑物的分级	
任务1.4	了解水利工程建设程序;掌握水利工程规划设计的任务	水利工程的建设程序及规划设计任务	

【思政导引】

码1-1　中国水电事业建设辉煌成就——从追赶世界到引领全球

任务1.1　水资源、河流与水库

【任务导航】

问题:水资源的概念,我国水资源有什么特点?

【任务解析】

1.1.1　水资源

水作为自然界一切生物赖以生存的自然资源,以各种形态存在于自然界。地球上的水总量很大,约为15亿km^3,但绝大部分是海洋中的咸水。人类可以利用的淡水总量约为

0.38 亿 km^3,仅占全球总水量的 2.5%,其中有 80%左右的淡水储藏在极地和冰山、冰川之中,还有相当大的一部分储藏于地下。对人类起着重要作用的地表水,全球约为 470 000 亿 m^3,人均约 9 000 m^3。

我国幅员辽阔,江河众多,水资源丰富。多年平均河川径流量为 2.8 万亿 m^3,居世界第四位,仅次于巴西、俄罗斯和加拿大。但是由于我国人口众多,水资源人均占有量只有 2 300 m^3,相当于世界人均占有量的 1/4,居世界第 109 位。从这个意义上讲,我国又是一个严重缺水的国家,已被列入全世界人均水资源 13 个贫水国家之一。党的二十大报告指出,要"实施全面节约战略,推进各类资源节约集约利用"。我国水资源短缺,实施国家节水行动,能够更好地贯彻"全面节约战略"。

我国水能资源极其丰富,河川水能资源的理论蕴藏量高达 6.76 亿 kW,其中可开发利用的约为 3.78 亿 kW,居世界首位。但水能资源分布很不均匀,其中西南地区占 70%,西北地区占 12%,中南地区占 9.5%,华南、华北、东北地区仅占 8%。截至 2023 年底,全国水电装机容量约 4.22 亿 kW,占总装机容量的 14.5%,年发电量占全国总发电量的 13.6%,从总体上看,水能资源开发程度比较低,约占全部可开发容量的 37%,特别是水能资源丰富的西南地区,开发水平不足 31%。

我国大陆性季风气候特征非常明显,大部分地区受东南季风和西南季风影响,形成东南多雨湿润、西北少雨干旱的特点。降水量的时间分布也很不均匀,年内悬殊、年际变化很大。我国大部分地区年降水量和年径流量主要集中在夏秋的汛期三四个月之内,而且往往是集中在几次连续性的大雨或暴雨之中。降水量和径流量年际变化也很大,往往是枯水年和丰水年持续出现。如黄河在过去出现过连续 11 年(1922~1932 年)的枯水期,比正常年份少 24%;出现过连续 9 年(1943~1951 年)的丰水期,比正常年份多 19%。

天然降水与河川径流在地区、季节和年际之间的分配不均匀,使来水和用水之间不相适应,导致一些地区在枯水季节容易出现干旱,而在洪水季节或丰水地区又往往由于降水量过多而发生洪涝灾害。解决水在时间上和空间上的分配不均匀,以及来水和用水不相适应的矛盾,最根本的措施就是兴建水利工程。

1.1.2 河流

河流是流水侵蚀和地质构造作用的产物。陆地从露出海面的时候起,便接受降水形成的地表径流的冲刷,起伏不平的地形提供了地表径流集中的条件。径流越集中,冲刷力越强,久而久之,小沟变大沟,不断向长、深、宽方向发展。如果冲沟一旦切入到潜水层,得到地下水的补给,便成了终年有水的河流。继续发展,小河变大河,接受两旁的支流,形成一个大河系。河流把泥沙带到下游,沉积在河口,随着泥沙越积越多,使海洋变成陆地,形成广大的冲积平原。我国黄河入海口淤积的泥沙呈 40 km 宽的扇形面积向前推进,1949~1951 年的三年推进了 10 km。

河流一般可分为山区河流与平原河流两大类型。对于较大的河流,其上游段多为山区河流,而下游段多为平原河流,位于上、下游之间的中游段则往往兼有山区河流与平原河流的特性。

山区河流流经地势高峻、地形复杂的山区,所以岸线极不规则,宽度变化很大,水流急,多险滩瀑布、洪水猛涨猛落。河谷断面多为V字形或U字形。河床由岩石组成,水流的切削作用进行缓慢,河道基本上是稳定的。但在岩石风化严重、植被很差的地区,暴雨时可能发生危险性很大的泥石流。山区河流水力资源丰富,但对航运不利。

平原河流地形平缓,泥沙容易沉积,在两岸形成自然堤。堤岸较高,使地表径流不易流入河中,低洼地容易形成内涝。河谷较宽,水量比较丰富,给航运和灌溉提供了有利条件。但平原河流的河床土质抗冲能力小,极易产生变形、弯曲、浅滩等,使深槽位置变化不定,需要采取整治措施来稳定河床。

1.1.3 水库

码1-2 图片:水库

水库是一种蓄水工程。它由拦河坝截断河流,形成一定容积的水库。在汛期可以拦蓄洪水,削减洪峰,减除下游洪水灾害,蓄于水库的水可以用来满足灌溉、发电、航运、城市给水和养鱼的需要。所以,修建水库是解决来水和用水在时间上的矛盾,并能综合利用水资源的有效措施。水库的总库容由死库容、兴利库容和调洪库容三部分组成。死库容是根据发电最小水头或灌溉引水的最低水位确定的,同时考虑泥沙淤积、养殖及环境卫生等要求;兴利库容是根据灌溉、发电等需要确定的,它是确定水库效益和投资的重要依据;调洪库容是根据防洪标准由调洪演算确定的。如果能利用一部分兴利库容兼作调洪库容,则可减少水库总库容,降低工程造价。

水库的形成,使库区内造成淹没,村镇、居民、工厂及交通等设施需要迁移重建;水库水位的升降变化可能引起岸坡大范围滑坡,影响拦河大坝的安全;在地震多发区,有可能引起诱发地震;水库水质、水温的变化使库区附近的生态平衡发生变化。

水库改变了河道的径流,使水库下游河道的流量产生了变化。在枯水期,如果电站和灌溉用水,下游流量增加,对航运、河道水质改善、维持生态平衡等方面均有利。如不放水,将使河道干涸,两岸地下水位降低,生态平衡受到影响。另外,下泄的清水易冲刷河床,将影响下游桥梁、护岸等工程的安全。

某些水库上游河道的入库处容易发生淤积,使河水下泄不畅,水库上游河道容易发生泛滥。

水利工作者在进行水利规划和水库设计时,应认真研究和解决这些问题,充分利用有利条件,避免或减轻不利影响。

【任务测试】

请扫描二维码,做任务测试卷。

码1-3 任务1.1测试卷

任务 1.2　水利工程简介

【任务导航】

问题:水利工程按其目的和采用的工程措施如何分类?

【任务解析】

为了控制和利用天然水资源,达到兴利除害的目的,就必须采取各种措施,包括工程措施和非工程措施,而各种措施的综合就形成了国民经济中一项十分重要的事业——水利事业。水利事业的范围很广,若按其目的和采用的工程措施,可分为以下几项。

码 1-4　微课:水利工程分类

1.2.1　河道整治与防洪工程

党的二十大报告中指出,加强江河流域生态保护和系统治理,事关国家发展全局,对实现中华民族伟大复兴的中国梦具有基础性保障性作用,要"提高防灾减灾救灾和重大突发公共事件处置保障能力,加强国家区域应急力量建设"。

河流是水利的源泉,也是洪水泛滥的来源。要兴水利、除水害,首要的任务就是治河防洪。

码 1-5　图片:河道整治建筑物

河道整治主要是通过整治建筑物和其他措施,防止河道冲蚀、改道和淤积,使河流的外形、水流形态和演变过程都能满足防洪、航运、工农业用水等方面的要求。一般防治洪水的措施是,采用"上拦下排,两岸分滞"的工程体系。

"上拦"就是在山地丘陵地区进行水土保持,拦截水土,有效地减少地面径流;在干、支流的中上游兴建水库拦蓄洪水,调节径流,控制下泄流量不超过下游河道的过流能力。"上拦"是一种防治洪水的治本措施,不仅能有效地防治洪水,而且可以综合地开发利用水土资源。

"下排"就是疏浚河道,修筑堤防,提高河道的泄洪能力,减轻洪水威胁。这是治标的办法,不是"长治久安"之道。但是,在上游拦蓄工程没有完全控制洪水之前,筑堤防洪仍是一种重要措施,而且可以加强汛期的防护工作,确保安全。

"两岸分滞"是在沿河两岸适当地点,修建分洪闸、引洪道、滞洪区等,将超过河道安全泄量的洪峰流量,经分洪闸、引洪道分流到该河道下游或其他水系,或者蓄于低洼地区(滞洪区),以保证河道两岸保护区的安全。为了减少滞洪区的损失,必须做好通信、交通、安全措施等工作,并且做好水文预报,只有万不得已时才运用分洪措施。

1.2.2　农田水利工程

水利是农业的命脉。为使农业稳产高产,可以通过建闸修渠,形成良好的灌排系统,使农田旱可灌、涝可排,实现农田水利化。农田水利工程一般包括以下几部分。

1.2.2.1　取水工程

灌溉水源主要有河流、湖泊、水库和地下水等。为了从水源适时、适量地取水灌溉,就需要修筑取水工程。在河流中引水灌溉时,取水工程一般包括抬高水位的拦河坝(闸),控制引水量的进水闸和防止泥沙入渠的冲沙闸、沉沙池等建筑物。河中流量大、水位高,能满足引水要求时,也可不建拦河坝。当河水位很低又不宜建坝时,可建机电排灌站提水灌溉。

1.2.2.2 输水配水工程

为了将水输送并分配到每个地块,就需要修筑各级固定渠道及渠道系统上的各种建筑物,如涵洞、渡槽、交通桥、分水闸等。

1.2.2.3 排水工程

排水工程包括各级排水沟(渠)及沟道上的建筑物。排水工程的作用是将田间多余水量排往容泄区(河流、湖泊、洼地等)。当容泄区的水位高于排水干沟出口的水位时,还应在干沟出口建排水闸控制河水倒灌或建抽水站用机械排水。

1.2.3 水力发电工程

码1-6 微课:水力发电的原理

水能是一种最理想的永续能源。油、气、煤源有时尽,水能绵绵无绝期。它不消耗水量,也不污染环境,所以水力发电是我国能源建设的长远战略方针。水电是全球公认的清洁、优质、灵活的可再生能源电力,世界各国无不把水电开发放在优先地位。大中型水电工程不仅可以发电,还具有防洪、减灾、供水、航运、灌溉、旅游、养殖等综合利用功能,已经成为各国经济社会发展最重要的基础设施。党的二十大报告指出,要"加快规划建设新型能源体系,统筹水电开发和生态保护"。中华人民共和国成立以来,中国政府非常重视水电开发,近年来在水电开发中高度重视生态保护,取得了明显成效。

水能利用的基本原理,是将获得巨大能量的水流通过高压管道推动水轮机,使水能转变为机械能,水轮机再带动发电机,将机械能又转变为电能。

开发利用水能,必须对天然河流的不均匀径流和分散的落差进行调节和集中。常用的水能开发方式是拦河筑坝形成水库,它既可调节径流又能集中落差,但有一定的淹没损失,故多用于山区河段。在坡度很陡或有瀑布、急滩、河湾的河段,而其上游又不允许淹没时,可以沿河岸修建纵坡很缓的引水建筑物(渠道、隧洞等)来集中落差开发该河段的水能。

1.2.4 给水与排水工程

随着工业的发展和人民生活水平的提高,城市供水与排水日益紧迫,现在不少城市由于缺水影响生产和人民生活;水质污染问题也很严重,它不仅加剧了水资源的供需矛盾,而且恶化了环境。

城市给水对水质、水量以及供水可靠性上都有较高的要求,因此必须将由水源引取的水,经过沉沙、净化设施处理后,再由输水、配水管道将水送至用水部门。

排水是排除废水、污水及可能的暴雨积水。工矿企业排出的污水常含有毒的化学物质,必须通过排水沟道将污水、废水集中处理后,再回收利用或由排水闸、排水站排至容泄区(河道),以免引起水质污染。

1.2.5 航运工程

航运包括船运与筏运(木、竹浮运)。河流是人类历史上最早的交通要道。它运费低、运量大,今后必将大力发展。内河航运有天然水道(河流、湖泊等)和人工水道(运河、河网、水库及渠化河流等)两种。

利用天然河流通航时,往往需要对河流进行疏浚和整治,以改善航运条件,建立稳定的航道。如果河道枯水期水深太小不能满足航运要求,可建拦河闸坝以抬高天然河道的水位,这叫河流渠化;或者修建水库调节径流,改善水库下游的航行条件。

运河是人工开挖的渠道,如果运河两端水位差较大,则需要用船闸等建筑物把运河分成若干个航段,使每个航段里的水位是平的。

由于航运是利用水的浮力而不消耗水量,航运事业通常是结合其他水利事业的需要,综合利用水利资源。例如,利用灌溉渠道通行船只和利用运河供给两岸农田城镇用水。

在通航的河道或渠道上建造闸坝等挡水建筑物时,应同时修建过船建筑物。当来往船舶不多、货运量不大时,可建立码头转运货物;当来往船舶较多、货运量较大时,则宜采用升船机、船闸、筏道等建筑物,使船只、木排直接通过。在葛洲坝水利枢纽中布置了三个船闸来满足长江航运的需要。

船闸的工作原理如图 1-1 所示。

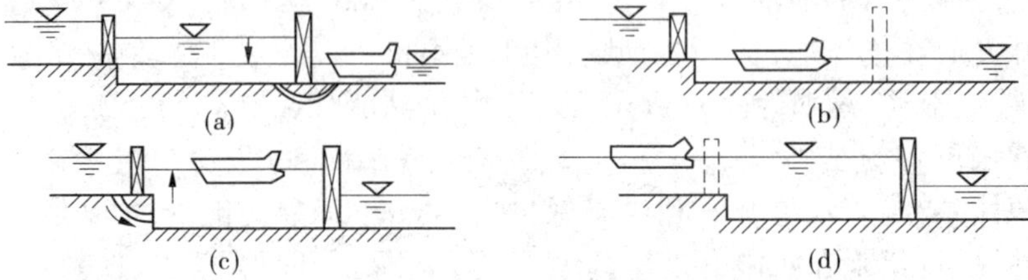

图 1-1　船闸工作原理图

码 1-7　微课：船闸的工作原理

1.2.6　我国水利工程建设的发展

几千年来,我国劳动人民在防治水害和兴修水利上做出了卓越的贡献。长达 1 800 km 的黄河大堤、纵贯南北全长 1 700 km 的京杭大运河、四川都江堰分洪灌溉工程等,规模宏伟,蔚为壮观,体现了中国人民的勤劳和智慧。但是由于长期封建制度的束缚和反动统治,中华人民共和国成立前,水资源不仅未能很好地用来为人民造福,相反,劳动人民还经常遭受水旱灾害之苦。

中华人民共和国成立后,我国的水利事业有了巨大的发展,建成了大批的水利工程。目前,全国已有各类水库 9.8 万多座,总库容 8.983×10^{11} m^3;农田有效灌溉面积达到 10.37 亿亩(1 亩=1/15 hm^2,全书同),占全国耕地面积的 54%,生产了全国 75%的粮食和 90%的经济作物;全国共建成 5 级及以上各类堤防 33.06 万 km,保护人口 6.82 亿、耕地 6.29 亿亩,主要江河的洪水得到了初步控制,几千年为患的黄河未再泛滥;水力发电装机容量已达 4.22 亿 kW,年发电量 12 329 亿 kW · h,为中华人民共和国成立初期的 1 172 倍和 1 071 倍;内河通航里程达 12.8 万多 km。水利水电事业取得的成就,对国民经济的发展和保证人民的生活安全发挥了重要的作用。

众多的工程实践,促进了水利科学技术的发展。在坝工建筑、坝基处理、高速水流泄洪消能、地下工程开挖、大流量的截流和施工导流以及大型闸门与水轮发电机组的设计、制造、安装等方面,都取得了成功的经验,有些方面已接近世界水平。例如,修筑在岩溶地区的乌江渡水电站,坝型为拱形重力坝,最大坝高 165 m,帷幕灌浆最大深度达 200 m;碧口水电站,拦河坝为黏土心墙土石坝，最大坝高 101 m，坝基处理采用混凝土防渗墙，最大深度为 65.5 m；陕西石头河水库，拦河坝为黏土心墙土石坝，最大坝高 105 m，已实现全面机械化施工。

随着我国社会主义现代化建设的发展，用水量急剧增加，能源供应不足，来水和用水在地区上和时间上的矛盾越来越突出。因此，水利水电建设必须加快前进的步伐。根据我国的水利现状来看：第一，要更有效地控制主要江河的洪水，保证城市、交通干道和人口稠密的农业生产基地的安全。随着经济建设的发展，一旦发生洪水泛滥，所造成的损失将越来越大。可以想象，万一黄河大堤决口，那么，南至淮河流域，北至海河流域的广大地区将变为泽国，许多重要建筑将被毁坏。第二，要大力发展水电，为工农业生产和人民生活提供廉价电力。我国已开发的水能资源约为可开发水能资源的 5%（按年发电量计算）。水力发电成本低、积累快、不污染，是取之不尽、用之不竭的再生能源，所以在电力建设中优先开发水力发电是我国的国策。第三，要继续兴建农田水利工程，扩大灌溉面积，提高抗御自然灾害的能力，使农业这个国民经济的基础更加稳固。第四，为了满足不断发展的工业和城市人民的用水需要提供水源，否则，将会在不少地方出现水源危机。第五，发展农田灌溉和城市给水的关键是水源问题。黄淮海平原地区和松辽平原，人口密集，又是工农业生产的重要基地，但是水源不足，严重地阻碍着工农业生产的发展。为了从根本上解决这些地区的用水问题，除推行合理用水、减少浪费、控制污染、加强回收措施外，还应研究跨流域调水增加水源。南水北调工程（引长江水过黄河）和北水南调工程（引松花江水入辽河）是解决这些地区缺水的一种措施。

党的十八大以来，习近平总书记站在中华民族永续发展的战略高度，提出“节水优先、空间均衡、系统治理、两手发力”治水思路，确立国家“江河战略”，擘画国家水网等重大水利工程，为新时代水利事业提供了强大的思想武器和科学行动指南。中国水电实现了从艰难起步到奋起直追再到超越引领的历史性跨越。当今我国水电在建设规模、经济效益、规划设计、装备制造方面均处于世界领先水平，我国也成为世界上水电在建规模最大、发展速度最快的国家。我国水电事业取得举世瞩目的辉煌成就，为经济社会发展注入源源不断、绿色清洁的强劲动力，助力中华民族迎来从站起来、富起来到强起来的伟大飞跃。

【任务测试】

请扫描二维码，做任务测试卷。

码 1-8　任务 1.2 测试卷

任务 1.3　水工建筑物与水利枢纽

【任务导航】

问题 1：什么是水工建筑物？水工建筑物怎样分类，水工建筑物的特点有哪些？

问题2:如何对水利水电工程进行分等?如何对水工建筑物进行分级?

【任务解析】

1.3.1 水工建筑物

码1-9 微课:水工建筑物分类及水工建筑物特点

在水利事业中采取的工程措施称为水利工程。工程中的建筑物称为水利工程建筑物,简称水工建筑物。按照建筑物的用途,可分为一般水工建筑物和专门水工建筑物两大类。

1.3.1.1 一般水工建筑物

(1)挡水建筑物:用以拦截水流、壅高水位或形成水库,如各种闸、坝和堤防等。

(2)泄水建筑物:用以从水库或渠道中泄出多余的水量,以保证工程安全,如各种溢洪道、泄洪隧洞和泄水闸等。

(3)输水建筑物:从水源向用水地点输送水流的建筑物,如渠道、隧洞、管道等。

(4)取水建筑物:是输水建筑物的首部,如深式取水口、各种进水闸等。

(5)河道整治建筑物:为调整河道改善水流状态,防止水流对河床产生破坏作用所修建的建筑物,如护岸工程、导流堤、丁坝、顺坝等。

1.3.1.2 专门水工建筑物

(1)水力发电建筑物:如水电站厂房、压力前池、调压井等。

(2)水运建筑物:如船闸、升船机、过木道等。

(3)农田水利建筑物:如专为农田灌溉用的沉沙池、量水设备、渠系及渠系建筑物等。

(4)给水、排水建筑物:如专门的进水闸、抽水站、滤水池等。

(5)渔业建筑物:如鱼道、升鱼机、鱼闸、鱼池等。

水工建筑物按使用的时间长短分为永久性建筑物和临时性建筑物两类。

永久性建筑物:在运用期长期使用,根据其在整体工程中的重要性又分为主要建筑物和次要建筑物。主要建筑物系指该建筑物在失事以后将造成下游灾害或严重影响工程效益,如闸、坝、泄水建筑物、输水建筑物及水电站厂房等;次要建筑物系指失事后不致造成下游灾害和对工程效益影响不大且易于检修的建筑物,如挡土墙、导流墙、工作桥及护岸等。

临时性建筑物:仅在工程施工期间使用,如围堰、导流建筑物等。

1.3.2 水利枢纽

水利工程往往是由几种不同类型的水工建筑物集合在一起,构成一个完整的综合体,用来控制和支配水流,这些建筑物的综合体称为水利枢纽。

码1-10 图片:三峡水利枢纽

三峡水利枢纽是当今世界上最大的水利枢纽(见图1-2)。三峡水利枢纽的主要建筑物由大坝、水电站、通航建筑物三大部分组成。拦河大坝为重力坝,最大坝高181 m。大坝的泄洪坝段居河床中部,共设有23个深孔和22个表孔。表孔和深孔都采用鼻坎挑流消能,全坝最大泄洪能力为11.6万 m^3/s。水电站采用坝后式,分设左、右两组厂房。左、右岸分别安装水轮机组14台和12台。全电站机组均为单机容量70万kW的混流式水轮发电机组,总装机容量为1 820万kW,年平均发电量为846.8 kW·h。通航建筑物包括船闸和升船机。船闸为双线五级连续梯级船闸，升船机为单线一级垂直提升式。

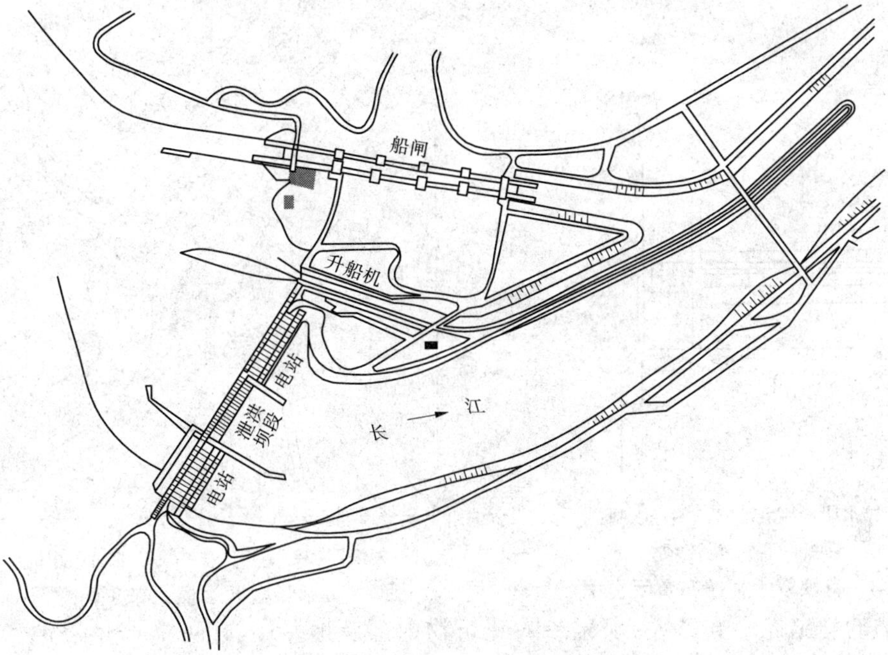

图1-2 三峡水利枢纽布置示意图

三峡水利枢纽建成后将产生巨大的综合效益：防洪控制流域面积可达100万 km^2；水库防洪库容为221.5亿 m^3，可使荆江河段防洪标准从10年一遇提高到100年一遇或更大的洪水，配合分洪、蓄洪工程的运用，防止荆江大堤溃决，减轻中下游洪灾损失和对武汉市的洪水威胁，并为洞庭湖区的根治创造条件。但是，三峡水库也存在对环境、生态等的不利影响和移民、淹没损失等问题。

图1-3为一种有坝取水枢纽的布置示意图。其主要建筑物为溢流坝(闸)、进水闸、冲沙闸。溢流坝一般较低，不起调节流量的作用，仅解决天然来水与用水在高程上的矛盾。

图1-4为近2 300年前秦代李冰父子领导当地劳动人民修建的都江堰(四川灌县)取水枢纽。灌溉渠道的进水口位于宝瓶口，系开山而成，金刚堤是用竹笼内填卵石及木桩建筑而成，起分水导流作用，将岷江分为内江和外江。洪水期，内江的多余水量由飞沙堰泄走；枯水期，由外江闸(原为"杩槎"截流，1974年建闸)控制，保证内江引进灌溉所需水量。百丈堤的作用是引导水流，保护河岸。由于全部工程布置合理，一直沿用至今，这充分表明了我国古代人民具有很高的智慧和科学技术水平。

码1-11 图片：都江堰水利枢纽

1.3.3 水工建筑物的特点

由于水的作用和影响，与其他建筑物相比，水工建筑物有以下特点。

1.3.3.1 工作条件复杂

水工建筑物经常承受着水的作用，产生各种作用力，对其工作条件不利。挡水建筑物承受着一定的静水压力、风浪压力、地震动水压力、冰压力、浮力以及渗流产生的渗透压力，

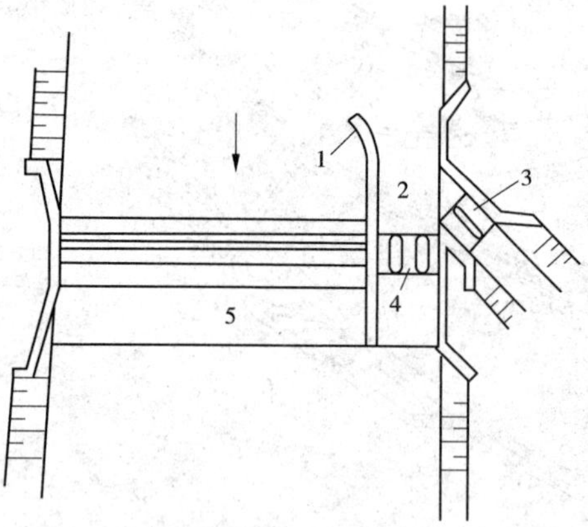

1—导水墙;2—沉沙槽;3—进水闸;
4—冲沙闸;5—溢流坝。

图 1-3　有坝取水枢纽布置示意图

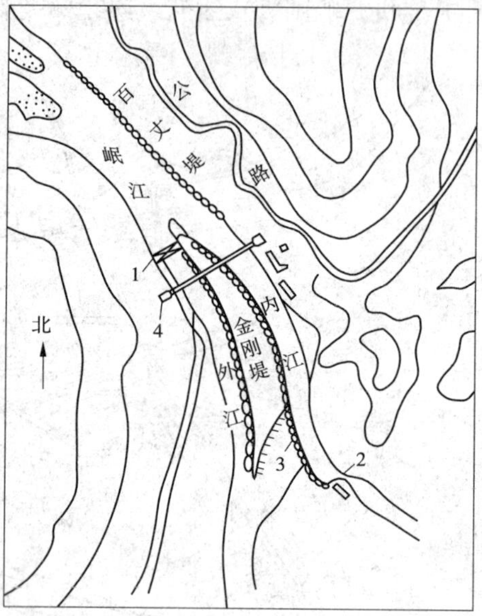

1—外江闸;2—宝瓶口;3—飞沙堰;4—索桥。

图 1-4　都江堰取水枢纽布置示意图

对建筑物的稳定性影响极大;水流渗入建筑物内部及地基中,还可能产生侵蚀和渗透破坏;泄水建筑物的过水部分,还承受着水流的动水压力及磨蚀作用,高速水流还可能对建筑物产生空蚀、振动以及对河床产生冲刷。由于水的某些作用力难以用计算方法确定,所以进行水工建筑物设计时,往往按理论和经验拟定建筑物的尺寸、构造和外形后,还须借助模型试验进行验证和修改,并在实际工程上进行观测研究,以提高设计理论和控制工程运用。

1.3.3.2　施工条件复杂

在河床中修筑建筑物,需要解决施工导流的问题,避免建筑物基坑及施工设施被洪水淹没。根据河道情况,在施工期还要保证航运和木材浮运不致中断。要进行很深的地基开挖和复杂的地基处理,常需水下施工。因此,水工建筑物的施工比陆地上的土木工程复杂得多。再加上工程量庞大,要在较短时间内完成,故需要采用先进的施工技术、大型施工机械和科学的施工组织与管理体制。

1.3.3.3　对国民经济的影响巨大

一个综合性的大型蓄水枢纽,不仅可以免除洪水灾害,还可以发电、改良航道、变沙漠为良田、调节当地气候、美化周围环境。举世闻名的长江三峡工程建成后,使三峡下游五省一市免受洪水灾害,将充足的电力输送至华中、华东、华北的城市和农村,并获得灌溉航运之利。但是,拦蓄巨大水量的挡水建筑物如果失事,将会给下游带来巨大的灾害,其损失远远超过建筑物本身的价值,并使以该水利枢纽为基础而建立起来的经济事业处于瘫痪状态。因此,水工建筑物的设计工作必须充分重视勘测、试验和研究分析工作,以高度负责的精神,精心设计,精心施工,加强管理,确保工程安全。

1.3.4　水利枢纽的分等和水工建筑物的分级

安全和经济是水利工程建设中必须妥善解决的矛盾。为使工程的安全性及其造价的经济合理性适当地统一起来，应将水利工程及其所属建筑物按工程规模、效益大小及其在国民经济中的重要性划分成不同的等级。不同的等级规定不同的设计标准，等级高的设计标准高，等级低的设计标准相应的低。这种分等分级区别对待的方法，是国家经济政策和技术政策在设计中的重要体现。

码 1-12 视频：水利枢纽分等与水工建筑物的分级

1.3.4.1 工程等别

根据《水利水电工程等级划分及洪水标准》(SL 252—2017)的规定，水利水电枢纽工程的等别，根据其工程规模、效益和在国民经济中的重要性划分为五等，按表 1-1 确定。表 1-1 中的防洪分等指标中，保护城镇及工矿企业的重要性参考表 1-2 确定。

表 1-1 水利水电工程分等指标

工程等别	工程规模	水库总库容/亿 m^3	防洪		治涝	灌溉	供水	发电
			保护城镇及工矿企业的重要性	保护农田/万亩	治涝面积/万亩	灌溉面积/万亩	供水对象重要性	装机容量/万 kW
Ⅰ	大(1)型	≥10	特别重要	>500	≥200	≥150	特别重要	≥120
Ⅱ	大(2)型	10~1.0	重要	500~100	200~60	150~50	重要	120~30
Ⅲ	中型	1.0~0.10	中等	100~30	60~15	50~5	中等	30~5
Ⅳ	小(1)型	0.10~0.01	一般	30~5	15~3	5~0.5	一般	5~1
Ⅴ	小(2)型	0.01~0.001		<5	<3	<0.5		<1

表 1-2 城镇及工矿企业分类

城镇			工矿企业	
重要性	规模	非农业人口/万人	规模	货币指标/亿元
特别重要	超大、特大城市	≥100	特大型	≥50
重要	大城市	100~50	大型	50~5
中等	中等城市	50~20	中型	5~0.5
一般	小城市	<20	小型	<0.5

注：工矿企业货币指标为年销售收入和资金总额，两者均必须满足要求。

1.3.4.2 建筑物级别

水利水电枢纽工程中的水工建筑物，根据其所属工程等别、使用期限及其在工程中的作用划分。永久性水工建筑物级别按所属工程等别及其在工程中的重要性划分为 5 级，可按表 1-3 确定。对于施工期使用的临时性挡水和泄水建筑物的级别，按表 1-4 确定。在表 1-4 中，当临时性水工建筑物根据表中指标分属不同级别时，其级别应按其中最高级别确定。但对 3 级临时性水工建筑物，符合该级别规定的指标不得少于两项。

表 1-3 永久性水工建筑物级别

工程等别	Ⅰ	Ⅱ	Ⅲ	Ⅳ	Ⅴ
主要建筑物	1	2	3	4	5
次要建筑物	3	3	4	5	5

表 1-4 临时性水工建筑物级别

级别	保护对象	失事后果	使用年限/年	临时性水工建筑物规模	
				高度/m	库容/亿 m^3
3	有特殊要求的1级永久性水工建筑物	淹没重要城镇、工矿企业、交通干线或推迟总工期及第一台(批)机组发电,造成重大灾害和损失	>3	>50	>1.0
4	1、2级永久性水工建筑物	淹没一般城镇、工矿企业或影响工程总工期及第一台(批)机组发电面造成较大经济损失	3~1.5	50~15	1.0~0.1
5	3、4级永久性水工建筑物	淹没基坑,但对总工期及第一台(批)机组发电影响不大,经济损失较小	<1.5	<15	<0.1

1.3.4.3 级别的调整

确定建筑物级别的主要依据是表1-1和表1-3。在特殊情况下,经过充分论证,可适当提高或降低建筑物的级别。对于表1-3中的主要永久性水工建筑物,在下列情况,经过论证并上报批准,对其级别可作适当调整:对建筑物失事后损失巨大或影响十分严重的2~5级主要永久性水工建筑物,可提高一级;对于2级、3级永久性水工建筑物,如坝高超过表1-5所示指标,则其级别可提高一级,但洪水标准可不提高;当建筑物基础的工程地质条件复杂或采用新型结构时,对2~5级建筑物可提高一级设计,但洪水标准不予提高;对于失事后造成损失不大的水利水电工程1~4级主要永久性水工建筑物,可降低一级。

表 1-5 水库大坝提级指标

级别	坝型	坝高/m	级别	坝型	坝高/m
2	土石坝	90	3	土石坝	70
	混凝土坝、浆砌石坝	130		混凝土坝、浆砌石坝	100

当利用临时性水工建筑物挡水发电、通航时,经过技术经济论证,3级以下临时性水工建筑物的级别可提高一级。简言之就是,定等应就高,定级可少变,变级不变等。

水利水电工程中常包括通航、过木、桥梁和渔业等建筑物,这些建筑物的级别划分,还应符合国家现行的其他有关标准。

对不同级别的水工建筑物,在抗御洪水能力、结构强度和稳定性、建筑材料和运行可靠性等方面有着不同的要求。即使同一级别的水工建筑物,当采用不同形式时,其要求也有所不同,这些不同要求将在以后各项目中分别加以叙述。

【任务测试】

请扫描二维码,做任务测试卷。

码 1-13 任务 1.3 测试卷

任务1.4 水利工程设计的程序

【任务导航】

问题1:水利工程建设有哪些程序?

问题2:水利工程规划设计有哪些任务?

【任务解析】

1.4.1 水利工程建设程序

1.4.1.1 基本建设

基本建设是国家为了扩大再生产,利用国家、个人的内资和外资,通过新建、扩建和改建而进行的增加固定资产的建设项目;通过购置、建造和安装等活动,将建筑材料、机械设备和其他资源转化成为固定资产的工作。

1.4.1.2 基本建设的程序

在基本建设活动中,以建筑安装工程为主体的工程建设是实现基本建设的关键。工程建设一般要经过规划、设计、施工等阶段以及试运转和验收等过程,才能正式投入生产。工程建成投产以后,还需要进行观测、维修和改进。整个工程建设过程是由一系列紧密联系的工作环节组成的,由此构成了反映基本建设内在规律并能对其全过程进行有效控制的基本建设程序,简称基建程序。

基建程序是在工程建设实践中逐步形成的。在总结国内外大量工程实践的基础上,逐步形成了我国现行的基建程序,它与基本建设管理体制密切相关。我国目前的基本建设管理体制大体是:对于大中型工程项目,国家通过发展改革部门及各部委主管基本建设的司(局),控制基本建设项目的投资方向;国家通过建设银行管理基本建设投资的拨款和贷款;各部委通过工程项目的建设单位,统筹管理工程的勘测、设计、科研、施工、设备材料订货、验收以及筹备生产运行管理等各项工作;参与基本建设活动的勘测、设计、施工、科研和设备材料生产等单位,按合同协议与建设单位建立联系或相互之间形成合同关系。前面介绍的基建程序,就是在这种管理体制下形成的。随着基本建设管理体制的改革与完善,基建程序也将会有相应的变革。例如,工程咨询(承包)公司的建立,可以将勘测、设计、科研、咨询、工程施工、设备材料订货以及竣工投产等各项工作一起承担下来,统一负责,可以解决现有体制中不同单位分兵把守的矛盾,使基建程序中各个工作环节更加协调,有利于加快建设进程,节约建设资金,提高工程质量。

1.4.1.3 水利工程建设程序

水利工程建设也要严格遵守国家的基本建设程序。根据水利工程建设的特点,现行水利工程建设程序如图1-5所示,分为“三个时期,九个阶段”。

由图1-5可以看出这些阶段既有前后顺序联系,又有平行搭接关系,在每个阶段以及阶段与阶段之间又由一系列紧密相连的工作环节构成了一个有机整体。从中可以建立以下几方面的认识:

(1)基建程序中的工作环节,多具有环环相扣、紧密相连的性质。其中任意一个中间环节的开展,至少要以一个先行环节为条件,即只有当它的先行环节已经结束或已进展到相当程度,才有可能转入这个环节。例如,只有当确定了工程建设项目,有了明确的项目建议书以后,才能通过初步查勘,进行工程建设的可行性研究;只有可行性研究方案经过论证、选定,才能进行详勘和初步设计;只有初步设计经审定核准,才能制订基本建设年度计划,开展施工图设计以及与有关方面签订协议合同。只有当施工准备已具备相当规模,场内外交通已基本解决,主要施工场地已经清理平整,风、水、电供应和其他临建工程已能满足初期施工要求,才能提出开工报告,转入主体工程施工。如果不顾条件,盲目超前,不仅欲速不达,而且常常造成人力、物力的浪费损失。

- 前期工作时期(耗用60%的工作量)
  - (1)流域(或区域)规划
  - (2)项目建议书(专业规划)
  - (3)可行性研究
    - (1)~(3)(附:投资估算)
  - (4)设计
    - ①初步设计(附:设计概算)
    - ②招标设计(分块)[附:业主(执行)概算]
    - ③施工图设计(附:修改概算或施工图预算)
- 工程实施时期
  - (5)开工准备
  - (6)组织施工(企业:施工预算)
- 竣工投产时期
  - (7)生产准备
  - (8)竣工交付使用(要求:竣工结算)
  - (9)工程后评价(要求:竣工决算)

图 1-5 水利工程建设程序

(2)基建程序中的各个环节,往往涉及多个工作单位,需要各个单位的协调和配合,否则,如果稍有脱节,常会带来牵动全局的影响。例如,施工单位负责工程施工,需要建设单位按时进行工程结算,以获得资金财务上的支持;需要设计单位及时提供图纸;需要材料、设备供应单位按质按量适时供应所需的材料和设备,以保证施工的顺利进行。因此,基建程序中所涉及的不同工作单位,常需分别以合同协议的方式确立相互之间的协作关系,以取得法律上的保障。

(3)在基建程序中,初步设计和初步设计以前的各项工作,通常称为前期工作。做好基本建设的前期工作,常可收到事半功倍的效果。在前期工作中,深入调查研究,充分占有资料,正确选择建设项目,合理确定建设地点,优选工程布置方案,精心设计,周密安排建设计划,必将减少后续工作的盲目性,使工程施工得以顺利进展。

1.4.2 水利工程规划设计的任务

1.4.2.1 项目建议书

项目建议书是在流域(区域)规划的基础上,对某建设项目的建议性专业规划。主要是拟建项目做出初步说明,供政府选择并决定是否列入国民经济中长期发展计划。其主要内容为:概述项目建设的依据,提出开发目标和任务,对项目所在地区和附近有关地区的建设条件及有关问题进行调查分析和必要的勘测工作,论证工程项目建设的必要性,初步分析项目建设的可行性与合理性,初选建设项目的规模、实施方案和主要建筑物布置,初步估算项目的总投资。区域规划和流域规划中都包括专业规划和综合规划,专业规划服从综合规划;区域规划、流域规划、国民经济发展规划之间的关系,是依次地前者为后者提供建议,但前者最终要服从后者。

1.4.2.2 可行性研究

可行性研究是在项目建议书的基础上,对拟建工程进行全面技术经济分析论证的设计文件。其主要任务是按《水电工程可行性研究报告编制规程》(NB/T 11013—2022)的要求,明确拟建工程的任务和主要效益,确定主要水文参数,查清主要地质问题,选定工程场址,确定工程等级,初选工程布置方案,提出主要工程量和工期。初步确定淹没、用地范围和补偿措施,对环境影响进行评价,估算工程投资,进行经济和财务分析评价,在此基础上提出技术上的可行性和经济上的合理性的综合论证及工程项目是否可行的结论性意见。

1.4.2.3 初步设计

可行性研究报告经审核通过,意味着建设项目已初步确定(把握)。可据以编制设计任务书,落实勘测设计单位,开展相应的勘测、设计和科研工作。初步设计是在可行性研究的基础上,在设计任务书的指导下,通过进一步查勘,按 NB/T 11013—2022 或《水利水电工程等级划分及洪水标准》(SL 252—2017)的要求,对工程及其建筑物进行的最基本的设计。其主要任务是:对可行性研究阶段的各种基本资料进行更详细的调查、勘测、试验和补充,确定拟建项目的综合开发目标、工程及主要建筑物等级、总体布置、主要建筑物形式和轮廓尺寸、主要机电设备形式和布置,确定总工程量、施工方法、施工总进度和总概算,进一步论证在指定地点和规定期限内进行建设的可行性和合理性。

1.4.2.4 招标设计

招标设计是为进行水利工程招标而编制的设计文件,是编制施工招标文件和施工计划的基础。1994 年水利部规定,水利工程项目均应在完成初步设计之后进行招标设计。它是在已经批准的初步设计及概算的基础上,对已经确定实行投资包干或招标承包制的大中型水利水电工程建设项目,根据工程管理与投资的支配权限,按照管理单位及分标项目的划分,按投资的切块分配进行的分块设计,以便对工程投资进行管理与控制,并作为项目投资主管部门与建设单位签订工程总承包(或投资包干)合同的主要依据。同时提交满足业主控制和管理所需要的,按照总量控制、合理调整的原则编制的内部预算——业主预算,也称为执行概算。

1.4.2.5 施工详图

初步设计经审定核准,可作为国家安排建设项目的依据,并进而制订基本建设年度计划,开展施工图设计以及与有关方面签订协议合同。施工详图是在初步设计和招标设计的基础上,绘制具体施工图的设计,是现场建筑物施工和设备制作安装的依据。其主要内容为:建筑物地基开挖图,地基处理图,建筑物体形图、结构图、钢筋图,金属结构的结构图和大样图,机电设备、埋件、管道、线路的布置安装图,监测设施布置图、细部图等,并说明施工要求、注意事项、选用材料和设备的型号规格、加工工艺等。施工图设计不用报审。施工图设计为施工提供能按图建造的图纸,允许在建设期间陆续分项、分批完成,但必须先于工程施工进度的一个准备时期。

水利工程的规划设计包括以上 5 个阶段。需要说明的是,中国过去对一些特别重要或复杂的水利工程,在初步设计后和施工详图之前还要进行技术设计,或将技术设计与施工详图合并为技施设计,其内容与初步设计基本相同,只是更为深入详尽。但1995年颁布的《水利工程建设项目管理规定(试行)》(水利部水建〔1995〕128号文)规定,技术设计已不作为独立的设计阶段,故目前水利工程的设计阶段中已不再有技术设计阶段。

上述设计阶段,对于规模、重要性较低的工程,可减少、合并一部分设计内容。例如,对小型工程,可将可行性研究与初步设计阶段合并,内容也可以从简。

水工建筑物设计的大类分为:挡水、蓄水类,输水、泄水类,水电站类,安全监测类。

在规划阶段末期或设计阶段初期,主管部门常根据工作需要,组建成立建设(业主)单位,统一筹划各项工作,如设计任务书的编制,通过公开招标或其他方式选择勘测设计单位,通过招标投标活动选择施工单位,编制年度基本建设计划,筹措落实建设资金,与设备材料生产厂商签订供货协议,筹建生产运行机构,进行生产准备等。

【任务测试】

请扫描二维码,做任务测试卷。

码1-14　任务1.4测试卷

小　结

对于水资源、水资源开发利用、水利枢纽和水工建筑物的分等分级等问题,要了解透彻,概念清晰。水利枢纽建成后,对周围环境的影响有利有弊,要全面分析,力争扩大有利的影响,缩小不利的影响。

【项目练习】

请扫描二维码,做项目练习题。

码1-15　项目1练习题

项目2 重力坝设计

【学习目标】

学习任务	能力目标	知识要点	素质目标
任务2.1	掌握重力坝的工作原理、特点及类型	重力坝的工作原理及类型	培养深厚的爱国情感和中华民族自豪感；牢固树立岗位责任意识，培养严肃认真、高度负责的职业态度，忠于职守、勇于担当、实事求是、坚持原则
任务2.2	掌握重力坝的荷载及其荷载组合	波浪要素、扬压力、荷载组合	
任务2.3	了解重力坝失稳方式，掌握重力坝抗滑稳定计算方法	重力坝失稳方式；重力坝抗滑稳定计算方法；提高重力坝抗滑稳定的措施	
任务2.4	了解重力坝应力分析的目的和方法；掌握材料力学法计算重力坝应力	坝体正应力、剪应力和主应力荷载及应力正负的规定	
任务2.5	掌握非溢流重力坝的剖面设计；掌握非溢流重力坝的实用剖面	非溢流重力坝基本剖面参数，非溢流重力坝实用剖面优化	
任务2.6	掌握溢流重力坝的孔口设计；掌握溢流重力坝的消能方式	溢流重力坝的孔口设计；溢流重力坝的消能方式选择，消能设计的原则和标准	
任务2.7	掌握水工混凝土的特性指标；掌握坝体混凝土的分区；掌握混凝土重力坝的构造	水工混凝土的特性；混凝土重力坝横缝的布置；设置坝体廊道，进行坝体分缝、止水的目的	
任务2.8	掌握重力坝的地基处理要求；掌握重力坝地基处理方法	重力坝的地基处理要求；坝基固结灌浆，坝基排水	
任务2.9	了解碾压混凝土重力坝；了解浆砌石重力坝；了解宽缝重力坝及空腹重力坝	碾压混凝土重力坝、浆砌石重力坝、宽缝重力坝及空腹重力坝	

【思政导引】

码2-1 三峡水利枢纽工程——大国重器、世界之最

重力坝是主要依靠坝体自重所产生的抗滑力来满足稳定要求的挡水建筑物。在世界坝工史上，重力坝是最古老也是采用最多的坝型之一。早在公元前2900年，埃及便在尼罗河上修建了一座高15 m、顶长240 m的重力挡水坝。我国秦代50年里（前250~前219年）建造的三大水利工程：四川省都江堰市（原灌县）都江堰的飞沙堰、陕西省的郑国渠渠首30 m高的石笼坝、广西壮族自治区兴安县灵渠的砌石分水堰，都是溢流重力坝（古称“天平”）。

其中的灵渠工程运行至今已 2 200 多年,是世界上使用历史最久的重力坝。20 世纪末,我国重力坝坝高由 150 m 级跨入 200 m 级;碾压混凝土重力坝技术也得到大力发展,先后建成了世界上最高的龙滩和光照碾压混凝土重力坝。举世瞩目的三峡大坝是当今世界上最大的实体混凝土重力坝,坝高 181 m,坝长 2 335 m,浇筑混凝土 2 715 万 m^3。

任务 2.1　重力坝的特点与类型

【任务导航】

问题 1:什么是重力坝?它有何工作原理?

问题 2:重力坝有哪些特点?重力坝怎样分类?

码 2-2　微课:重力坝的特点及类型

【任务解析】

2.1.1　重力坝的工作特点和剖面形式

重力坝的根本特点是,在巨大的水压力(静水压力、扬压力为主)作用下,主要依靠坝体自重产生的抗剪(滑)力来维持稳定(不移动、不倾倒、不浮起)。所以,其基本剖面形式是固结于地基的三角形,上游面为铅直或稍有倾斜,具有重心低、底面大、应力小、稳定性最好的特点。重力坝示意图见图 2-1。

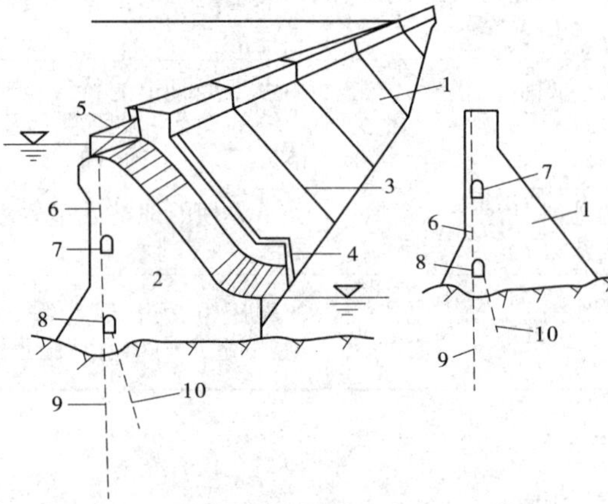

1—非溢流重力坝;2—溢流重力坝;3—横缝;4—导墙;5—闸门;6—坝体排水管;7—交通、检查和坝体排水廊道;8—坝基灌浆、排水廊道;9—防渗帷幕;10—坝基排水孔幕。

图 2-1　重力坝示意图

重力坝之所以得到广泛采用,是因为它具有以下几方面的优点:

(1)安全可靠。重力坝剖面尺寸大,应力较低,筑坝材料强度高,耐久性好,因而抵抗水的渗漏、洪水漫顶、地震和战争破坏的能力都比较强。据统计,重力坝在各种坝型中失事率是较低的。

(2)对地形、地质条件适应性强。重力坝段类似于固结在地基的短悬臂梁,所以在任何形状的河谷都可以修建。因为坝基承担的压应力不高,所以对地基的要求也较低,当坝的高度不大时甚至可以修建在土基上。

(3)枢纽泄洪问题容易解决。重力坝可以做成溢流的,还可以设置坝身泄水孔(辅助泄洪),一般不用另设河岸式泄水道,枢纽布置紧凑。

(4)便于施工导流。在施工期间可以利用坝体缺口部位导流,从而节省导流通道工程量。

(5)施工方便。大体积混凝土,可以采用现代机械化施工,在放样、立模和混凝土浇筑方面都比较简便。

(6)结构作用明确。重力坝沿坝轴线用横缝分成若干坝段,各坝段独立工作,结构作用明确,应力分析和稳定计算都比较简单(可按平面问题计算)。

重力坝也存在下面一些缺点:

(1)坝体剖面尺寸大,水泥用量多,坝体应力普遍较低,材料强度不能充分发挥。

(2)施工期大体积混凝土的温度应力和收缩应力较大,对温度控制的要求较高。

(3)坝体与地基接触面积大,因而坝底的扬压力较大,对稳定不利。但现在能以碾压混凝土来改善解决前两条缺点。

2.1.2 重力坝的类型

码 2-3 动画:实体重力坝

重力坝通常根据坝的高度、筑坝材料、泄水条件和结构形式进行分类。

(1)按坝的高度分类。重力坝按坝的最大高度(不包括小局部深度)分为低坝、中坝、高坝。坝高小于 30 m 的为低坝,坝高 30~70 m 的为中坝,坝高大于 70 m 的为高坝。

(2)按筑坝材料分类。按坝体的建筑材料,分为混凝土重力坝和浆砌石重力坝。重要的和较高的重力坝,大都用混凝土建造,有浇筑的(常规的、埋石的)和碾压的之分。

(3)按泄水条件分类。一座重力坝往往是河床中部坝段溢流,其余坝段不溢流。其中,溢流部分称为溢流坝段,不溢流部分则称为非溢流坝段。

(4)按坝的结构形式分类。有实体重力坝(见图 2-1)、空腹重力坝和宽缝重力坝等之分。实体重力坝构造简单,对地形、地质条件适应性强;空腹重力坝和宽缝重力坝也称非实体重力坝(见图 2-2),都是为了有效地减小扬压力,较好地利用材料强度,以节省坝体工程量。

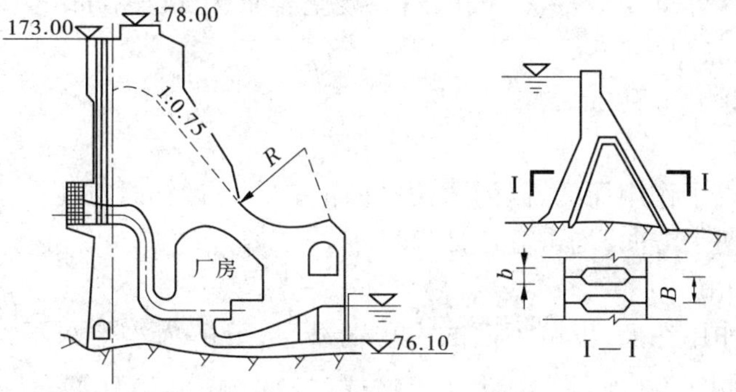

(a)空腹重力坝　(b)宽缝重力坝

图 2-2 非实体重力坝

国内一些地方还发展了硬壳坝、填渣坝等坝型。硬壳坝是用砌石或堆石代替实体重力坝内低应力部分的坝体,外包为浆砌块石或条石或混凝土的硬壳;填渣坝的作用原理与硬壳坝相同,却是在坝内留有空格或宽缝供填渣之用。

【任务测试】

请扫描二维码,做任务测试卷。

码 2-4　任务 2.1 测试卷

任务 2.2　重力坝的荷载及其荷载组合

【任务导航】

问题 1:作用在重力坝上的荷载有哪些?如何计算?

问题 2:为什么要对作用在重力坝上的荷载进行组合?怎样组合?

【任务解析】

码 2-5　微课:重力坝的荷载

2.2.1　作用在坝体上的荷载

水工建筑物在各种工作状态下,受到各种作用,这些作用通常称为荷载。重力坝的荷载主要有自重、静水压力、动水压力、扬压力、浪压力、淤沙压力、冰压力、土压力、地震荷载等。具体计算时,取单宽米或一个坝段长为脱离体(计算实体重力坝不计横缝两侧的约束,取 1 延米计算与取一个坝段计算同效),要按平面汇交力系对计算体底面中心(原)点取矩。

2.2.1.1　自重(包括永久设备自重)

重力坝自重 W 可根据结构设计尺寸及材料容重按式(2-1)计算

$$W_i = V_i \gamma_h \quad (\text{kN}) \tag{2-1}$$

式中　γ_h——材料容重,kN/m^3,一般取用混凝土容重为 24 kN/m^3,浆砌石容重为 22~24 kN/m^3;

V_i——计算块体积,m^3。

2.2.1.2　水压力

其方向是垂直于作用面的,但为了按平面汇交力系计算时方便,可将其对坝体的作用分为水平和铅直两个方向,均可分块计算。

1. 静水压力

静水压力是作用在上、下游坝面的主要荷载,可分解为水平水压力(P_H)和铅直水压力(P_V)两部分,如图 2-3 所示。其大小可按式(2-2)、式(2-3)计算

$$P_H = \frac{1}{2}\gamma_w H^2 \tag{2-2}$$

$$P_V = A_w \gamma_w \tag{2-3}$$

式中　γ_w——水的容重,可采用9.81 kN/m^3,对于多泥沙河流可根据实际情况确定;

H——计算点以上的水深,m;

A_w——结构表面以上水的面积,m^2。

2.动水压力

溢流坝等泄水建筑物泄水时,溢流面上将有动水压力。主要是反弧段上的离心力(见图2-4),离心力合力的水平及铅直分力的代表值可按下式计算:

$$P_V = \frac{\gamma q}{g} v(\sin\alpha_2 + \sin\alpha_1) \tag{2-4}$$

$$P_H = \frac{\gamma q}{g} v(\cos\alpha_2 - \cos\alpha_1) \tag{2-5}$$

式中　α_1、α_2——反弧段 cd 最低点两侧的弧段所对应的中心角;

q——相应设计状况下反弧段上的单宽流量,$m^3/(s \cdot m)$;

v——反弧段上的平均流速,可按水力学公式计算。

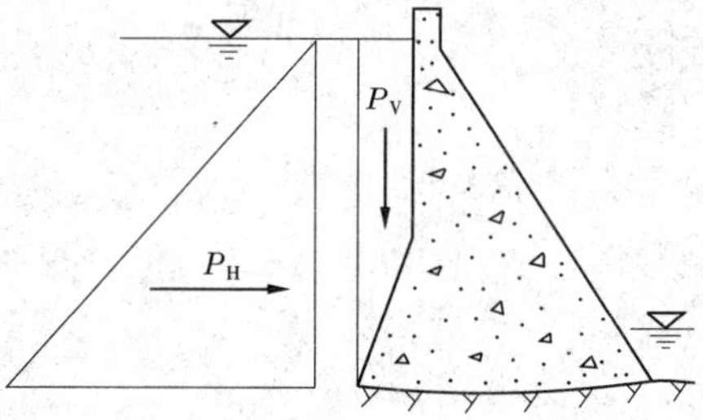

图2-3　坝面静水压力计算图

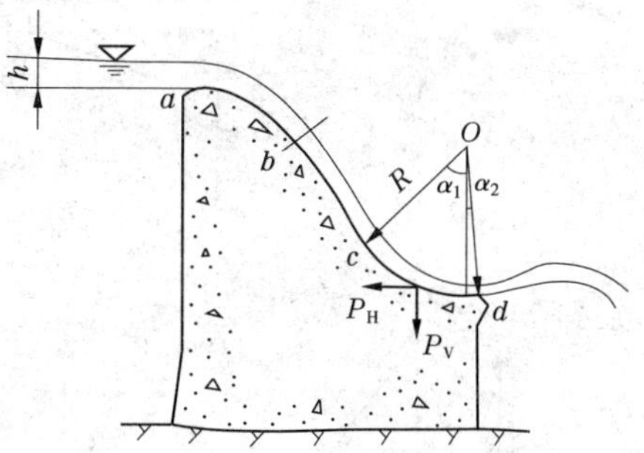

图2-4　坝面动水压力计算图

2.2.1.3　扬压力

坝挡水以后,在上、下游水位差的作用下,库水将经过坝体和坝基渗向下游,形成渗透水流。渗流在从上游流向下游的过程中,逐渐消耗水头。对渗流场中的某一点而言,相应于该点剩余水头的水压力称为渗透压力。若该点在下游水位以下(下游水位对该点所产生的静水压力称为浮托力),该点所受的渗透总水压力即为该点的渗透压力与浮托力之和。按帕斯卡定律,该点的渗透总水压力是向各个方向的,但作为建筑物的荷载,其方向是与该点处的作用面垂直的,由于为了按平面汇交力系计算时的方便,并考虑其方向向上是对建筑物的稳定和应力的不利方向,计入的这种荷载专称为扬压力——是指在水头作用下,全部的孔隙(渗透)压力对建筑物或计算截面的铅直向上的作用力,为铅直向上的渗透压力与浮托力之和。

扬压力计算分为坝底面扬压力计算和坝体内部计算截面上的扬压力计算。

(1)坝底面扬压力分布图形:岩基上各类重力坝底面扬压力分布图形按下列三种情况分别确定:

①当坝基设有防渗帷幕和排水孔时,坝底面上游(坝踵)处的扬压力作用水头为 H_1,排水孔中心线处为 $H_2+\alpha(H_1-H_2)$,下游(坝趾)处为 H_2,其间各段依次以直线连接[见

图 2-5(a)、(b)、(c)]。

②当坝基设有防渗帷幕和上游主排水孔，并设有下游副排水孔及抽排系统时，坝底面上游处的扬压力作用水头为 H_1，下游处为 H_2，主、副排水孔中心线处分别为 αH_1、αH_2，下游处为 H_2，其间各段依次以直线连接[见图 2-5(d)]。

③当坝基未设防渗帷幕和上游排水孔时，坝底面上游处的扬压力作用水头为 H_1，下游处为 H_2，其间以直线连接[见图 2-5(e)]。

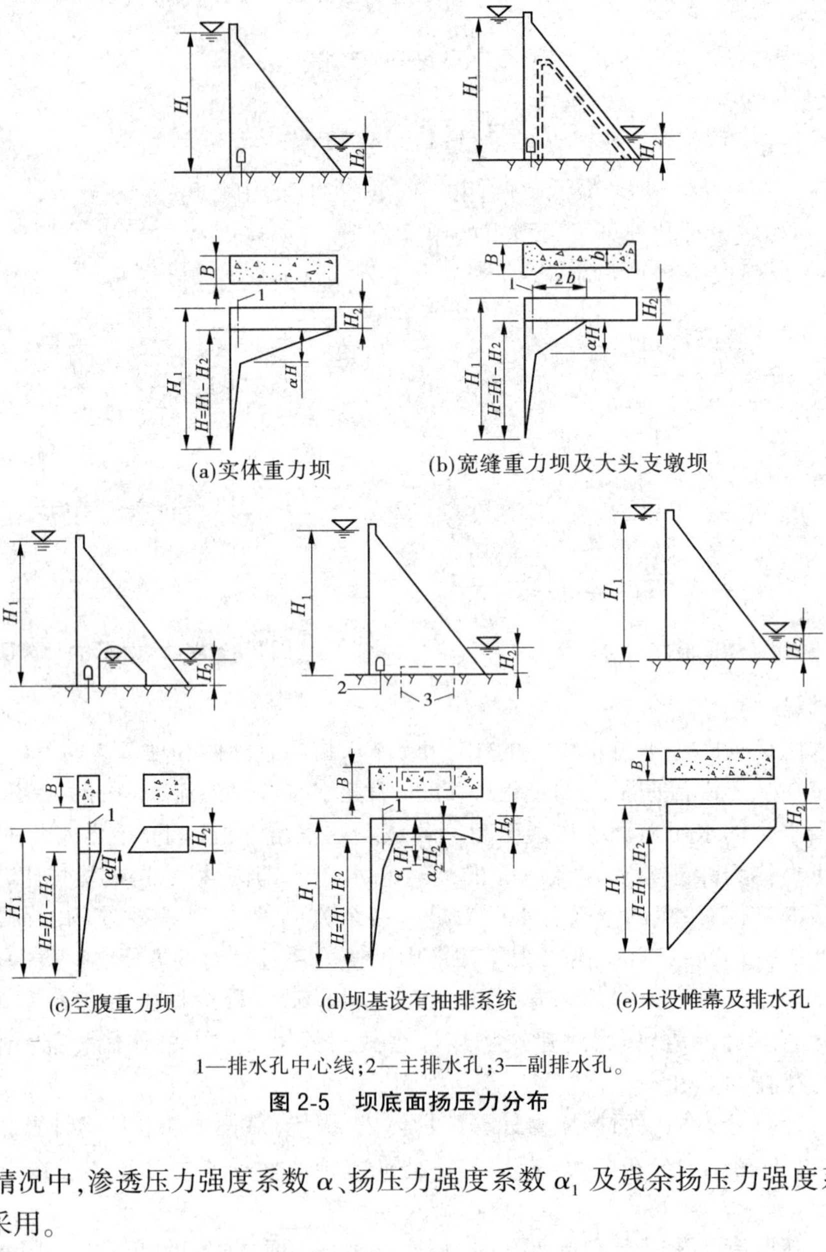

(a)实体重力坝　(b)宽缝重力坝及大头支墩坝

(c)空腹重力坝　(d)坝基设有抽排系统　(e)未设帷幕及排水孔

1—排水孔中心线；2—主排水孔；3—副排水孔。

图 2-5　坝底面扬压力分布

上述情况中，渗透压力强度系数 α、扬压力强度系数 α_1 及残余扬压力强度系数 α_2 可按表 2-1 采用。

表 2-1 坝底面的渗透压力、扬压力强度系数

坝型及部位		坝基处理情况		
		设置防渗帷幕及排水	设置防渗帷幕及主、副排水孔并抽排	
部位	坝型	渗透压力强度系数 α	主排水孔前扬压力强度系数 α_1	残余扬压力强度系数 α_2
河床坝段	实体重力坝	0.25	0.20	0.50
	宽缝重力坝	0.20	0.15	0.50
	大头支墩坝	0.20	0.15	0.50
	空腹重力坝	0.25		
	拱坝	0.25	0.20	0.50
岸坡坝段	实体重力坝	0.35		
	宽缝重力坝	0.30		
	大头支墩坝	0.30		
	空腹重力坝	0.35		
	拱坝	0.35		

(2)坝体内部计算截面上的扬压力分布图形:当设有坝体排水管时,可按图 2-6 确定。其中,排水管处的坝体内部渗透压力强度系数 α 可按下列情况采用:实体重力坝及空腹重力坝的实体部位采用 0.2;宽缝重力坝、大头支墩坝的无宽缝部位采用 0.2,有宽缝部位采用 0.15。

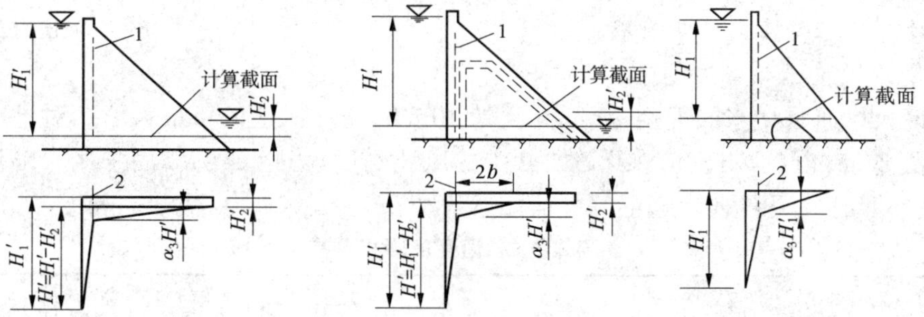

(a)实体重力坝　(b)宽缝重力坝　(c)空腹重力坝

1—坝内排水管;2—排水管中心线。

图 2-6 坝体内部计算截面上扬压力分布

当未设坝体排水管时,上游坝面处扬压力作用水头为 H'_1,下游坝面处扬压力作用水头为 H'_2,其间以直线连接。

(3)将各强度特征值按比例绘出,相邻值间以直线连接,形成扬压力分布图形。

(4)扬压力大小 U(kN)= 扬压力分布图形面积×计算长度(单宽米或坝段长)。与其他荷载的计算一样,将扬压力分布图形分成三角形或矩形块,分别求面积、形心,既方便荷载计算,又方便稳定和应力分析,更方便调整防渗排水布置后的重新计算和分析。

(5)扬压力作用点:扬压力分布(荷载)图形形心在作用面的铅直向上投影。

2.2.1.4 淤沙压力

水库蓄水之后,流速减缓。水流挟带的泥沙淤积在水库中,对坝上游面产生淤沙压力。一般情况下,作用在坝面单位长度上的水平淤沙压力在垂直方向上呈三角形分布,其合力可按下式计算:

$$P_{sk}=\frac{1}{2}\gamma_{sb}h_s^2\tan^2\left(45°-\frac{\varphi_s}{2}\right) \tag{2-6}$$

其中

$$\gamma_{sb}=\gamma_{sd}-(1-n)\gamma_w \tag{2-7}$$

式中　P_{sk}——淤沙压力值,kN/m;

γ_{sb}——淤沙的浮容重,kN/m^3;

h_s——泥沙的淤积厚度,m;

γ_{sd}——淤沙的干容重,kN/m^3;

n——淤沙的孔隙率,一般为 0.35~0.5;

φ_s——淤沙的内摩擦角,(°)。

当上游坝面倾斜时,除计算水平淤沙压力外,应计算竖向淤沙压力,其值按淤沙浮容重与淤沙体积的乘积求得。

2.2.1.5　浪压力

由于风的作用,在水库内形成波浪,它不但给闸坝等挡水建筑物直接施加浪压力,而且波峰所及高程是决定坝高的重要依据。浪压力与波浪要素有关,波浪要素包括波浪的长度、高度及波浪中心线高出静水位的高度。

码 2-6　微课:浪压力及其计算

1. 计算波浪要素的基本资料

1)年最大风速

年最大风速系指水面上空 10 m 高度处 10 min 平均风速的年最大值。对于水面上空测速高度 Z(m)处的风速,应乘以表 2-2 中的风速高度修正系数 K_Z 后采用。陆地测站的风速,应参照有关资料进行修正。

表 2-2　风速高度修正系数

测速高度 Z/m	2	5	10	15	20
修正系数 K_Z	1.25	1.10	1.00	0.96	0.90

2)风区长度(有效吹程)D

风区长度(有效吹程)D 按下列情况确定:

(1)当沿风向两侧的水域较宽时,可采用计算点至对岸的直线距离。

(2)当沿风向有局部缩窄且缩窄处的宽度 B 小于 12 倍计算波长时,可近似地取 $D=5B$,同时不小于计算点至缩窄处的直线距离。

(3)当沿风向两侧的水域较狭窄或水域形状不规则,或有岛屿等障碍物时,可自计算点逆风向做主射线与水域边界相交,然后在主射线两侧每隔 7.5°做一条射线,分别与水域边界相交。如图 2-7 所示,记

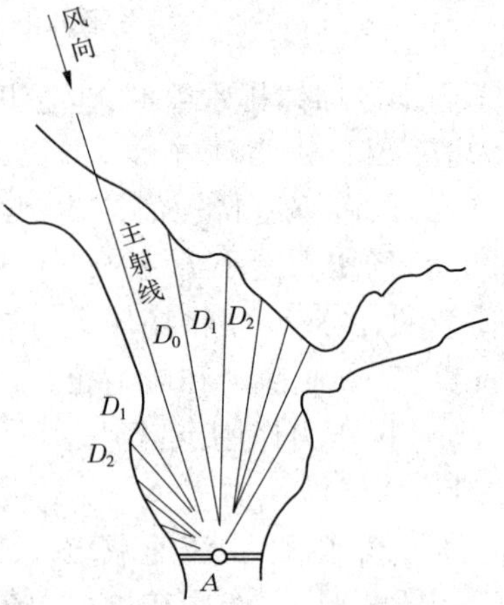

图 2-7　等效风区长度计算示意图

D_0 为计算点沿主射线方向至对岸的距离，D_i 为计算点沿第 i 条射线至对岸的距离，α_i 为第 i 条射线与主射线的夹角，$\alpha_i = 7.5i$（一般取 $i = \pm1$、±2、±3、±4、±5、±6），同时令 $\alpha_0 = 0$，则等效风区长度 D 可按下式计算：

$$D = \frac{\sum_i D_i \cos^2\alpha_i}{\sum_i \cos\alpha_i} \quad (i = \pm1、\pm2、\pm3、\pm4、\pm5、\pm6) \tag{2-8}$$

3）风区内的水域平均深度 H_m

一般可通过沿风向做出地形剖面图求得，其计算水位应与相应设计状况下的静水位一致。

2. 波浪要素计算

波浪要素计算，一般采用以一定实测或试验资料为基准的半理论半经验方法。

平原、滨海地区水库，宜采用南京水利科学研究院在福建莆田海浪试验站经6年观测分析的公式，即莆田试验站公式：

$$\frac{gh_m}{v_0^2} = 0.13\mathrm{th}\left[0.07\left(\frac{gH_m}{v_0^2}\right)^{0.7}\right]\mathrm{th}\left(\frac{0.0018\left(\frac{gD}{v_0^2}\right)^{0.45}}{0.13\mathrm{th}\left[0.7\left(\frac{gh_m}{v_0^2}\right)^{0.7}\right]}\right) \tag{2-9}$$

$$\frac{gT_m}{v_0} = 13.9\left(\frac{gh_m}{v_0^2}\right)^{0.5} \tag{2-10}$$

式中 h_m——平均波高，m；

v_0——计算风速，m/s，在正常运用条件下，采用相应季节50年重现期的最大风速，在非常运用条件下，采用相应洪水期多年平均最大风速；

D——风区长度（有效吹程），m；

H_m——水域平均深度，m；

T_m——平均波周期，s。

由 H_m 和 T_m 可用理论公式计算出平均波长 L_m，即

$$L_m = \frac{gT_m^2}{2\pi}\mathrm{th}\frac{2\pi H_m}{L_m} \tag{2-11}$$

对于 $H_m \geqslant 0.5L_m$ 深水波，式（2-11）还可简写成

$$L_m = \frac{gT_m^2}{2\pi} \tag{2-12}$$

内陆峡谷水库，宜用官厅水库公式计算波高和波长（适用于 $v_0<20$ m/s，$D<20$ km）

$$\frac{gh}{v_0^2} = 0.0076 v_0^{-1/12}\left(\frac{gD}{v_0^2}\right)^{1/3} \tag{2-13}$$

$$\frac{gL_m}{v_0^2} = 0.331 v_0^{-1/2.15}\left(\frac{gD}{v_0^2}\right)^{1/3.75} \tag{2-14}$$

式中 h——波浪高度，当 $gD/v_0^2 = 20 \sim 250$ 时为累积频率5%的波高 $h_{5\%}$，当 $gD/v_0^2 = 250 \sim$

1 000 时为累积频率 10%的波高 $h_{10\%}$。

累积频率为 p 的波高 h_p 与平均波高 h_m 的比值,按表 2-3 查取。

表 2-3　累积频率为 p 的波高 h_p 与平均波高 h_m 的比值

$\frac{h_m}{H_m}$	p/%									
	0.1	1	2	3	4	5	10	13	20	50
0	2.97	2.42	2.23	2.11	2.02	1.95	1.71	1.61	1.43	0.94
0.1	2.70	2.26	2.09	2.00	1.92	1.87	1.65	1.56	1.41	0.96
0.2	2.46	2.09	1.96	1.88	1.81	1.76	1.59	1.51	1.37	0.98
0.3	2.23	1.93	1.82	1.76	1.70	1.66	1.52	1.45	1.34	1.00
0.4	2.01	1.78	1.68	1.64	1.60	1.56	1.44	1.39	1.30	1.01
0.5	1.80	1.63	1.56	1.52	1.49	1.46	1.37	1.33	1.25	1.01

由于空气阻力小于水的阻力,故波浪中心线高出计算静水位,如图 2-8 所示。该波浪要素在挡水建筑物设计时可按下式计算:

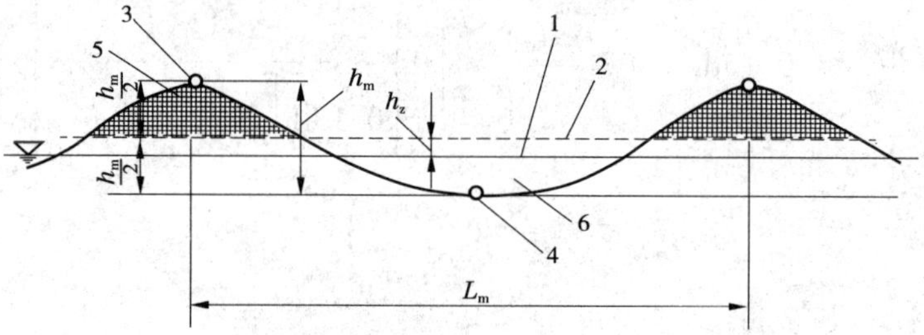

1—计算水位(静水位);2—平均波浪线;3—波顶;4—波底;5—波峰;6—波谷。

图 2-8　波浪要素

$$h_z = \frac{\pi h_{1\%}^2}{L_m}\text{cth}\frac{2\pi H}{L_m} \tag{2-15}$$

式中　h_z——平均波浪线至计算水位(静水位)的高度,m;

H——水深,m;

$h_{1\%}$——累积频率 1%的波高。

3. 直墙式挡水建筑物的浪压力

当波浪要素确定之后,便可根据挡水建筑物前不同的水深条件,判定波态以确定其上的浪压力强度分布,然后计算波浪总压力。随着水深的不同,坝前有三种可能的波浪发生,即深水波、浅水波和破碎波。不同的浪压力分布如图 2-9 所示。

当 $H \geqslant H_{cr}$ 和 $H \geqslant L_m/2$ 时,即坝前水深不小于半波长,为深水波,如图 2-9(a)所示。水域的底部对波浪运动没有影响,这时铅直坝面上的浪压力分布应按立波概念确定。单位长度上浪压力标准值 P_{uk}(kN/m)为

$$P_{uk} = \frac{1}{4}\gamma L_m(h_{1\%} + h_z) \tag{2-16}$$

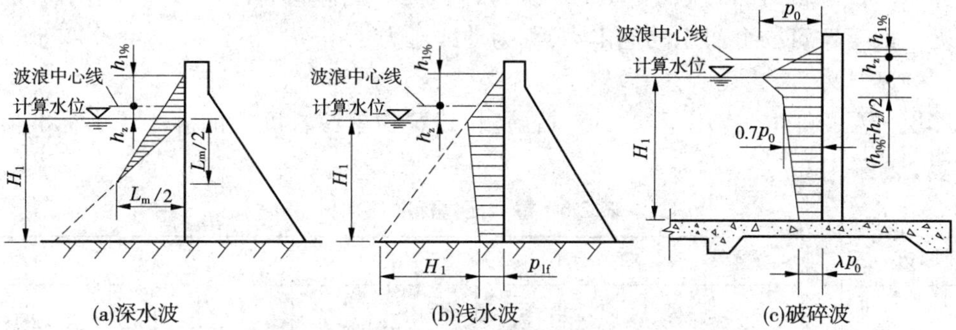

图 2-9 直墙式挡水面的浪压力分布

当 $H_{cr} \leqslant H < L_m/2$ 时,即坝前水深小于半波长,但不小于使波浪破碎的临界水深 H_{cr},如图 2-9(b)所示,为浅水波。水域底部对波浪运动有影响,浪压力分布也到达底部,这时单位长度上压力标准值应按下式计算

$$P_{uk} = \frac{1}{2}[(h_{1\%} + h_z)(\gamma H + p_{lf}) + Hp_{lf}] \tag{2-17}$$

$$p_{lf} = \gamma h_{1\%} \operatorname{sech} \frac{2\pi H}{L_m} \tag{2-18}$$

式中 p_{lf}——坝基底面处剩余浪压力强度,kPa。

当 $H < H_{cr}$ 时,即坝前水深小于临界水深,如图 2-9(c)所示,为破碎波。这时单位长度上浪压力标准值可按下式计算

$$P_{uk} = \frac{1}{2}p_0[(1.5 - 0.5\lambda)(h_{1\%} + h_z) + (0.7 + \lambda)H] \tag{2-19}$$

$$p_0 = K_i\gamma(h_{1\%} + h_z) \tag{2-20}$$

式中 λ——建筑物基底处浪压力强度折减系数,当 $H \leqslant 1.7(h_{1\%}+h_z)$ 时,λ 为 0.6;

p_0——计算水位处的浪压力强度,kPa;

γ——水的容重;

$h_{1\%}$——累积频率 1%的波高;

K_i——底坡影响系数,可按表 2-4 取值,表中 i 为坝前一定距离库底纵坡平均值。

表 2-4 底坡影响系数 K_i 取值

底坡 i	1/10	1/20	1/30	1/40	1/50	1/60	1/80	1/100
K_i	1.89	1.61	1.48	1.41	1.36	1.33	1.29	1.25

作为波态衡量指标之一的 H_{cr} 可由下式计算:

$$H_{cr} = \frac{L_m}{4\pi}\ln\frac{L_m + 2\pi h_{1\%}}{L_m - 2\pi h_{1\%}} \tag{2-21}$$

2.2.1.6 冰压力

冰压力包括静冰压力和动冰压力。

在气候严寒地区,冬季水库表面结成冰盖,但当气温回升时(仍低于 0 ℃),冰盖膨胀

对边界(岸坡、坝面等)产生的挤压力称为静冰压力。当冰盖解冻后,冰块随水流漂移,流冰撞击坝面等建筑物上产生的撞击力,称为动冰压力。

1. 静冰压力

冰层升温膨胀时,作用于坝面或其他宽长建筑物单位长度上的静冰压力标准值 F_{dk},可按表 2-5 采用。

表 2-5 静冰压力标准值 F_{dk}

冰层厚度/m	0.4	0.6	0.8	1.0	1.2
静冰压力标准值/(kN/m)	85	180	215	245	280

注:1. 冰层厚度取多年平均年最大值。
2. 对于小型水库,应将静冰压力标准值乘以 0.87;库面开阔的大型平原水库,应乘以 1.25。
3. 表中值仅适用于结冰期内水库水位基本不变的情况。结冰期间水库水位变动时应做专门研究。
4. 静冰压力数值可按表列冰厚内插。

静冰压力沿冰厚方向的分布,基本上呈现上大下小的倒三角形,故可认为静冰压力的合力作用点在冰面以下冰厚的 1/3 处。

静冰压力的大小与建筑物形态以及冰本身的抗挤压强度有关,静冰压力强度最大值即其抗挤压强度,故对于作用在独立墩柱上的静冰压力,从偏于安全考虑宜用与冰的抗挤压强度成正比的计算式:

$$F_{pl} = mf_{ib}d_i b \tag{2-22}$$

式中 F_{pl}——作用于独立墩柱上的静冰压力,MN;

m——与墩柱水平截面形状有关的系数,由表 2-6 查取;

d_i——计算冰厚(取当地最大冰厚的 70%~80%),m;

b——建筑物(如闸墩)在冰作用高程处的前沿宽度,m;

f_{ib}——冰的抗挤压强度,MPa,结冻初期取 0.75,末期取 0.45。

表 2-6 形状系数 m 值

水平截面形状	三角形夹角 2γ/(°)					矩形	多边形或圆形
	45	60	75	90	120		
m	0.54	0.59	0.64	0.69	0.77	1	0.9

按表 2-5 或按经验公式算得的静冰压力标准值与实测值比较,误差在 10%左右,故对静冰压力的作用分项系数采用 1.1。

2. 动冰压力

作用于铅直坝面或其他宽长建筑物($b/d_i \geqslant 50$)的动冰压力,与冰块抗压强度、冰块厚度、平面尺寸和运动速度有关。

动冰压力标准值由下式计算:

$$F_{bk} \approx 0.07vd_i\sqrt{Af_{ic}} \tag{2-23}$$

式中 F_{bk}——冰块撞击时产生的动冰压力,MN;

v——冰块流速(无实测资料时,对于河流可采用水流流速,水库取历年冰块运动期内最大风速的3%,且≤0.6 m/s,过冰建筑物取流冰的行近流速),m/s;

d_i——流冰厚度,可取当地最大冰厚的70%~80%,流冰初期取最大值;

A——冰块面积(由当地实测或调查资料确定),m^2;

f_{ic}——冰的抗压强度(对于水库,为0.3,对于河流,流冰初期为0.45,后期为0.3),MPa。

作用于前沿铅直的三角形独立墩柱上的动冰压力,应按冰块可能被切入和也可能被撞击两种情况计算,并取其小值为标准值。对于前者可借用式(2-23)计算,因为这时冰已耗用其抗挤压强度了;对于后者则可用式(2-24)计算:

$$F_{p2} = 0.04vd_i\sqrt{mAf_{ic}\tan\gamma} \tag{2-24}$$

式中 F_{p2}——冰块撞击三角形墩柱时的动冰压力,MN;

γ——三角夹角的一半,(°);

其他符号意义同前。

对于作用于铅直的矩形、多边形或圆形独立墩柱,仍可用式(2-23)计算动冰压力。

动冰压力的作用分项系数采用1.1。

2.2.1.7 地震力

地震会引起对水工建筑物的动力作用,包括地震惯性力、地震动水压力和动土压力等。

在考虑地震作用时,常用到地震的基本烈度和设计烈度两个概念。基本烈度是指建筑物所在地区在50年期限内,一般场地条件下,可能遭遇超越概率p_{50}为0.10的地震烈度。设计烈度是指在基本烈度基础上确定的作为工程设防依据的地震烈度。一般采用基本烈度作为设计烈度。但对于1级挡水建筑物,根据工程的重要性和遭受的危害性,其设计烈度可比基本烈度提高1度。设计烈度在6度以下时,设计时可不考虑地震作用。对基本烈度为6度或6度以上地区、坝高超过200 m或库容大于100亿m^3的大型工程,以及基本烈度为7度及7度以上的地区、坝高超过150 m的大(1)型工程,其抗震设防依据应进行专门的地震危险性分析评定。

根据《水工建筑物抗震设计规范》(SL 203—97),水工建筑物的工程抗震设防类别,应根据其重要性和工程场地基本烈度按表2-7的规定确定。

表2-7 工程抗震设防类别

工程抗震设防类别	建筑物级别	场地基本烈度
甲	1(壅水)	≥6
乙	1(非壅水)、2(壅水)	
丙	2(非壅水)、3	≥7
丁	4、5	

各类工程抗震设防类别的水工建筑物,除土石坝、水闸应按其相关规定外,抗震作用效应的计算方法应按照表2-8的规定采用。

表 2-8 抗震作用效应的计算方法

工程抗震设防类别	抗震作用效应的计算方法
甲	动力法
乙、丙	动力法或拟静力法
丁	拟静力法或着重采取抗震措施

1. 地震惯性力

地震惯性力可按拟静力法计算,该方法是在静力法(地震力等于建筑物的质量与设计加速度的乘积,加速度沿建筑物高度不变)的基础上,考虑到建筑物因地震产生的变形,加速度沿其高度分布是不均匀的,参照动力计算的结果,将加速度沿建筑物高度的分布用某种简化的图形(梯形或折线形)来代替。但对于 1 级、2 级水工建筑物及高度超过 150 m 的坝宜用动力法来确定抗震作用效应。

重力坝沿轴线方向刚度很大,地震作用力沿该方向将传到两岸,故重力坝一般只计算顺河流方向的水平向地震作用,两岸陡坡上的重力坝段尚应计入垂直河流方向的水平向地震作用,而对于设计烈度为 8 度、9 度时,1 级、2 级重力坝等挡水建筑物则应同时计入水平和竖向地震作用,但对竖向地震惯性力尚需乘以 0.5 的耦合系数。

沿建筑物高度作用于质点 i 的水平向地震惯性力代表值,可统一用下式表示:

$$F_i = \frac{a_{\mathrm{h}} \xi G_{\mathrm{E}i} a_i}{g} \tag{2-25}$$

式中 F_i——作用在质点 i 的水平向地震惯性力代表值;

a_{h}——水平向设计地震加速度代表值,见表 2-9;

g——重力加速度,$g=9.81\ \mathrm{m/s^2}$;

ξ——地震作用的效应折减系数,一般取 0.25;

$G_{\mathrm{E}i}$—— 集中在质点 i 的重力作用标准值;

a_i——质点 i 的动态分布系数。

表 2-9 水平向设计地震加速度代表值

设计烈度	7 度	8 度	9 度
a_{h}	$0.1g$	$0.2g$	$0.4g$

对于重力坝,a_i 按式(2-26)确定。

$$a_i = 1.4 \times \frac{1 + 4(h_i/H)^4}{1 + 4\sum_{j=1}^{n} \frac{G_{\mathrm{E}j}}{G_{\mathrm{E}}}(h_j/H)^4} \tag{2-26}$$

式中 n——坝体计算质点总数;

H——坝高,m,溢流坝的 H 应算至闸墩顶;

h_i、h_j——质点 i、j 的高度，m；

G_E——产生地震惯性力的建筑物总重力作用的标准值。

2. 地震动水压力

地震时，坝前、坝后的水随着震动，形成作用在坝面上的激荡力。采用拟静力法计算重力坝抗震作用效应时水深 h 处的地震动水压强代表值，可按式(2-27)计算：

$$p(h) = a_h \xi \psi(h) \rho H_1 \tag{2-27}$$

式中　$p(h)$——作用在直立迎水坝面水深 h 处的地震动水压强代表值；

$\psi(h)$——水深 h 处的地震动水压力分布系数，由表 2-10 查取；

ρ——水体质量密度标准值；

H_1——水深，m；

其他符号意义同前。

表 2-10　地震动水压力分布系数

h/H_1	$\psi(h)$	h/H_1	$\psi(h)$	h/H_1	$\psi(h)$
0	0	0.4	0.74	0.8	0.71
0.1	0.43	0.5	0.76	0.9	0.68
0.2	0.58	0.6	0.76	1.0	0.67
0.3	0.68	0.7	0.75		

单位宽度坝面总地震动水压力作用点位于水面以下 $0.54H_1$ 处，其代表值 F_0 为

$$F_0 = 0.65 a_h \xi \rho H_1^2 \tag{2-28}$$

当迎水坝面倾斜，且与水平面夹角为 θ 时，上述动水压强代表值应乘以折减系数 η_c。

$$\eta_c = \frac{\theta}{90} \tag{2-29}$$

重力坝的地震动水压力算法也适用于除拱坝外其他坝及水闸拟静力法的抗震计算，还可以用于面板堆石坝。

2.2.1.8　其他荷载

有时还有风荷载、雪荷载和活动荷载（移动吊车、人行车载、船只撞击）等作用，但它们对重力坝整体稳定的影响很小，也可不考虑。当局部结构设计需要计算时，可查阅相应规范。

另外，由于受水化热、气温、水温和太阳辐射的周期性变化影响，温度荷载在坝体的超静定部位明显地作用着，在重力坝内形成了一个非常复杂的温度场，目前还很难在设计时准确计算。所以直到现在，都不直接考虑这种荷载，只要求计算或估算与开裂有关的几种温降情况，在施工中采取温度控制措施。

至于战争性的人为破坏的作用力是实际可能的，却是不易计算的，这方面的防止措施应结合非工程措施，进行专题研究。

2.2.2 荷载组合

码 2-7 微课：重力坝的荷载组合

以上所述的各种荷载，除坝体自重外，多数都有一定的变化范围。例如，在正常运行情况、放空水库情况或当发生设计、校核洪水时，上、下游水位就有所不同。水位变化，水压力、浪压力、扬压力等也跟着变化。此外，上游水位最高时，不一定出现最大风级，更不一定刚好发生强烈地震。因此，在进行坝的设计时，必须按照实际情况，考虑不同的荷载组合，分别进行核算，按其出现的概率，给予不同的安全系数。所以，把作用在坝上的荷载，按其性质分为基本荷载和特殊荷载两类。

2.2.2.1 基本荷载——经常作用在坝体上的荷载

(1)坝体及其上固定设备的自重(永久的设备不一定是固定的)。

(2)正常蓄水位或设计洪水位时大坝上、下游面的静水压力(选取一种控制情况)。

(3)相应于正常蓄水位或设计洪水位时的扬压力。

(4)淤沙压力。

(5)相应于正常蓄水位或设计洪水位时的浪压力。

(6)冰压力。

(7)土压力。

(8)相应于设计洪水位时的溢流动水压力。

(9)其他出现机会较多的荷载。

2.2.2.2 特殊荷载——较少作用在坝体上的荷载

(10)校核洪水位时大坝上、下游面的静水压力。

(11)相应于校核洪水位时的扬压力。

(12)相应于校核洪水位时的浪压力。

(13)相应于校核洪水位时的溢流动水压力。

(14)地震荷载(一般是相应于正常蓄水位的)。

(15)其他出现机会很少的荷载(如施工荷载、排水失效时的扬压力)。

2.2.2.3 确定荷载组合

荷载组合可分为基本组合和特殊组合两类。基本组合属正常运用情况(俗称设计情况)，由同时出现的基本荷载所组成。特殊组合属非常运用情况(俗称校核情况)，由同时出现的基本荷载和一种或几种特殊荷载所组成。荷载组合的规定见表2-11，设计时，应从这两类组合中选择几种最不利的、起控制作用的组合情况进行计算，使之满足规范要求。荷载组合表并非固定，要根据实际可能性选定最不利的、其他可能的起控制作用的组合情况。要点是，荷载既要“实际存在”，又要组合必须“可能不利”。

表 2-11　荷载组合

荷载	主要考虑情况	荷载										附注
		自重	静水压力	扬压力	淤沙压力	浪压力	冰压力	地震荷载	动水压力	土压力	其他荷载	
基本组合	(1)正常蓄水位情况	(1)	(2)	(3)	(4)	(5)	—	—	—	(7)	(9)	土压力根据坝体外是否填有土石而定
	(2)设计洪水位情况	(1)	(2)	(3)	(4)	(5)	—	—	(8)	(7)	(9)	土压力根据坝体外是否填有土石而定
	(3)冰冻情况	(1)	(2)	(3)	(4)	—	(6)	—	—	(7)	(9)	静水压力及扬压力按相应冬季库水位计算
特殊组合	(1)校核洪水情况	(1)	(10)	(11)	(4)	(12)	—	—	(13)	(7)	(15)	
	(2)地震情况	(1)	(2)	(3)	(4)	(5)	—	(14)	—	(7)	(15)	静水压力及扬压力和浪压力按正常蓄水位计算，有论证时可另作规定

注：1. 应根据各种荷载同时作用的实际可能性，选择计算中最不利的荷载组合。
2. 分期施工的坝应按相应的荷载组合分期进行计算。
3. 施工期的情况应做必要的核算，作为特殊组合。
4. 根据地质和其他条件，如考虑运用时排水设备易于堵塞，须经常维修，应考虑排水失效的情况，作为特殊组合。
5. 地震情况，如按冬季计及冰压力，则不计浪压力。

【任务测试】

请扫描二维码，做任务测试卷。

码 2-8　任务 2.2 测试卷

任务 2.3　重力坝的稳定分析

【任务导航】

问题 1：为什么要进行重力坝的稳定分析？重力坝失稳的可能性有哪些？

问题 2：如何提高重力坝的抗滑稳定性？

码 2-9　微课：重力坝的稳定分析

【任务解析】

重力坝的稳定计算与应力分析即在各种作用组合情况下，对初拟的断面尺寸进行作用效应计算（应力分析）、强度校核和稳定验算，以及最终定出满足强度、稳定要求的经济断面。

2.3.1　重力坝稳定分析的原理

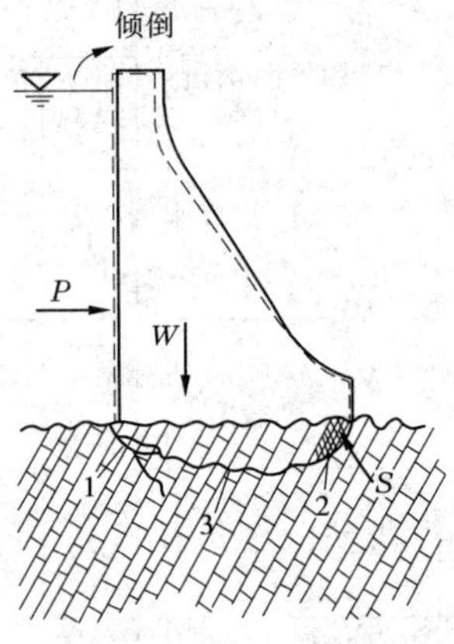

1—拉伸裂缝;2—压缩区;
3—地基破坏线;S—抗压反力。

图 2-10　倾倒破坏示意图

重力坝的稳定分析仍是建立在经典力学的基础上。

2.3.1.1　重力坝失稳的可能性

从理论上看,重力坝失稳的可能性应该有三种:滑动、倾倒和浮起。但历史上发生的失稳破坏都是滑倾破坏。理论分析、野外和室内试验研究以及原型观测结果表明,岩基上重力坝的失稳破坏一般有以下两种类型:

(1)坝沿抗剪能力不足的层面滑动,包括沿坝与基岩接触面间的表层滑动,沿坝基内方向不利而又连续延伸的软弱面的深层滑动。

(2)如图 2-10 所示,坝伴随着坝踵出现倾斜拉伸裂缝,而在坝趾出现压碎区而倾倒。

2.3.1.2　薄弱滑动面分析

1. 坝与基岩的接触面

界面结合较差,抗剪强度较低,水平合力较大,发生滑动的可能性最大,一定要进行抗滑稳定校核。

2. 坝体内薄弱层面

断面突变,应力集中,主要依靠结构措施,并保证坝体施工质量,对某些情况应进行抗滑稳定校核。

3. 坝基软弱层面、岸坡与坝体接触面

主要依靠专门的地基处理措施解决,对某些情况应进行抗滑稳定校核。所以,重力坝的抗滑稳定分析,主要是核算坝底面的抗滑稳定性。抗滑稳定计算公式建立在依靠重力在滑动面上产生的抗剪(阻滑)力来抵抗滑动力的前提上。下面依据《混凝土重力坝设计规范》(SL 319—2018),着重介绍重力坝的抗滑稳定分析方法。

2.3.2　抗滑稳定计算公式及参数选择

重力坝的抗滑稳定问题,涉及抗剪强度试验方法、计算参数的选择以及稳定计算方法三个方面。现有的抗滑稳定计算公式很多,常用的有以下几类。

2.3.2.1　抗剪强度计算法

抗剪强度计算法把滑动面视为一种接触面,而不是胶结面,在滑动面上的阻滑力只考虑摩擦力,不考虑凝聚力。此法只考虑滑动面上的摩擦力,俗称纯摩公式。当滑动面为水平时(见图 2-11),按抗剪强度计算的抗滑稳定安全系数 K,应满足下式要求

$$K = \frac{\text{阻滑力}}{\text{滑动力}} = \frac{f(\sum W - U)}{\sum P} \geqslant [K] \tag{2-30}$$

式中 $\sum P$——计算层面上全部切向作用力之和,kN;

$\sum W$——计算层面上全部法向作用力之和,kN;

f——层面抗剪断摩擦系数;

U——作用于滑动面上的扬压力。

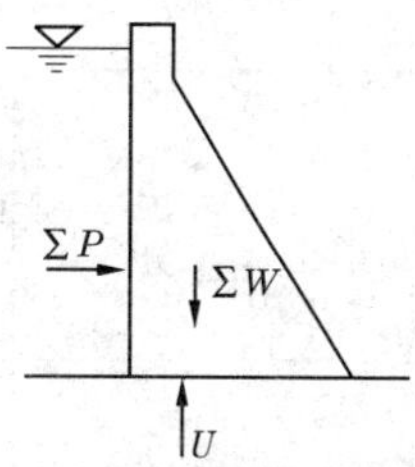

图 2-11 坝基面呈水平面时的稳定计算图

抗滑稳定安全系数 K 不应小于表 2-12 规定的允许抗滑稳定安全系数[K]。当考虑排水失效情况或施工期情况作为一种特殊组合时,其安全系数[K]按表 2-12 中特殊组合采用;对于 4 级、5 级坝,可参照 3 级坝采用。

表 2-12 允许抗滑稳定安全系数[K]

荷载组合		坝的级别		
		1	2	3
基本组合		1.10	1.05	1.00
特殊组合	(1)	1.05	1.00	1.00
	(2)	1.00	1.00	1.00

式(2-30)从理论上讲是不严密的,不仅没考虑基岩与混凝土间实际存在的“胶结”作用,甚至还忽略了即使“胶结”被破坏仍然存在着的“咬合”作用。因此,摩擦系数 f 和安全系数[K]的选定都较粗糙。但由于公式形式简单,使用方便,在摩擦系数的选择上又积累了丰富的经验,因此作为一种经验公式,可用于中小型工程,有些国家一直在采用。

国内若干混凝土重力坝的 f 值见表 2-13,国内部分砌石重力坝的 f 值见表 2-14,对于设计初期有参考价值。

表 2-13 国内若干混凝土重力坝的 f 值

坝名	坝高/m	f 值	基岩
潘家口	107.5	0.7	片麻岩
三门峡	106	0.75	闪长玢岩
黄龙滩	107	0.65~0.72	新鲜结晶片岩
参窝	50.3	0.60~0.68	石英角闪云母片岩
上犹江	67.5	0.70	石英砂岩
安砂	92	0.55	石英砂岩和砾岩
池潭	78.5	0.70	流纹斑岩
枫树	95.1	0.70~0.75	闪长玢岩

表 2-14　国内部分砌石重力坝的 f 值

坝名	坝高/m	f 值	基岩
朱庄	95.0	0.55~0.60 0.20~0.30	石英砂岩 砂页岩软弱夹层
青天河	72.0	0.65	白云质灰岩
皎口	66.0	0.60~0.65	凝灰流纹岩
仁河	59.2	0.50	石灰岩、页岩
金家洞	58.0	0.70	燧石
城坪冲	55.0	0.65	石英砂岩
成屏二级	45.8	0.65~0.70	凝灰流纹岩
大坝	79.3	0.70	花岗岩
新王泄	43.2	0.60	凝灰熔岩
大坳	37.1	0.55	泥质板岩
黄土溪	35.5	0.50	砂质岩互层

2.3.2.2　抗剪断强度计算法

抗剪断强度计算法认为坝与基岩胶结良好,直接通过胶结面的抗剪断试验来求得抗剪断强度的两个参数 f' 和 c',总阻滑力为 $f'(\sum W-U)+c'A$。此法考虑了滑动面上的抗剪断力,俗称剪摩公式。当滑动面为水平时,按抗剪断强度计算的抗滑稳定安全系数 K' 应满足下式要求

$$K'=\frac{f'(\sum W-U)+c'A}{\sum P}\geqslant[K'] \tag{2-31}$$

式中　f'——坝体混凝土与坝基接触面的抗剪断摩擦系数;

c'——坝体混凝土与坝基接触面的抗剪断凝聚力,kPa;

A——坝基接触面截面面积,m^2;

其他符号意义同前。

允许抗滑稳定安全系数 $[K']$ 值不论坝的级别,基本组合采用 3.0,特殊组合(1)采用 2.5,特殊组合(2)不小于 2.3。

2.3.2.3　计算参数的选择

抗滑稳定计算公式中的参数 f'、c' 或 f 的选择非常重要,对材料用量、工程量、投资的影响很大。

从理论上看,式(2-31)比式(2-30)更合理,但生产实践告诉我们,关键不在于哪个公式理论性强,而在于公式中的参数如何选用得合适。因为 f'、c' 都是综合性的参数,由于地质条件的复杂性、工程条件的差异性和施工条件的变化性,确实很难准确确定。所以

说,抗滑稳定分析至今仍建立在经验的基础上,有待于进一步研究改进。

2.3.2.4 坝体抗滑稳定计算要点

坝体抗滑稳定计算主要核算坝基面滑动条件,应按抗剪断强度式(2-31)或抗剪强度式(2-30)计算坝基面的抗滑稳定安全系数。两种公式并列是因为工程实践表明,当坝基岩体条件较好时,采用抗剪断强度公式是合适的;当坝基岩体条件较差时,如软岩或存在软弱结构面,采用抗剪强度公式也是可行的。所以,设计时应根据工程地质条件选取适当的计算公式。

当坝基岩体内存在软弱结构面、缓倾角裂隙时,需核算深层抗滑稳定。根据滑动面的分布情况综合分析后,可分为单滑面、双滑面和多滑面的计算模式,以刚体极限平衡法计算为主,必要时可辅以有限元法、地质力学模型试验等方法分析深层抗滑稳定,并进行综合评定,其成果可作为坝基处理方案选择的依据。

当坝基岩体内无不利的顺流向断层裂隙及横缝设有键槽并灌浆,核算深层抗滑稳定时可计入相邻坝段的阻滑作用。

在坝体抗滑稳定计算中,经论证可考虑位于坝后的水电站厂房或其他大体积建筑物与坝体的联合作用,但应做好相应的结构设计。

2.3.2.5 特殊情况的抗滑稳定

1. 倾斜面上的抗滑稳定

利用有利地形把坝体布置在向上游倾斜的地基上,或者把坝基开挖成稍向上游倾斜的基面(见图2-12),对增加坝的稳定性是很有利的。这样,式(2-30)可改写成:

$$K=\frac{f(\sum W\cos\theta-U+\sum P\sin\theta)}{\sum P\sin\theta-\sum W\sin\theta} \quad (2\text{-}32)$$

式中 θ——倾斜面与水平面的夹角,见图2-12。

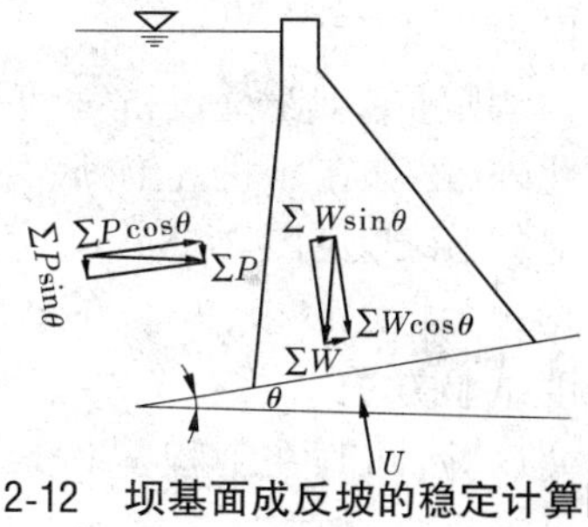

图2-12 坝基面成反坡的稳定计算图

2. 坝基中具有缓倾角断层或软弱夹层时的抗滑稳定

当靠近坝底的基岩中具有缓倾角断层或软弱夹层时,坝体将沿这种薄弱面滑动破坏。应对这些可能破坏面进行抗滑稳定验算。沿软弱带发生深层滑动,可能有图2-13中所示的四种情况。滑动面可能是单斜滑动面、折线滑动面,计算时的有关参数应采用夹层的数据,并计入下游尾岩的抗滑作用。

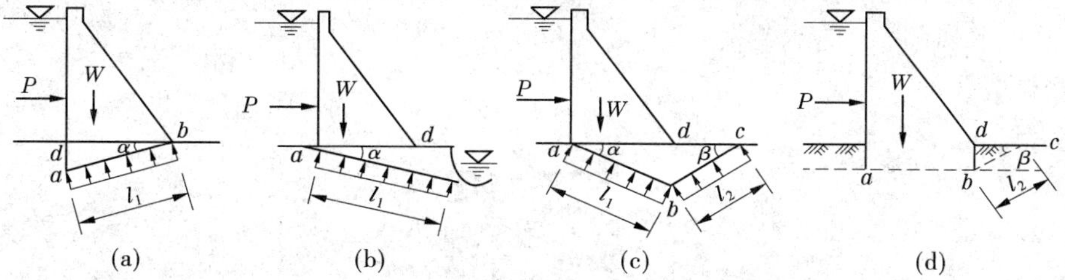

图2-13 四种深层滑动情况

3. 岸坡坝段的抗滑稳定

重力坝岸坡段的基面是沿坝轴线方向倾斜的斜面或折面,除有自重等铅直向下作用和$\sum P$的推力向下游作用外,尚有岸坡段的自重分力向河床方向作用。在三向荷载共同作用下,岸坡坝段的稳定比河床坝段要复杂。国外就有岸坡坝段在施工过程中失稳的情况。可以采取封闭横缝等结构防止措施。在岸坡地形、地质条件允许时,也可以采用在岸坡开挖若干有足够宽度的平台的办法(见图 2-14)。

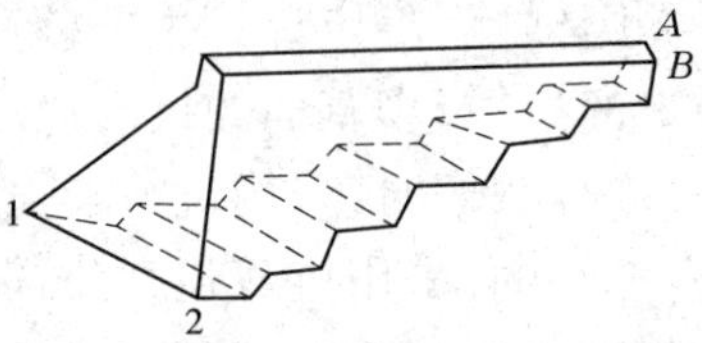

图 2-14　岸坡设有平台的示意图

2.3.3　保证坝体抗滑稳定性的节省措施

为了满足坝体的抗滑稳定性,单纯加大断面,增加坝重的做法是不科学的。除认真做好地基处理(开挖、填塞、灌浆)外,还可采取以下措施减少坝基开挖量和坝体工程量:

(1)上游迎水面坝坡稍微倾斜或部分倾斜,以利用斜坡上的水重。

(2)坝基面开挖成向上游倾斜的单坡或多段缓坡(合计总长为坝底宽度的 70%~80%),以利用荷载产生的阻滑分力。

(3)采取有效的防渗排水措施,甚至抽水减压,降低渗透压力。

(4)坝踵或坝趾处设抗剪浅齿墙,提高抗剪能力。

此外,还有在坝的上游底部,采用深孔预应力锚栓(或钢缆)压坝,见图 2-15。

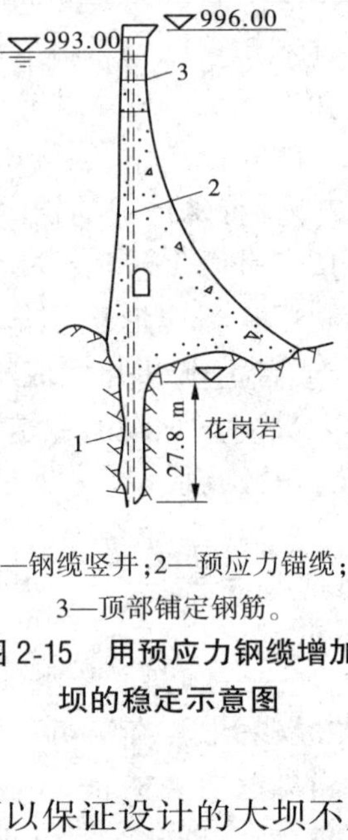

1—钢缆竖井;2—预应力锚缆;3—顶部铺定钢筋。

图 2-15　用预应力钢缆增加坝的稳定示意图

近一个世纪以来,人们在重力坝的稳定分析方法、抗剪强度试验方法以及有关参数的选择等方面,做了大量的研究试验,同时在工程建设运行方面也积累了丰富的经验,使稳定分析方法有了不少的改进,取得了不少研究成果,并且在不良地基上建成了 181 m 高的三峡大坝。但由于稳定问题涉及的因素很多,问题比较复杂,目前,虽然可以保证设计的大坝不发生失稳破坏,但还没有公认的很经济合理的研究成果,仍用一些半经验性质的公式进行计算。特别需要指出的是,几十年来人们更注意滑动破坏方面,而将倾倒破坏简单地理解为坝体(不包括部分地基)绕坝趾旋转破坏,在要求坝踵不出现铅直拉应力的设计准则控制下,认为倾倒破坏肯定是不会发生的。

【任务测试】

请扫描二维码,做任务测试卷。

码 2-10　任务 2.3 测试卷

任务 2.4 重力坝的应力分析

【任务导航】

问题1:为什么要进行重力坝应力分析?如何分析?

问题2:如何进行重力坝强度控制?

【任务解析】

2.4.1 应力分析的目的和方法

重力坝应力分析的目的主要是检验坝体在施工期和运用期是否满足强度要求,同时也是为了研究解决设计和施工中的某些问题,如坝体材料分区、某些部位配筋要求、坝体断面的合理验算等。

重力坝应力分析方法,可以归纳为理论计算和模型试验两大类。理论计算主要包括材料力学法、有限元法等。重力坝的应力,一般以材料力学法进行分析,以刚体极限平衡法验算稳定;对于建在地质条件复杂地区的中坝、高坝除用材料力学法计算坝体应力外,尚宜采用有限元法进行计算分析;对于高坝,必要时可采用结构模型、地质力学模型等试验验证;宽缝重力坝可用材料力学法进行坝体应力分析,对于局部区域如头部附近则可用有限元法计算,并允许在离上游面较远部位出现不超过坝体混凝土允许的拉应力;空腹重力坝可用结构力学法、材料力学法和有限元法计算坝体应力,并用模型试验验证所得应力成果,应没有特别不利的应力分布状态。

下面简要介绍较为常用的材料力学法。

2.4.2 材料力学法计算重力坝应力

用材料力学法计算坝体应力时,一般是沿坝轴线截取单位长坝体作为固定在坝基上的悬臂梁,按平面问题进行计算,并做以下假定:坝体材料是均质连续、各向同性的弹性体;不考虑两侧坝体的影响;任意水平截面上的正应力呈直线分布。水平截面的位置一般取坝面折线的交会处、坝厚突然变化处等有特点的地方。图2-16为非溢流坝横断面的计算简图,并规定,铅直外力向下游为正,水平外力向上游为正;力矩逆时针方向为正;正应力以压力为正。

2.4.2.1 边缘应力计算

一般情况下,坝体的最大主应力和最小主应力都出现在上、下游边缘,同时要计算坝体内部应力也需要以边缘应力作为边界条件。因此,根据《混凝土重力坝设计规范》(SL 319—2018)中的规定,应先校核边缘应力是否满足强度要求。

1.水平截面上的边缘正应力 σ'_y、σ''_y

按材料力学偏心受压公式计算:

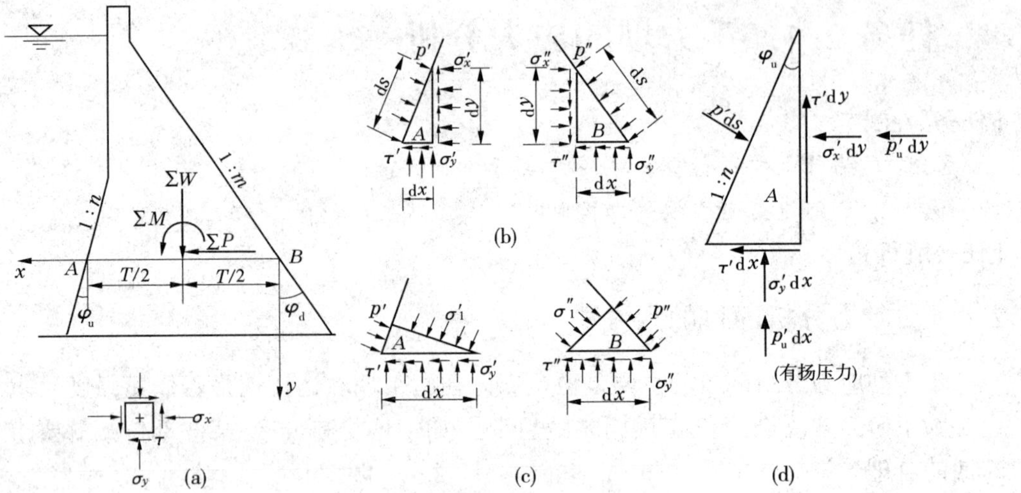

图 2-16　坝体边缘应力计算图

$$\left.\begin{aligned}\sigma_y' &= \frac{\sum W}{T} + \frac{6\sum M}{T^2}\\ \sigma_y'' &= \frac{\sum W}{T} - \frac{6\sum M}{T^2}\end{aligned}\right\} \tag{2-33}$$

式中　$\sum W$——作用在计算截面以上全部荷载的铅直分力总和,kN;

$\sum M$——作用在计算截面以上全部荷载对截面形心的力矩之和,kN · m;

T——计算截面沿上下游方向的宽度,m;

σ_y'、σ_y''——上、下游边缘的铅直正应力,kN。

由图 2-17 可知,$\sum M = e\sum W$,代入式(2-33),得:当 $e \geqslant \frac{T}{6}$时,$\sigma_y'' \leqslant 0$;当 $e < \frac{T}{6}$时,$\sigma_y'' > 0$;当 $e \leqslant -\frac{T}{6}$时,$\sigma_y' \leqslant 0$;当 $e > -\frac{T}{6}$时,$\sigma_y' > 0$。该关系式说明,水平截面的宽度 T 的中间 1/3 范围是“截面核心”。当合力 R 作用线交于“截面核心”以内时,上、下游边缘的垂直正应力 σ_y'、σ_y'' 均为正值,即压应力;当合力 R 作用线交于“截面核心”以外时,靠近交点一侧的边缘上垂直正应力为压应力,远离交点侧边缘的垂直正应力为拉应力,这个概念对重力坝的设计尤为重要。

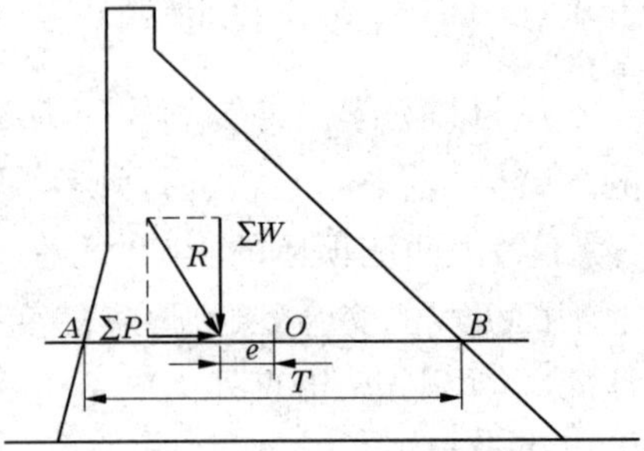

图 2-17　截面核心计算图

2. 边缘剪应力

已知 σ_y'、σ_y'' 后,可由边缘 A、B 点分别切取三角形微元体,见图 2-16(b),并根据力的平衡条件,即算得 τ'、τ''。

对于上游坝面 A 的微元体,由 $\sum F_y = 0$ 可得

$$p'\mathrm{d}s\sin\varphi_{\mathrm{u}} - \tau'\mathrm{d}y - \sigma'_y\mathrm{d}y = 0$$

$$\tau' = p'\frac{\mathrm{d}x}{\mathrm{d}y} - \sigma'_y\frac{\mathrm{d}x}{\mathrm{d}y} = (p' - \sigma'_y)n \tag{2-34}$$

同理,对下游坝面 B 的微元体,由 $\sum F_y=0$ 可得

$$\tau'' = (\sigma''_y - p'')m \tag{2-35}$$

式中 p'、p''——计算截面上、下游坝面的水压力强度(当有淤沙压力和地震动水压力时也应计算在内);

n、m——上、下游坝面坡率,$n=\tan\varphi_{\mathrm{u}}$,$m=\tan\varphi_{\mathrm{d}}$;

φ_{u}、φ_{d}——上、下游坝面与铅直面的夹角。

3. 铅直截面上的边缘正应力 σ'_x、σ''_x

已知 τ'、τ''以后,可根据平衡条件 $\sum F_x=0$,求得上、下游坝面微元体上 σ'_x 及 σ''_x。

对于上游坝面 A 的微元体,取 $\sum F_x=0$ 可得

$$\sigma'_x\mathrm{d}y + \tau'\mathrm{d}x - p'\mathrm{d}s\cos\varphi_{\mathrm{u}} = 0$$

$$\sigma'_x = p' - \tau'\frac{\mathrm{d}x}{\mathrm{d}y} = p' - (p' - \sigma'_y)n^2 \tag{2-36}$$

同理,对下游坝面 B 的微元体取 $\sum F_x=0$ 可得

$$\sigma''_x = p'' + (\sigma''_y - p'')\ m^2 \tag{2-37}$$

4. 边缘主应力 σ'和 σ''

为求边缘主应力,取图 2-16(c)所示的三角形微元体分析,上、下游坝面仅受垂直于坝面的水压力,没有剪应力。因此,上、下游坝面即为主应力面之一,而另一主应力面必然与坝面垂直。按力的平衡条件 $\sum F_y=0$,可得

$$\sigma'_1\cos^2\varphi_{\mathrm{u}}\mathrm{d}x + p'\mathrm{d}x\sin^2\varphi_{\mathrm{u}} - \sigma'_y\mathrm{d}x = 0$$

$$\sigma'_1 = \frac{\sigma'_y - p'\sin^2\varphi_{\mathrm{u}}}{\cos^2\varphi_{\mathrm{u}}} = (1 + n^2)\ \sigma'_y - p'n^2 \tag{2-38}$$

同理,由下游坝面微元体取 $\sum F_y=0$ 可得

$$\sigma''_1 = (1 + m^2)\sigma''_y - p''m^2 \tag{2-39}$$

显然另一主应力即为作用在坝面上的压力强度,分别为

$$\sigma'_2 = p' \tag{2-40}$$

$$\sigma''_2 = p'' \tag{2-41}$$

由式(2-38)可以看出,当上游坝面倾斜时,$n>0$,即使 $\sigma'_y\geqslant 0$,但如果 $\sigma'_y<p'\sin^2\varphi_{\mathrm{u}}$,上游坝面主应力 σ'_1 仍会成为拉应力。因此,重力坝上游坝面坡率 n 一般很小,甚至为零,以防上游坝面出现拉应力。

5. 有扬压力时边缘应力的计算

上述应力计算公式均未计入扬压力。对于刚建成的或刚开始蓄水的坝,在坝体内或坝基中尚未形成稳定渗流场时,若要考虑坝踵和坝趾的应力情况,则可利用上述公式计算。

但当坝建成后,在长期蓄水运行的情况下通过坝体和坝基的渗透水流,已形成稳定的

渗流场,此时应考虑扬压力的作用。当计入扬压力作用时,水平截面上正应力 σ'_y、σ''_y 仍可由式(2-33)计算,只需把扬压力作为一种荷载计入 $\sum W$ 和 $\sum M$ 中即可(但必须注意到,考虑扬压力所求得的正应力 σ_y 是作用在材料骨架上的有效应力,而微元面的总应力即等于有效应力加扬压力)。求出边缘正应力 σ'_y 及 σ''_y 之后,其他边缘应力仍可根据坝面微元体的平衡条件求得。以上游边缘应力为例[见图 2-16 (d)],令 p'_u 及 p''_u 分别为上、下游边缘的扬压力强度,根据平衡条件 $\sum F_y=0$ 和 $\sum F_x=0$ 可得出

$$\tau' = (p' - p'_u - \sigma'_y)n \tag{2-42}$$

$$\sigma'_x = (p' - p'_u) - (p' - p'_u - \sigma'_y)n^2 \tag{2-43}$$

$$\tau'' = (\sigma''_y + p''_u - p'')m \tag{2-44}$$

$$\sigma''_x = (p'' - p''_u) - (\sigma''_y + p''_u - p'')m^2 \tag{2-45}$$

此时,上、下游边缘主应力分别求出,如下:

上游边缘主应力

$$\left.\begin{aligned}\sigma'_1 &= (1 + n^2)\sigma'_y - (p' - p'_u)n^2 \\ \sigma'_2 &= p' - p'_u\end{aligned}\right\} \tag{2-46}$$

下游边缘主应力

$$\left.\begin{aligned}\sigma''_1 &= (1 + m^2)\sigma''_y - (p'' - p''_u)m^2 \\ \sigma''_2 &= p'' - p''_u\end{aligned}\right\} \tag{2-47}$$

当无淤沙压力和地震动水压力情况时,p'、p'' 即为作用在上、下游坝面上的静水压力强度,即等于 p'_u、p''_u,则式(2-42)~式(2-47)中的($p'-p''$)、($p''-p''_u$)均为零。

由式(2-46)、式(2-47)可知,最大主压应力发生在带负号的第二项为零之时。对于坝基截面,坝趾抗压强度承载能力极限状态作用效应式可写为

$$S(\cdot) = \sigma''_{1R} = (1 + m^2)\sigma''_{yR} \tag{2-48}$$

式中,σ''_{yR} 特指坝基截面下游边缘垂直正应力,可由式(2-33)的第二式用于坝基面而得;考虑计算坝基面不一定取坝轴线方向单宽的一般情况,上式还可写为

$$S(\cdot) = \sigma''_{1R} = (1 + m^2)\left(\frac{\sum W_R}{A_R} - \frac{\sum M_R T_R}{J_R}\right) \tag{2-49}$$

式中 $\sum W_R$——坝基面上法向作用力之和;

$\sum M_R$——全部作用力对坝基面形心力矩之和;

A_R、J_R、T_R——坝基截面的面积、惯性矩以及形心轴至下游边缘的距离。

对一般实体重力坝的矩形坝基面而言,T_R 即为总底宽的 1/2。

2.4.2.2 坝体内部应力计算

当重力坝上、下游边缘应力求得后,以此作为已知条件,结合材料力学的平面假定,利用平衡微分方程的积分,就可求得坝内任一点的各应力分量。

1. 坝内水平截面上的正应力

根据 σ_y 在水平截面上呈直线分布的假定,可得距下游坝面 x 处的 σ_y 为

$$\sigma_y = a + bx \tag{2-50}$$

式中,系数 a、b 可由边界条件和偏心受压公式确定。采用的坐标 x、y 见图 2-18(a)。

当 $x=0$ 时

$$a=\sigma''_y=\frac{\sum W}{T}-6\frac{\sum M}{T^2}$$

当 $x=T$ 时

$$b=\frac{\sigma'_y-\sigma''_y}{T}=\frac{12\sum M}{T^3}$$

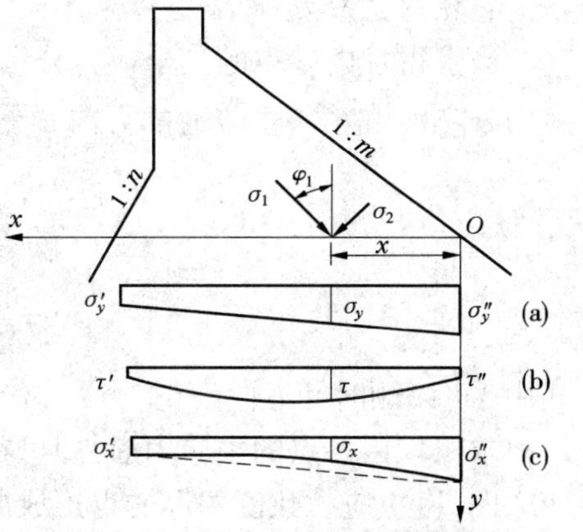

图 2-18　坝内应力分布示意图

2. 坝内剪应力 τ

由于 σ_y 呈线性分布,由平衡条件可得出水平截面上剪应力 τ_x 呈二次抛物线分布,见图 2-18(b),即

$$\tau_x=a_1+b_1x+c_1x^2 \tag{2-51}$$

式中,a_1、b_1、c_1 为三个待定常数,可由下面三个条件确定:

当 $x=0$ 时,$\tau=\tau''$,即 $a_1=\tau''$;

当 $x=T$ 时,$\tau=\tau'$,即 $a_1+b_1T+c_1T^2=\tau'$;

整个水平截面上剪应力总和应与截面以上水平荷载总和 $\sum P$ 相平衡,即

$$\int_0^T(a_1+b_1x+c_1x^2)\,\mathrm{d}x=-\sum P$$

得

$$a_1T+\frac{b_1}{2}T^2+\frac{c_1}{3}T^2=-\sum P$$

将以上三个方程式联立求解,可以得出

$$\left.\begin{aligned}a_1&=\tau''\\ b_1&=-\left(\frac{6\sum P}{T}+2\tau'+4\tau''\right)\\ c_1&=\frac{1}{T^2}\left(\frac{6\sum P}{T}+3\tau'+3\tau''\right)\end{aligned}\right\} \tag{2-52}$$

3. 坝内水平正应力 σ_x

由于 τ_x 在水平截面呈二次抛物线分布,水平正应力 σ_x 呈三次抛物线分布,如图 2-18(c)所示,即

$$\sigma_x=a_2+b_2x+c_2x^2+d_2x^3 \tag{2-53}$$

对于特定的水平截面,a_2、b_2、c_2、d_2 均为常数,可由边界条件和平衡条件求得,但计算较为复杂。实际上,σ_x 的三次曲线分布与直线相当接近。因此,对中小型工程而言,可近似地认为直线分布,而计算误差一般不超过 5%,即取式(2-53)的前两项计算:

$$\left.\begin{aligned}\sigma_x&=a_3+b_3x\\ a_3&=\sigma''_x\\ b_3&=\frac{\sigma'_x-\sigma''_x}{T}\end{aligned}\right. \tag{2-54}$$

4. 坝内主应力 σ_1、σ_2

当求得坝内各点的三个应力分量 σ_y、τ 和 σ_x 后,则可利用材料力学公式求该点的主应力 σ_1、σ_2 和第一主应力的方向 φ_1。

$$\frac{\sigma_1}{\sigma_2} = \frac{\sigma_x + \sigma_y}{2} \pm \sqrt{\left(\frac{\sigma_y - \sigma_x}{2}\right)^2 + \tau^2} \tag{2-55}$$

$$\varphi_1 = \frac{1}{2}\arctan\left(-\frac{2\tau}{\sigma_y - \sigma_x}\right) \tag{2-56}$$

式中,φ_1 以顺时针方向为正,当 $\sigma_y>\sigma_x$ 时,自铅直线量取;当 $\sigma_y<\sigma_x$ 时,自水平线量取。

求出坝内各点的主应力后,即可在计算点上绘出以矢量表示其大小和作用方向的主应力图,将主应力数值相等的点连成曲线构成主应力等值线。图 2-19(a)、(b)所示为坝体在满库及空库情况下的两组主应力等值线。若将这两种情况的主应力等值线合为一图,就可看出某一范围内坝体的主应力值,如图 2-19(c)所示的阴影部分,即主应力在 1.0~1.5 MPa 的范围内。按主应力方向可绘出两组互相垂直的主应力轨迹线,如图 2-20 所示。主应力等值线和轨迹线表示坝内应力大小和方向的变化规律,为坝体标号分区和结构布置提供依据。

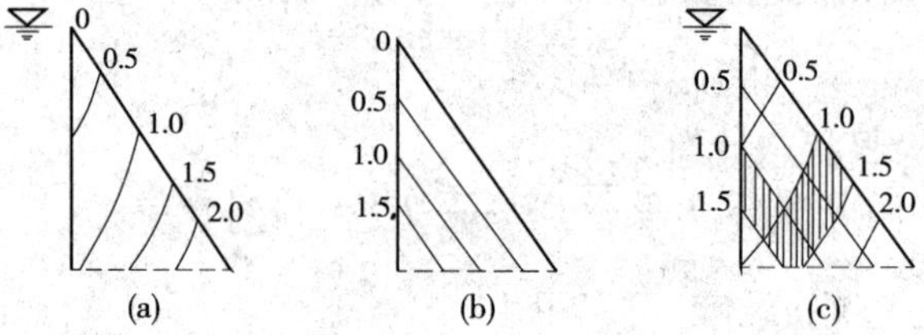

图 2-19 坝内主应力等值线示意图 (单位:MPa)

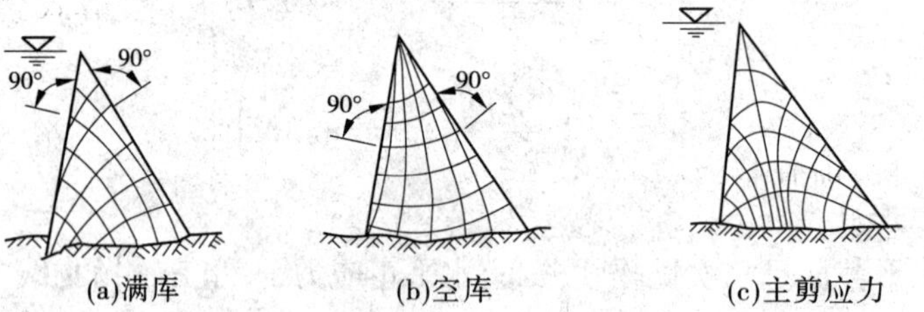

图 2-20 坝内主应力轨迹线示意图

2.4.3 强度校核

2.4.3.1 承载能力极限状态强度校核

1. 坝趾抗压强度极限状态

重力坝正常运行时,下游坝趾发生最大主压应力 σ''_{1R},故抗压强度承载能力极限状态作用效应函数为

$$S(\cdot)=\sigma''_{1R}=\left(\frac{\sum W_R}{A_R}-\frac{\sum M_R T_R}{J_R}\right)(1+m^2) \tag{2-57}$$

抗压强度极限状态抗力函数为

$$R(\cdot)=f_c \quad 或 \quad R(\cdot)=f_R \tag{2-58}$$

2. 坝体选定截面下游的抗压强度承载能力极限状态

作用效应函数为

$$S(\cdot)=\left(\frac{\sum W_c}{A_c}-\frac{\sum M_c T_c}{J_c}\right)(1+m^2) \tag{2-59}$$

抗压强度极限状态抗力函数为

$$R(\cdot)=f_c \tag{2-60}$$

式中 $\sum M_R$、$\sum M_c$——全部作用分别对坝基面、计算截面形心的力矩之和；

A_R、A_c——坝基面面积、计算截面面积；

T_R、T_c——坝基面、计算截面形心轴到下游面的距离；

J_R、J_c——坝基面、计算截面分别对形心轴的惯性矩；

m——坝体下游坡度；

f_c——坝体抗压强度；

f_R——基岩抗压强度。

2.4.3.2 **正常使用极限状态计算**

(1)坝踵不出现拉应力，计入扬压力后，计算式为

$$S(\cdot)=\sigma'_{yR}=\frac{\sum W_R}{A_R}+\frac{\sum M_R T_R}{J_R}\geqslant 0 \tag{2-61}$$

核算坝踵应力时，应分别考虑短期组合和长期组合。

(2)坝体上游面的垂直应力不出现拉应力，计入扬压力后，计算式为

$$S(\cdot)=\sigma'_{yc}=\frac{\sum W_c}{A_c}+\frac{\sum M_c T_c}{J_c}\geqslant 0 \tag{2-62}$$

式中 σ'_{yR}、σ'_{yc}——坝基、坝体水平截面上游边缘垂直正应力，可由偏心受压公式计算求得；

$\sum W_R$、$\sum W_c$——坝基面、坝体截面上法向作用之和；

$\sum M_R$、$\sum M_c$——坝基面、坝体截面上全部作用对截面形心力矩之和；

A_R、A_c、J_R、J_c、T_R、T_c——坝基面和坝体截面的面积、惯性矩、截面形心轴至上游边缘的距离，核算坝体上游面的垂直应力应采用长期组合进行计算。

根据要求，对于上游有倒坡的重力坝，在施工期下游面垂直拉应力应小于 0.1 MPa。很明显，只有在高坝上才可能设置倒坡。

2.4.4　重力坝应力控制标准

2.4.4.1　重力坝坝基面坝踵、坝趾的垂直应力应符合的要求

1. 运用期

(1)在各种荷载(地震荷载除外)组合下,坝踵垂直应力不应出现拉应力,坝趾垂直应力应小于坝基容许压应力。

(2)在地震荷载作用下,坝踵、坝趾的垂直应力应符合《水工建筑物抗震设计规范》(SL 203—97)的要求。

2. 施工期

坝趾垂直应力可允许有小于 0.1 MPa 的拉应力。

2.4.4.2　重力坝坝体应力应符合的要求

1. 运用期

(1)坝体上游面的垂直应力不出现拉应力(计入扬压力)。

(2)坝体最大主压应力,应不大于混凝土的允许压应力。

(3)在地震情况下,坝体上游面的应力控制标准应符合《水工建筑物抗震设计规范》(SL 203—97)的要求。

(4)坝体局部区域拉应力有以下几方面的规定:

①宽缝重力坝离上游面较远的局部区域,可允许出现拉应力,但不超过混凝土的允许拉应力。

②当溢流坝堰顶部位出现拉应力时,应配置钢筋。

③廊道及其他孔洞周边的拉应力区域,宜配置钢筋;有论证时,可少配或不配钢筋。

2. 施工期

(1)坝体任何截面上的主压应力应不大于混凝土的允许压应力。

(2)在坝体的下游面,可允许有不大于 0.2 MPa 的主拉应力。

混凝土的允许应力应按混凝土的极限强度除以相应的安全系数确定。坝体混凝土抗压安全系数,基本组合应不小于 4.0,特殊组合(不含地震情况)应不小于 3.5。当局部混凝土有抗拉要求时,抗拉安全系数应不小于 4.0。在地震情况下,坝体的结构安全应符合《水工建筑物抗震设计规范》(SL 203—97)的要求。混凝土极限抗压强度,指 90 d 龄期的 15 cm 立方体强度,强度保证率为 80%。

【任务测试】

请扫描二维码,做任务测试卷。

码 2-11　任务 2.4 测试卷

任务 2.5 非溢流重力坝的剖面设计

【任务导航】

问题 1:非溢流重力坝剖面设计的基本原则是什么?

问题 2:如何进行非溢流重力坝实用剖面设计?

码 2-12 微课:非溢流重力坝剖面设计

【任务解析】

2.5.1 剖面设计的基本原则及步骤

2.5.1.1 剖面设计的基本原则

(1)满足稳定和强度要求,保证大坝安全。

(2)工程量小,造价低。

(3)结构合理,运行方便。

(4)利于施工,方便维修。

2.5.1.2 剖面设计的基本步骤

(1)简化荷载条件并结合工程经验,拟定出基本剖面。

(2)根据坝的运用和安全要求,将基本剖面修改为实用剖面。

(3)对实用剖面进行应力分析和稳定验算。

按要求,经过几次反复修正和计算后,得到合理的设计剖面。

2.5.2 基本剖面

由于作用于坝上游面的水压力呈三角形分布,与此作用相适应的坝体的基本断面必为三角形(见图 2-21)。因此,重力坝的基本断面一般是指在水压力(水位与坝顶齐平)、自重和扬压力等主要荷载作用下,满足稳定、强度要求的最小三角形断面。

从满足强度要求来看,对基本三角形的要求如下:

当 $\alpha>90°$ 时,上游面为倒坡时[见图 2-22(a)],在空库的情况下,三角形重心超出底边的三分点,在下游坝面会产生拉应力,而且倒坡也不便施工。

当 $\alpha<90°$ 时,可以利用上游面的水重增强稳定[见图 2-22(b)]。但 α 小到一定程度,在满库时合力可能超出底边的三分点,在上游坝面会产生拉应力。因此,上游坝面坡角 α 也不宜太小。

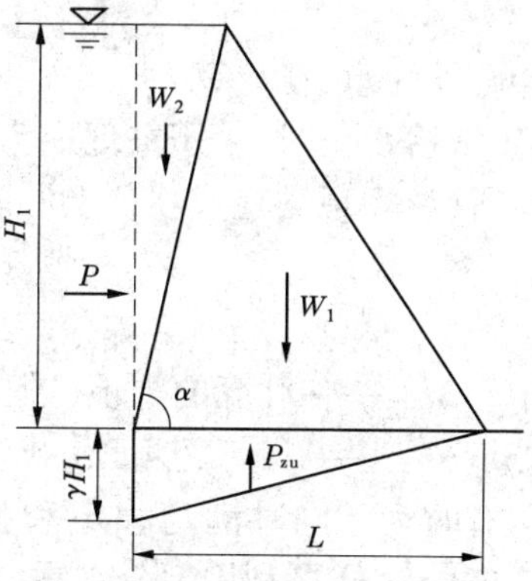

图 2-21 重力坝的基本断面

在一般情况下,常将上游坝面做成铅直的[见图 2-22(c)],即 $\alpha=90°$。当抗剪断面系数 f'_R 较低时,可适当减小 α 值,以便利用上游坝面的水重维持稳定。根据工程经验,重力坝基本断面的上游坝坡系数宜采用 $n=0\sim0.2$,下游坝坡系数宜采用 $m=0.6\sim0.8$,坝底宽一般为坝高或最大挡水深度的 70%~90%。

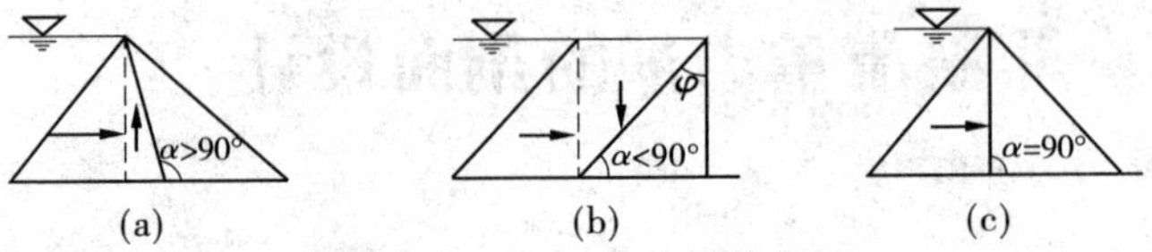

图 2-22　不同 α 角的坝体断面

2.5.3　非溢流重力坝的实用剖面

2.5.3.1　坝顶宽度

码 2-13　动画：非溢流重力坝

由于运用和交通的需要，坝顶应有足够的宽度。坝顶宽度应根据设备布置、运行、检修、施工和交通等需要确定，并满足抗震、特大洪水时抢护等要求。无特殊要求时，常态混凝土坝坝顶最小宽度为 3 m，碾压混凝土坝为 5 m，一般取坝高的 1/10～1/8。若有交通要求或有移动式启闭机设施，应根据实际需要确定。

2.5.3.2　坝顶超高

实用剖面必须加安全高度，坝顶应高于校核洪水位，坝顶上游防浪墙顶的高程应高于波浪顶高程。坝顶高于水库静水位的高度按下式计算：

$$\Delta h = h_{1\%} + h_z + h_c \tag{2-63}$$

式中　Δh——坝顶高于水库静水位的高度，m；

$h_{1\%}$——累积频率为1%时的波浪高度，m，计算方法见本项目任务 2.2“波浪要素计算”；

h_z——波浪中心线至静水面的高度，m，计算方法见本项目任务 2.2“波浪要素计算”；

h_c——安全超高，m，按表 2-15 选用。

表 2-15　安全超高 h_c

运用情况	Ⅰ	Ⅱ	Ⅲ
	1 级	2、3 级	4、5 级
正常蓄水位	0.7	0.5	0.4
校核洪水位	0.5	0.4	0.3

必须注意，在计算 $h_{1\%}$ 和 h_z 时，正常蓄水位和校核洪水位分别采用不同的计算风速值：正常蓄水位时，采用重现期为 50 年的最大风速；校核洪水位时，采用多年平均最大风速。所以，坝顶高程或坝顶上游防浪墙顶高程应按下列两式计算，并取大值：

$$Z_{坝顶}(坝顶高程) = Z_{正}(正常蓄水位) + \Delta h_{正} \tag{2-64}$$

$$Z_{坝顶}(坝顶高程) = Z_{校}(校核洪水位) + \Delta h_{校} \tag{2-65}$$

式中　$\Delta h_{正}$——计算的坝顶(或防浪墙顶)距正常蓄水位的高度，m；

$\Delta h_{校}$——计算的坝顶(或防浪墙顶)距校核洪水位的高度，m。

有时为了同时满足稳定和强度的要求，重力坝的上游面布置成倾斜面或折面(见图 2-23)，这样可利用部分水重，以满足坝体抗滑稳定要求，同时也避免施工期下游面产生拉应力。折坡点高度应结合引水管、泄水孔的进口布置等因素确定，一般为坝前最大水头的1/3~1/2。

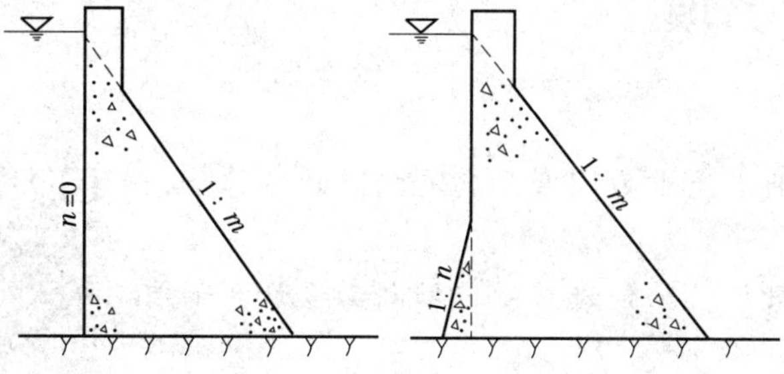

图2-23　重力坝常用剖面形式

2.5.4　优化设计

前面介绍的由三角形基本剖面经反复验算修改成为实用剖面的方法,是工程设计中常用的坝体经济剖面选择方法,但此方法试算工作繁重,故较难真正求得最优剖面。近些年来,大、中型工程设计一般都要进行优化设计。重力坝结构优化设计要点如下。

2.5.4.1　设计变量

一个结构的设计方案是由若干个变量来描述的,首先规定描述坝体体形的设计参数,对于实体重力坝,一般是上、下游坝面的坡率,坝体高度,坝顶宽度,坝顶距上、下游起坡点的高度等。这些参数中的一部分是按照某些具体要求事先给定的,它们在优化设计过程中始终保持不变,称为预定参数,如坝体高度、坝顶宽度等;另一部分参数在优化过程中是可以变化的,称为设计变量,如上、下游坝面的坡率、起坡点等。

2.5.4.2　建立目标函数

一般取结构重量或造价作为目标函数。由于重力坝的造价主要取决于坝体混凝土的工程量,所以常取坝体体积作为目标函数,记为$V(x)$。

2.5.4.3　确定约束条件

根据《混凝土重力坝设计规范》(SL 319—2018)的规定,对坝段的稳定和应力施加限制,同时考虑布置和施工要求,规定设计参数的上、下限,如上游坡度不为倒坡,也不宜太缓等。在给定预定参数情况下,求一组设计变量$\{x\}=[A]^{T}$,使目标函数$V(x)$趋于最小。

2.5.4.4　选择求解方法

目标函数和约束条件都是设计参数的非线性函数,因此重力坝的优化设计是一个非线性规划问题,具体计算方法可参考有关书籍。

【任务测试】

请扫描二维码,做任务测试卷。

码2-14　任务2.5测试卷

任务 2.6　溢流重力坝

【任务导航】

问题1:溢流重力坝相较于非溢流重力坝除了满足相同的工作条件外还需要满足哪些要求?

问题2:如何进行溢流孔口设计? 如何进行溢流坝断面设计? 如何进行溢流重力坝消能工设计?

码2-15　微课:溢流重力坝设计

【任务解析】

河道中修建的重力坝,常将其主河床部分做成溢流坝(段),宣泄洪水方便,可节省在岸边修建泄水建筑物的投资。溢流重力坝(也简称溢流坝)既是挡水建筑物,又是泄水建筑物,它除具有与非溢流重力坝相同的工作条件外,还要满足下列要求:

(1)应具有足够的泄洪能力。

(2)应使水流平顺地通过坝面,避免产生振动和空蚀。

(3)应使下泄水流对河床不产生危及坝体安全的局部冲刷。

(4)不影响枢纽中其他建筑物的正常运行等。

溢流坝的主要组成部分为溢流孔口、溢流面曲线与下游消能设施的连接以及下游消能设施。

2.6.1　溢流孔口的设计

2.6.1.1　孔口形式

溢流坝孔口形式有坝顶溢流式和设有胸墙的大孔口溢流式两种,如图2-24所示。

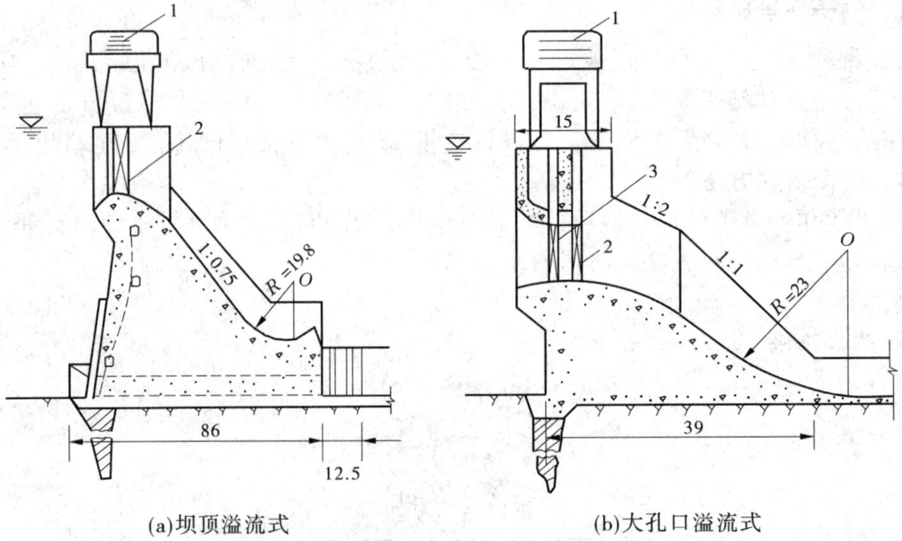

1—移动式启闭机;2—工作闸门;3—检修闸门。

图2-24　溢流坝泄水方式示意图　(单位:m)

1. 坝顶溢流式(开敞式)

这种形式的溢流孔除宣泄洪水外,还能排除冰凌和其他漂浮物。坝顶可设或不设闸门。不设闸门的堰顶高程就是水库的正常蓄水位,泄洪时,库水位壅高,淹没损失大,非溢流坝坝顶高程也要相应地提高。该孔口形式的优点是结构简单,管理方便,仅适用于淹没损失不大的中、小型工程。

设置闸门时,其闸门顶略高于正常蓄水位,堰顶高程较低。可以调节水库水位和下泄流量,减少淹没损失和非溢流坝的工程量。当闸门全开时,其泄流能力与 $H^{1.5}$(H 为水头)成正比,随着水库水位的升高,泄量也迅速加大,对保证枢纽安全有较大的作用。另外,闸门设在坝顶部,操作检修方便,工作安全可靠,所以大、中型水库的溢流坝孔口一般均设有闸门。

2. 大孔口溢流式

这种形式的溢流孔上部设置胸墙,堰顶较低。胸墙的作用是降低闸门高度。这种溢流孔可根据洪水预报提前放水,腾出较多的库容蓄洪水,从而提高调洪能力。当库水位较低时,水流为堰顶溢流,随着水位升高,逐渐由堰流变为大孔口泄流。此时下泄流量与水头 $H^{0.5}$ 成正比,超泄能力不如坝顶溢流式,也不利于排泄漂浮物。

2.6.1.2 孔口尺寸

溢流坝孔口尺寸拟定包括过水前缘总宽度,堰顶高程,孔口的数目、尺寸等。其尺寸的拟定和布置涉及许多因素,如洪水设计标准、洪水过程线、洪水预报水平、水库运行方式、采用的泄水方式及枢纽地形、地质条件等。

设计时,先定泄水方式,拟定若干个孔口布置方案,然后根据洪水流量和容许的单宽流量、闸门的形式及运用要求等因素,通过水库调洪演算、水力计算和方案的经济比较加以确定。

溢流前缘总净宽(不包括闸墩的厚度)L 可表示为

$$L=\frac{Q_{溢}}{q} \tag{2-66}$$

式中 $Q_{溢}$、q——通过溢流孔的下泄流量和容许的单宽流量。

$$Q_{溢}=Q_{总}-aQ_0 \tag{2-67}$$

式中 $Q_{总}$——通过调洪演算确定的枢纽总的下泄流量(坝顶溢流、泄水孔及其他建筑物下泄流量的总和);

Q_0——通过泄水孔、水电站及其他建筑物的下泄流量;

a——系数,正常运行时取 0.75~0.9,校核时取 1.0。

单宽流量 q 是决定孔口尺寸的重要指标。q 愈大,单位宽度下泄水流所含的能量也愈大,消能愈困难,下游冲刷也愈严重,但所需溢流前缘 L 愈短,对于在狭窄山区河道上进行枢纽布置较为有利。若选择 q 过小,虽可以降低消能工的费用,但使溢流前缘增大,增加了溢流坝的造价和枢纽布置上的困难。因此,q 的选定,必须综合地质条件、下游河道的水深、枢纽布置和消能工的设计,通过技术经济比较后选定。

对一般软弱的岩石,常取 $q=25\sim50\ m^3/(s\cdot m)$,较好岩石取 $q=50\sim70\ m^3/(s\cdot m)$,特

别坚硬完整的岩石取 $q=100\sim150\ m^3/(s\cdot m)$ 或更大。我国的安康水电站表孔单宽流量达 $282.7\ m^3/(s\cdot m)$，而委内瑞拉的古里坝的单宽流量已突破 $300\ m^3/(s\cdot m)$。

设有闸门的溢流坝，当过水净宽 L 确定之后，常需用闸墩将溢流段分隔成若干个等宽的溢流孔，设孔口数为 n，每孔净宽为 b，闸墩厚度为 d。由此，可以计算出溢流前缘总宽度 L_0 为

$$L_0 = L + (n-1)d = nb + (n-1)d \tag{2-68}$$

选择 n 和 b 时，要考虑闸门的形式和制造能力、闸门跨度与高度的合理比例、运用要求和坝段分缝等因素。我国目前大、中型坝常用 $b=8\sim16$ m，有排泄漂浮物要求时，可加大到 18~20 m，闸门宽高比为 1.5~2.0，应尽量采用闸门规范中推荐的标准尺寸。

当溢流孔口宽度 b 确定后，可以确定溢流坝的堰顶高程。溢流坝净宽 L 和堰顶水头 H_w 所决定的溢流能力，应与要求达到的下泄流量 $Q_{溢}$ 相当。对于采用坝顶溢流的堰顶水头 H_w，可利用下式计算

$$Q_{溢} = Cm\varepsilon\sigma_s L\sqrt{2g}H_w^{3/2} \quad (m^3/s) \tag{2-69}$$

式中 C——上游坝面坡度影响系数，对于铅直的上游坝面 $C=1$；

m——流量系数，根据堰高、定型设计水头以及堰上作用水头，查相关规范可得；

ε——侧收缩系数，与闸墩形状、尺寸有关，一般 $\varepsilon=0.90\sim0.95$；

g——重力加速度，$g=9.81\ m/s^2$；

σ_s——淹没系数，视泄流的淹没程度而定，可查有关表格。

当堰顶水头求出后，可以根据水库洪水位确定堰顶高程。

采用有胸墙的大孔口泄流时，可按式(2-70)计算

$$Q_{溢} = \mu A\sqrt{2gH_w} \quad (m^3/s) \tag{2-70}$$

$$H_w = H + \frac{v_0^2}{2g}$$

式中 A——孔口面积；

μ——孔口流量系数，当 $H_w/D=2.0\sim2.4$ 时，$\mu=0.74\sim0.82$，D 为孔口高度；

H_w——作用水头，自由出流时 H 为库水位与孔口中心高程之差，淹没出流时 H 为上、下游水位差。

2.6.2 溢流坝断面设计

溢流坝的基本断面也是三角形。其实用断面是将三角形上部和坝体下游斜面做成溢流面，且溢流面外形应具有较大的流量系数，使泄流顺畅，坝面不发生空蚀。

码 2-16 动画：溢流重力坝

2.6.2.1 堰面曲线

溢流坝由顶部曲线段、中间直线段和下部反弧段三部分组成，见图 2-25。

1. 顶部曲线段

溢流坝顶部曲线段的形状对泄流能力及流态影响很大。

当采用坝顶溢流孔口时，其坝顶溢流可以采用曲线形非真空实用剖面堰。其曲线为克-奥曲线和 WES 曲线(幂曲线)。我国早期多用克-奥曲线，近年来，我国许多高溢流坝设计均采用美国陆军工程师团水道试验站基于大量试验研究所得的 WES 曲线。

该坝面曲线的主要优点是：与克-奥曲线相比流量系数较大，断面较瘦，工程量较省；以设计水头运行时堰面无负压；坝面曲线用方程控制，便于设计施工，所以在国内外得到广泛应用。

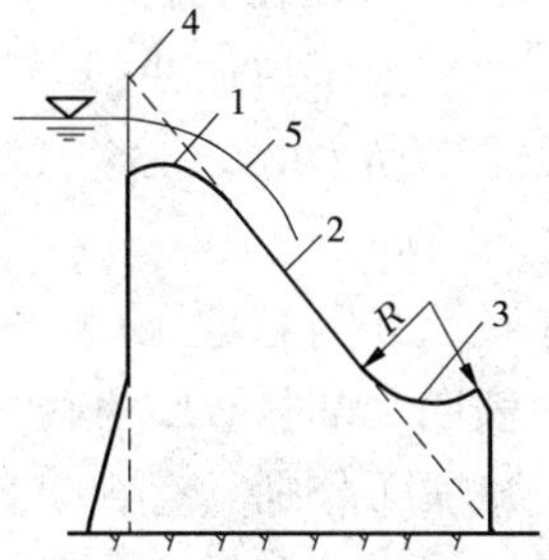

1—顶部曲线段；2—中间直线段；3—下部反弧段；4—基本断面；5—溢流水舌。

图 2-25 溢流坝坝面

WES 溢流堰堰顶曲线以堰顶为界，分上游段和下游段两部分，见图 2-26(a)。

堰顶下游堰面曲线方程为

$$x^n = kH_d^{n-1}y \tag{2-71}$$

式中 H_d——定型设计水头，m，按堰顶最大作用水头 H_{max} 的 75%~95%计算；

x、y——以溢流堰顶点为坐标原点的坐标，x 以向下游为正，y 以向下为正；

k、n——参数，可按上游堰面倾斜坡度查表 2-16 得，表内系数含义见图 2-26(b)。

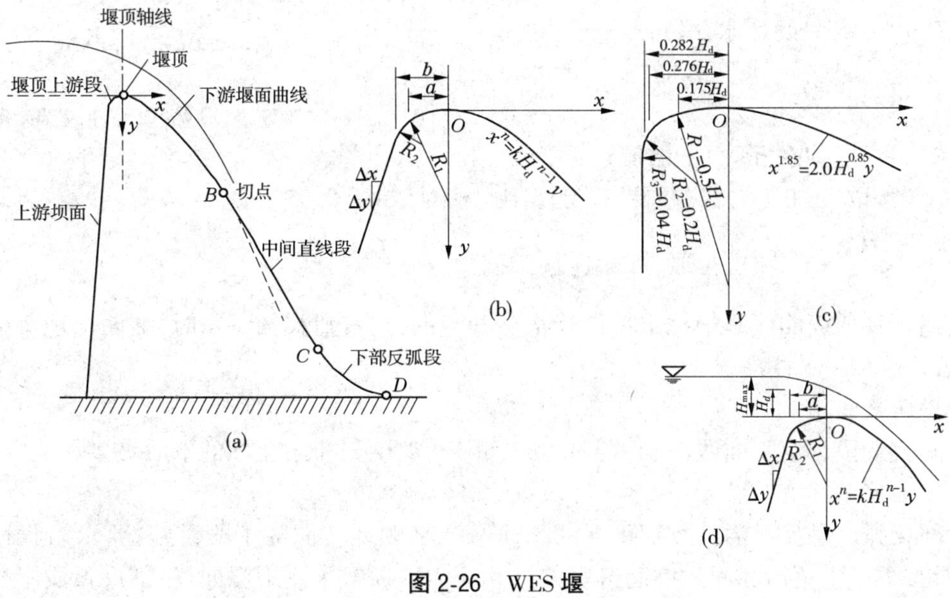

图 2-26 WES 堰

表 2-16 WES 剖面曲线方程参数

上游坝面坡度	k	n	R_1	a	R_2	b	型号
3:0	2.000	1.850	$0.50H_d$	$0.175H_d$	$0.20H_d$	$0.282H_d$	Ⅰ、Ⅱ
3:1	1.936	1.836	$0.68H_d$	$0.139H_d$	$0.21H_d$	$0.237H_d$	Ⅲ
3:2	1.939	1.810	$0.48H_d$	$0.115H_d$	$0.22H_d$	$0.214H_d$	Ⅳ
3:3	1.873	1.776	$0.45H_d$	$0.119H_d$	—	—	Ⅴ

上游坝面为铅直时,即为 WES Ⅰ 型堰。该堰用于高溢流坝,此时下游堰面曲线方程 $k=2$,$n=1.85$,上游堰面曲线与堰顶之间原为两段圆弧相连,见图 2-26(b)及表 2-16,现改为三段弧连接,R_1、R_2、R_3 各个半径具体见图 2-26(c);第三段圆弧直接与铅直上游坝面相切。

上游坝具有倒悬堰顶时,即为 WES Ⅱ 型堰。实际工程常使 $M \geq 0.6H_d$(M 为悬顶高度),试验表明,此时,WES Ⅱ 型曲线可完全沿用 WES Ⅰ 型。

对上游坝面分别具有 3∶1、3∶2、3∶3的前倾斜上游面,即 WES Ⅲ、Ⅳ、Ⅴ 型堰。前二者属于高堰,见图 2-26(d);后者既可为高堰,也可用于低堰,当用于高堰时,下游的堰面曲线仍采用式(2-71),k、n 值仍按表 2-16 取值。堰顶的上游曲线则由表 2-16 中各半径之圆弧与上游坡面相接。

设有胸墙,采用大孔口泄流,当校核洪水位情况下最大作用水头 H_{max}(孔口中心线上)与孔口高 D 的比值 $H_{max}/D>1.5$ 时,或闸口全开时,仍属孔口泄流,其堰面曲线如图 2-27 所示,可按式(2-72)计算

$$y = \frac{x^2}{4\varphi^2 H_d} \tag{2-72}$$

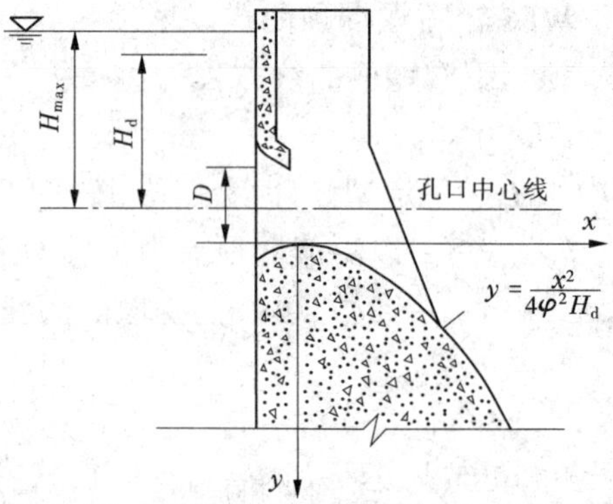

图 2-27　有胸墙溢流堰的堰面曲线示意图

式中　H_d——定型设计水头,m,一般取孔口中心线至水库校核水位的水头的 75%~95%;

φ——孔口收缩断面上的流速系数,一般取 $\varphi=0.96$,若孔前设有检修闸门槽时取 $\varphi=0.95$。

当 $1.2<\frac{H_{max}}{D}<1.5$ 时,应通过试验确定。

上述两种堰面曲线是根据定型设计水头确定的,当宣泄校核洪水时,堰面出现负压值应不超过 3~6 m 水柱高。

2. 中间直线段

中间直线段与顶部曲线段和下部反弧段相切,坡度与非溢流坝的下游坡度相同。

3. 下部反弧段

下部反弧段是使沿溢流坝面下泄的高速水流平顺地转向的工程设施,要求沿程压力分布均匀,不产生负压和不致引起有害的脉动压力。通常采用圆弧曲线,其反弧段半径应视下游消能设施而定,不同的消能设施可选用不同的半径。对于挑流消能,反弧段半径可按式(2-73)求得:

$$R = (4 \sim 10)h \tag{2-73}$$

式中　h——校核洪水位闸门全开时下部反弧段最低点处的水深,m。

对于 R 的取值,当反弧段流速 $v<16$ m/s 时,可取下限,流速越大,反弧半径也宜选用较大值,甚至取上限。

2.6.2.2 **实用断面设计**

溢流坝的实用断面是由基本断面与溢流面拟合修改而成的。上游坝面一般设计成铅直或上部铅直、下部倾向上游,见图2-28(a)。

当溢流坝断面小于基本三角形时,可适当调整堰顶曲线,使其与三角形的斜边相切;对有鼻坎的溢流坝,鼻坎超过基本三角形以外,当 $L/h>0.5$,经核算 $B—B'$ 截面的拉应力较大时,可设缝将鼻坎与坝体分开,见图2-28(a)。当溢流断面大于基本三角形时,如地基较好,为节省工程量,使下游与基本三角形一致,而将堰顶部伸向上游,将堰顶做成具有凸出的悬臂。悬臂高度 h_1 应大于 $0.5H_{max}$(H_{max} 为堰上最大水头),见图2-28(b)。

若溢流坝较低,其坝面顶部曲线段可直接与下部反弧段连接,见图2-28(c)。

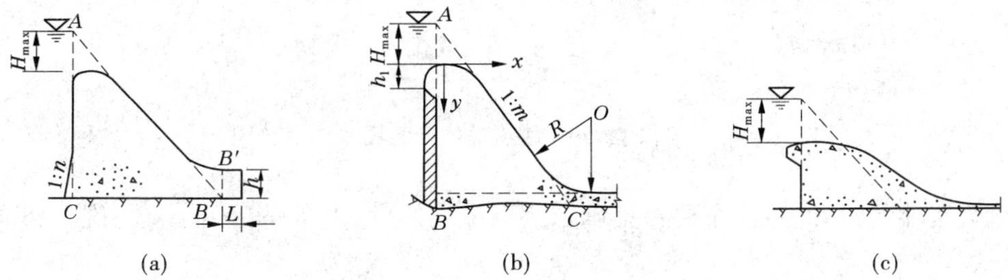

图2-28 溢流重力坝断面

2.6.3 溢流重力坝的消能

通过溢流坝下泄的水流,具有很大的动能,如不加处理,必将冲刷下游河床,破坏坝趾下游地基,威胁建筑物的安全或其他建筑物的正常运行。因此,必须采取妥善的消能防冲措施,确保大坝安全运行。

消能设计的原则:尽量使下泄水流的大部分动能消耗在水流内部的紊动中,以及与空气的摩擦上,且不产生危及坝体安全的河床或岸坡的局部冲刷,使下泄水流平稳;结构简单、工作可靠和工程量较少。消能设计包括了消能的水力学问题与结构问题。水力学方面是指建立某种边界条件,对下泄水流起扩散、反击和导流作用,以形成符合要求的理想的水流状态。结构方面是要研究该水流状态对固体边界的作用,较好地设计消能建筑物和防冲措施。

岩基上溢流重力坝常用的消能方式有挑流式、底流式、面流式和戽流式等,其中挑流消能应用最广,底流消能次之,而面流消能及戽流消能一般应用较少。本任务重点介绍挑流消能。

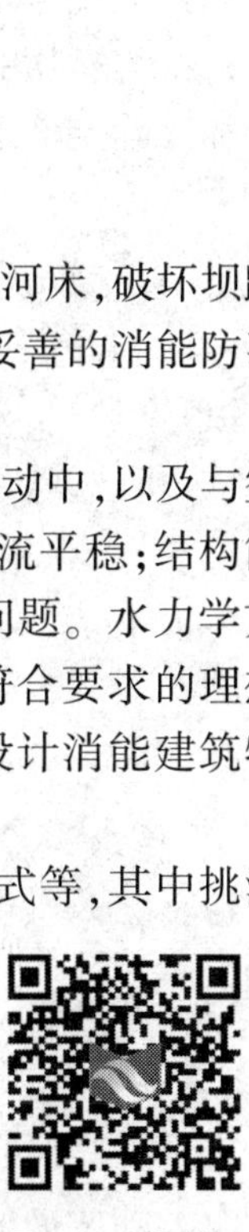

码2-17 图片:挑流消能

2.6.3.1 **挑流消能**

挑流消能是利用挑流鼻坎,将下泄的高速水流抛向空中,然后自由跌落到距坝脚较远的地方并与下游水流相衔接的消能方式,如图2-29所示。能量耗散一般通过高速水流沿固体边界的摩擦(摩阻消能)、射流在空中与空气摩擦、掺气、扩散(扩散掺气消能)及射流落入下游尾水中淹没紊动扩散(淹没、扩散和紊动剪切消能)等方式消能。一般来说,前两者消能率约为 20%,后者消能率为 50%。挑流消能具有结构简单、工程造价低、检修及施工方便等优点,但会造成下流冲刷较严重、堆积物较多、雾化及尾水波动较大等影响。因此,挑流消能适用于坚硬岩石上的中、高坝。当坝基有延伸至下游缓倾角软弱结构面,可能被冲坑切断而形成临空面,危及坝基稳定或岸坡可能被冲塌危及坝肩稳定时,均不宜多用。

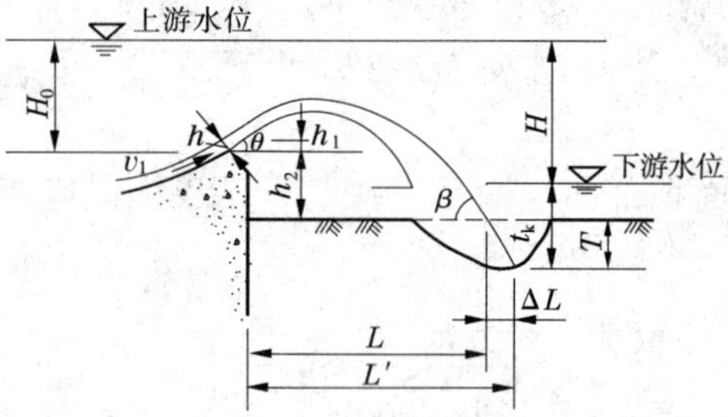

图 2-29　挑流消能示意图

挑流消能的设计内容,主要包括确定挑流鼻坎的形式、高程、反弧半径、挑距和下游冲刷坑深度。

1. 挑流鼻坎的形式、高程及挑角的确定

挑流鼻坎的形式,一般有连续式、差动式、窄缝式和扭曲式等,其形式的选择可通过比较加以确定。这里仅对连续式、差动式鼻坎做介绍,如图 2-30 所示。

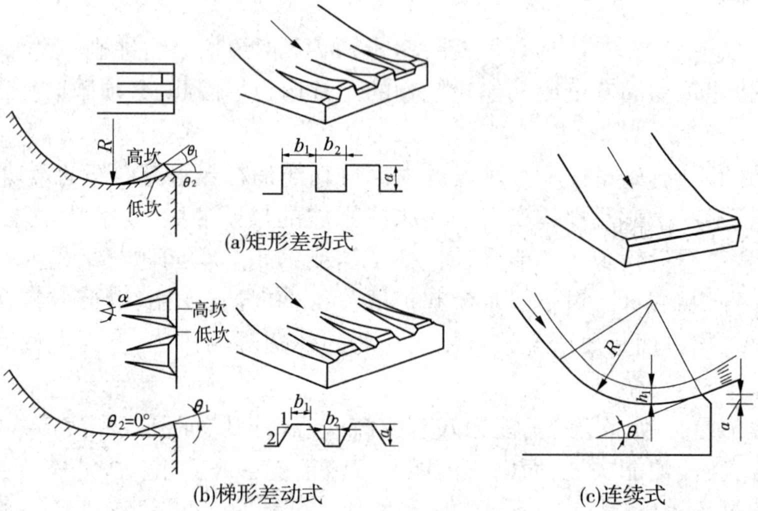

图 2-30　挑流鼻坎示意图

差动式设置高、低坎,射流挑离鼻坎时上下分散,加剧了挑射水舌在空气中的掺气和碰撞,可提高消能效果,减小冲刷坑深度。但冲刷坑最深点距坝底较近,鼻坎上流态复杂,特别在高速水流作用下易于空蚀。

差动式鼻坎的上齿坎挑角和下齿坎挑角的差值以5°~10°为宜;上齿宽度和下齿宽度之比宜大于1.0,齿高差以1.5 m为宜,高坎侧宜设通气孔。

连续式鼻坎构造简单、易于施工、水流平顺、不易空蚀、水流雾化较轻,但掺气作用较差。主要适用于尾水较深,基岩较为均一、坚硬及溢流前沿较长的泄水建筑物。

在我国的工程实践中,连续式鼻坎应用较为广泛。其鼻坎的最低高程,一般应高于下游最高水位1~2 m,其挑角多采用$\theta=20°\sim35°$。

2. 挑距估算

连续式挑流鼻坎的水舌挑射距离,可按式(2-74)估算:

$$L' = L + \Delta L \tag{2-74}$$

其中

$$L = \frac{1}{g}\left[v_1^2\sin\theta\cos\theta + v_1\sin\theta\sqrt{v_1^2\sin^2\theta + 2g(h_1 + h_2)} \right] \tag{2-75}$$

$$\Delta L = T\cot\beta \tag{2-76}$$

式中 L'——冲刷坑最深点到坝下游垂直面的水平距离,m;

L——坝下游垂直面到挑流水舌外缘进入下游水面后与河床面交点的水平距离,m;

ΔL——水舌外缘与河床面交点到冲刷坑最深点的水平距离,m;

v_1——坎顶水面流速,m/s,按鼻坎处平均流速v的1.1倍计,即$v_1=1.1v=1.1\varphi\sqrt{2gH_0}$,$H_0$为水库水位至坎顶的落差,m,$\varphi$为堰面流速系数;

θ——鼻坎的挑角,(°);

h_1——坎顶垂直方向水深,m,$h_1=h\cos\theta$,h为坎顶平均水深,m;

h_2——坎顶至河床面高差,m,如冲刷坑已经形成,为计算冲刷坑进一步发展,可算至坑底;

T——最大冲刷坑深度,由河床面至坑底,m;

β——水舌外缘与下游水面的夹角,(°)。

3. 冲刷坑深度

工程中常用最大冲刷坑水垫厚度估算公式(2-77)进行推算:

$$t_k = kq^{0.5}H^{0.25} \tag{2-77}$$

式中 t_k——水垫厚度,自水面算至坑底,m;

q——单宽流量,$m^3/(s\cdot m)$;

H——上下游水位差,m;

k——冲刷系数,其数值见表2-17。

为了确保挑流消能的安全挑距,不影响坝趾基岩稳定,要求冲刷坑最低点距坝趾的距离应大于2.5倍的坑深。

表 2-17　基岩冲刷系数 k 值

可冲性类别		难冲	可冲	较易冲	易冲
节理裂缝	间距/cm	>150	50~150	20~50	<20
	发育程度	不发育,节理(裂隙)1~2 组,规则	较发育,节理(裂隙)2~3 组,X 形,较规则	发育,节理(裂隙)3 组以上,不规则,呈 X 形或米字形	很发育,节理(裂隙)3 组以上,杂乱,岩性被切割呈碎石状
基岩构造特征	完整程度	巨块状	大块状	块(石)碎(石)状	碎石状
	结构类型	整体结构	砌体结构	镶嵌结构	碎裂结构
	裂隙性质	多为原生型或构造型,多密闭,延展不长	以构造型为主,多密闭,部分微张,少有充填,胶结好	以构造型或风化型为主,大部分微张,部分为黏土充填,胶结较差	以风化型或构造型为主,裂隙微张或张开,部分为黏土充填,胶结很差
k	范围	0.6~0.9	0.9~1.2	1.2~1.6	1.6~2.0
	平均	0.8	1.1	1.4	1.8

注:适用范围:$30° < \beta < 70°$,β 为水舌入水角。

2.6.3.2　底流消能

底流消能的工作原理是在坝趾下游设消力池、消力坎等,促使水流在限定范围内产生水跃,通过水流的内部摩擦、掺气和撞击消耗能量,见图 2-31。

在坝趾下游设置一定长度的混凝土护坦,过坝水流在护坦上发生水跃,形成漩滚,使水流的能量通过掺气、水分子的相互撞击、摩擦而有一定程度的消耗,以减少或防止下游发生严重冲刷。

底流消能工作可靠,但工程量较大,多用于低水头、大流量的溢流重力坝。

2.6.3.3　面流消能

面流消能利用鼻坎将高速水流挑至尾水表面,在主流表面与河床之间形成反向漩滚,使高速水流与河床隔开,避免了对临近坝趾处河床的冲刷。由于表面主流沿水面逐渐扩散以及反向漩滚的作用,故产生消能效果,如图 2-32 所示。

图 2-31　底流水跃消能示意图

图 2-32　面流消能示意图

面流消能适用于下游尾水较深(大于跃后水深),水位变幅不大,下泄流量变化范围不大,以及河床和两岸有较高的抗冲能力的情况下。它的缺点是对下游水位和下泄流量变幅有严格的限制,下游水流波动较大,在较长距离内不够平稳,影响发电和航运。

2.6.3.4 消力戽消能

消力戽的构造类似于挑流消能设施,但其鼻坎潜没在水下,下泄水流在被鼻坎挑到水面(形成涌浪)的同时,还在消力戽内、消力戽下游的水流底部以及消力戽下游的水流表面形成三个漩滚,即所谓"一浪三滚",见图 2-33。消力戽的作用主要在于使戽内的漩滚消耗大量能量,并将高速水流挑至水面,以减轻对河床的冲刷。消力戽下游的两个漩滚也有一定的消能作用。由于高速主流在水流表面,故不需做护坦。

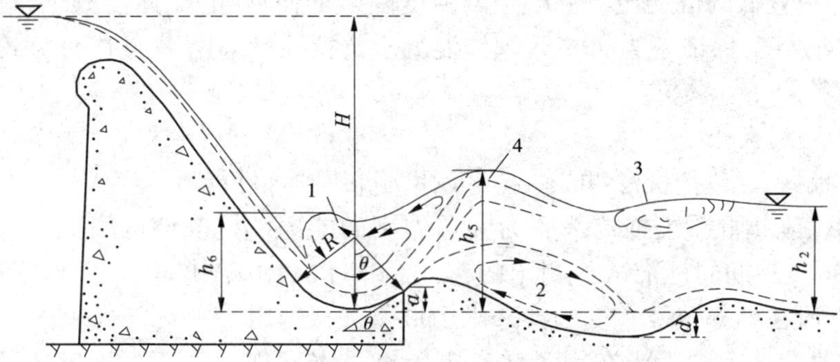

1—戽内漩滚;2—戽后底部漩滚;3—下游表面漩滚;4—戽后涌浪。

图 2-33 消力戽消能示意图

消力戽设计既要避免因下游水位过低出现自由挑流,造成严重冲刷,也需避免因下游水位过高,淹没太大,急流潜入河底淘刷坝脚。设计时可参考有关文献,针对不同流量进行水力计算,以确定反弧半径、鼻坎高度和挑射角度。

【任务测试】

请扫描二维码,做任务测试卷。

码 2-18 任务 2.6 测试卷

任务 2.7 重力坝的材料与构造

【任务导航】

问题 1:水工混凝土的特性指标有哪些?如何进行坝体混凝土分区?

问题 2:重力坝主要构造内容有哪些?如何进行坝体构造设计?

【任务解析】

2.7.1 混凝土重力坝的材料

码 2-19 微课：重力坝的材料

2.7.1.1 水工混凝土的特性指标

建造重力坝的混凝土，除应有足够的强度承受荷载外，还要有一定的抗渗性、抗冻性、抗侵蚀性、抗冲耐磨性以及低热性等。

1. 强度

混凝土按标准立方体试块抗压强度标准值分为14个强度等级，用符号C表示。重力坝常用强度等级较低的混凝土。混凝土的强度随龄期而增加，坝体混凝土抗压强度一般采用90 d龄期强度，保证率为80%。坝体混凝土抗拉强度采用28 d龄期强度，一般不采用后期强度。

2. 混凝土的耐久性

混凝土的耐久性包括抗渗、抗冻、抗冲耐磨、抗侵蚀等性能。

(1)抗渗性是指混凝土抵抗水压力渗透作用的能力。抗渗性可用抗渗等级表示，抗渗等级是用28 d龄期的标准试件测定的，分为P6、P8、P10、P12等。重力坝所采用的抗渗等级应根据所在的部位及承受的渗透水力坡降进行选用。

(2)抗冻性是表示混凝土在饱和状态下能经受多次冻融循环而不破坏，同时也不严重降低强度的性能。混凝土抗冻性用抗冻等级表示。抗冻等级是用28 d龄期的试件采用快冻融试验测定的，分为F50、F100、F150、F200、F300等。采用时，应根据建筑物所在地区的气候分区、年冻融循环次数、表面局部小气候条件、结构构件重要性和检修的难易程度等因素确定混凝土的抗冻等级。

(3)抗冲耐磨性是指混凝土抗高速水流或挟沙水流的冲刷、磨损的性能。目前，对于抗磨性尚未订出明确的技术标准。根据经验，使用高等级硅酸盐水泥或硅酸盐大坝水泥拌制成的高等级混凝土，其抗磨性较强，且要求骨料坚硬、振捣密实。

(4)抗侵蚀性是指混凝土抵抗环境侵蚀的性能。当环境水有侵蚀时，应选择抗侵蚀性能较好的水泥，水位变化区及水下混凝土的水灰比，可比常态混凝土的水灰比减少0.05。

为了降低水泥用量并提高混凝土的性能，在坝体混凝土内可适量掺加粉煤灰掺合料及引气剂、塑化剂等外加剂。

2.7.1.2 坝体混凝土分区

混凝土重力坝坝体各部位的工作条件及受力条件不同，对上述混凝土材料性能指标的要求也不同。为了满足坝体各部位的不同要求，节省水泥用量及工程费用，把安全与经济统一起来，通常将坝体混凝土按不同工作条件分为6个区，见图2-34。

码 2-20 动画：重力坝浇筑过程

Ⅰ区—上、下游水位以上坝体表层混凝土，其特点是受大气影响。

Ⅱ区—上、下游水位变化区坝体表层混凝土，既受水的作用也受大气影响。

Ⅲ区—上、下游最低水位以下坝体表层混凝土。

Ⅳ区—坝体基础混凝土。

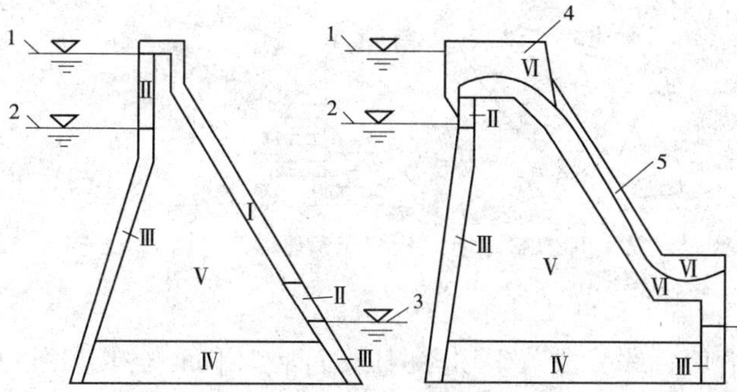

1—上游最高水位;2—上游最低水位;3—下游最低水位;4—闸墩;5—导墙。

图 2-34 坝体混凝土分区示意图

Ⅴ区—坝体内部混凝土。

Ⅵ区—抗冲刷部位的混凝土(如溢流面、泄水孔、导墙和闸墩等)。

为了便于施工,选定各区混凝土强度等级时,强度等级的类别应尽量少,相邻区的强度等级相差应不超过两级,以免由于性能差别太大而引起应力集中或产生裂缝。分区的厚度一般不得小于 2~3 m,以便浇筑施工。

2.7.2 混凝土重力坝的构造

重力坝的构造设计包括坝顶构造、坝体分缝、止水、排水、廊道布置等内容。这些构造的合理选型和布置,可以改善重力坝工作性能,满足运用和施工上的要求,保证大坝正常工作。

码 2-21 微课:重力坝的构造

2.7.2.1 坝顶构造

非溢流坝坝顶上游侧一般设有防浪墙,防浪墙宜采用与坝体连成整体的钢筋混凝土结构,高度一般为 1.2 m,防浪墙在坝体横缝处应留伸缩缝并设止水。坝顶路面一般为实体结构[见图 2-35(a)],并布置排水系统和照明设备,也可采用拱形结构支承坝顶路面[见图 2-35(b)],以减轻坝顶重量,有利于抗震。

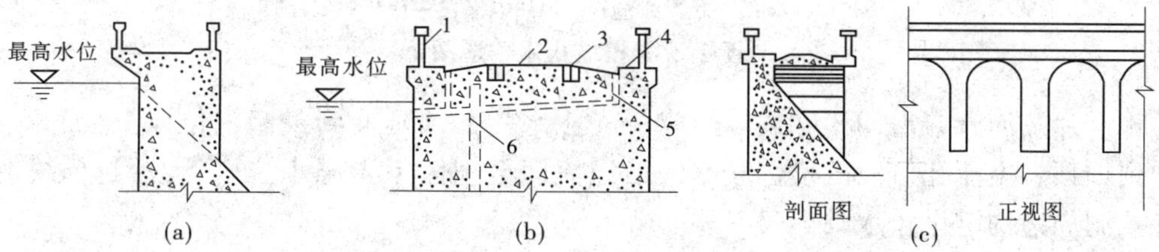

1—防浪墙;2—公路;3—起重机轨道;4—人行道;5—坝顶排水管;6—坝体排水管。

图 2-35 非溢流坝坝顶构造

2.7.2.2 坝体分缝与止水

为了适应地基不均匀沉降和温度变化,以及施工期混凝土的浇筑能力和温度控制等要求,常需设置垂直于坝轴线的横缝、平行于坝轴线的纵缝以及水平施工缝。横缝一般是永久缝,纵缝和水平施工缝则属于临时缝。重力坝分缝如图 2-36 所示。

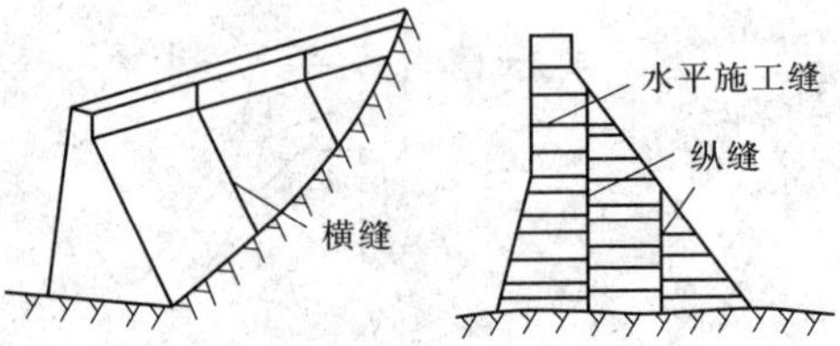

图 2-36　坝体分缝示意图

1. 横缝及止水

永久性横缝将坝体沿坝轴线分成若干坝段,其缝面常为平面,各坝段独立工作。横缝可兼作伸缩缝和沉降缝,间距(坝段长度)一般为 12~20 m,当坝内设有泄水孔或电站引水管道时,还应考虑泄水孔和电站机组间距;对于溢流坝段还要结合溢流孔口尺寸进行布置。

横缝内需设止水设备,止水材料有金属片、橡胶、塑料及沥青等。高坝的横缝止水应采用两道金属止水片和一道防渗沥青井,如图 2-37 所示。对于中、低坝的止水可适当简化,中坝第二道止水片,可采用橡胶或塑料片等,低坝经论证也可仅设一道止水片。金属止水片的厚度一般为 1.0~1.6 mm,加工成"}"形,以便更好地适应伸缩变形。第一道止水片距上游坝面为 0.5~2.0 m,以后各道止水设备之间的距离为 0.5~1.0 m;止水每侧埋入混凝土的长度为 20~25 cm。沥青井为方形或圆形,边长或内径为 15~25 cm,为便于施工,后浇坝段一侧可用预制混凝土块构成,井内灌注石油沥青和设置加热设备。

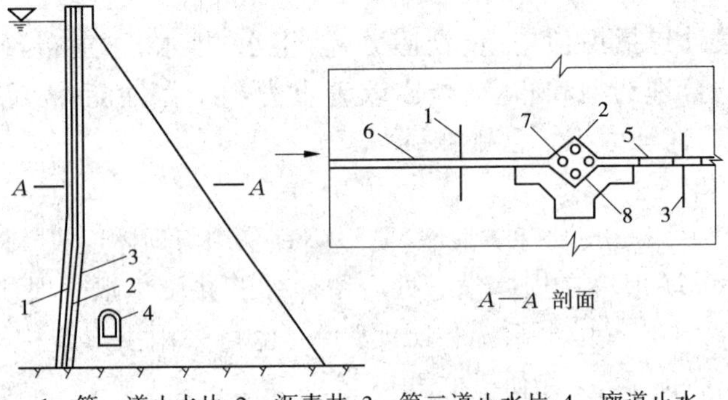

1—第一道止水片;2—沥青井;3—第二道止水片;4—廊道止水;
5—横缝;6—沥青油毡;7—加热电极;8—预制块。

图 2-37　横缝止水构造图

止水片及沥青井需伸入基岩 30~50 cm,止水片必须延伸到最高水位以上,沥青井需延伸到坝顶。溢流孔口段的横缝止水应沿溢流面至坝体下游尾水位以下,穿越横缝的廊道和孔洞周边均需设止水片。

当遇到下述情况时,可将横缝做成临时性横缝:

(1)河谷狭窄时做成整体式重力坝,可适当发挥两岸的支撑作用,有利于坝体的强度和稳定。

(2)岸坡较陡,将各坝段连成整体,以改善岸坡坝段的稳定性。

(3)坐落在软弱破碎带上的各坝段,连成整体可增加坝体刚度。

(4)在强地震区,各坝段连成整体可提高坝段的抗震性能。

2. 纵缝

为了适应混凝土的浇筑能力和减少施工期的温度应力,常在平行坝轴线方向设纵缝,将一个坝段分成几个坝块,待坝体降到稳定温度后再进行接缝灌浆。常用的纵缝形式有竖直纵缝、斜缝和错缝等,如图2-38所示。纵缝间距一般为15~30 m。为了在接缝之间传递剪力和压力,缝内还必须设置足够数量的三角形键槽(见图2-39)。斜缝适用于中、低坝,可不灌浆。错缝也不做灌浆处理,施工简便,可在低坝上使用。

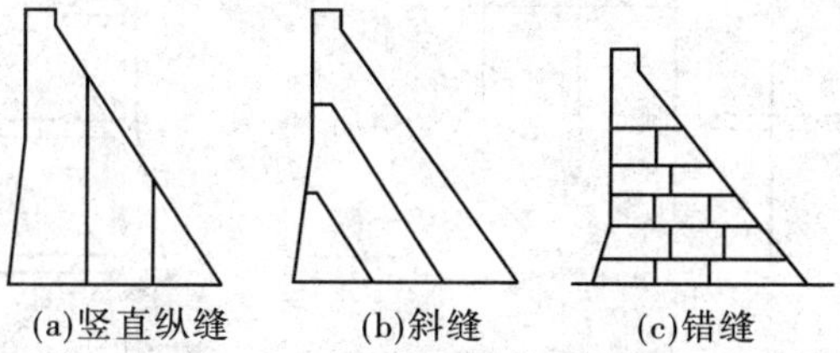

图2-38 重力坝纵缝布置图

3. 水平工作缝

水平工作缝是分层施工的新老混凝土之间的接缝,是临时性的。为了使工作缝结合好,在新混凝土浇筑前,必须清除施工缝面的浮渣、灰尘和水泥乳膜,用风水枪或压力水冲洗,使表面成为干净的麻面,再均匀铺一层2~3 cm的水泥砂浆,然后浇筑。国内外普遍采用薄层浇筑,浇筑块厚1.5~3.0 m。在基岩表面须用0.75~1.0 m的薄层浇筑,以便通过表面散热,降低混凝土温升,防止开裂。

2.7.2.3 坝体排水

为了减小坝体渗透压力,靠近上游坝面应设排水管幕,将渗入坝体的水由排水管排入廊道,再由廊道汇集于集水井,由抽水机排到下游。排水管距上游坝面的距离,一般要求不小于坝前水头的1/25~1/15,且不小于2 m,以使渗透坡降在允许范围以内。排水管的间距为2~3 m,上、下层廊道之间的排水管应布置成垂直的或接近于垂直方向,不宜有弯头,以便检修。

排水管可采用预制无砂混凝土管、多孔混凝土管,内径为15~25 cm,见图2-40。排水管施工时用水泥浆砌筑,随着坝体混凝土的浇筑而加高。在浇筑坝体混凝土时,须保护好排水管,以防止水泥浆漏入而造成堵塞。

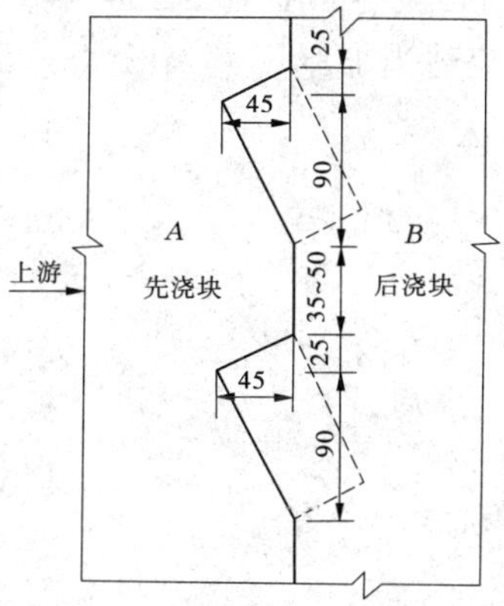

图2-39 三角形键槽 (单位:cm)

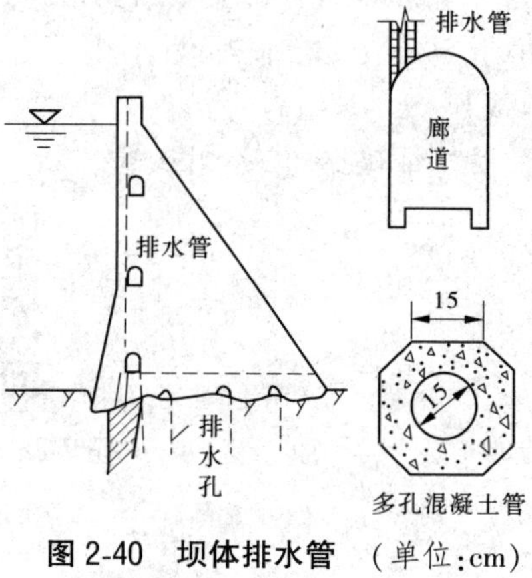

图2-40 坝体排水管 (单位:cm)

2.7.2.4　廊道系统

为了满足施工运用要求,如灌浆、排水、观测、检查和交通的需要,须在坝体内设置各种廊道。这些廊道互相连通,构成廊道系统,如图 2-41 所示。

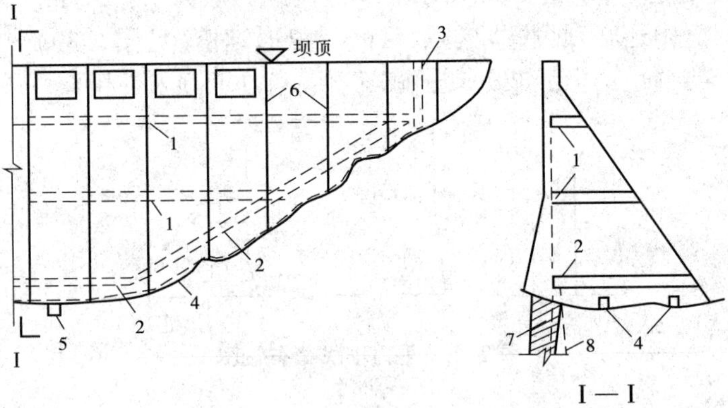

1—检查廊道;2—基础灌浆廊道;3—竖井;4—排水廊道;
5—集水井;6—横缝;7—灌浆帷幕;8—排水孔幕。

图 2-41　廊道和竖井系统布置图

1. 基础灌浆廊道

帷幕灌浆须在坝体浇筑到一定高程后进行,以便利用混凝土压重提高灌浆压力,保证灌浆质量。为此,须在坝踵部位沿纵向设置灌浆廊道,以便降低渗透压力。基础灌浆廊道的断面尺寸,应根据钻灌机具尺寸及工作要求确定,一般宽度可取 2.5~3 m,高度可为 3.0~3.5 m。断面形式采用城门洞形。灌浆廊道距上游面的距离可取 5%~10%的水头,且不小于 4~5 m。廊道底面距基岩面的距离不小于 1.5 倍廊道宽度,以防廊道底板被灌浆压力掀动开裂。廊道底面上、下游侧设排水沟,下游排水沟设坝基排水孔及扬压力观测孔。灌浆廊道沿地形向两岸逐渐升高,坡度不宜大于 40°~45°,以便进行钻孔、灌浆操作和搬运灌浆设备。对坡度较陡的长廊,应分段设置安全平台及扶手。

2. 检查排水廊道

为了检查巡视和排除渗水,常在靠近坝体上游面沿高度方向每隔 15~30 m 设置检查排水廊道。断面形式多采用城门洞形,最小宽度为 1.2 m,最小高度为 2.2 m,距上游面距离应不小于 5%~7%的水头,且不小于 3 m。寒冷地区应适当加厚。

【任务测试】

请扫描二维码,做任务测试卷。

码 2-22　任务 2.7 测试卷

任务 2.8 岩石体地基的处理

【任务导航】

问题 1：重力坝对地基有哪些要求？

问题 2：如何进行地基的开挖？怎样进行坝基的固结灌浆、帷幕灌浆和排水设计？特殊软弱破碎带怎样处理？

码 2-23 微课：重力坝的地基处理

【任务解析】

重力坝承受较大的荷载，对地基的要求较高，它对地基的要求介于拱坝和土石坝之间。除少数较低的重力坝可建在土基上外，一般须建在岩基上。然而天然基岩经受长期地质构造运动及外界因素的作用，多少存在着风化、节理、裂隙、破碎等缺陷，在不同程度上破坏了基岩的整体性和均匀性，降低了基岩的强度和抗渗性。因此，必须对地基进行适当的处理，以满足重力坝对地基的要求。这些要求包括：

(1)具有足够的强度，以承受坝体的压力。

(2)具有足够的整体性、均匀性，以满足坝基抗滑稳定和减少不均匀沉陷。

(3)具有足够的抗渗性，以满足渗透稳定，控制渗流量。

(4)具有足够的耐久性，以防止岩体性质在水的长期作用下发生恶化。

重力坝的地基处理一般包括坝基开挖清理，对基岩进行固结灌浆和防渗帷幕灌浆，设置基础排水系统，对特殊软弱带如断层、破碎带进行专门的处理等。

2.8.1 地基的开挖与清理

坝基开挖与清理的目的是使坝体坐落在稳定、坚固的地基上。开挖深度应根据坝基应力、岩石强度及完整性，结合上部结构对地基的要求和地基加固处理的效果、工期和费用等研究确定。《混凝土重力坝设计规范》(SL 319—2018)要求：坝高或坝段高超过 150 m 时，宜建在新鲜、微风化基岩上；坝高为 100~150 m 时，宜建在新鲜、微风化至弱风化下部基岩上；坝高为 50~100 m 时，可建在微风化至弱风化中部基岩上；坝高小于 50 m 时，可建在弱风化中部至上部基岩上。两岸地形较高部位的坝段，可适当放宽。

坝基开挖的边坡必须保持稳定；在顺河方向，各坝段基础面上、下游高差不宜过大，为有利于坝体的抗滑稳定，可开挖成略向上游倾斜；两岸岸坡应开挖成台阶形，以利于坝块的侧向稳定；基坑开挖轮廓应尽量平顺，避免有高差悬殊的突变，以免应力集中造成坝体裂缝；当地基中存在局部工程地质缺陷时，也应予以挖除。

为保持基岩完整性，避免开挖爆破振裂，基岩应分层开挖。当开挖到距设计高程 0.5~1.0 m 的岩层时，宜用手风钻造孔，小药量爆破。如岩石较软弱，也可用人工借助风镐清除。基岩开挖后，在浇筑混凝土前，需进行彻底的清理和冲洗；对易风化、泥化的岩体，应采取保护措施，及时覆盖开挖面。

2.8.2 坝基的固结灌浆

在重力坝工程中采用浅孔低压灌注水泥浆的方法对地基进行加固处理,称为固结灌浆,见图 2-42。固结灌浆的目的是提高基岩的整体性和强度,降低地基的透水性。现场试验表明,在节理裂隙较发育的基岩内进行固结灌浆后,基岩的弹性模量可提高 2 倍甚至更多,在帷幕灌浆范围内先进行固结灌浆可提高帷幕灌浆的压力。

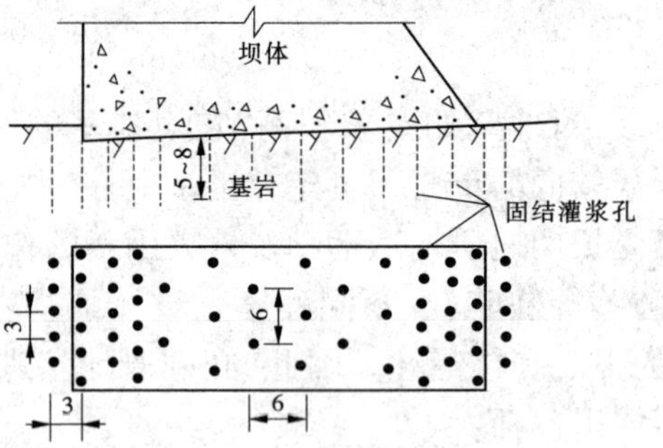

图 2-42 固结灌浆孔的布置图 (单位:m)

固结灌浆孔一般布置在应力较大的坝踵和坝趾附近,以及节理裂隙发育和破碎带范围内。灌浆孔呈梅花形布置,孔距、排距和孔深根据坝高、基岩的构造情况确定,一般孔距 3~4 m,孔深 5~8 m。帷幕上游区的孔深一般为 8~15 m,钻孔方向垂直于基岩面。当无混凝土盖重灌浆时,压力一般为 0.2~0.4 MPa(2~4 kg/cm^2),有盖重时为 0.4~0.7 MPa,以不掀动基础岩体为原则。

2.8.3 帷幕灌浆

帷幕灌浆的目的是降低坝底的渗透压力,防止坝基内产生机械或化学管涌,减少坝基和绕渗渗透流量。帷幕灌浆是在靠近上游坝基布设一排或几排深钻孔,利用高压灌浆充填基岩内的裂隙和孔隙等渗水通道,在基岩中形成一道相对密实的阻水帷幕(见图 2-43)。帷幕灌浆材料目前最常用的是水泥浆,水泥浆具有结石体强度高、经济和施工方便等优点。在水泥浆灌注困难的地方,可考虑采用化学灌浆。化学灌浆具有很好的灌注性能,能够灌入细小的裂隙,抗渗性好,但价格昂贵,又易造成环境污染,使用时需慎重。

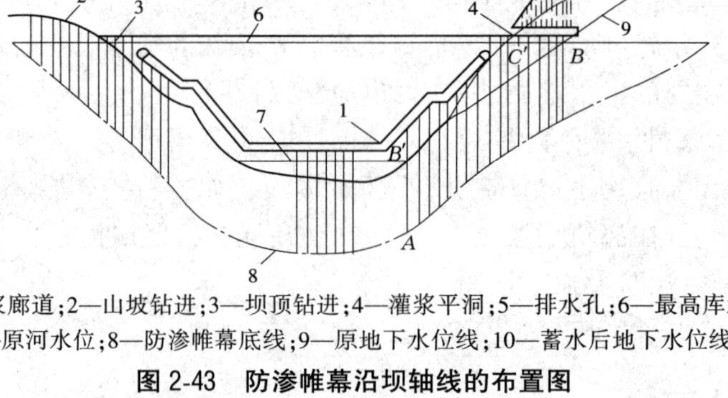

1—灌浆廊道;2—山坡钻进;3—坝顶钻进;4—灌浆平洞;5—排水孔;6—最高库水位;
7—原河水位;8—防渗帷幕底线;9—原地下水位线;10—蓄水后地下水位线。

图 2-43 防渗帷幕沿坝轴线的布置图

防渗帷幕的深度应根据基岩的透水性、坝体承受的水头和降低坝底渗透压力的要求确定。当坝基下存在可靠的相对隔水层时，帷幕应伸入相对隔水层内 3~5 m。不同坝高所要求的相对隔水层的透水率 q(1 m 长钻孔在 1 MPa 水压力作用下，1 min 内的透水量)应采取下列不同标准：坝高在 100 m 以上，$q=1\sim3$ Lu；坝高为 100~50 m，$q=3\sim5$ Lu；坝高在 50 m 以下，$q=5$ Lu。如相对隔水层埋藏很深，帷幕深度可根据降低渗透压力和防止渗透变形的要求确定，一般可在 30%~70%的水头范围内选取。

防渗帷幕的排数、排距及孔距，应根据坝高、作用水头、工程地质、水文地质条件确定。在一般情况下，高坝可设两排，中坝设一排。当帷幕由两排灌浆孔组成时，可将其中的一排钻至设计深度，另一排可取其深度的 1/2 左右。帷幕灌浆孔距为 1.5~3.0 m，排距宜比孔距略小。

帷幕灌浆需要从河床向两岸延伸一定的范围，形成一道从左到右的防渗帷幕。当相对不透水层距地面较近时，帷幕可伸入岸坡与相对不透水层相衔接。当两岸相对不透水层很深时，帷幕可以伸到原地下水位线与最高库水位相交点 B 附近，如图 2-43 所示。在最高库水位以上的岸坡可设置排水孔以降低地下水位，增加岸坡的稳定性。

帷幕灌浆必须在浇筑一定厚度的坝体混凝土作为盖重后进行，灌浆压力由试验确定，通常在帷幕孔顶段取 1.0~1.5 倍的坝前静水压强，在孔底段取 2~3 倍的坝前静水压强，但应以不破坏岩体为原则。

2.8.4 坝基排水设施

为了进一步降低坝底扬压力，需在防渗帷幕后设置排水系统，如图 2-44 所示。坝基排水系统一般由排水孔幕和基面排水组成。主排水孔一般设在基础灌浆廊道的下游侧，孔距 2~3 m，孔径 15~20 cm，孔深常采用 40%~60%的帷幕深度，方向则略倾向下游。除主排水孔外，还可设辅助排水孔 1~3 排，孔距一般为 3~5 m，孔深为 6~12 m。

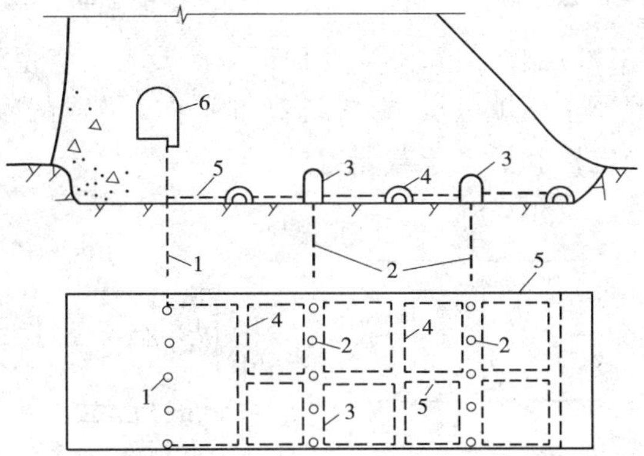

1—主排水孔；2—辅助排水孔；3—坝基纵向排水廊道；4—半圆形排水管；5—横向排水沟；6—灌浆廊道。

图 2-44 坝基排水设施布置图

如基岩裂隙发育，还可在基岩表面设置排水廊道或排水沟、管作为辅助排水。排水沟、管纵横相连形成排水网，增加排水效果和可靠性，并在坝基上布置集水井，渗水汇入集水井后，用水泵排向下游。

2.8.5 坝基软弱破碎带的处理

当坝基中存在断层破碎带或软弱结构面时,则需要进行专门的处理。处理方式应根据软弱带在坝基中的位置、走向、倾角的陡缓以及对强度和防渗的影响程度而定。

对于走向与水流方向大致垂直、倾角较大的断层破碎带,常采用混凝土梁(塞)或混凝土拱进行加固,如图2-45所示。混凝土塞是将破碎带挖除至一定深度后回填混凝土,以提高地基局部的承载能力。当破碎带的宽度小于2~3 m时,混凝土塞的深度可采用破碎带宽度的1~2倍,且不得小于1 m。当破碎带的走向与水流方向大致相同,与上游水库连通时,则须同时做好坝基加固和防渗处理,常用的方法有钻孔灌浆、混凝土防渗墙、混凝土防渗塞(见图2-46)等。

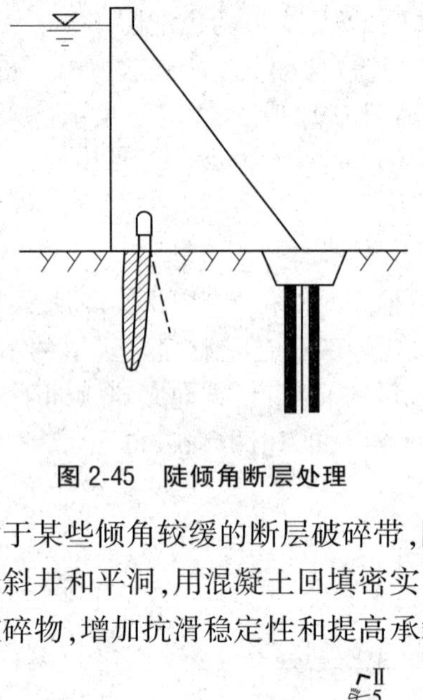

图2-45 陡倾角断层处理

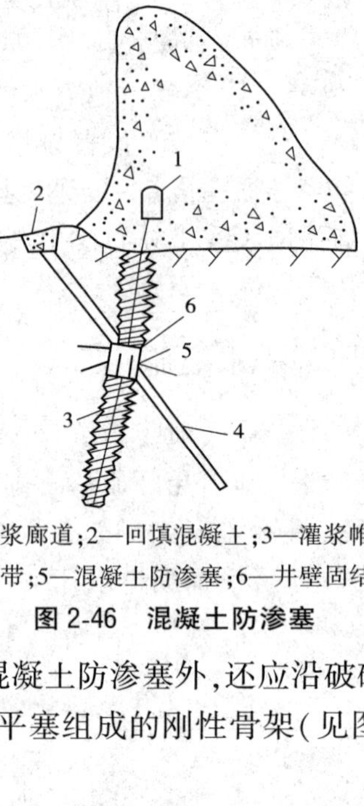

1—灌浆廊道;2—回填混凝土;3—灌浆帷幕;
4—破碎带;5—混凝土防渗塞;6—井壁固结灌浆。

图2-46 混凝土防渗塞

对于某些倾角较缓的断层破碎带,除应在顶部做混凝土防渗塞外,还应沿破碎带开挖若干个斜井和平洞,用混凝土回填密实,形成斜塞和水平塞组成的刚性骨架(见图2-47),封闭破碎物,增加抗滑稳定性和提高承载能力。

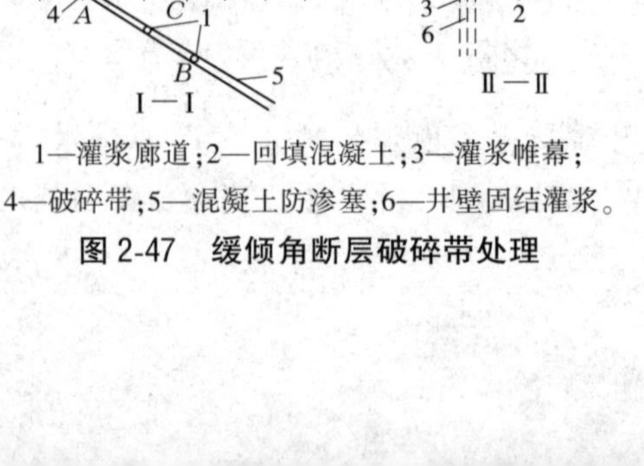

1—灌浆廊道;2—回填混凝土;3—灌浆帷幕;
4—破碎带;5—混凝土防渗塞;6—井壁固结灌浆。

图2-47 缓倾角断层破碎带处理

【任务测试】

请扫描二维码，做任务测试卷。

码 2-24　任务 2.8 测试卷

任务 2.9　其他形式的重力坝

【任务导航】

问题 1：什么是碾压混凝土重力坝？其有何特点？

问题 2：什么是浆砌石重力坝？什么是宽缝重力坝？什么是空腹重力坝？它们有何特点？

码 2-25　微课：其他形式的重力坝

【任务解析】

2.9.1　碾压混凝土重力坝

碾压混凝土重力坝是将土石坝施工中的碾压技术应用于混凝土重力坝，采用水泥含量少的超干硬混凝土熟料、现代施工机械和碾压设备实施运料，通仓铺填，逐层碾压固结而成的坝。与常态混凝土重力坝相比，其坝身构造简单、水泥用量省。碾压混凝土的单位体积胶凝材料用量一般为混凝土总质量的 5%～7%，扣除粉煤灰等活性混合材料，每立方米碾压混凝土的水泥用量仅为 60～90 kg。另外，碾压混凝土模板用量省，施工速度快和工程造价较低。

码 2-26　图片：碾压混凝土重力坝施工

世界上第一座碾压混凝土重力坝（日本岛地川坝，坝高 89 m）建于 1980 年。据不完全统计，目前已建和在建的碾压混凝土重力坝约 80 座。我国的龙滩水电站大坝高 216.5 m，是目前世界上最高的碾压混凝土重力坝。

碾压混凝土重力坝的断面设计、水力设计、应力和稳定分析与常态混凝土重力坝相同，但在材料与构造方面需要适应碾压混凝土的特点。

2.9.2　浆砌石重力坝

浆砌石重力坝与混凝土重力坝相比，具有就地取材、节省水泥、节省模板、不需要另设温控措施、施工技术简单且易于掌握等优点，因而在中、小型工程中得到广泛应用。但由于人工砌筑，砌体质量不易控制，防渗性能差，且修整、砌筑机械化程度较低，施工期较长，耗费劳动力，故在大型工程中较少采用。

2.9.3　宽缝重力坝及空腹重力坝

2.9.3.1　宽缝重力坝

宽缝重力坝是将坝段间的横缝部分拓宽(仅在上游端和下游端闭合)的重力坝。

码 2-27　动画：宽缝重力坝

与实体重力坝相比,宽缝重力坝的优点在于坝底扬压力较小,坝体混凝土方量较实体重力坝可节省 10%~20%;设置宽缝后,水平截面形状接近工字形,该截面形状与实体重力坝的矩形截面相比具有较大的惯性矩,可改善坝体的应力条件。宽缝重力坝的主要缺点是增加了模板用量,立模也较复杂,分期导流不便。

坝体尺寸主要有坝段宽度 L,缝宽比 $2S/L$,上、下游坝坡系数 n、m,上游头部与下游尾部的厚度 t_u、t_d 等。其中,L 一般选用 16~24 m,$2S/L=0.2\sim0.4$。$n=0.15\sim0.35$,$m=0.6\sim0.8$。t_u 为坝面作用水头的 7%~10%,且不得小于 3 m;$t_d=3\sim5$ m,且不宜小于 2 m。

宽缝重力坝的抗滑稳定分析的基本原理和实体重力坝相同,但需以一个坝段作为计算单元。

2.9.3.2　空腹重力坝

在实体重力坝底部沿坝轴线方向设置大尺寸的空腔,即为空腹重力坝。

码 2-28　动画：空腹重力坝

空腹重力坝与实体重力坝相比,其优点是:空腹下部不设底板,减小了坝底面上的扬压力;节省混凝土方量 20%~30%,减少了坝基的开挖量;空腹为布置水电站厂房及进行检查、灌浆和观测提供了方便。但施工复杂,用钢筋模板量大。

空腹重力坝的腹孔净跨度一般为坝底全宽的 1/3,腹孔高一般为坝高的 1/5~1/4,为便于施工,空腹重力坝上游边大都做成铅直的,下游边的坡率大致为 0.6~0.8。空腹重力坝的坝体应力情况比较复杂,其坝体应力可采用有限元法和结构模型进行分析,材料力学法一般不适用。

【任务测试】

请扫描二维码,做任务测试卷。

码 2-29　任务 2.9 测试卷

小　结

重力坝是主要依靠坝体自重所产生的抗滑力来满足稳定要求的挡水建筑物,它是采用最多的坝型之一。本项目内容是学习其他水工建筑物的基础。本项目介绍了重力坝的设计理论、设计内容和设计方法等。重力坝的设计包括了坝的结构布置以及分析计算。

要求学生掌握重力坝的工作原理、平面布置、剖面形式、构造要求等内容。抗滑稳定和应力分析是本项目的重点和难点,包括:荷载(扬压力、浪压力等)的计算;应力的分析计算;稳定分析的基本方法、基本公式及适用条件;溢流重力坝和坝身泄水孔的孔口设计、挑流消能设计等。此外,重力坝对地基的要求较高,需了解对地基的基本处理方式。

【项目练习】

请扫描二维码,做项目练习题。

码 2-30 项目 2 练习题

项目3 拱坝设计

【学习目标】

学习任务	能力目标	知识要点	素质目标
任务3.1	了解拱坝的定义;掌握拱坝的类型和特点;根据拱坝对地形地质的要求,能对拱坝坝址进行初选	拱坝的定义、宽高比、厚高比;拱坝形式的主要参数	具备对党的创新理论的政治认同、思想认同、情感认同,培养科技报国的家国情怀和使命担当,具有遵纪守法、诚信品质、责任意识、敬业精神;树立追求卓越、精益求精的岗位责任,培养工匠精神
任务3.2	了解拱坝布置的原则和步骤;了解拱端的布置原则;理解拱冠梁的形式和尺寸确定方法	拱坝的布置步骤;拱端的布置原则;水平拱圈的形式	
任务3.3	了解作用在拱坝上的荷载;对比作用在拱坝和重力坝上的荷载有何区别;掌握自重、温度荷载的计算方法;掌握拱坝的荷载组合方法;了解应力分析方法	自重;温度作用;封拱温度;纯拱法、拱梁分载法、有限元法	
任务3.4	了解拱坝可能的滑裂面形式;理解稳定分析方法;理解渗透水压力对拱座稳定的影响	刚体极限平衡法、有限元法;拱座稳定的控制指标	
任务3.5	了解拱坝泄洪的特点;掌握拱坝坝身泄水方式;掌握拱坝的消能与防冲	滑雪道式;水垫塘消能;空中对冲消能	
任务3.6	了解拱坝的地基处理和重力坝的有何区别;掌握拱坝的构造要求	地基处理;垫座与周边缝;重力墩	

【思政导引】

码3-1 白鹤展翅金沙江——国之重器白鹤滩水电站

任务3.1 概 述

【任务导航】

问题1:什么是拱坝?它有哪些特点?

问题2:拱坝如何分类?拱坝对地形和地质条件有何要求?

【任务解析】

3.1.1 拱坝的特点

码3-2 微课:拱坝的特点

拱坝是固接于基岩的空间壳体结构,在平面上呈凸向上游的拱形,其拱冠剖面呈竖直的或向上游凸出的曲线形,坝体结构既有拱作用又有梁作用,其所承受的水平荷载一部分通过拱的作用压向两岸,另一部分通过竖直梁的作用传到坝底基岩,如图3-1所示。

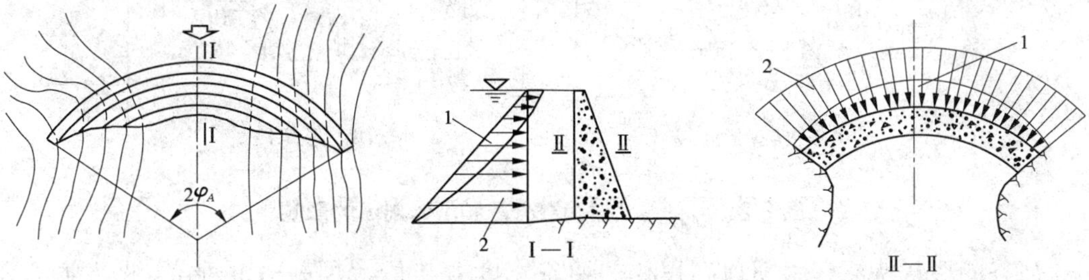

(a)平面图 (b)铅直(悬臂梁)剖面图 (c)水平(拱)剖面图

1—拱荷载;2—梁荷载。

图3-1 拱坝平面图及剖面图

坝体的稳定主要依靠两岸拱端的反力作用,并不全靠坝体自重来维持。由于拱是一种主要承受轴向压力的推力结构,拱内弯矩较小,应力分布较为均匀,有利于发挥材料的强度。拱的作用利用得越充分,材料抗压强度高的特点就越能充分发挥,从而可以减薄坝体厚度,节省工程量。拱坝的体积比同一高度的重力坝可节省1/3~2/3,从经济意义上讲,拱坝是一种很优越的坝型。

拱坝属于高次超静定结构,当外荷增大或坝的某一部位发生局部开裂时,坝体的拱和梁作用将会自行调整,使坝体应力重新分配。国内外拱坝结构模型试验成果表明,拱坝的超载能力可以达到设计荷载的5~11倍。拱坝坝体轻韧,弹性较好,工程实践表明,其抗震能力也是很强的。迄今为止,拱坝几乎没有因坝身问题而失事的。有极少数拱坝失事,是由于拱座抗滑失稳所致。1959年12月,法国马尔巴塞拱坝溃决,是拱座失稳破坏最严重的一例。所以,在设计与施工中,除坝体强度外,还应十分重视拱座的抗滑稳定和变形。

拱坝坝身不设永久伸缩缝。温度变化和基岩变形对坝体应力的影响比较显著,设计时,必须考虑基岩变形,并将温度作用列为一项主要荷载。

实践证明,拱坝不仅可以安全溢流,而且可以在坝身设置单层或多层大孔口泄水。目前坝顶溢流或坝身孔口泄流的单宽泄量有的工程已用到200 $m^3/(s·m)$以上。

由于拱坝剖面较薄,坝体几何形状复杂,因此对于施工质量、筑坝材料强度和防渗要求等都较重力坝严格。

3.1.2 拱坝坝址的地形和地质条件

3.1.2.1 对地形的要求

地形条件是决定拱坝结构形式、工程布置以及经济性的主要因素。理想的地形应是坝址上游较为宽阔,左右两岸对称,岸坡平顺无突变,在平面上向下游收缩的峡谷段。坝端下游侧要有足够的岩体支承,以保证坝体的稳定,如图3-2所示。

码3-3 图片:拱坝

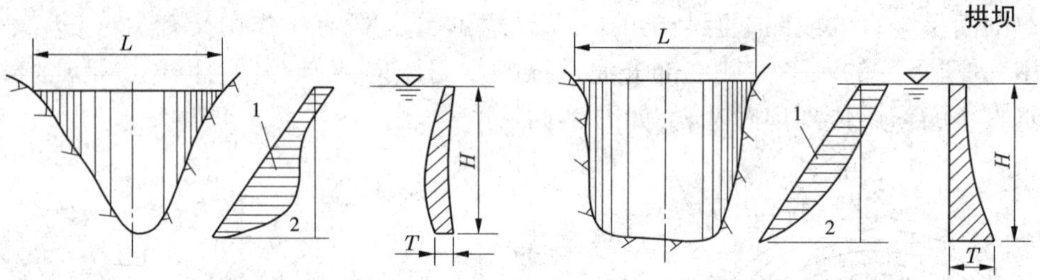

(a)V形河谷　　(b)U形河谷

1—拱荷载;2—梁荷载。

图3-2 河谷形状对荷载分配和坝体剖面的影响

河谷的形状特征常用坝顶高程处的河谷宽度 L 与最大坝高 H 的比值,即"宽高比" L/H 来表示。拱坝的厚薄程度,常以坝底最大厚度 T 和最大坝高 H 的比值,即"厚高比" T/H 来区分。一般情况下,在 $L/H<1.5$ 的深切河谷可以修建薄拱坝,$T/H<0.2$;在 $L/H=1.5\sim3.0$ 的稍宽河谷可以修建中厚拱坝,$T/H=0.2\sim0.35$;在 $L/H>3.0\sim4.5$ 的宽河谷多修建重力拱坝,$T/H>0.35$;而在 $L/H>4.5$ 的宽浅河谷,由于拱的作用已经很小,梁的作用将成为主要的传力方式,一般认为以修建重力坝或拱形重力坝较为适合。随着近代拱坝建设技术的发展,已有一些成功的实例突破了这些界限,例如:奥地利的希勒格尔斯双曲拱坝,高130 m,$L/H=5.5$,$T/H=0.25$;美国的奥本三圆心拱坝,高210 m,$L/H=6.0$,$T/H=0.29$。

不同河谷即使具有同一宽高比,其断面形状可能相差很大。图3-2代表两种不同类型的河谷形状,在水压荷载作用下拱梁系统的荷载分配以及对坝体剖面的影响。左右对称的V形河谷最适于发挥拱的作用,靠近底部水压强度最大,但拱跨短,因此底拱厚度仍可较薄;U形河谷靠近底部拱的作用显著降低,大部分荷载由梁的作用来承担,故厚度较大;梯形河谷的情况则介于这两者之间。

根据工程经验,拱坝最好修建在对称河谷中,但在不对称河谷中也可修建,缺点是坝体受力条件较差,设计、施工复杂。

3.1.2.2 对地质的要求

地质条件也是拱坝建设中的一个重要问题。河谷两岸的基岩必须能承受由拱端传来的推力,要在任何情况下都能保持稳定,不致危害坝体的安全。理想的地质条件是,基岩比较均匀、坚固完整、有足够的强度、透水性小、能抵抗水的侵蚀、耐风化、岸坡稳定、没有大断裂等。实际上很难找到没有节理、裂隙、软弱夹层或局部断裂破碎带的天然坝址，但必须查明工程的地质条件，必要时，应采取妥善的地基处理措施。

随着经验的积累和地基处理技术水平的不断提高，在地质条件较差的地基上也建成了不少高拱坝，例如：意大利的圣杰斯汀那拱坝，高 153 m，基岩变形模量只有坝体混凝土的 1/10~1/5；葡萄牙的阿尔托 · 拉巴哥拱坝，高 94 m，两岸岩体变形模量之比达 1∶20；我国的龙羊峡拱坝，高 178 m，基岩被众多的断层和裂隙所切割，岩体破碎，且位于 9°强震区。但当地质条件复杂到难以处理，或处理工作量太大、费用过高时，则应另选其他坝型。

3.1.3 拱坝的形式

控制拱坝形式的主要参数有拱弧的半径、中心角、圆弧中心沿高程的迹线和拱厚。

河谷地形对拱坝的几何形状有很大影响。为便于说明河谷形状与坝体几何尺寸的关系，如图 3-3 所示，取单位高度的等截面圆拱，拱圈厚度为 T，中心角为 $2\varphi_A$，设沿外弧承受均匀压力 p，截面平均应力为 σ，由静力平衡条件可得“圆筒公式”，即

$$T = \frac{pR_u}{\sigma} \tag{3-1}$$

式中 R_u——外弧半径。

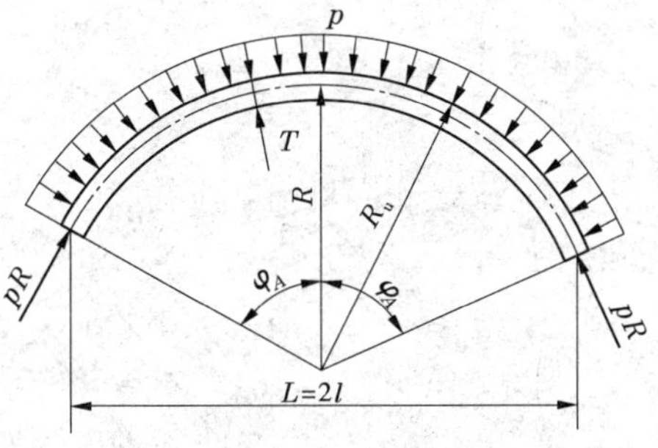

图 3-3 圆弧拱圈

可以看出，对于一定的河谷，拱中心角愈大，拱圈厚度愈小。

在接近矩形或较宽的梯形河谷，由于河谷宽度从上到下相差不大，各高程拱圈的中心角都比较接近，可以采用上游坝面拱弧半径 R_u 不变，仅需改变下游坝面拱弧半径，以适应坝厚变化需要的等外半径式拱坝。但当河谷上宽下窄变化较大时，为改善因下部拱的中心角减小、拱作用降低的情况，势必要求加大坝体下部厚度，可采用定外圆心等外半径而变内圆心内半径的形式，此时将各层拱圈自拱冠向拱端逐渐加厚。上述两种布置，上游面都是铅直的，整个坝体仅在水平面呈曲线形，也称单曲拱坝。我国响洪甸重力拱坝即属于这种类型，见图 3-4。单曲拱坝的施工比较简便，直立的上游面也有利于布置进水口或泄水孔的控制设备。

在底部狭窄的 V 形河谷，若仍用等半径式拱坝，势必使底部中心角过小而加大拱厚。为此，可将各层拱圈的外半径从上到下逐渐减小，以使各层拱圈的中心角尽量接近，这种布置，坝体在水平面和铅直面均呈曲线形，称为双曲拱坝。我国泉水双曲薄拱坝即属于这

种类型(见图3-5),其各层拱圈的中心角为80°~100°。双曲拱坝能适应V形、梯形及其他形式的河谷,在布置上更为灵活。与单曲拱坝相比,双曲拱坝具有明显的优点,即由于梁系也呈弯曲的形状,兼有竖向拱作用,承受水平荷载后,在产生水平位移的同时,还有向上位移的倾向,使梁的弯矩有所减小而轴向力加大,对降低坝的拉应力有利;另外,在水压力作用下,坝体中部的竖向梁应力是上游面受压而下游面受拉,这同坝体自重产生的梁应力正好相反。

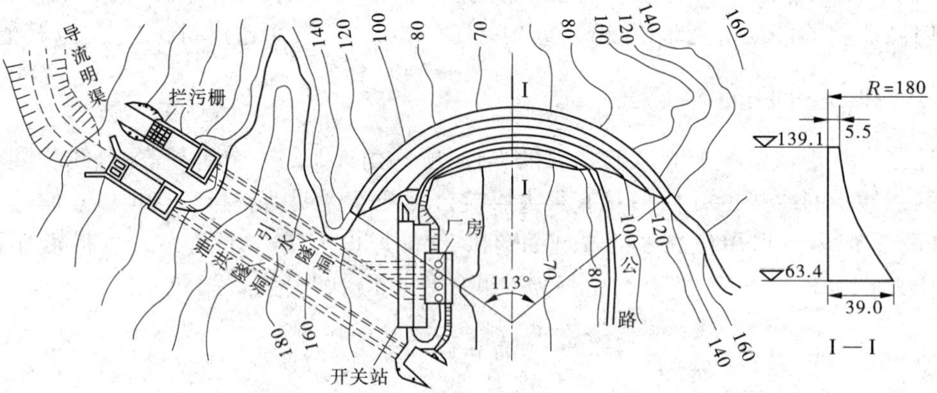

图3-4 响洪甸重力拱坝 (单位:m)

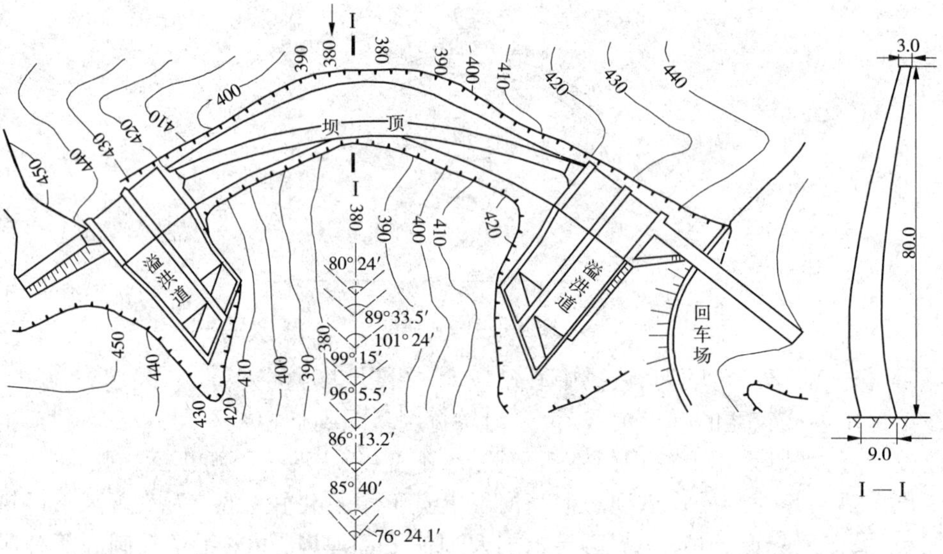

图3-5 泉水双曲薄拱坝 (单位:m)

3.1.4 拱坝的发展概况

人类修建拱坝具有悠久的历史。拱坝起源于欧洲。早在古罗马时代,于现今的法国地界内,圣·里米省南部即建造了一座鲍姆拱坝。这是迄今为止发现的世界上第一座拱坝。14世纪,伊朗修建了一座高60 m的砌石拱坝(库里特拱坝)。到20世纪初,美国开始修建较高的拱坝,如1910年建成的巴菲罗比尔拱坝,高99 m。20~40年代,又建成若干拱坝,其中有高达221 m的胡佛坝(Hoover Dam)。与此同时,拱坝设计理论和施工技术也有较大的进展,如应力分析的拱梁试荷载法、坝体温度计算和温度控制措施、坝体分缝和接缝灌浆、地基处理技术等。50年代以后,西欧各国和日本修建了许多双曲拱坝,在拱坝体形、复杂坝基处理、坝顶溢流和坝内开孔泄洪等重大技术上又有新的突破,从而使拱坝厚度减小,坝高加大,即使在比较宽阔的河谷上修建拱坝也能体现其经济性。进入70年代,随着计算机技术的发展,有限单元法和优化设计技术的逐步采用,使拱坝设计和计算周期大为缩短,设计方案更加经济合理。水工及结构模型试验技术、混凝土施工技术、大坝安全监控技术的不断提高,也为拱坝的工程技术发展和改进创造了条件。

70多年来,我国在拱坝建设上取得了很大的进展。我国2009年建成的小湾拱坝高295 m,锦屏一级拱坝高305 m,均为同类坝世界最高。随着技术的发展,拱坝不仅在体型设计上日新月异,在筑坝材料上也不断创新,碾压混凝土拱坝即是一种竞争力较强的坝型。我国已建最高的碾压混凝土拱坝是万家口子坝,高167.5 m。在拱坝设计理论、计算方法、结构形式、泄洪消能、施工导流、地基处理及枢纽布置等方面都有很大进展,积累了丰富的经验。我国已建坝高大于100 m的部分拱坝统计见表3-1。

表3-1 我国已建坝高大于100 m的部分拱坝

序号	工程名称	所在省份	坝型	最大坝高/m	建成年份	序号	工程名称	所在省份	坝型	最大坝高/m	建成年份
1	锦屏	四川	双曲拱坝	305.0	2014	8	二滩	四川	双曲拱坝	240.0	1999
2	小湾	云南	双曲拱坝	294.5	2009	9	乌江渡	贵州	重力拱坝	165.0	1983
3	拉西瓦	青海	双曲拱坝	250.0	2023	10	东江	湖南	重力拱坝	157.0	1990
4	溪洛渡	四川	双曲拱坝	285.5	2015	11	隔河岩	湖北	重力拱坝	151.0	1995
5	龙羊峡	青海	重力拱坝	178.0	1989	12	白山	吉林	重力拱坝	149.5	1986
6	李家峡	贵州	双曲拱坝	165.0	1996	13	紧水滩	浙江	双曲拱坝	102.0	1987
7	东风	贵州	重力拱坝	162.0	1994	14	凤滩	湖南	空腹重力拱坝	112.5	1978

工程规模的扩大促进了拱坝设计理论、计算和施工技术的改进。电子计算机的快速发展,缩短了计算周期,提高了计算精度。拱坝的破坏机制和极限承载能力的研究进一步加强。在施工方面,采用新工艺,由计算机进行系统分析,选择最优施工方案。碾压混凝土施工技术已开始应用于工程实践中。水工及结构模型试验技术的不断提高,拱坝监控和反馈分析的研究,都在不同程度上发展和改进了拱坝的工程技术。

【任务测试】

请扫描二维码,做任务测试卷。

码3-4 任务3.1测试卷

任务 3.2　拱坝的体形和布置

【任务导航】

问题 1:什么是拱冠梁,如何确定拱冠梁的尺寸?

问题 2:水平拱圈有哪些形式?最理想的水平拱圈应是怎样的?

【任务解析】

拱坝的体形和布置是相互关联的。合理的体形应该是:在满足枢纽布置、运用和施工等要求的前提下,通过调整其外形和尺寸,使坝体材料强度得以充分发挥,不出现不利的应力状态,并保证拱座的稳定,而工程量最省,造价最低。

3.2.1　坝体尺寸的初步拟定

坝体尺寸主要是指:拱圈的平面形式及各层拱圈轴线的半径和中心角;拱冠梁(中央铅直剖面)上、下游面形式及其沿高程的厚度。当坝高已定,首先要拟定的就是顶拱轴线,然后是拱冠梁和拱圈的形式及尺寸。有关顶拱轴线的选定,见后面的拱坝布置。

3.2.1.1　拱冠梁的类型和尺寸

在拱坝的轴线和顶拱确定以后,即可拟定拱冠梁的尺寸。

在 U 形河谷中,可采用上游面铅直的单曲拱坝;在 V 形和接近 V 形河谷中,多采用具有竖向曲率的双曲拱坝。

码 3-5　微课:拱冠梁的类型和尺寸

拱冠梁的厚度可根据我国《水工设计手册》建议的公式初步拟定,即

$$T_C = 2\varphi_C R_{轴}(3R_f/2E)^{1/2}/\pi \tag{3-2}$$

$$T_B = 0.7\bar{L}H/[\sigma] \tag{3-3}$$

$$T_{0.45H} = 0.385HL_{0.45H}/[\sigma] \tag{3-4}$$

式中　T_C、T_B、$T_{0.45H}$——拱冠梁顶厚、底厚和 0.45H 高度处的厚度,m;

φ_C——顶拱的半中心角,(°);

$R_{轴}$——顶拱中心线的半径,m;

R_f——混凝土的极限抗压强度,kPa;

E——混凝土的弹性模量,kPa;

$\bar{L}$——两岸可利用基岩面间河谷宽度沿坝高的平均值,m;

H——拱冠梁的高度,m;

$[\sigma]$——坝体混凝土的容许压应力,kPa;

$L_{0.45H}$——拱冠梁 0.45H 高度处两岸可利用基岩面间的河谷宽度,m。

美国垦务局建议的公式为

$$T_C = 0.01(H + 0.2L_1) \tag{3-5}$$

$$T_B = \sqrt[3]{0.0012HL_1L_2\left(\frac{H}{122}\right)^{H/122}} \tag{3-6}$$

式中 L_1——坝顶高程处拱端可利用基岩面间的河谷宽度，m；

L_2——坝底以上0.15H处拱端可利用基岩面间的河谷宽度，m。

前一组公式是根据混凝土强度确定的，后一组公式则是根据拱坝设计资料总结出来的，可以互为参考。在选择拱冠梁的顶部厚度时，还应考虑工程规模和运用要求，如无交通规定，一般为3~5 m，不宜小于3 m。坝顶厚度体现了顶部拱圈的刚度。顶拱刚度不仅对坝体上部应力有影响，而且对拱冠梁附近的梁底应力也有较大的影响。当河谷上部较宽时，适当加大坝顶厚度将有利于降低梁底上游面的拉应力。

对于双曲拱坝，拱冠梁的上游面曲线可用凸点与坝顶的高差$Z_0=\beta_1 H$、凸度$\beta_2=D_A/H$和最大倒悬度S(A、B两点之间的水平距离与其高差之比)来描述。拟定这些参数的原则是：控制悬臂梁的自重拉应力不超过0.3~0.5 MPa，对高坝还可适当加大，并使坝体在正常荷载组合情况下具有良好的应力状态。坝的下部向上游倒悬，由于自重在坝踵产生的竖向压应力，可抵消一部分由水压力产生的竖向拉应力，但倒悬度不宜太大，一般不超过0.3。根据我国对东风、拉西瓦等11座拱坝的β_1、β_2和S值的敏感性计算分析，其适合范围是：$\beta_1=0.6\sim0.7$，$\beta_2=0.15\sim0.2$，$S=0.15\sim0.3$。对基岩变形模量较高或宽高比较大的河谷，β_1、β_2取小值，S取大值。定出A、B、C三点位置后，可由圆弧线或几段不同圆心和半径圆弧组成的曲线、二次抛物线，通过三点定出上游面曲线。对于下游面，可根据拟定的T_A、T_B、T_C定出相应的三个点A'、B'、C'，然后采用与上游面相同的方法定出下游面曲线。对于单曲拱坝，拱冠梁上游面是铅直线，下游面是倾斜直线或几段折线。

3.2.1.2 水平拱圈的形式选择

水平拱圈以圆弧拱最为常用。由式(3-1)可知，加大中心角，可减小拱圈厚度，改善坝体应力。但从稳定条件考虑，过大的中心角将使拱轴线与河岸基岩等高线间的交角过小，以致拱端推力过于趋向岸边，不利于拱座的稳定。现代拱坝，顶拱中心角多为90°~110°；对向下游缩窄的河谷，可采用110°~120°；当坝址下游基岩内有软弱带或坝肩支承在比较单薄的山嘴时，则应适当减小顶拱的中心角，使拱端推力转向岩体内侧，以加强坝肩稳定，如日本的矢作拱坝最大中心角为76°，菊花拱坝为74°。

由于拱坝的最大应力常在坝高1/3~1/2处，所以大部分拱坝工程在坝的(0.4~0.7)H范围内采用较大的中心角，由此向上、向下中心角都减小，例如：我国的泉水双曲薄拱坝(见图3-5)，最大中心角为101°24′，约在2/5坝高处；伊朗的卡雷迪拱坝，最大中心角为117°，位于坝的中下部。

合理的拱圈形式应当是压力线接近拱轴线，使拱截面内的压应力分布趋于均匀。在河谷狭窄而对称的坝址，水压力的大部分靠拱的作用传到两岸，采用圆弧拱圈，在设计和施工上都比较方便。但从水压力在拱梁系统的分配情况看，拱所分担的水荷载并不是沿拱圈均匀分布的，而是从拱冠向拱端逐渐减小的(见图3-1)。近年来，对建在较宽河谷中的拱坝，为使拱圈中间部分接近于均匀受压，并改善拱座的抗滑稳定条件，拱圈形式已由早期的单心圆拱向三心圆拱、椭圆拱、抛物线拱和对数螺旋线拱等多种形式(见图3-6)发展。因此，最合理的拱圈形式应当是变曲率、变厚度、扁平的。

三心圆拱由三段圆弧组成，通常是两侧弧段的半径比中间的大(见图3-7)，从而可以减小中间弧段的弯矩，使压应力分布趋于均匀，改善拱端与两岸的连接条件，更有利于坝

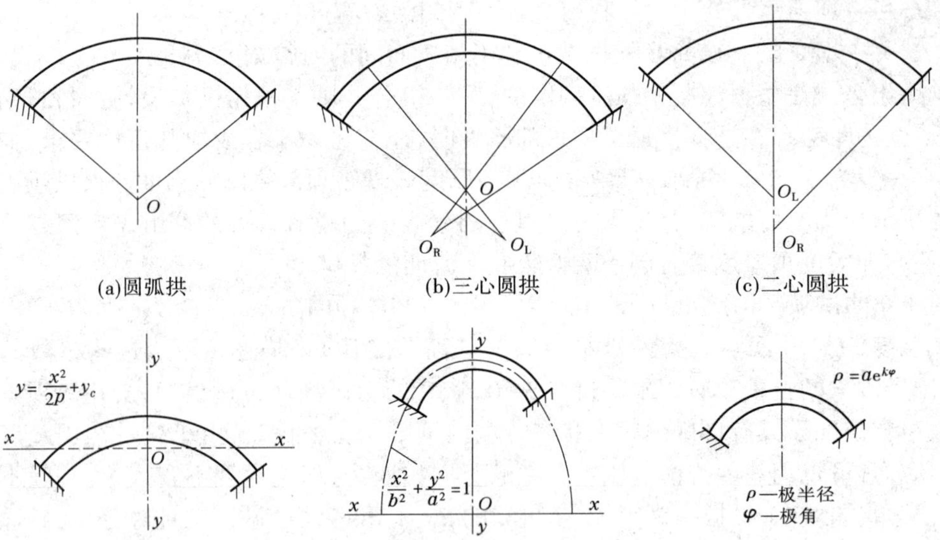

(a)圆弧拱　(b)三心圆拱　(c)二心圆拱

(d)抛物线拱　(e)椭圆拱　(f)对数螺旋线拱

图 3-6　拱坝的水平拱圈

肩的岩体稳定。例如美国、葡萄牙、西班牙等国采用三心圆拱坝较多,我国的白山拱坝、紧水滩拱坝和李家峡拱坝都是采用的三心圆拱坝。

椭圆拱、抛物线拱和对数螺旋线拱均为变曲率拱,拱圈中段的曲率较大,向两侧逐渐减小,使拱圈中的压力线接近中心线,拱端推力方向与岸坡线的夹角增大,有利于拱座的抗滑稳定。例如,瑞士 1965 年建成的康脱拉双曲拱坝是当前最高的椭圆拱坝,高 220 m;日本的集览寺拱坝,高 82 m,两岸山头单薄,采用了顶拱中心角为 75°的抛物线拱,拱座稳定得到了改善。日本、意大利等国采用抛物线拱坝较多,我国已建的二滩、东风水电站也是采用的抛物线拱坝。

当河谷地形不对称时,可采取人工措施使坝体尽可能接近对称,如:①在较陡的一岸向深处开挖;②在较缓的一岸建造重力墩或推力墩;③设置垫座及周边缝等。在有的情况下也可采用不对称的双心圆拱布置,见图 3-8。

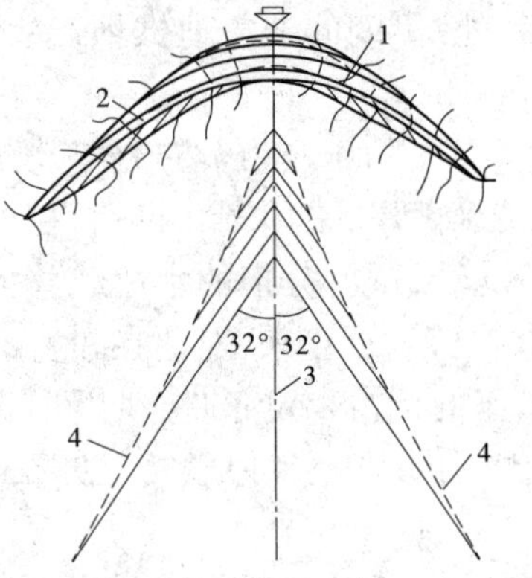

1—坝轴线;2—坝顶;3—内侧圆心线;4—外侧圆心线。

图 3-7　三心圆双曲拱坝平面图

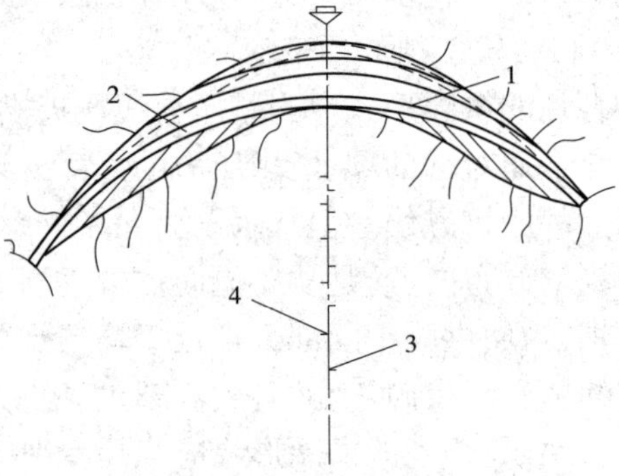

1—坝轴线;2—坝顶;3—左侧圆心;4—右侧圆心。

图 3-8　双心圆拱坝平面图

3.2.2　拱坝布置

拱坝布置的原则是,根据坝址地形、地质、水文等自然条件以及枢纽综合利用要求统筹布置,在满足稳定和建筑物运用的要求下,通过调整拱坝的外形尺寸,使坝体材料的强度得到充分发挥,控制拉应力在允许范围之内,坝的工程量最省。

由于拱坝体形比较复杂,剖面形状又随地形、地质情况而变化,因此拱坝的布置并无一成不变的固定程序,而是一个从粗到细反复调整和修改的过程。根据经验,大致可以归纳为以下几个步骤:

(1)根据坝址地形图、地质图和地质查勘资料,定出开挖深度,画出可利用基岩面等高线地形图。

(2)在可利用基岩面等高线地形图上,试定顶拱轴线的位置。在实际工程中常以顶拱外弧作为拱坝的轴线。顶拱轴线的半径可用 $R_{轴}=0.6L_1$,或参考其他类似工程初步拟定。将顶拱轴线绘在透明纸上,以便在地形图上移动、调整位置,尽量使拱轴线与基岩等高线在拱端处的夹角不小于 30°,并使两端夹角大致相近。按选定的半径、中心角及顶拱厚度画出顶拱内外缘弧线。

(3)初拟拱冠梁剖面尺寸,布置其他高程拱圈。自坝顶往下,一般选取 5~10 道拱圈,绘制各层拱圈平面图,布置原则与顶拱相同。各层拱圈的圆心连线在平面上最好能对称于河谷可利用岩面的等高线,在竖直面上圆心连线应能形成光滑的曲线。

(4)切取若干铅直剖面,检查其轮廓线是否光滑连续,有无倒悬现象,确定倒悬度是否太大。为了便于检查,可将各层拱圈的半径、圆心位置以及中心角分别按高程点绘,连成上、下游面圆心线和中心角线。必要时,可修改不连续或变化急剧的部位,以求沿高程各点连线达到平顺光滑为止。

(5)进行应力计算和拱座抗滑稳定校核。如不符合要求,应修改坝体布置和尺寸,重复以上工作程序,直至满足要求为止。

(6)将坝体沿拱轴线展开,绘成坝的立视图,显示基岩面的起伏变化,对突变处应采取削平或填塞措施。

(7)计算坝体工程量,作为不同方案比较的依据。

归纳起来,拱坝布置的基本原则是:坝体轮廓力求简单,基岩面、坝面变化平顺,避免有任何突变,如图 3-9 所示。

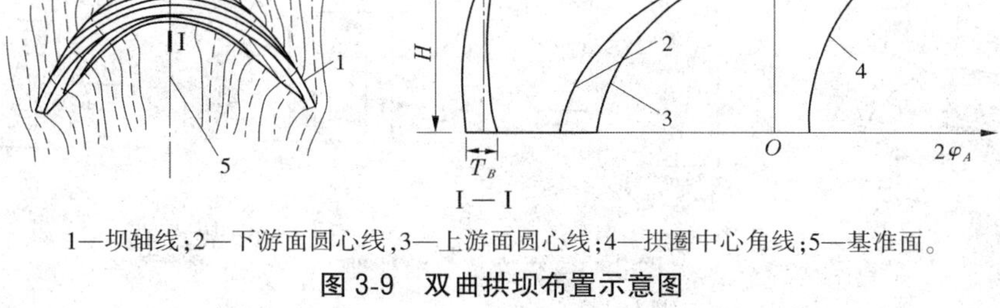

1—坝轴线;2—下游面圆心线,3—上游面圆心线;4—拱圈中心角线;5—基准面。

图 3-9　双曲拱坝布置示意图

3.2.3 拱端的布置原则

拱坝两端与基岩的连接也是拱坝布置的一个重要方面。拱端应嵌入开挖后的坚实基岩内。拱端与基岩的接触面原则上应做成全半径向的,以使拱端推力接近垂直于拱座面。但在坝体下部,当按全半径向开挖将使上游面可利用岩体开挖过多时,允许自坝顶往下由全半径向拱座渐变为1/2半径向拱座,如图3-10(a)所示。此时,靠上游边的1/2拱座面与基准面的交角应大于10°。如果用全半径向拱座将使下游面基岩开挖太多,也可改周中心角大于半径向中心角的非径向拱座,如图3-10(b)所示,此时,拱座面与基准面的夹角根据经验应不大于80°。

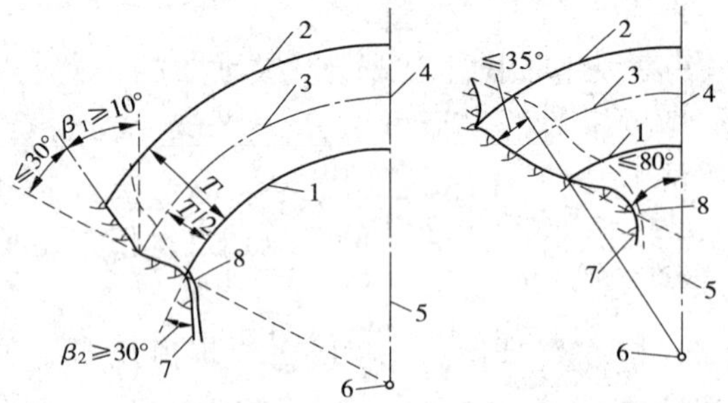

(a)1/2半径向拱座　　(b)非径向拱座

1—内弧面;2—外弧面;3—拱轴线;4—拱冠;5—基准面;6—坝轴线圆心;7—可利用岩面线;8—原地面线。

图3-10　拱座形状准则

3.2.4 坝面倒悬的处理

由于上、下层拱圈半径及中心角的变化,坝体上游面不能保持直立。如上层坝面突出于下层坝面,就形成了坝面的倒悬,这种上、下层的错动距离与其间高差之比称为倒悬度。在双曲拱坝中,很容易出现坝面倒悬现象。这种倒悬不仅增加了施工上的困难,而且未封拱前,由于自重作用很可能在与其倒悬相对的另一侧坝面产生拉应力甚至开裂。对于倒悬的处理,如图3-11所示。大致可归纳为以下几种方式:

(1)使靠近岸边的坝体上游面维持直立,这样,河床中部坝体将俯向下游,见图3-11(a)。

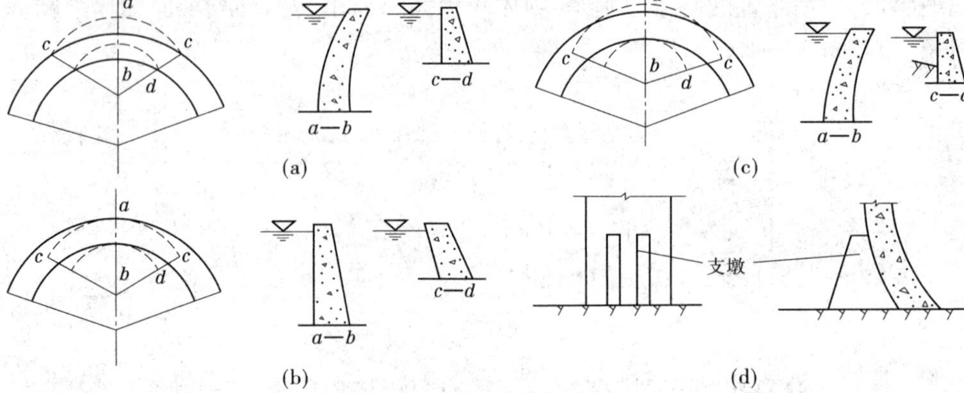

(a)　(b)　(c)　(d)

图3-11　拱坝倒悬的处理

(2)使河床中间的坝体上游面维持直立,而岸边坝体向上游倒悬,见图3-11(b)。

(3)协调前两种方案,使河床段坝体稍俯向下游,岸坡段坝体稍向上游倒悬,见图3-11(c)。

设计时宜采用第三种折中处理方式,以减小坝面的倒悬度。按《混凝土拱坝设计规范》(SL 282—2018):混凝土拱坝在满足施工期自重应力控制标准及坝表孔布置的要求下,可选取较大的下游面倒悬度;悬臂梁的上游面倒悬度不宜大于0.3∶1。对向上游倒悬的岸边段坝体,在其下游面可能产生过大的拉应力,必要时需在上游坝脚加设支墩,或在开挖基岩时留下部分基坑岩壁作为支撑。对俯向下游的河床段坝体,在俯向下游部分需加速冷却,采用重复灌浆,使伸缩缝随浇随灌。现代的双曲拱坝,一般都在坝体下部1/3左右坝高范围内向上游倒悬,再向上就逐渐俯向下游。这样,不仅改善了坝体应力情况,而且有助于解决岸边坝段的倒悬问题。

【任务测试】

请扫描二维码,做任务测试卷。

码3-6 任务3.2测试卷

任务3.3 拱坝的荷载和应力分析

【任务导航】

问题1:作用在拱坝上的荷载有哪些?温度荷载对拱坝有哪些影响?

问题2:拱坝的荷载组合有哪些?

【任务解析】

3.3.1 拱坝的设计荷载

拱坝的设计荷载包括静水压力、动水压力、自重、扬压力、淤沙压力、冰压力、浪压力、温度作用以及地震荷载等,基本上与重力坝相同。但由于拱坝本身的结构特点,有些荷载的计算及其对坝体应力的影响与重力坝不尽相同。本任务只介绍这些荷载的不同特点。

3.3.1.1 一般荷载的特点

1.水平径向荷载

水平径向荷载包括静水压力、淤沙压力、浪压力及冰压力。其中,静水压力是坝体上的最主要荷载,应由拱和梁共同承担,可通过拱梁分载法来确定拱系和梁系上的荷载分配。

2.自重

混凝土拱坝在施工时常采用分段浇筑,最后进行灌浆封拱,形成整体。这样,由自重产生的变位在施工过程中已经完成,全部自重应由悬臂梁承担,悬臂梁的最终应力是由拱梁分载法算出的应力加上由于自重而产生的应力。在实际工程中,如遇以下各种情况,灌浆前的自重作用应由梁系单独承担,灌浆后浇筑的混凝土自重参加拱梁分载法中的变位调整:①需要提前蓄水,要求坝体浇筑到某一高程后提前封拱;②对具有显著竖向曲率的双曲拱坝,为保持坝块稳定,需要在其冷却后先行灌浆封拱;③为了度汛,要求分期灌浆等。有时为了简化计算,也常假定自重全由梁系承担。

由于拱坝各坝块的水平截面都呈扇形,如图 3-12 所示,截面 A_1 与 A_2 间的坝块自重 G 可按辛普森公式计算,即

$$G = \frac{1}{6}\gamma_c \Delta Z(A_1 + 4A_m + A_2) \quad (kN) \tag{3-7}$$

式中 γ_c——混凝土容重,kN/m^3;

ΔZ——计算坝块的高度,m;

A_1、A_2、A_m——上端、下端和中间截面的面积,m^2。

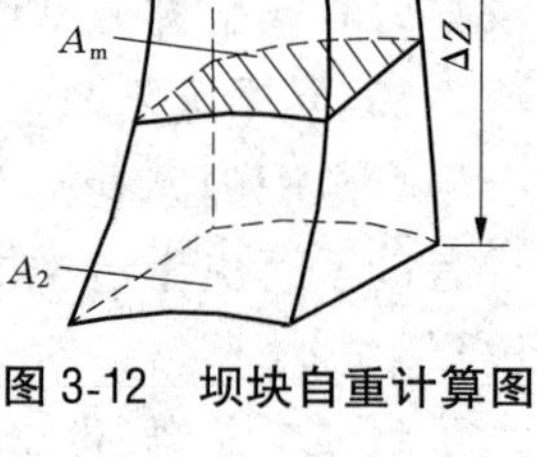

图 3-12 坝块自重计算图

也可简单地按式(3-8)计算

$$G = \frac{1}{2}\gamma_c \Delta Z(A_1 + A_2) \quad (kN) \tag{3-8}$$

岩体自重在计算坝肩稳定、变形和应力时需计入。岩石容重应通过试验测定。

3. 扬压力

从近年美国对一座中等高度拱坝坝内渗透压力所做的分析表明,由扬压力引起的应力在总应力中约占 5%。由于所占比重很小,设计中对于薄拱坝可以忽略不计;对于重力拱坝和中厚拱坝则宜予以考虑,在对坝基及拱座进行抗滑稳定分析时,必须计入扬压力或渗透压力的不利影响。

实践证明,岩体是赋存于一定的地应力环境中,对修建在高地应力区的高拱坝,应当考虑地应力对坝基开挖、坝体施工、蓄水过程中的坝体应力以及拱座抗滑稳定的影响。

3.3.1.2 温度作用

温度作用是拱坝设计中的一项主要荷载。实测资料分析表明,在由水压力和温度变化共同引起的径向总变位中,后者占 1/3~1/2,在靠近坝顶部分,温度变化的影响就更为显著。拱坝采用分块浇筑,经充分冷却,待温度趋于相对稳定后,再灌浆封拱,形成整体。封拱前,根据坝体稳定温度场(见图 3-13),可定出沿不同高程各灌浆分区的封拱温度。封拱温度低,有利于降低坝内拉应力,一般选在年平均气温或略低时进行封拱。封拱温度即作为坝体温升和温降的计算基准,以后坝体温度随外界温度做周期性变化,产生了相对于上述稳定温度的改变值。由于拱座嵌固在基岩中,限制坝体随温度变化而自由伸缩,于是就在坝体内产生了温度应力。上述温度改变值,即为温度作用,也就是通常所称的温度荷载。

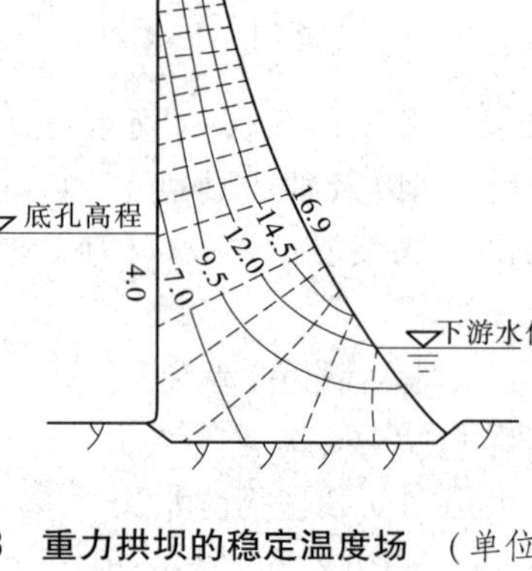

图 3-13 重力拱坝的稳定温度场 (单位:℃)

坝体温度受外界温度及其变幅、周期、封拱温度、坝体厚度及材料的热学特性等因素制约，同一高程沿坝厚呈曲线分布。设坝内任一水平截面在某一时刻的温度分布如图 3-14(a)所示。为便于计算，可将其与封拱温度的差值，即温差视为三部分的叠加，见图 3-14(b)。

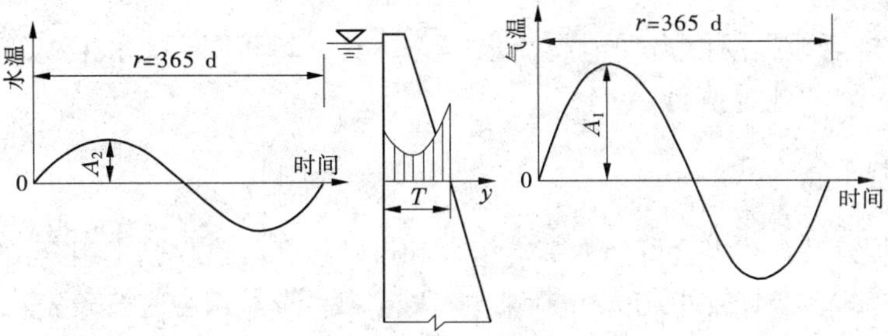

(a)上下游水温、气温变化及坝体温度分布

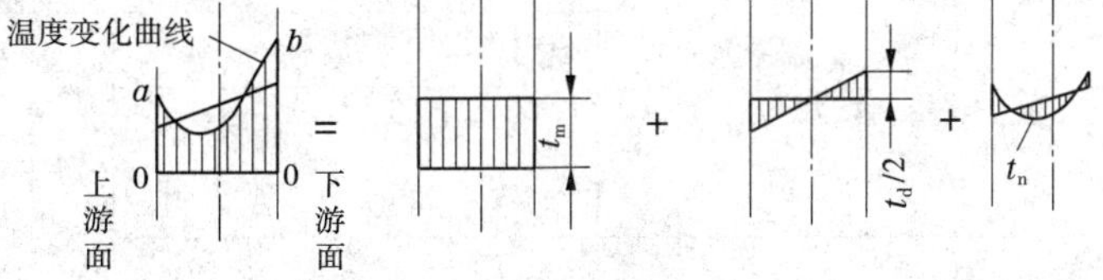

(b)温差分解示意图

图 3-14　坝体外界温度变化、坝体内温度分布及温差分解示意图

(1)均匀温度变化 t_m，温差的均值，是温度荷载的主要部分。它对拱圈轴向力和力矩、悬臂梁力矩等都有很大影响。

(2)等效线性温差 t_d。等效线性化后，上、下游坝面的温度差值，用以表示水库蓄水后，由于水温变幅小于下游气温变幅沿坝厚的温度梯度 t_d/T。它对拱圈力矩的影响较大，而对拱圈轴向力和悬臂梁力矩的影响很小。

(3)非线性温差变化 t_n。它是从坝体湿度变化曲线 $t(y)$ 扣去以上两部分后剩余的部分，是局部性的，只产生局部应力，不影响整体变形，在拱坝设计中一般可略去不计。当坝体温度低于封拱温度(称为温降)时，坝轴线收缩，使坝体向下游变位，见图 3-15(a)，由此产生的弯矩和剪力的方向与水压力作用所产生的相同，但轴力方向相反。当坝体温度高于封拱温度(称为温升)时，坝轴线伸长，使坝体向上游变位，见图 3-15(b)，由此产生的弯矩和剪力的方向与水压力产生的相反，但轴力方向则相同。因此，在一般情况下，温降对坝体应力不利；温升将使拱端推力加大，对拱座稳定不利。

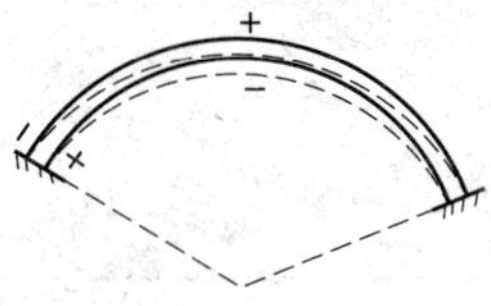

(a)温降

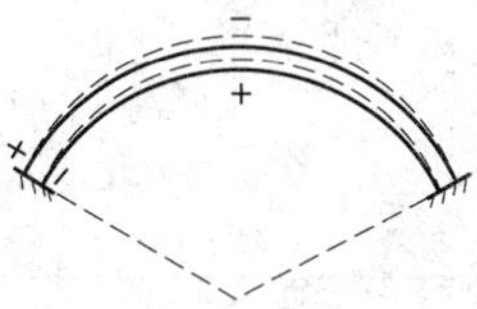

(b)温升

"+"—压应力；"−"—拉应力。

图 3-15　坝体由温度变化产生的变形示意图

过去曾用过的美国垦务局的经验公式 $t_m=\dfrac{57.57}{T+2.44}$(℃)或经修订的 $t_m=\dfrac{47}{T+3.39}$(℃),由于忽略了许多影响因素,如当地的气温条件、水温沿水深的变化、等效线性温差等,致使所得结果在坝顶部分偏小,中、下部偏大,在气温变化较大的大陆性气候带,不宜套用。

3.3.1.3　地震荷载

地震荷载包括地震惯性力和地震动水压力。其计算可参照《水工建筑物抗震设计规范》(SL 203—97)的规定执行。

3.3.2　荷载组合

混凝土拱坝设计荷载组合可分为基本组合和特殊组合两类。基本组合由基本荷载组成,特殊组合除相应的基本荷载外,还应包括某些特殊荷载。荷载组合应按表 3-2 的规定确定。

表 3-2　荷载组合

<table>
<tr><th rowspan="3">荷载组合</th><th rowspan="3" colspan="2">主要考虑情况</th><th colspan="10">荷载类别</th></tr>
<tr><th rowspan="2">自重</th><th rowspan="2">静水压力</th><th colspan="2">温度荷载</th><th rowspan="2">扬压力</th><th rowspan="2">淤沙压力</th><th rowspan="2">浪压力</th><th rowspan="2">冰压力</th><th rowspan="2">动水压力</th><th rowspan="2">地震荷载</th></tr>
<tr><th>设计正常温降</th><th>设计正常温升</th></tr>
<tr><td rowspan="5">基本组合</td><td colspan="2">1. 正常蓄水位+温降</td><td>√</td><td>√</td><td>√</td><td></td><td>√</td><td>√</td><td>√</td><td>√</td><td></td><td></td></tr>
<tr><td colspan="2">2. 正常蓄水位+温升</td><td>√</td><td>√</td><td></td><td>√</td><td>√</td><td>√</td><td>√</td><td></td><td></td><td></td></tr>
<tr><td colspan="2">3. 设计洪水位+温升</td><td>√</td><td>√</td><td></td><td>√</td><td>√</td><td>√</td><td>√</td><td></td><td></td><td></td></tr>
<tr><td colspan="2">4. 死水位(或运行最低水位)+温升</td><td>√</td><td>√</td><td></td><td>√</td><td>√</td><td>√</td><td>√</td><td></td><td></td><td></td></tr>
<tr><td colspan="2">5. 其他常遇的不利荷载组合</td><td></td><td></td><td></td><td></td><td></td><td></td><td></td><td></td><td></td><td></td></tr>
<tr><td rowspan="9">特殊组合</td><td colspan="2">1. 校核洪水位+温升</td><td>√</td><td>√</td><td></td><td>√</td><td>√</td><td>√</td><td>√</td><td></td><td>√</td><td></td></tr>
<tr><td rowspan="3">2. 地震情况</td><td>(1)基本组合 1+地震荷载</td><td>√</td><td>√</td><td>√</td><td></td><td>√</td><td>√</td><td>√</td><td>√</td><td></td><td>√</td></tr>
<tr><td>(2)基本组合 2+地震荷载</td><td>√</td><td>√</td><td></td><td>√</td><td>√</td><td>√</td><td>√</td><td></td><td></td><td>√</td></tr>
<tr><td>(3)常遇低水位+温升+地震荷载</td><td>√</td><td>√</td><td></td><td>√</td><td>√</td><td>√</td><td>√</td><td></td><td></td><td>√</td></tr>
<tr><td rowspan="4">3. 施工期情况</td><td>(1)未灌浆</td><td>√</td><td></td><td></td><td></td><td></td><td></td><td></td><td></td><td></td><td></td></tr>
<tr><td>(2)未灌浆遭遇施工洪水</td><td>√</td><td>√</td><td></td><td></td><td></td><td></td><td></td><td></td><td></td><td></td></tr>
<tr><td>(3)灌浆</td><td>√</td><td></td><td>√</td><td></td><td></td><td></td><td></td><td></td><td></td><td></td></tr>
<tr><td>(4)灌浆遭遇施工洪水</td><td>√</td><td>√</td><td></td><td>√</td><td></td><td></td><td></td><td></td><td></td><td></td></tr>
<tr><td>4. 其他稀遇的不利荷载组合</td><td></td><td colspan="10"></td></tr>
</table>

拱坝的荷载组合应根据各种荷载同时作用的实际可能性,选择最不利情况,作为分析坝体应力和拱座抗滑稳定的依据。

3.3.3 应力分析方法综述

拱坝是一个变厚度、变曲率而边界条件又很复杂的空间壳体结构,要进行严格的理论计算是有困难的。在实际工程中,通常需要做一些必要的假定和简化。拱坝应力分析方法可归纳为如下几种。

3.3.3.1 纯拱法

纯拱法假定坝体由若干层独立的水平拱圈叠合而成,每层拱圈可作为弹性固端拱进行计算。和一般弹性拱相比:①由于拱坝厚度较大,拱圈剪力也较大,当拱厚 T 与拱圈平均半径 R 之比 $T/R>1/5$ 时,忽略剪力对内力计算成果将带来较大的误差;②拱坝的轴力很大,不能忽略轴向变位;③基岩变形影响显著,不能忽略。由于纯拱法没有反映拱圈之间的相互作用,假定荷载全部由水平拱承担,不符合拱坝的实际受力状况,因而求出的应力一般偏大,尤其对重力拱坝,误差更大。但对于狭窄河谷中的薄拱坝,仍不失为一个简单实用的计算方法;另外,按拱梁分载法计算时,纯拱法也是其中的一个重要组成部分。

3.3.3.2 拱梁分载法

拱梁分载法是将拱坝视为由若干水平拱圈和竖直悬臂梁组成的空间结构,坝体承受的荷载一部分由拱系承担,一部分由梁系承担,拱和梁的荷载分配由拱系和梁系在各交点处变位一致的条件来确定。荷载分配以后,梁是静定结构,应力不难计算;拱的应力可按纯拱法计算。荷载分配从 20 世纪 30 年代开始采用试载法,先将总的荷载试分配由拱系和梁系承担,然后分别计算拱、梁变位。第一次试分配的荷载不会恰好使拱和梁共轭点的变位一致,必须再调整荷载分配,继续试算,直到变位接近一致为止。近代由于电子计算机的出现,可以通过求解结点变位一致的代数方程组来求得拱系和梁系的荷载分配,避免了烦琐的计算。拱梁分载法是目前国内外广泛采用的一种拱坝应力分析方法,它把复杂的弹性壳体问题简化为结构力学的杆件计算,概念清晰,易于掌握。

拱冠梁法是一种简化了的拱梁分载法。它是以拱冠处的一根悬臂梁为代表与若干水平拱作为计算单元进行荷载分配,然后计算拱冠梁及各个拱圈的应力,计算工作量比多拱梁分载法节省很多。拱冠梁法可用于大体对称、比较狭窄河谷中的拱坝的初步应力分析。对于中、低拱坝也可用于可行性研究阶段的坝体应力分析。

3.3.3.3 有限元法

将拱坝视为空间壳体或三维连续体,根据坝体体形,选用不同的单元模型。薄拱坝可选用薄壳单元,中厚拱坝可选用厚壳单元,对厚度较大、外形复杂的坝体和坝基多用三维等参单元,如图 3-16 所示。

有限单元法适用性强,可用于解算体形复杂、坝内有较大的中孔或底孔、设有垫座或重力墩以及坝基内有断层、裂隙、软弱夹层的拱坝在各种荷载作用下的应力和变形,还可以求解地震对坝体—坝基—库水相互作用的动力反应,是拱坝应力分析的一种有效方法。

3.3.3.4 壳体理论计算方法

早在 20 世纪 30 年代,F. 托尔克就提出了用薄壳理论计算拱坝应力的近似方法。拱坝体形和边界条件十分复杂,使这种计算方法在工程中应用受到了很大的限制;近年来由于电子计算机的发展,壳体理论计算方法也取得了新的进展,网格法就是应用有限差分解

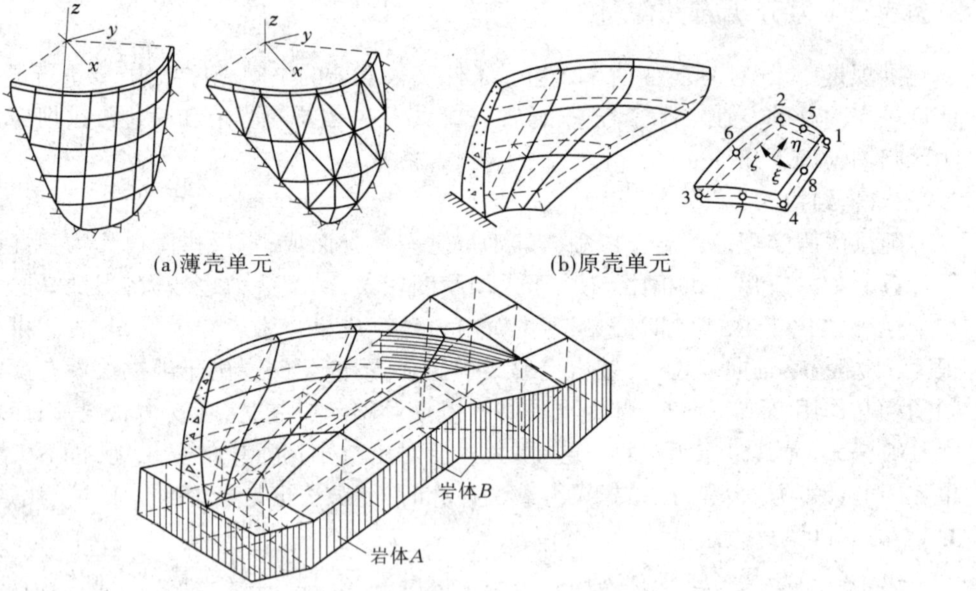

(a)薄壳单元 (b)原壳单元

(c)三维等参单元

图 3-16 拱坝的单元划分

算壳体方程的一种计算方法,适用于薄拱坝。我国泉水双曲薄拱坝采用网格法进行应力计算,收到了较好的效果。

3.3.3.5 结构模型试验

结构模型试验也是研究解决拱坝应力问题的有效方法。它不仅能研究坝体、坝基在正常运行情况下的应力和变形,而且还可进行破坏试验。在有的国家如葡萄牙、意大利,甚至以模型试验成果作为拱坝设计的主要依据,认为试验是最可靠的手段。当前在模型试验中需要研究解决的问题有:寻求新的模型材料,施加自重、渗透压力及温度荷载的试验技术等。

拱坝应力分析一般以拱梁分载法或有限元法计算成果作为衡量强度安全的主要标准,但对 1 级、2 级拱坝和高拱坝或情况比较复杂的拱坝(如坝内设有较大的中孔或底孔以及坝基地质条件复杂等情况),除用拱梁分载法计算外,还应采用有限元法计算。必要时,应进行结构模型试验加以验证。

目前,拱坝应力分析的电算程序较多,但由于每个程序均有其适用范围和对一些具体问题不同的处理方法,因而计算成果也有所差异。近年来我国学者围绕提高计算精度、扩展程序功能,对拱梁分载法的计算模型、计算方法等方面进行了开拓与改进,使拱梁分载法更趋完善与合理。

3.3.4 拱坝设计的应力指标

应力指标涉及筑坝材料强度的极限值和有关安全系数的取值。容许应力为坝体材料强度的极限强度与安全系数的比值,是控制坝体尺寸、保证工程安全和经济性的一项重要指标。材料强度的极限值需由试验确定,混凝土的极限抗压强度一般是指 90 d 龄期 15

cm 立方体的强度,保证率为 80%。应力指标取值与计算方法有关。《混凝土拱坝设计规范》(SL 282—2018)规定:拱坝应力分析一般以拱梁分载法或有限元法计算成果作为衡量强度安全的主要标准。

用拱梁分载法计算时,坝体的主压应力和主拉应力,应符合下列应力控制指标的规定:

(1)容许压应力。混凝土的容许压应力等于混凝土的极限抗压强度除以安全系数。对于基本荷载组合,1 级、2 级拱坝的安全系数采用 4.0,3 级拱坝的安全系数采用 3.5;对于非地震情况特殊荷载组合,1 级、2 级拱坝的安全系数采用 3.5,3 级拱坝的安全系数采用 3.0。

(2)容许拉应力。在保持拱座稳定的条件下,通过调整坝的体形来减小坝体拉应力的作用范围和数值。对于基本荷载组合,拉应力不得大于 1.2 MPa;对于非地震情况特殊荷载组合,拉应力不得大于 1.5 MPa。

用有限元法计算时,应补充计算"有限元等效应力"。按"有限元等效应力"求得的坝体主拉应力和主压应力,应符合下列应力控制指标的规定:

(1)容许压应力。按拱梁分载法的规定执行。

(2)容许拉应力。对于基本荷载组合,拉应力不得大于 1.5 MPa;对于非地震情况特殊荷载组合,拉应力不得大于 2.0 MPa。超过上述指标时,应调整坝的体形以减小坝体拉应力的作用范围和数值。

【任务测试】

请扫描二维码,做任务测试卷。

码 3-7　任务 3.3 测试卷

任务 3.4　拱座稳定分析

【任务导航】

问题 1:拱座稳定分析方法有哪些?

问题 2:刚体极限平衡法的基本假定有哪些?

【任务解析】

拱座稳定是拱坝安全的根本保证。拱座稳定分析主要研究岩体的可能滑动问题,但在拱座下游附近如存在较大的软弱带或断层有可能引起较大的变形,即使拱座抗滑稳定能够满足要求,也应对拱座变形问题进行专门研究。必要时,需采取适当的加固措施。

拱座抗滑稳定的数值计算方法以刚体极限平衡法为主。1 级、2 级拱坝或地质情况复杂的拱坝还应辅以有限元法或其他方法进行分析。

3.4.1 稳定分析方法

目前国内外评价拱座稳定的方法,归纳起来有刚体极限平衡法、有限元法、地质力学模型试验等三种。

3.4.1.1 刚体极限平衡法

在实际工程设计中,用作判断拱座稳定性的常用方法是刚体极限平衡法,其基本假定是:①将滑移体视为刚体,不考虑其中各部分之间的相对位移;②只考虑滑移体上力的平衡,不考虑力矩的平衡,认为后者可由力的分布自行调整满足,因此在拱端作用的力系中不考虑弯矩的影响;③忽略拱坝的内力重分布作用,认为作用在岩体上的力系为定值;④达到极限平衡状态时,滑裂面上的剪力方向将与滑移的方向平行,指向相反,数值达到极限值。

刚体极限平衡法是半经验性的计算方法,因其具有长期的工程实践经验,采用的抗剪强度指标和安全系数是配套的,与目前勘探试验所得到的原始数据的精度相匹配,方法简便易行。所以,目前国内外仍沿用它作为判断拱座稳定的主要手段。对于大型工程或当地基情况复杂时,可辅以结构模型试验和有限元分析。

《混凝土拱坝设计规范》(SL 282—2018)规定:拱座抗滑稳定分析应按空间问题计算可能滑动块体抗滑稳定安全系数。拱座无特定的滑裂面或做初步估算时,可简化为平面问题进行计算。

3.4.1.2 有限元法

《混凝土拱坝设计规范》(SL 282—2018)规定:拱座抗滑稳定的计算方法应以刚体极限平衡法为主。实际上,岩体并非刚体,其应力应变关系有着显著的非线性特性。岩体的破坏过程十分复杂,一般要经过硬化、软化、剪胀阶段,并伴随有裂隙的扩展过程。这样复杂的本构关系,刚体极限平衡滑移破坏的假定并不能真实反映拱座的失稳机制。有限元法,特别是三维非线性有限元分析,为复核和论证拱座稳定条件提供了较为合理的途径。

有限元法可用于进行平面或空间拱座稳定分析。对单元的物理力学特性,可以采用线弹性模型,也可以采用非线性模型。对于平面问题,可取单高拱圈或单宽悬臂梁剖面划分单元;对于空间问题,则按整体划分单元,见图3-17。计算模型的边界范围应根据地质和荷载条件选定,一般为1.0~1.5倍坝高。详细论述可参阅有关文献。

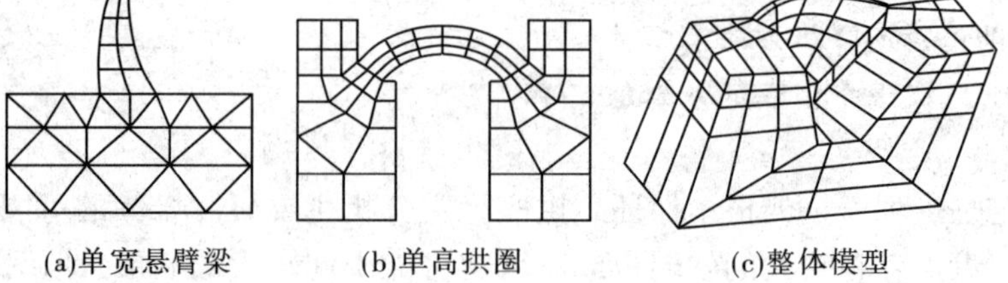

(a)单宽悬臂梁　(b)单高拱圈　(c)整体模型

图3-17　拱坝坝肩岩体抗滑稳定有限元计算图形

3.4.1.3 地质力学模型试验

20世纪70年代发展起来的地质力学模型试验是研究拱座稳定的有效途径。这种方法能模拟不连续岩体的自然条件,即岩体结构(软弱结构面、断层破碎带等)及其物理力学特性(岩体自重、变形模量、抗剪强度指标等)。国内多采用石膏加重晶石粉、甘油、淀粉等作为模型材料,其特性是容重高、强度和变形模量低。采用小块体叠砌或用大模块拼装成型。量测系统主要是位移量测和应变量测。通过试验可以了解复杂地基上拱坝和拱座相互作用下的变形特性、超载能力、破坏过程和破坏机制、拱推力在拱座内的影响范围、裂缝的分布规律、各部位的相对位移和需要加固的薄弱部位以及地基处理后的效果等,是一种很有发展前途的研究方法。但由于地质构造复杂,模型不易做到与实际一致,一些参数难以准确测定,温度作用和渗透压力难以模拟,因而试验成果也带有一定的近似性;另外,试验工作量大,费用高。就试验本身讲,还需要进一步研究模型材料,改进测试手段和加载方法等,以提高试验精度。

3.4.2 扬压力对拱座稳定的影响

《混凝土拱坝设计规范》(SL 282—2018)规定,在拱坝拱座稳定计算中,应当考虑下列荷载:坝体作用力、岩体自重、扬压力和地震荷载。其中,扬压力是控制拱座稳定的重要因素之一。

例如,1959年法国马尔巴塞拱坝,在初次蓄水不久即全坝溃决,其原因是扬压力增大而导致岩体失稳,见图3-18。1962年我国梅山连拱坝右坝端发生错动,其原因也是由于库水渗入陡倾角裂隙,扬压力加大(高达库水静压力的82%),致使岩体沿另一组缓倾角裂隙面向河床方向滑动。还有许多岩体滑坡事故都与扬压力直接有关。这就充分说明在拱座稳定分析中扬压力的重要作用,它不仅能在岩体中形成相当大的扬压力推动岩体滑动,而且会改变岩体的力学性质(降低抗压强度和抗剪强度)。

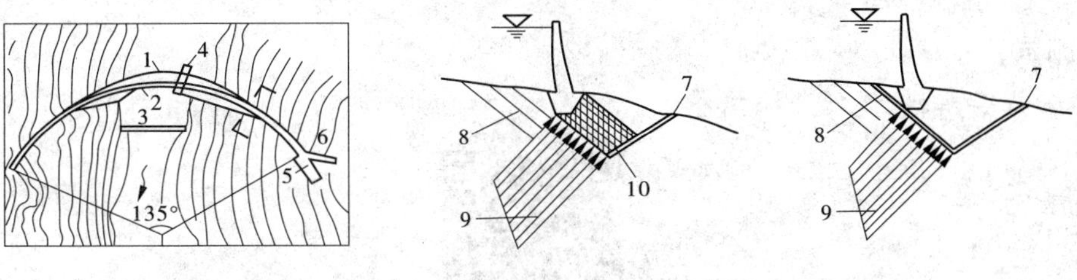

(a)平面布置　　(b)Bellier和Londe分析剖面图　　(c)Wittke分析剖面图

1—坝;2—溢流段;3—护坦;4—泄水底孔;5—推力墩;6—翼墙;
7—断层;8—层面;9—扬压力;10—带状片麻岩。

图3-18　马尔巴塞拱坝平面布置及事故分析示意图

3.4.3 拱座稳定的控制指标

《混凝土拱坝设计规范》(SL 282—2018)规定:拱座抗滑稳定计算,以刚体极限平衡法为主。1级、2级拱坝及高拱坝应按式(3-9)计算,其他则应按式(3-9)或式(3-10)

计算。

$$K_1 = \frac{\sum (Nf' + c'A)}{\sum T} \tag{3-9}$$

$$K_2 = \frac{\sum Nf}{\sum T} \tag{3-10}$$

式中　N——垂直于滑裂面的作用力;

T——沿滑裂面的作用力;

K_1、K_2——抗滑稳定安全系数;

A——计算滑裂面的面积;

f'、f、c'——滑裂面的抗剪断摩擦系数、抗剪摩擦系数和黏聚力。

《混凝土拱坝设计规范》(SL 282—2018)规定,非地震工况按式(3-9)和式(3-10)计算时,拱座抗滑稳定安全系数不应小于表3-3的规定。

表3-3　非地震工况拱座抗滑稳定安全系数

荷载组合		建筑物级别		
		1	2	3
按式(3-9)	基本	3.50	3.25	3.00
	特殊(非地震)	3.00	2.75	2.50
按式(3-10)	基本	—	—	1.30
	特殊(非地震)	—	—	1.10

【任务测试】

请扫描二维码,做任务测试卷。

码3-8　任务3.4测试卷

任务3.5　拱坝泄洪

【任务导航】

问题1:拱坝的泄洪方式有哪些?各有何适用条件和特点?

问题2:拱坝下游的消能防冲方式有哪些?各适用于哪些情况?

【任务解析】

拱坝泄洪方式的选择,应根据泄洪量的大小,结合工程具体情况确定。除有明显合适的岸边溢洪道外,宜首先研究采用拱坝坝身泄洪的可行性。但由于拱坝在平面上呈拱形,坝体较薄,下泄水流有向心集中的特点,使水流入水处单宽流量增大,加剧下游消能防冲的困难。如与呈直线布置的溢流重力坝相比,更应重视消能设计。

3.5.1 拱坝坝身泄水方式

常用的拱坝泄流方式有坝顶泄流式(自由跌流式、鼻坎挑流式)、滑雪道式、坝身泄水孔式、坝面泄流、坝后厂顶溢流(厂前挑流)等。

3.5.1.1 自由跌流式

比较薄的双曲拱坝或小型拱坝,常采用坝顶自由跌流的方式泄流,如图3-19所示。溢流头部通常采用非真空的标准堰形。这种形式适用于基岩良好、单宽泄洪量较小的情况。由于下落水舌距坝脚较近,坝下必须设有防护设施,堰顶设或不设闸门,视水库淹没损失和运用条件而定。

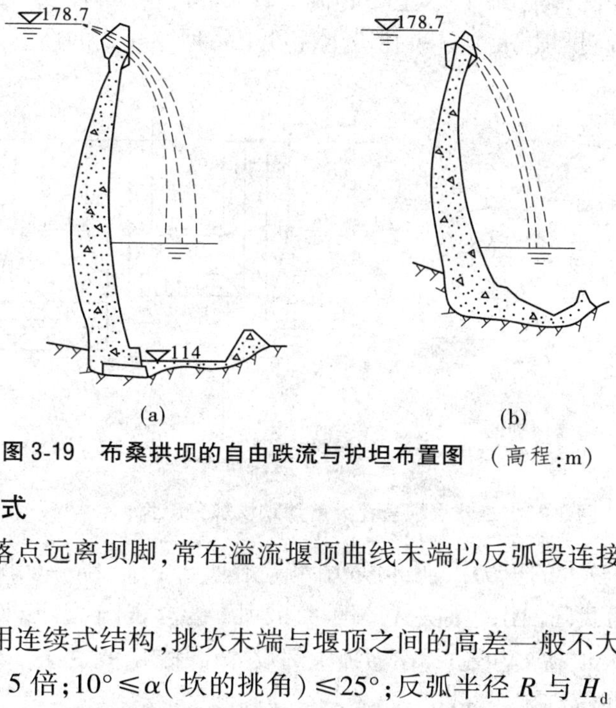

图3-19 布桑拱坝的自由跌流与护坦布置图 (高程:m)

3.5.1.2 鼻坎挑流式

为了使泄水跌落点远离坝脚,常在溢流堰顶曲线末端以反弧段连接成为挑流鼻坎,如图3-20所示。

挑流鼻坎多采用连续式结构,挑坎末端与堰顶之间的高差一般不大于6~8 m,约为堰顶设计水头 H_d 的1.5倍;$10° \leqslant \alpha$(坎的挑角)$\leqslant 25°$;反弧半径 R 与 H_d 大致接近,最后应由水工模型试验来确定。差动式齿坎可促使水流在空中扩散,增加与空气的摩擦,减小单位面积的入水量;但在构造与施工上都较复杂,又易受空蚀破坏。溢流段的布置,有的工程是沿全坝顶,有的只布置在坝顶中部。溢流堰顶高程,有的同高,有的中间低、两侧稍高,小流量时由中间过水,大流量时中部流量大于两岸,以利于消能。堰顶可设闸门或者不设。

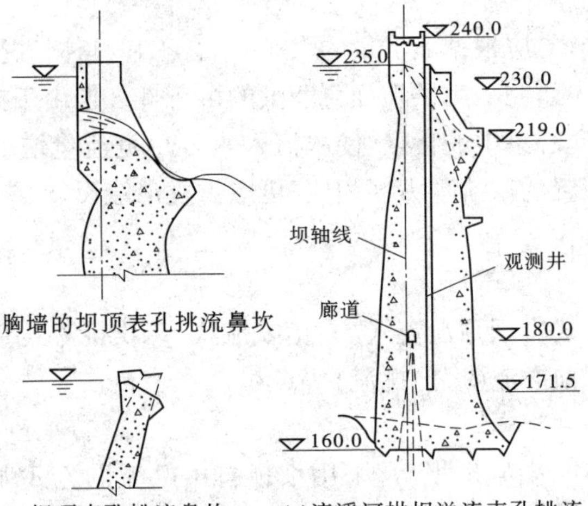

(a)带胸墙的坝顶表孔挑流鼻坎

(b)坝顶表孔挑流鼻坎　(c)流溪河拱坝溢流表孔挑流鼻坎

图 3-20　拱坝溢流表孔挑流鼻坎　(高程:m)

我国二滩双曲拱坝,坝高 240 m,采用了大差动跌坎加分流齿,见图 3-21。水工模型试验表明:在各种工况下泄流时,水垫塘底板的最大冲击动压为 115 kPa,小于 150 kPa 的控制允许值。它为高拱坝、大泄量表孔溢洪提供了一种综合式的新型消能工。

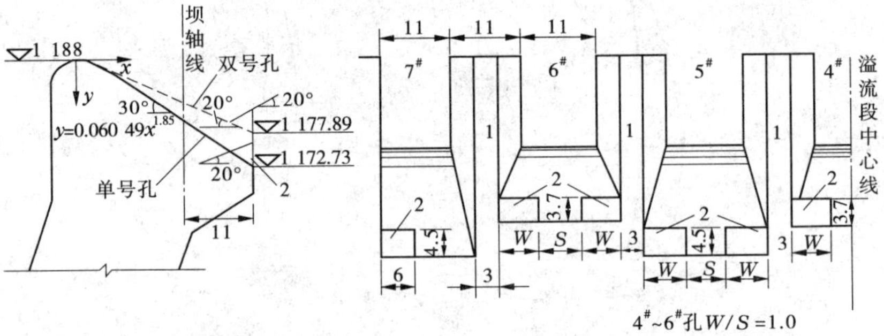

(a)堰顶剖面图　(b)下游立视图

1—闸墩;2—分流齿。

图 3-21　二滩拱坝表孔大差动跌坎加分流齿　(单位:m)

对于单宽流量较大的重力拱坝,可采用水流沿坝面下泄,经鼻坎挑流或底流水跃的消能方式。图 3-22 为我国白山单曲三心圆重力拱坝下游立视图、溢流坝段剖面图和泄洪中孔坝段剖面图,最大坝高 149.5 m,在坝顶中部设 4 个表孔,每孔宽 12 m,采用挑流消能,最大单宽泄流量 140 $m^3/(s \cdot m)$。

3.5.1.3　滑雪道式

滑雪道式泄洪是拱坝特有的一种泄洪方式,其溢流面由溢流坝顶和与之相连接的泄槽组成,而泄槽为坝体轮廓以外的结构部分。水流过坝以后,流经泄槽,由槽尾端的挑流鼻坎挑出,使水流在空中扩散,下落到距坝较远的地点。挑流鼻坎一般都比堰顶低很多,落差较大,因而挑距

码 3-9　图片:滑雪道式泄洪

较远是其优点。但滑雪道各部分的形状、尺寸必须适应水流条件,否则容易产生空蚀破坏。所以,滑雪道溢流面的曲线形状、反弧半径和鼻坎尺寸等都需经过试验研究来确定。滑雪道的底板可设置于水电站厂房的顶部或专门的支承结构上,前者的溢流段和水电站厂房等主要建筑物集中布置,对于溢洪量大而河谷狭窄的枢纽是比较有利的。滑雪道也可设在岸边,一般多采用两岸对称布置,也有只布置在一岸的。滑雪道式适用于泄洪量大、较薄的拱坝。

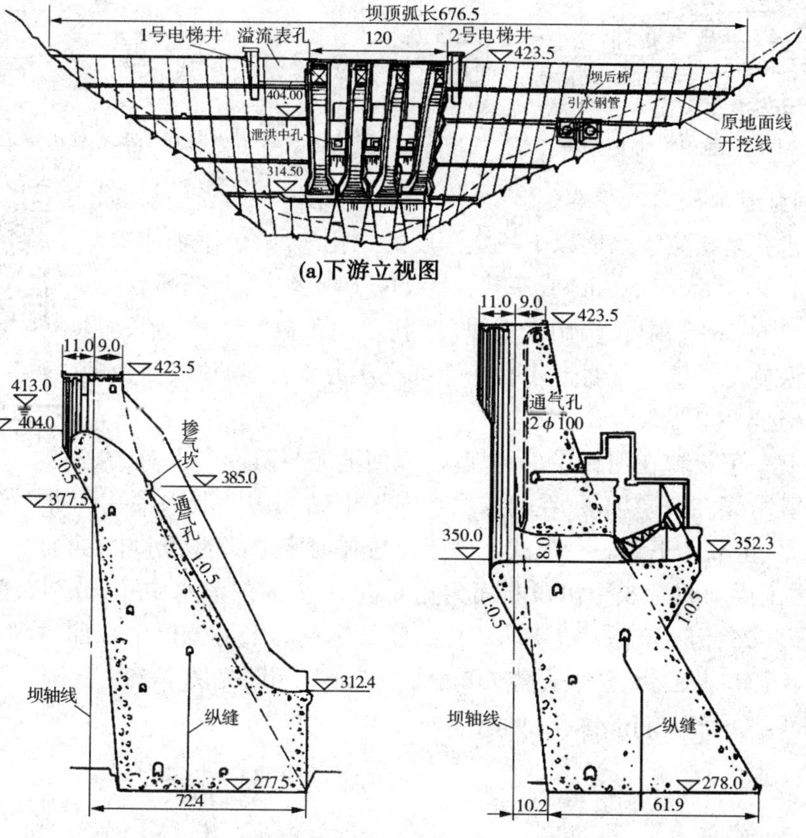

图 3-22 白山重力拱坝工程布置图 (单位:m)

我国猫跳河三级修文水电站拱坝(见图 3-23),坝高 49 m,采用厂房顶滑雪道式泄洪。猫跳河四级窄巷口拱坝,坝高 54.77 m,由于河床覆盖层很厚,为了不使溢流冲刷危及坝身安全,采用了拱桥支承的滑雪道,经过多年运用,证明设计和施工是成功的。我国泉水双曲薄拱坝采用岸坡滑雪道(见图 3-5 及图 3-24),左右岸对称布置,对冲消能。左右各 2 孔,每孔宽 9 m,高 6.5 m,鼻坎挑流,泄洪量约 1 500 m^3/s,落水点距坝脚约 110 m。

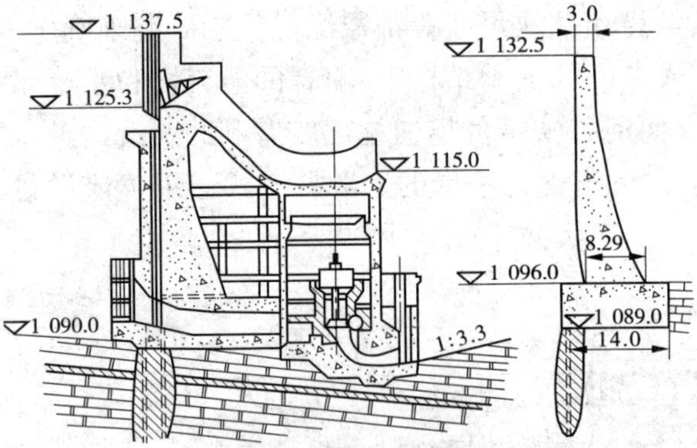

图 3-23　修文水电站拱坝剖面图　(单位:m)

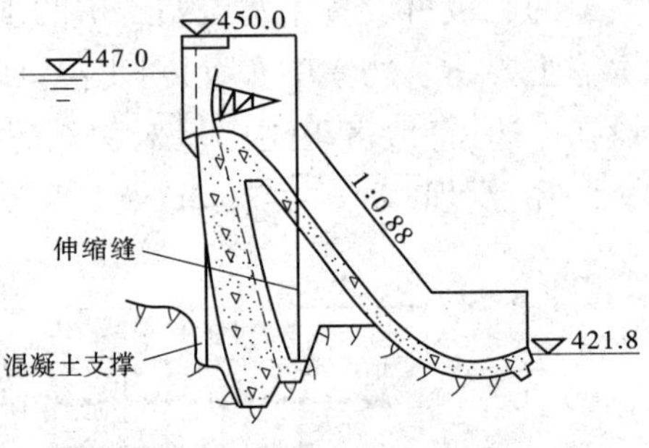

图 3-24　泉水双曲薄拱坝表孔滑雪道　(单位:m)

3.5.1.4　坝身泄水孔式

坝身泄水孔是指位于水面以下一定深度的中孔(大致位于坝体中部高程,进水口水头不大于 60 m)或底孔(大致位于坝体中、下部高程,进水口水头大于 60 m)。中孔多用于泄洪;底孔多用于放空水库,辅助泄洪和排沙以及施工导流。坝身泄水孔一般都是压力流,比坝顶溢流流速大,挑射距离远。

码 3-10　图片:坝身泄水孔泄洪

泄水中孔一般设置在河床中部的坝段,以便消能与防冲。也有的工程将泄水中孔分设在两岸坝段,在河床中部布置电站厂房。泄水中孔孔身一般可做成水平或近乎水平、上翘和下弯三种形式。对于设置在河床中部的泄水中孔,通常多布置成水平形式,如白山拱坝共有 3 个出口断面为宽 6 m、高 7 m 的泄水中孔,分别布置在 4 个表孔之间,见图 3-25;但也有采用上翘形的,如莫桑比克的卡博拉巴萨双曲拱坝,高 164 m,坝身设有 8 个出口断面为宽 6 m、高 7. 8 m 的上翘形中孔,见图 3-25。我国二滩水电站双曲拱坝坝身设有 6 个上翘形中孔,见图 3-26。

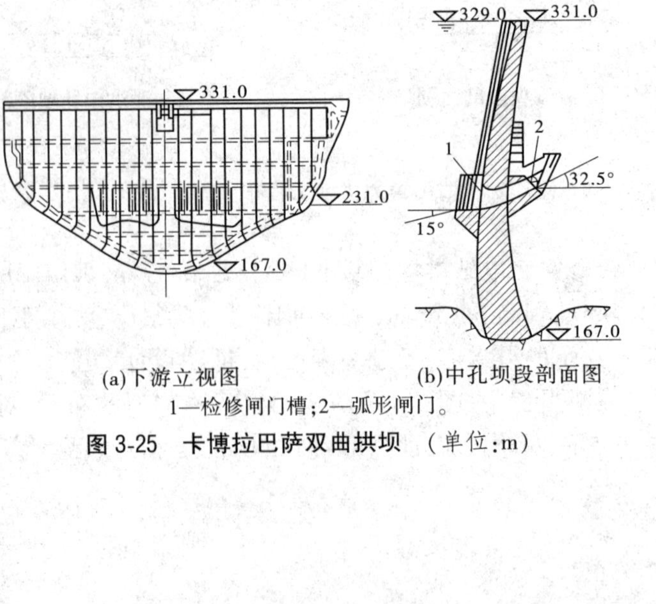

(a)下游立视图　　(b)中孔坝段剖面图

1—检修闸门槽;2—弧形闸门。

图 3-25　卡博拉巴萨双曲拱坝　(单位:m)

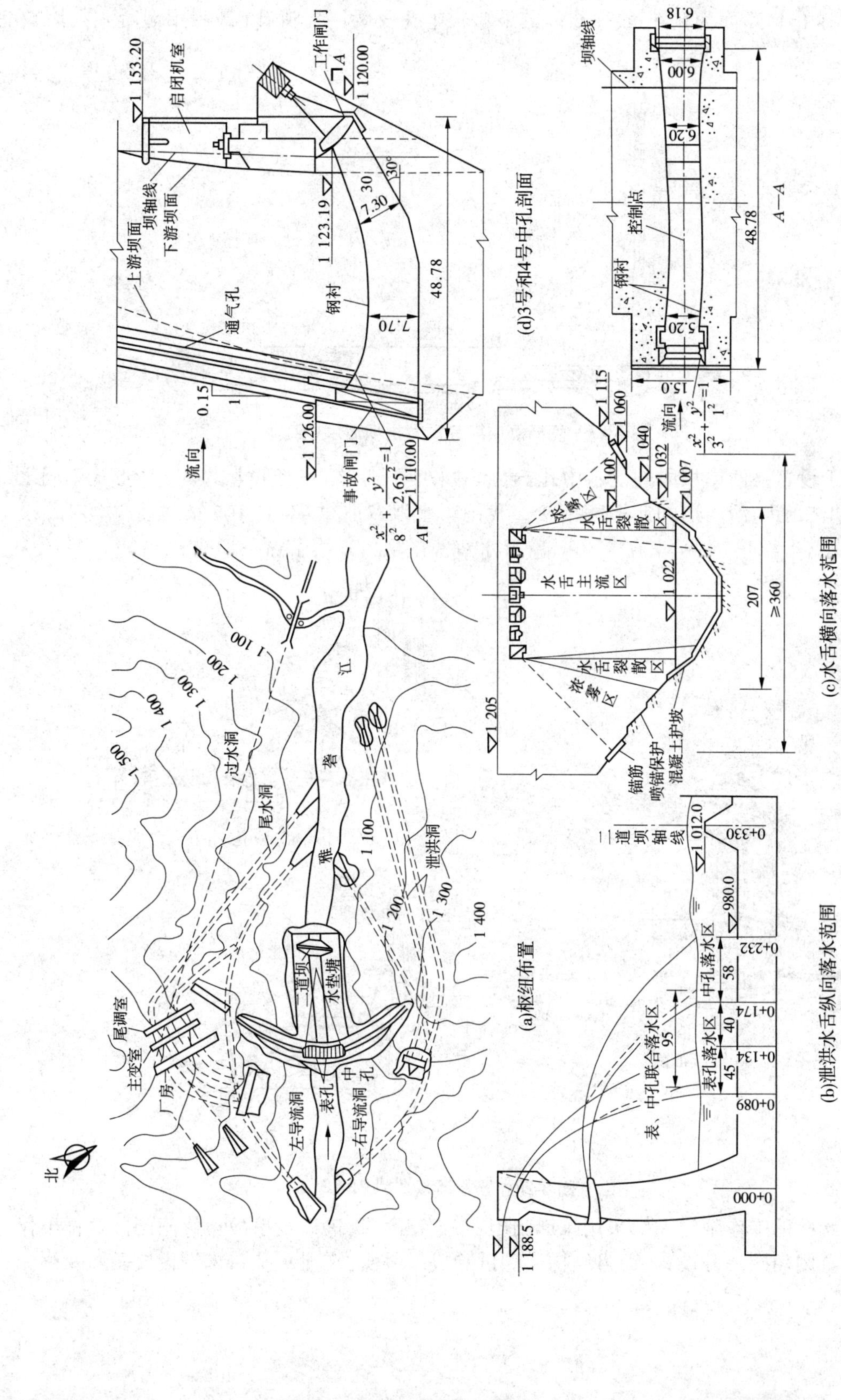

图 3-26 二滩水电站双曲拱坝（单位：m）

对重力拱坝,一般采用下弯形式,如俄罗斯的萨扬舒申斯克重力拱坝,高 242 m,坝身设有 11 个出口断面为宽 5 m、高 6 m 的下弯式中孔及两层导流孔(最后用混凝土封堵),见图 3-27。

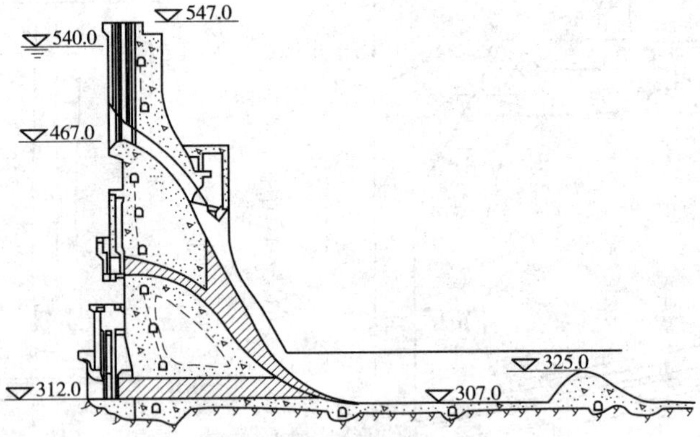

图 3-27　萨扬舒申斯克重力拱坝泄洪中孔

对于设置在两岸坝段的泄水中孔,通常也采用下弯形式,与重力拱坝下弯形式不同之处在于出口后与滑雪道的泄槽相衔接。我国紧水滩双曲拱坝,高 102 m,左、右岸对称设置了中、浅孔各 1 个,见图 3-28。东江、泉水双曲拱坝也采用了这种形式。

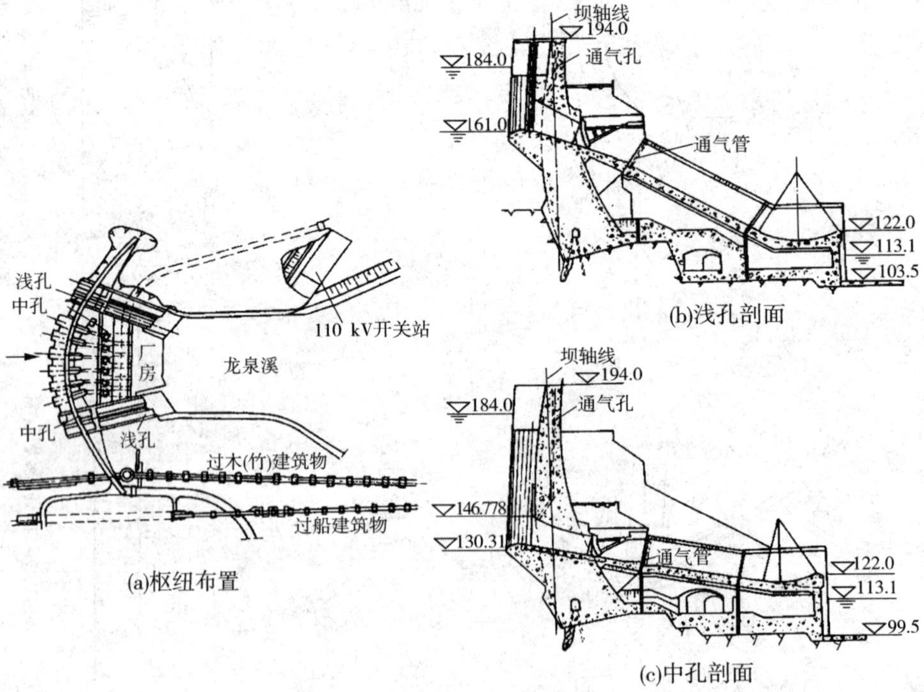

图 3-28　紧水滩双曲拱坝

泄水孔的工作闸门大都采用弧形闸门,布置在出口,进口设事故检修闸门。这样不仅便于布置闸门的提升设备,而且结构模型试验成果表明,在泄水孔口末端设置闸墩及挑流鼻坎后,由于局部加厚了孔口附近的坝体,可显著地改善孔口周边的应力状态,对于孔底的拱应力也有所改善。实践证明,孔口对坝体应力的影响是局部的,拉应力可能使孔口边缘开裂,但只限于孔口附近,不致危及坝的整体安全。对于局部应力的影响,可在孔口周围布置钢筋。

由于拱坝较薄,中孔断面一般采用矩形。为使孔口泄流保持压力流,避免发生负压,应将出口断面缩小,出口高一般为孔身高度的 70%～80%。为使水流平顺,提高泄水能力,进口及沿程体形宜做成曲线形。对大、中型工程还应通过水工模型试验研究确定。

底孔处于水下更深处,孔口尺寸往往限于高压闸门的制作和操作条件而不能太大。目前,深孔闸门的作用水头已达 154 m。在薄拱坝内,多采用矩形断面。对重力拱坝等较厚的坝体,可以采用圆形断面,以渐变段与闸门段的矩形断面相连接。

拱坝的坝身泄水还可将上述各种形式结合使用,如坝顶溢流可以同时设置坝身泄水孔。当泄洪流量大,坝身泄水不能满足要求时,还可布置泄洪隧洞或岸边溢洪道。

3.5.2　拱坝的消能与防冲

3.5.2.1　跌流消能

码 3-11　微课:拱坝坝身的泄水方式及消能与防冲方式

水流从坝顶表孔直接跌落到下游河床,利用下游水垫消能。跌流消能最为简单,但由于水舌入水点距坝趾较近,需要采取相应的防冲措施,如法国的乌格朗拱坝,利用下游施工围堰做成二道坝,抬高下游水位,见图 3-29;美国的卡尔德伍德拱坝,在跌流的落水处建戽斗,并在其下游设置了二道坝,运用情况良好,见图 3-30。

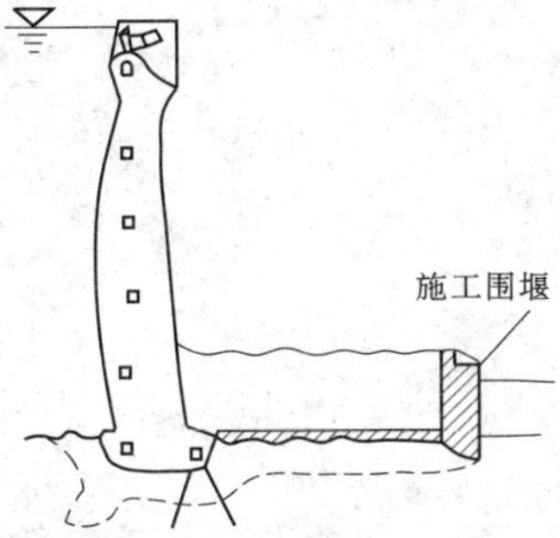

图 3-29　乌格朗拱坝消力池

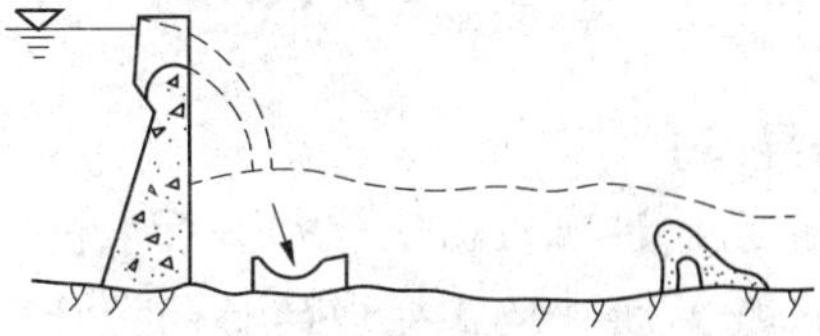

图 3-30　卡尔德伍德拱坝消力池

3.5.2.2　挑流消能

鼻坎挑流式、滑雪道式和坝身泄水孔式大都采用各种不同形式的鼻坎,使水流扩散、冲撞或改变方向,在空中削减部分能量后再跌入水中,以减轻对下游河床的冲刷。

泄流过坝后向心集中是拱坝泄水的一个特点。对于中、高拱坝,可利用这个特点,在拱冠两侧各布置一组溢流表孔或泄水孔,使两侧挑射水流在空中对冲,并沿河槽纵向扩散,从而消耗大量的能量,减轻对下游河床的冲刷。但应注意必须使两侧闸门同步开启,否则射流将直冲对岸,危害更甚。我国泉水双曲拱坝是岸坡滑雪道式对冲消能的一例,见图 3-5,在中孔泄洪布置上,如卡博拉巴萨双曲拱坝(见图 3-25),将 8 个上翘形中孔分为两组,对称布置于拱冠两侧,每一组孔口自相平行,两组孔的轴线在平面上以 8°角相交,水舌在空中对撞,消能效果良好。

近年来,不少中、高拱坝,特别是在大泄量情况下,采用高低坎大差动形式,形成水股上下对撞消能。这种消能形式不仅把集中的水流分散成多股水流,而且由于通气充分,有利于减免空蚀破坏。但上述对撞水流造成的"雾化"程度更甚于其他的挑流方式,必须加以控制,必要时采取一定的防护措施。

3.5.2.3　**底流消能**

对重力拱坝,有的也可采用底流消能,如前所述的萨扬舒申斯克重力拱坝,高 242 m,采用下弯型中孔,泄流沿下游坝面流入设有二道坝的收缩式消力池,池的上游端宽 123 m,下游端宽 97 m,长约 130 m,二道坝下游护坦长 235 m,末端设有齿墙,单宽流量为 139 $m^3/(s\cdot m)$,运用情况良好。

其他如窄缝式挑坎消能,反向防冲堰消能工等曾在有些工程中采用,也取得了良好效果。拱坝河谷一般比较狭窄,不仅要防止过坝水流冲刷岸坡,而且要注意当泄流量集中在河床中部时,避免两侧形成强力回流,淘刷岸坡,以保证坝体稳定。

泄水拱坝的下游一般都需采取防冲加固措施,如护坦、护坡、二道坝等。护坦、护坡的长度、范围以及二道坝的位置和高度等,应由水工模型试验确定。

【任务测试】

请扫描二维码,做任务测试卷。

码 3-12　任务 3.5 测试卷

任务 3.6　拱坝的构造和地基处理

【任务导航】

问题 1:拱坝的构造有哪些要求?

问题 2:拱坝地基处理的目的是什么?有哪些工程措施?

【任务解析】

3.6.1　拱坝的构造

3.6.1.1　**坝顶**

拱坝坝顶的结构形式和尺寸应按使用要求来决定。当无交通要求时,非溢流坝的顶宽不宜小于 3 m。溢流坝段坝顶工作桥、交通桥的尺寸和布置必须能满足泄洪、闸门启闭、设备安装、运行操作、交通、检修和观测等的要求。地震区的坝顶工作桥、交通桥等结构应尽量减轻自重,以提高结构的抗震性能。

3.6.1.2　**廊道与排水**

坝内应设置基础灌浆廊道,对于中、低高度的薄拱坝,也可不设廊道,而将检查、观测、交通和坝缝灌浆等工作移到坝后桥上进行,桥宽一般为 1.2~1.5 m。上下层间隔 20~40 m,在与坝体横缝对应处留有伸缩缝,缝宽一般为 1~3 cm。

无冰冻地区的薄拱坝,其坝身可不设排水管。对较厚的或建在寒冷地区的薄拱坝,则要求和重力坝一样布置排水管,一般间距为 2.5~3.5 m,管内径为 15~20 cm。图 3-31 为我国响洪甸重力拱坝最大剖面的廊道及排水管布置图。

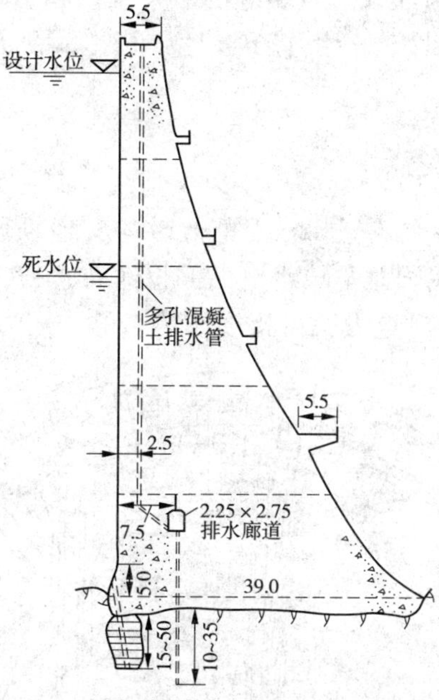

图 3-31　响洪甸重力拱坝最大剖面的廊道与排水管布置图　(单位:m)

3.6.1.3　拱坝分缝与接缝处理

拱坝是整体结构,为便于施工期间混凝土散热和降低收缩应力,防止混凝土产生裂缝,需要分段浇筑,各段之间设有收缩缝,在坝体混凝土冷却到年平均气温左右,混凝土充分收缩后,再灌浆封填,以保证坝的整体性。收缩缝有横缝和纵缝两类,如图 3-32 所示。

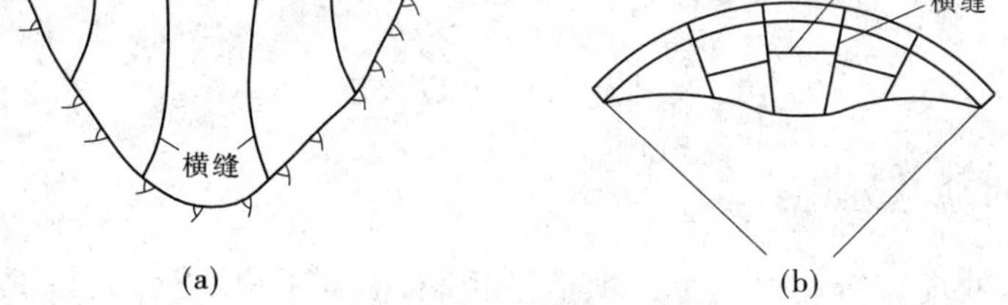

图 3-32　拱坝的横缝和纵缝

横缝是半径向的,间距一般取 15~20 m。在变半径的拱坝中,为了使横缝与半径向一致,必然会形成一个扭曲面。有时为了简化施工,对不太高的拱坝也可以中间高程处的径向为准,仍用铅直平面来分缝。横缝底部缝面与地基面的夹角不得小于 60°,并应尽可能接近正交。缝内设铅直向的梯形键槽,以提高坝体的抗剪强度。拱坝厚度较薄,一般可不设纵缝,对厚度大于 40 m 的拱坝,经分析论证,可考虑设置纵缝。相邻坝块间的纵缝应错开,纵缝的间距为 20~40 m。

为方便施工,一般采用铅直纵缝,到缝顶附近应缓转与下游坝面正交,避免浇筑块出现尖角。

收缩缝是两个相邻坝段收缩后自然形成的冷缝,缝的表面做成键槽,预埋灌浆管与出浆盒,在坝体冷却后进行压力灌浆。收缩缝的灌浆工艺和重力坝相同。

横缝上游侧应设置止水片。止水片可与上游止浆片结合。止水的材料和做法与重力坝相同。

3.6.1.4　重力墩

重力墩是拱坝坝端的人工支座,可用于以下情况:河谷形状不规则,为减小宽高比,避免岸坡的大量开挖;河谷有一岸较平缓,用重力墩与其他坝段(如重力坝或土坝)或岸边溢洪道相连接。图 3-33 是我国龙羊峡水电站的枢纽布置,在其左、右坝肩设置重力墩后,坝体可基本上保持对称。通过重力墩可将坝体传来的作用力传到基岩。

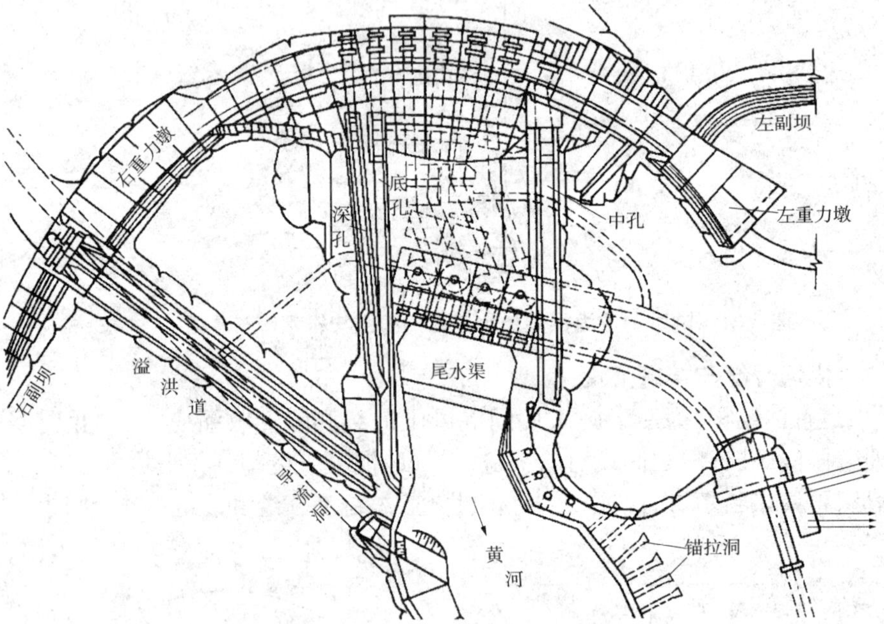

图 3-33　龙羊峡水电站枢纽布置图

3.6.2　拱坝的地基处理

拱坝的地基处理和岩基上的重力坝基本相同,但要求更为严格,特别是对两岸坝肩的处理尤为重要。

3.6.2.1　坝基开挖

根据坝址具体地质情况,结合坝高,选择新鲜、微风化或弱风化中下部的基岩作为建基面。在开挖过程中还应注意以下几点:拱端开挖应注意前述拱端布置原则。河床段利用岩面的上、下游高差不应过大,宜略向上游倾斜。整个坝基利用岩面的纵坡应平顺,无突变。

3.6.2.2　**固结灌浆和接触灌浆**

拱坝坝基的固结灌浆孔一般按全坝段布置。对于比较坚硬完整的基岩,也可以只在坝基的上游侧和下游侧设置数排固结灌浆孔。对节理、裂隙发育的基岩,为了减小地基变形,增加岩体的抗滑稳定性,还需在坝基外的上、下游侧扩大固结灌浆的范围。对于坝体与陡于 50°~60°的岸坡间和上游侧的坝基接触面以及基岩中所有槽、井、洞等回填混凝土的顶部,均需进行接触灌浆,以提高接触面的强度,减少渗漏。

帷幕线的位置与拱座及坝基应力情况有关,一般布置在压应力区,且靠近上游坝面。防渗帷幕还应深入两岸山坡内,深入长度与方向应根据工程地质、水文地质、地形条件、拱座的稳定情况和防渗要求等来确定,并与河床部位的帷幕保持连续性。

防渗帷幕一般采用水泥灌浆。在水泥灌浆达不到防渗要求时,可采用化学材料补充灌浆,但应注意防止污染环境。帷幕灌浆一般在廊道中进行,两岸山坡内的帷幕灌浆,可在岩体内开挖的平洞中进行,如图 3-34 所示。

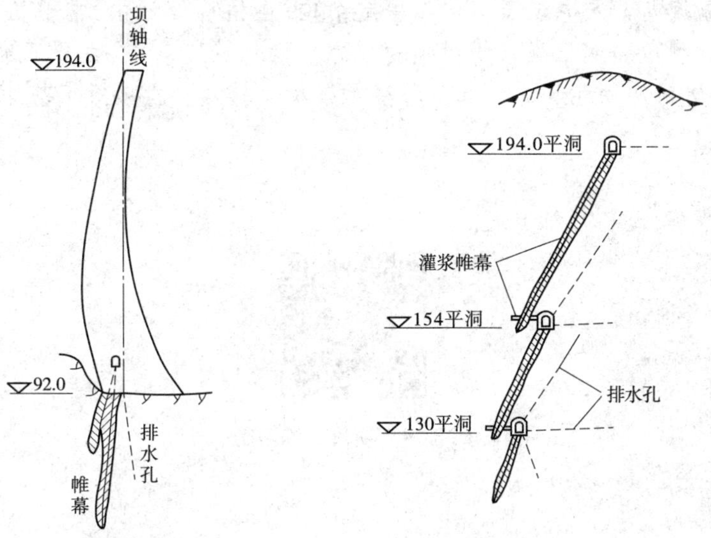

(a)坝体剖面图　(b)坝肩剖面图

图 3-34　拱坝基岩帷幕灌浆与排水孔布置图

3.6.2.3　**坝基排水**

在防渗帷幕的下游侧应布置坝基排水,设 1 排主排水孔,必要时加设 1~3 排辅助排水孔。在裂隙较大的岩层中,防渗帷幕可有效地减小渗透压力,减少渗水量。但在弱透水性的微裂隙岩体中,防渗帷幕降低渗压的效果就不甚明显,而排水孔则可显著地降低渗压,因此对坝基排水应予重视。

3.6.2.4　**断层破碎带或软弱夹层的处理**

对于坝基范围内的断层破碎带或软弱夹层,应根据其产状、宽度、充填物性质、所在部位和有关的试验资料,分析研究其对坝体和地基的应力、变形、稳定与渗漏的影响,并结合施工条件,采用适当的方法进行处理。

【任务测试】

请扫描二维码,做任务测试卷。

码3-13　任务3.6测试卷

小　结

拱坝是一种抗震性好、承载力高又经济的坝工结构。地形条件是决定拱坝结构形式、工程布置以及经济性的主要因素;地质条件是拱坝建设中的重要问题。拱坝的主要荷载包括水压力和温度荷载。它属于高次超静定结构,在结构设计中,常用结构力学法、弹性力学法和结构模型试验法三类求解拱坝的应力。拱坝稳定分析,主要研究岩体的可能滑动问题,评价稳定的方法主要是计算分析法和模型试验法。拱坝对坝基处理的要求较高。

【项目练习】

请扫描二维码,做项目练习题。

码3-14　项目3练习题

项目4 土石坝构造与设计

【学习目标】

<table>
<tr><th>学习任务</th><th>能力目标</th><th>知识要点</th><th>素质目标</th></tr>
<tr><td>任务4.1</td><td>掌握土石坝的定义;理解土石坝的优缺点;掌握土石坝的工作特点和设计要求、土石坝的分类</td><td>土石坝的概念、土石坝的分类</td><td rowspan="8">坚定中国特色社会主义道路自信、理论自信、制度自信、文化自信;传承大禹精神、红旗渠精神、抗洪精神、愚公移山精神,增强职业荣誉感,增强民族自豪感</td></tr>
<tr><td>任务4.2</td><td>理解土石坝基本剖面设计流程;掌握坝顶高程、坝顶宽度和上下游坝坡的计算方法和拟定原则</td><td>土石坝基本剖面的形状、坝顶高程、坝顶宽度和上下游坝坡的确定</td></tr>
<tr><td>任务4.3</td><td>掌握土石坝坝顶、护坡、防渗体、排水设施的构造要求和构造类型</td><td>护坡类型及构造要求、防渗体类型及构造要求、排水体类型及构造要求</td></tr>
<tr><td>任务4.4</td><td>能用水力学法进行渗流计算,掌握渗透变形的类型和防治措施</td><td>浸润线的概念、渗流计算方法、渗透变形、反滤层</td></tr>
<tr><td>任务4.5</td><td>理解土石坝滑动破坏类型,能用瑞典圆弧法确定最危险圆弧滑裂面的位置</td><td>滑动破坏类型、瑞典圆弧法</td></tr>
<tr><td>任务4.6</td><td>掌握坝体不同部位对土石料的要求,土石料的压实标准</td><td>坝体不同部位对土石料的要求、土石料的填筑标准</td></tr>
<tr><td>任务4.7</td><td>理解土石坝地基处理的任务;掌握不同地基采取的具体措施,地基防渗的类型、排水方法</td><td>土石坝地基处理的任务、地基防渗措施、地基排水措施</td></tr>
<tr><td>任务4.8</td><td>掌握土石坝与地基、岸坡及其他水工建筑物的连接</td><td>土石坝与地基连接、土石坝与岸坡及其他水工建筑物的连接</td></tr>
</table>

【思政导引】

码4-1 两河口水电站——创领水利工程建设智能化新方向的世界级水利枢纽

任务 4.1　概　述

【任务导航】

问题 1:土石坝有哪些优缺点?

问题 2:土石坝按坝高不同有哪些类型?按施工方法不同有哪些类型?按坝体材料所占比例不同有哪些类型?

码 4-2　微课:土石坝的特点与类型

【任务解析】

以土石材料为主建造的坝叫土石坝,一般由支撑坝体稳定的坝主体、防渗体以及反滤、排水、过渡层、护坡等部分组成。筑坝材料有黏性土、砾质土、砂、砂砾石、堆石、块石和碎石等天然材料,以及混凝土、沥青混凝土、土工合成材料等人工制备的料物。由于材料主要来自坝区,所以也称为当地材料坝。

土石坝历史悠久,发展迅速,在国际、国内广泛采用。土石坝具有以下优点:

(1)可以就地、就近取材,节省大量的水泥、木材和钢材,减少运输费用。

(2)能适合各种不同的地形、地质和气候条件,有丰富的建造经验。

(3)岩石力学理论、试验手段和计算技术的发展,提高了大坝设计的安全可靠性。

(4)大容量、高效率的施工机械的发展,降低了建坝的造价,提高了土石坝的施工质量。

(5)高边坡、地下工程结构、高速水流消能防冲等工程设计和施工技术的综合发展,促进了土石坝尤其是高土石坝的建设和推广。

(6)结构简单,便于维修和加高扩建等。

土石坝具有以下缺点:

(1)坝身一般不能溢流,必须另外修建泄水建筑物。

(2)施工导流条件差,不如混凝土坝便利。

(3)黏性土料施工受气候影响等。

4.1.1　土石坝的工作特点和设计要求

4.1.1.1　工作特点

1. 稳定方面

土石坝的填筑材料(土石料)为散粒体结构,抗剪强度低,上、下游坝坡平缓,坝体体积和重量都较大,在水平水压力的作用下不会沿坝基面整体滑动。其失稳形式主要是坝坡滑动或连同部分地基一起滑动。

2. 渗流方面

土石坝挡水后,在上、下游水位差作用下经坝体和坝基(包括两岸)向下游渗透。渗流会使水库损失水量,产生渗透压力,引起管涌、流土等渗透变形。渗流在坝内的自由水面称为浸润面,浸润面与垂直于坝轴线剖面的交线称为浸润线,如图 4-1 所示。

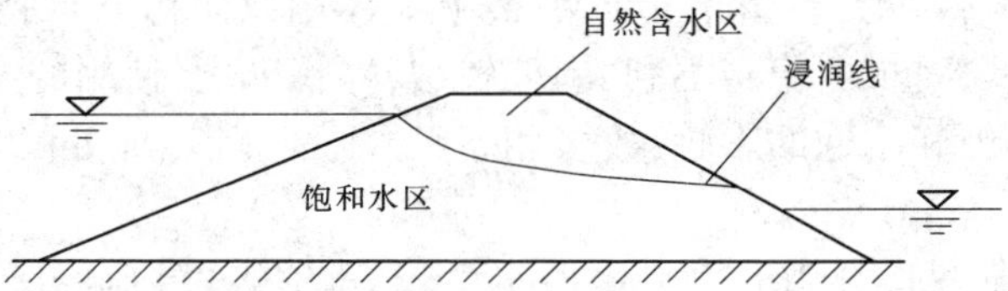

图4-1 浸润线

3. *冲刷方面*

颗粒间黏聚力小,因此土石坝抗冲能力较低。

4. *沉降方面*

颗粒间存在较大的孔隙,在自重及其他荷载的作用下产生沉陷,分为均匀沉降和不均匀沉降。均匀沉降使顶部高程不足,不均匀沉降还会产生裂缝。

5. *其他方面*

严寒地区水库水面冬季结冰膨胀对坝坡产生很大的推力,导致护坡的破坏;地震地区的地震惯性力也会增加滑坡和液化的可能性。

4.1.1.2 设计要求

为使土石坝能安全有效地工作,在设计方面一般有如下要求:

(1)坝身、坝顶不能泄洪。

(2)需有适宜的坝坡维持坝体及坝基的稳定性。

(3)设置良好的防渗和排水措施,控制渗流及防止渗透变形。

(4)根据现场的土料条件,选择好土料的填筑标准,防止过大的沉陷。

(5)采取适当的构造措施,保护坝顶、坝坡免受自然现象的破坏,提高坝运行的可靠性、耐久性。

(6)提高土石坝的机械化施工的水平。

4.1.2 土石坝的类型

4.1.2.1 按坝高分类

土石坝按坝高可分为低坝、中坝和高坝。我国《碾压式土石坝设计规范》(SL 274—2020)规定:高度在30 m以下为低坝,高度在30~70 m为中坝,高度在70 m以上为高坝。土石坝的坝高应从坝体防渗体(不含混凝土防渗墙、灌浆帷幕、截水墙等坝基防渗设施)底部或坝轴线部位的建基面算至坝顶(不含防浪墙),取其大者。

4.1.2.2 按施工方法分类

土石坝按其施工方法可分为碾压式土石坝、水力冲填坝、水中填土坝、定向爆破堆石坝。

1. *碾压式土石坝*

碾压式土石坝是分层铺填土石料、分层压实填筑的,坝体质量良好,目前最为常用。世界上现有的高土石坝都是碾压式的。本项目主要讲述碾压式土石坝。

码4-3 动画:均质坝

按照土料在坝身内的配置和防渗体所用的材料种类,碾压式土石坝可分为以下几种主要类型:

(1)均质坝[见图4-2(a)]。坝体断面不分防渗体和坝壳,坝体基本上由均一的黏性土料(壤土、砂壤土)筑成,整个坝体用以防渗并保持自身的稳定。由于黏性土抗剪强度较低,对坝坡稳定不利,坝坡较缓,体积庞大,使用的土料多,铺土厚度薄,填筑速度慢,易受降雨和冰冻的影响,故多用于低、中坝,且坝址处除土料外,缺乏其他材料的情况。

(2)黏土心墙坝[见图 4-2(b)]。用透水性较好的砂或砂砾石做坝壳,以防渗性较好的黏性土作为防渗体设在坝的剖面中心位置。优点:坡陡,坝剖面较均质坝小,工程量少,心墙占总方量比重不大,因此施工受季节影响相对较小;缺点:要求心墙与坝壳大体同时填筑,干扰大,一旦建成,难修补。

码 4-4　动画:
黏土心墙坝

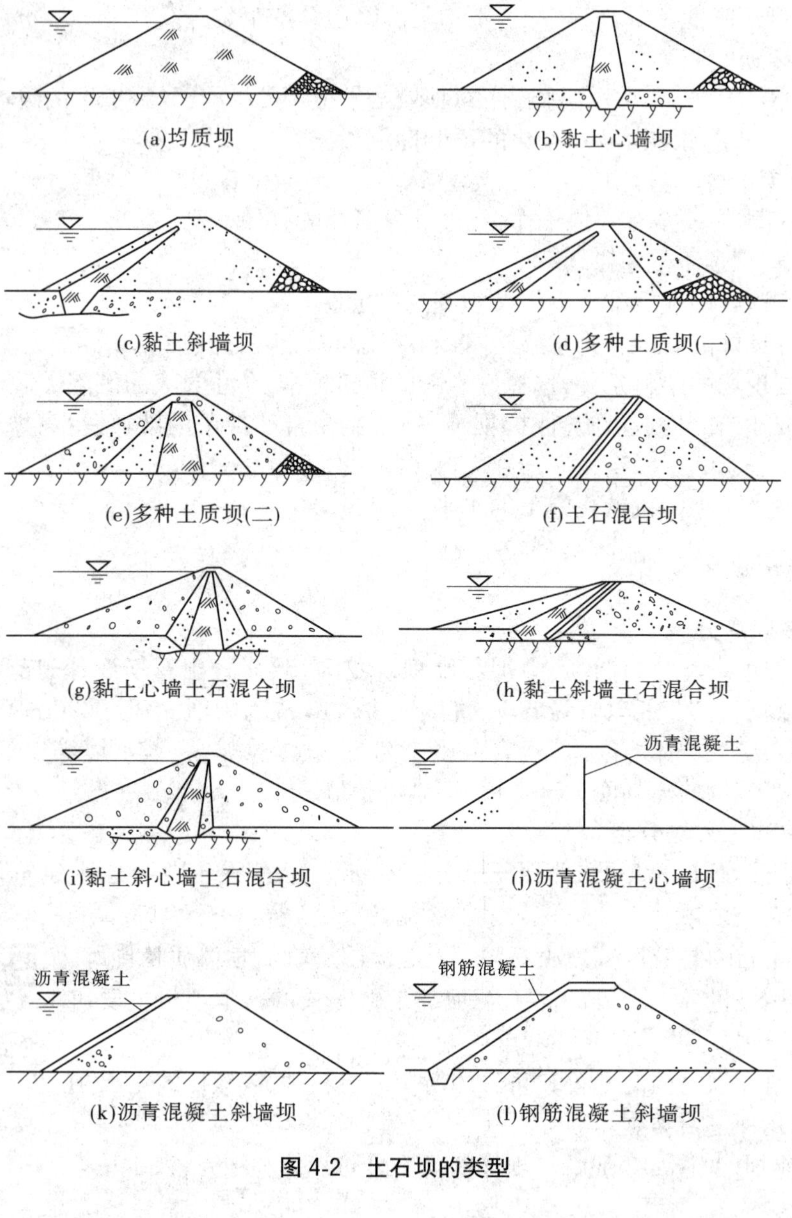

图 4-2　土石坝的类型

(3)黏土斜墙坝[见图4-2(c)]。黏土防渗体置于坝剖面的上游侧。优点:斜墙与坝壳之间的施工干扰相对较小,在调配劳动力和缩短工期方面比心墙坝有利;缺点:上游坡较缓,黏土量及总工程量较心墙坝大,抗震性及对不均匀沉降的适应性不如心墙坝。

码4-5 动画:黏土斜墙坝

当黏土防渗体位于坝中心而略微倾向上游时叫黏土斜心墙土石混合坝[见图4-2(i)]。

(4)多种土质坝[见图4-2(d)、(e)]。坝址附近用多种土料来填筑的坝。

码4-6 动画:多种土质坝

(5)人工材料心墙坝[见图4-2(j)]。坝主体由强度高的粗粒料组成,用沥青混凝土、混凝土等做成防渗心墙。

(6)人工材料面板坝[见图4-2(k)、(l)]。防渗体为钢筋混凝土、沥青混凝土、钢板、木板等人工制备的材料建成的上游坝面。

均质坝、心墙坝、斜墙坝和面板坝是土石坝的四种基本类型。

码4-7 动画:土石混合坝

码4-8 动画:黏土斜墙土石混合坝

码4-9 动画:黏土斜心墙土石混合坝

码4-10 动画:沥青混凝土心墙坝

码4-11 动画:钢筋混凝土斜墙坝

2. 水力冲填坝

水力冲填坝是以水力为动力完成土料的开采、运输和填筑全部工序而建成的坝。其施工方法是用机械抽水到高出坝顶的土场,以水冲击土料形成泥浆,然后通过泥浆泵将泥浆送到坝址,再经过沉淀和排水固结而筑成坝体。这种坝因筑坝质量难以保证,目前在国内外很少采用。

3. 水中填土坝

水中填土坝是用易于崩解的土料,一层一层倒入由许多小土堤分隔围成的在静水中填筑而成的坝。这种施工方法无须机械压实,而是靠土的重量进行压实和排水固结。该法施工受雨季影响小,工效较高,且不用专门碾压设备,但由于坝体填土的干容重低,抗剪强度小,要求坝坡缓,工程量大等原因,仅在我国华北黄土地区、广东含砾风化黏性土地区曾用此法建造过一些坝,并未得到广泛的应用。

4. 定向爆破堆石坝

定向爆破堆石坝是按预定要求埋设炸药,使爆出的大部分岩石抛填到预定的地点而形成的坝。这种坝填筑防渗部分比较困难。

上述四种坝中应用最为广泛的是碾压式土石坝。

4.1.2.3　**按坝体材料所占比例分类**

土石坝按坝体材料所占比例可以分为以下三种：

(1)土坝。坝体材料以土和砂砾为主。

(2)土石混合坝[见图4-2(f)、(g)、(h)]。当两类材料均占相当比例时，称为土石混合坝。

(3)堆石坝。以石渣、卵石、爆破石料为主，除防渗体外，坝体的绝大部分或全部由石料堆筑起来的坝称为堆石坝。

【任务测试】

请扫描二维码，做任务测试卷。

码4-12　任务4.1测试卷

任务4.2　土石坝剖面的基本尺寸

【任务导航】

问题1：土石坝的基本剖面是什么形状？

问题2：土石坝剖面基本尺寸的确定包括哪些内容？

问题3：土石坝的坝顶高程如何确定？

【任务解析】

土石坝的剖面尺寸是根据坝高和坝等级、筑坝材料、坝形、坝基情况及施工、运行等条件，参照工程经验初步拟定坝顶高程、坝顶宽度和坝坡，然后通过渗流、稳定分析，最终确定合理的剖面形状。

4.2.1　坝顶高程

码4-13　微课：土石坝坝顶高程的确定

坝顶高程等于水库静水位与坝顶超高之和，应按以下运用条件计算，取其大值：

(1)设计洪水位加正常运用条件的坝顶超高。

(2)正常蓄水位加正常运用条件的坝顶超高。

(3)校核洪水位加非常运用条件的坝顶超高。

(4)正常蓄水位加非常运用条件的坝顶超高，再加地震安全加高(地震区)。坝顶超高值y(见图4-3)用下式计算：

$$y = R + e + A \tag{4-1}$$

式中　y——坝顶超高，m；

R——波浪在坝坡上的最大爬高，m；

e——最大风壅水面高度，m；

A——安全加高，m。

波浪爬高 R 是指波浪沿建筑物坡面爬升的垂直高度(由风壅水面算起)，如图 4-3 所示。它与坝前的波浪要素(波高和波长)、坝坡坡度、坡面糙率、坝前水深、风速等因素有关。具体的计算方法见《碾压式土石坝设计规范》(SL 274—2020)(附录 A 波浪和护坡计算)，现简介如下。

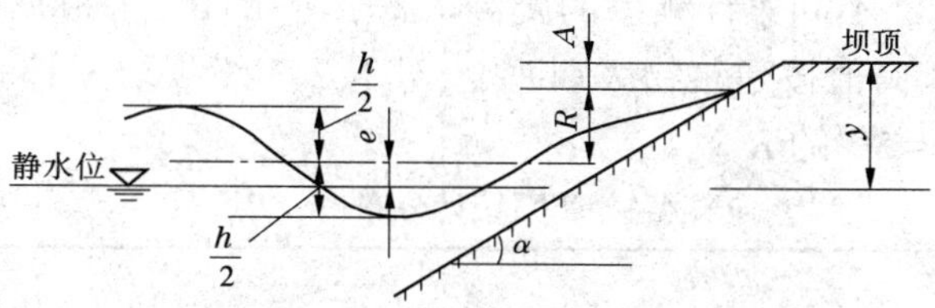

图 4-3　坝顶超高计算图

(1)平均爬高 R_m。当坝坡系数 $m=1.5\sim5.0$ 时，采用下式计算：

$$R_m=\frac{K_\Delta K_w}{\sqrt{1+m^2}}\sqrt{h_m L_m} \tag{4-2}$$

当 $m\leqslant1.25$ 时，采用下式计算 R_m：

$$R_m=K_\Delta K_w R_0 h_m \tag{4-3}$$

式中　R_0——无风情况下，平均波高 $h_m=1.0$ m，$K_\Delta=1$ 时的爬高值，可查表 4-1；

K_Δ——斜坡的糙率渗透性系数，根据护面的类型查表 4-2；

m——单坡的坡度系数，若单坡坡角为 α，则 $m=\cot\alpha$；

K_w——经验系数，按表 4-3 确定；

h_m、L_m——平均波高和波长，m，采用莆田试验站公式计算。

当 $1.25<m<1.5$ 时，R_m 可由 $m=1.25$ 和 $m=1.5$ 的值按直线内插求得。

表 4-1　R_0 值

m	0	0.5	1.0	1.25
R_0	1.24	1.45	2.20	2.50

表 4-2　糙率渗透性系数 K_Δ

护面类型	K_Δ	护面类型	K_Δ
光滑不透水护面(沥青混凝土)	1.0	砌石	0.75~0.80
混凝土或混凝土板	0.90	抛填两层块石(不透水基础)	0.60~0.65
草皮	0.85~0.90	抛填两层块石(透水基础)	0.50~0.55

表 4-3 经验系数 K_w

$\frac{v_0}{\sqrt{gH}}$	≤1	1.5	2.0	2.5	3.0	3.5	4.0	>5.0
K_w	1.00	1.02	1.08	1.16	1.22	1.25	1.28	1.30

注:H 为坝迎水面前水深。

(2)设计爬高 R_0。不同累计频率的爬高 R_p 与 R_m 的比,可根据爬高统计分布表(见表4-4)确定。设计爬高值按建筑物级别而定,对1、2、3级坝取累计频率 $p=1\%$ 的爬高值 $R_{1\%}$;对4、5级坝取 $p=5\%$ 的 $R_{5\%}$。

表 4-4 爬高统计分布(R_p/R_m)

h_m/H	p/%									
	0.1	1	2	4	5	10	14	20	30	50
<0.1	2.66	2.23	2.07	1.90	1.84	1.64	1.53	1.39	1.22	0.96
0.1~0.3	2.44	2.08	1.94	1.80	1.75	1.57	1.48	1.36	1.21	0.97
>0.3	2.13	1.86	1.76	1.65	1.61	1.48	1.39	1.31	1.19	0.99

注:H 为坝迎水面前水深,m。

当风向与坝轴线的法线成一夹角 β 时,波浪爬高应乘以折减系数 k_β,k_β 值可由表4-5确定。

表 4-5 斜向坡折减系数 k_β

β/(°)	0	10	20	30	40	50	60
k_β	1.00	0.98	0.96	0.92	0.87	0.82	0.76

(3)风壅水面高度 e 可按式(4-4)计算:

$$e=\frac{Kv^2D}{2gH_m}\cos\beta \tag{4-4}$$

式中 D——风区长度,m,取值方法见重力坝;

H_m——坝前水域平均水深,m;

K——综合摩阻系数,取 3.6×10^{-6};

β——风向与水域中线(或坝轴线法线)的夹角,(°);

v——计算风速,m/s,正常运用情况下的1级、2级坝,采用多年平均最大风速的1.5~2.0倍,正常运用条件下的3级、4级和5级坝,采用多年平均最大风速的1.5倍,非常运用条件下,采用多年平均最大风速。

(4)安全加高 A 可按表4-6确定。

表 4-6　安全加高 A　单位:m

运用情况		坝的级别			
		1	2	3	4、5
设计		1.50	1.00	0.70	0.50
校核	山区、丘陵区	0.70	0.50	0.40	0.30
	平原、滨海区	1.00	0.70	0.50	0.30

坝顶设防浪墙时,超高值 y 是指静水位与墙顶的高差。要求在正常运用条件下,坝顶应高出静水位 0.5 m;在非常运用情况下,坝顶不应低于静水位。

坝顶应预留竣工后沉降超高。沉降超高值按相关规范规定确定。各坝段的预留沉降超高应根据相应坝段的坝高而变化。预留沉降超高不应计入坝的计算高度。

4.2.2　坝顶宽度

坝顶宽度应根据构造、施工、运行和抗震等因素确定。如无特殊要求,高坝可选用0~15 m,中、低坝可选用 5~10 m。

4.2.3　坝坡

坝坡应根据坝形、坝高、坝的等级、坝体和坝基材料的性质、坝所承受的荷载以及施工和运用条件等因素,经技术经济比较后确定。

均质坝、土质防渗体分区坝、沥青混凝土面板或心墙坝及土工膜心墙或斜墙坝坝坡,可参照已建成坝的经验或近似方法初步拟定,最终应经稳定计算后确定。

一般情况下,确定坝坡可参考如下规律:

(1)在满足稳定要求的前提下,应尽可能采用较陡的坝坡,以减少工程量。

(2)从坝体上部到下部,坝坡逐步放缓,以满足抗渗稳定和结构稳定性的要求。

(3)均质坝的上、下游坡度比心墙坝的坝坡缓。

(4)心墙坝:两侧坝壳采用非黏性土料,土体颗粒的内摩擦角较大,透水性大,上、下游坝坡可陡些,坝体剖面较小,但施工干扰大。

(5)黏土斜墙坝的上游坡比心墙坝的坝坡缓,而下游坝坡可比心墙坝陡些,施工干扰小,斜墙易断裂。

(6)土料相同时上游坡缓于下游坡,原因是上游坝坡经常浸在水中,土的抗剪强度低,库水位下降时易发生渗流破坏。

(7)黏性土料坝的坝坡与坝高有关,坝高越大则坝坡越缓;而砂或砂砾料坝体的坝坡与坝高关系甚微。通常将用黏性土料填筑的土坝做成几级,从上而下逐级变缓坝坡,相邻坡率差值为 0.25~0.5。砂或砂砾料坝体可不变坡,但一般也常采用变坡形式。

(8)碾压式堆石坝的坝坡比土坝陡。

(9)在碾压式土石坝中用砂或壤土筑成的坝坡,其平均坡度一般为 1:2~1:4,当坝基为软弱的土质时还需适当放缓。

初选土石坝坝坡,可参照工程实践经验,见表 4-7。

表 4-7　坝坡经验值

类型			上游坝坡	下游坝坡
土坝(坝高)/m	<10		1:2.00~1:2.50	1:1.50~1:2.00
	10~20		1:2.25~1:2.75	1:2.00~1:2.50
	20~30		1:2.50~1:3.00	1:2.25~1:2.75
	>30		1:3.00~1:3.50	1:2.50~1:3.00
分区坝	心墙坝	堆石(坝壳)	1:1.70~1:2.70	1:1.50~1:2.50
		土料(坝壳)	1:2.50~1:3.50	1:2.00~1:3.00
	斜墙坝		石质比心墙坝缓 0.2 土质比心墙坝缓 0.5	取值比心墙坝可适当偏陡
人工材料面板坝			1:1.40~1:1.70	1:1.30~1:1.40(堆石) 1:1.50~1:1.60(卵石)
沥青混凝土面板坝			不陡于 1:1.7	

上、下游坝坡马道的设置应根据坝面排水、检修、观测、道路、增加护坡和坝基稳定等不同需要确定。土质防渗体分区坝和均质坝上游坡宜少设马道。非土质防渗体材料面板坝上游不宜设马道。根据施工交通需要,下游坝坡可设置斜马道,其坡度、宽度、转弯半径、弯道加宽和超高等,应满足施工车辆行驶要求。斜马道之间的实际坝坡可局部变陡,但平均坡度应不陡于设计坝坡。马道宽度应根据用途确定,但最小宽度不宜小于 1.50 m。

若坝基土或筑坝土石料沿坝轴线方向不相同,则应分坝段进行稳定计算,确定相应的坝坡。当各坝段采用不同坡度的断面时,每一坝段的坝坡应根据坝段中最大断面来选择。坝坡不同的相邻坝段,中间应设渐变段。

【任务测试】

请扫描二维码,做任务测试卷。

码 4-14　任务 4.2 测试卷

任务 4.3　土石坝的构造

【任务导航】

问题 1:土石坝坝顶主要有哪些构造?

问题 2:土石坝的坝体防渗体有哪些类型?

问题3:土石坝的护坡有哪些类型?

问题4:土石坝的排水设施有哪些类型?

【任务解析】

土石坝的构造主要包括坝顶、护坡、防渗体和排水设施等部分。

4.3.1 坝顶

码4-15 微课:土石坝的构造1

坝顶护面材料应根据当地材料情况及坝顶用途确定,宜采用密实的砂砾石、碎石、单层砌石或沥青混凝土等柔性材料。其不足之处在于洪水漫过防浪墙后,会冲蚀坝顶材料,使防浪墙掏脚而被推倒,造成洪水漫顶失事。如果坝顶使用一些耐冲的材料,如混凝土、沥青、砌石等,对防汛有一定的好处,但厚层混凝土刚度较大,可能不与坝体变形同步,会使土与混凝土之间出现间隙,坝体裂缝也不易发现。

坝顶面可向上、下游侧或下游侧放坡。坡度宜根据降雨强度在2%~3%选择,并做好向下游的排水系统。坝顶上游侧宜设防浪墙,墙顶应高于坝顶1.00~1.20 m。防浪墙必须与防渗体紧密结合。防浪墙应坚固不透水,其结构尺寸应根据稳定、强度计算确定,并应设置伸缩缝,做好止水,见图4-4、图4-5。

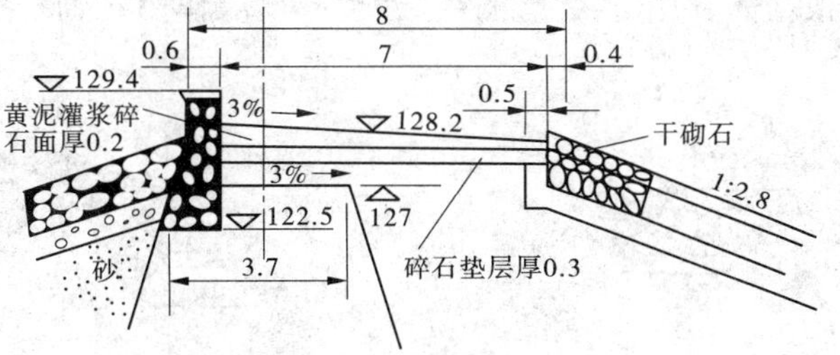

图4-4 南湾土石坝坝顶构造 (单位:m)

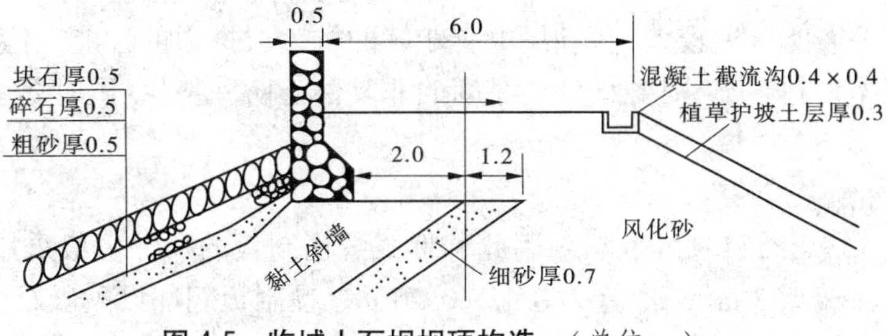

图4-5 临城土石坝坝顶构造 (单位:m)

4.3.2 护坡

坝表面为土、砂、砂砾石等材料时应设专门护坡,堆石坝可采用堆石材料中的粗颗粒料或超径石做护坡。

护坡的形式、厚度及材料粒径应根据坝的等级、运用条件和当地材料情况,根据以下因素进行技术经济比较确定。上游护坡应考虑波浪淘刷、顺坝水流冲刷、漂浮物和冰层的撞击及冻冰的挤压。下游护坡应考虑冻胀、干裂及蚁、鼠等动物的破坏,以及雨水、大风、水下部位的风浪、冰层和水流的作用。

4.3.2.1 上游护坡

上游护坡的形式有堆石(抛石)、干砌石、浆砌石、预制或现浇的混凝土或钢筋混凝土板(或块)、沥青混凝土、其他形式(如水泥土)。

护坡的范围为:上部自坝顶起,当设防浪墙时应与防浪墙连接;下部至死水位以下不宜小于2.50 m,4级、5级坝可减至1.50 m,最低水位不确定时应护至坝脚。

1. 堆石(抛石)护坡

堆石(抛石)护坡是将适当级配的石块倾倒在坝面垫层上的一种护坡。其优点是施工进度快、节省人力,但工程量比砌石护坡大。堆石厚度一般认为至少要包括2~3层块石,这样便于在波浪作用下自动调整,不致因垫层暴露而遭到破坏。当坝壳为黏性小的细粒土料时,往往需要两层垫层,靠近坝壳的一层垫层最小厚度为15 cm。

2. 砌石护坡

砌石护坡是用人工将块石铺砌在碎石或砾石垫层上,有干砌石和浆砌石两种。要求石料比较坚硬并耐风化。

干砌块石应力求嵌紧,石块大小及护坡厚度应根据风浪大小经过计算决定,通常厚度为20~60 cm。有时根据需要用2~3层的垫层,也起反滤作用。砌石护坡构造见图4-6。

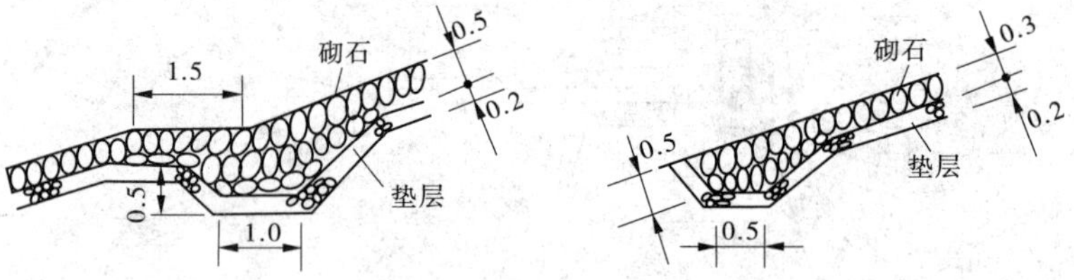

(a)马道　　(b)护坡坡角

图4-6　砌石护坡构造　(单位:m)

浆砌块石护坡能承受较大的风浪,也有较好的抗冰层推力的性能。但水泥用量大,造价较高。若坝体为黏性土,则要有足够厚度的非黏性土防冻垫层,同时要留有一定缝隙以便排水通畅。

3. 混凝土和钢筋混凝土板护坡

当筑坝地区缺乏石料时可考虑采用此种形式。预制板的尺寸一般采用:方形板为1.5 m×2.5 m、2 m×2 m或3 m×3 m,厚为0.15~0.20 m。预制板底部设砂砾石或碎石垫层。现场浇筑的尺寸可大些,可采用5 m×5 m、10 m×10 m,甚至20 m×20 m。严寒地区冰推力对护坡危害很大,因此也有用混凝土板做护坡的,但其垫层厚度要超过冻深,见图4-7。

4. 渣油混凝土护坡

在坝面上先铺一层厚3 cm的渣油混凝土(夯实后的厚度),上铺10 cm的卵石做排水层(不夯),第三层铺8~10 cm的渣油混凝土,夯实后在第三层表面倾倒温度为130~140 ℃的渣油砂浆,并立即将0.5 m×1.0 m×0.15 m的混凝土板平铺其上,板缝间用渣油砂浆灌满。这种护坡在冰冻区试用成功,见图4-8。

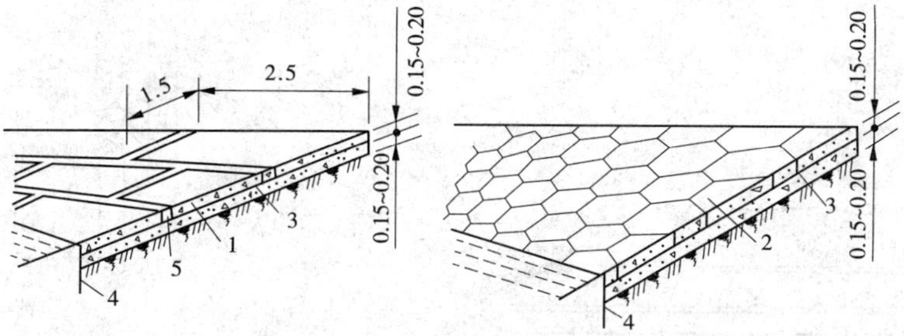

(a)矩形板　　(b)六角形板

1—矩形混凝土板；2—六角形混凝土板；3—碎石或砾石；4—木挡柱；5—结合缝。

图 4-7　混凝土板护坡　(单位：m)

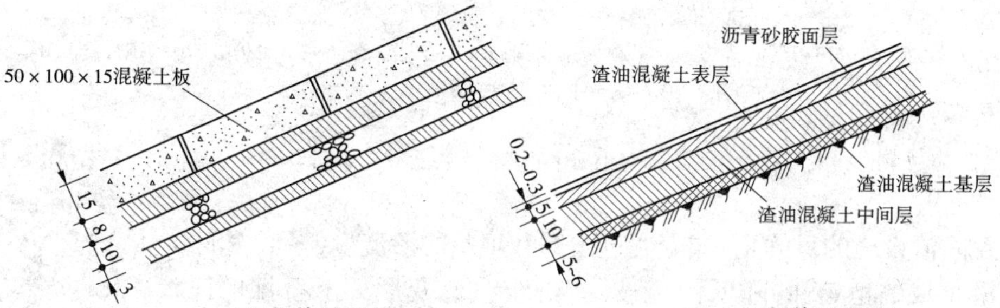

(a)坝体(有盖面)　　(b)坝体(无盖面)

图 4-8　渣油混凝土护坡　(单位：cm)

5. 水泥土护坡

将粗砂、中砂、细砂掺上 7%~12%的水泥(质量比)，分层填筑于坝面作为护坡，叫水泥土护坡。它是随着土石坝逐层填筑压实的，每层压实后的厚度不超过 15 cm。这种护坡厚度 0.6~0.8 m，相应水平宽度 2~3 m，见图 4-9。

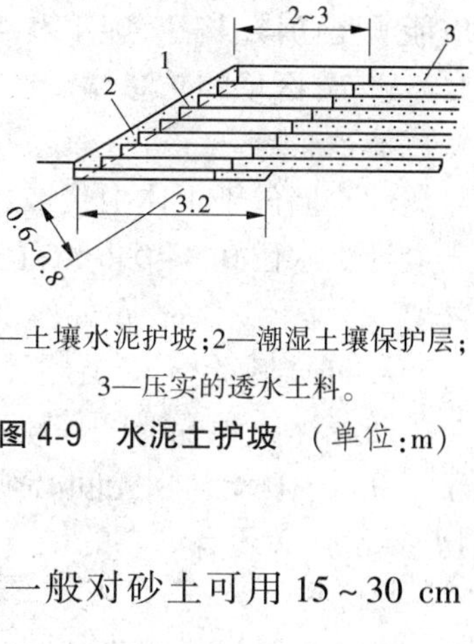

1—土壤水泥护坡；2—潮湿土壤保护层；3—压实的透水土料。

图 4-9　水泥土护坡　(单位：m)

这种护坡经过几个坝的实际应用，在最大浪高 1.8 m 并经过十几年的冻融情况下，只有少量裂缝，护坡没有破坏。寒冷地区护坡在水库冰冻范围内，水泥含量应增加一些，常用 8%~14%。

以上各种护坡的垫层按反滤层要求确定。垫层厚度一般对砂土可用 15~30 cm 以上，卵砾石或碎石可用 30~60 cm 以上。

4.3.2.2　下游护坡

下游护坡形式有干砌石、堆石、卵石或碎石、草皮、钢筋混凝土框格填石、其他形式(如土工合成材料)。

护坡的范围应由坝顶护至排水棱体，无排水棱体时应护至坝脚。

草皮护坡是常用的形式，只要结合做好坡面排水，护坡效果良好，厚为 5~10 cm。碎石或卵砾石护坡，一般直接铺在坝坡上，厚为 10~15 cm。在下游坡面上需设置沟、槽等坝面排水系统，以汇集坡面流水，见图 4-10。

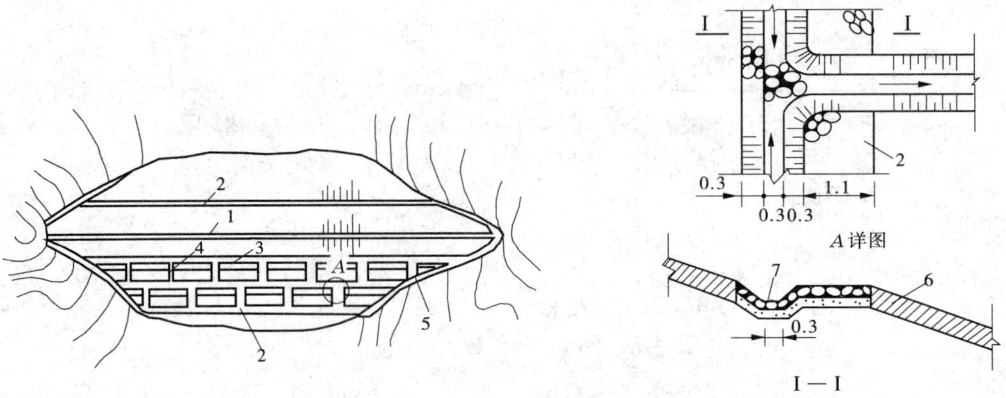

1—坝顶;2—马道;3—纵向排水沟;4—横向排水沟;5—岸坡排水沟;6—草皮护坡;7—浆砌石排水沟。

图 4-10　排水沟布置与构造　(单位:m)

4.3.3　防渗体

码 4-16　微课:土石坝的构造 2

设置防渗设施的目的是:减少通过坝体和坝基的渗流量;降低浸润线,增加下游坝坡的稳定性;降低渗透坡降,防止渗透变形。土石坝的防渗措施应包括坝体防渗、坝基防渗及坝身与坝基、岸坡及其他连接建筑物连接处的防渗。防渗体主要是心墙、斜墙、铺盖、截水墙等,它的结构尺寸应能满足防渗、构造、施工和管理方面的要求。

4.3.3.1　分区坝的防渗体

1. 塑性心墙

塑性心墙位于坝体中央或稍微偏向上游,由黏土、重壤土等黏性土料筑成。顶部高程高于设计洪水位 0.3~0.6 m,且不低于校核洪水位。顶部的水平宽度应考虑机械化施工的需要,不应小于 3 m,底部厚度不宜小于水头的 1/4。如顶部设有防浪墙并与心墙紧密结合,心墙顶部高程不受上述要求限制,但也不得低于设计洪水位。

为防止冰冻和干裂,顶部应设砂砾料保护层,其厚度应大于冰冻深度或干燥深度且不小于 1.0 m。心墙与坝壳间必须设置反滤层,如图 4-11 所示。心墙与地基、岸坡和其他建筑物连接时,必须有可靠的结合,以防止漏水和产生集中渗流。

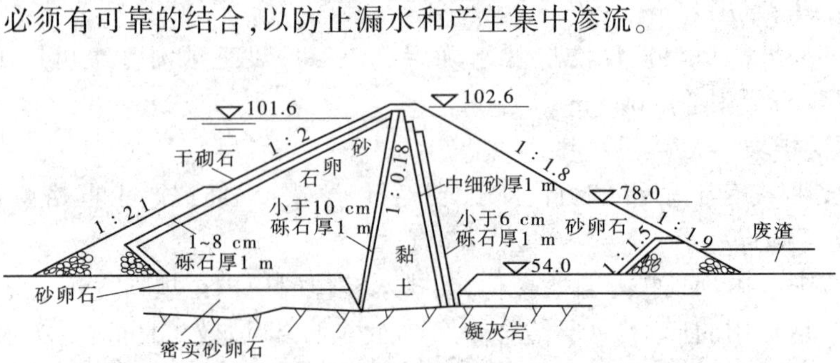

图 4-11　某水库黏土心墙土石坝

2. 塑性斜墙

塑性斜墙位于坝体上游面,对土料的要求与心墙相同。顶部水平宽度不小于 3 m。底部厚度不宜小于水头的 1/5。顶部高程高于设计洪水位 0.6~0.8 m 且不低于校核洪水位。如顶部设有稳定、坚固、不透水且与斜墙紧密结合的防浪墙时,顶部高程要求与设防浪墙的心墙相同。

斜墙上游必须设保护层以防冰冻和干裂,厚度包括护坡垫层在内应不小于该地区的冻结深度或干燥深度。斜墙下游与坝壳之间按反滤层原则设置垫层。斜墙与保护层的坡度取决于稳定计算成果,一般内坡不陡于 1:2.0,外坡常在 1:2.5 以上,以维持斜墙填筑前的坝体稳定,见图 4-12。

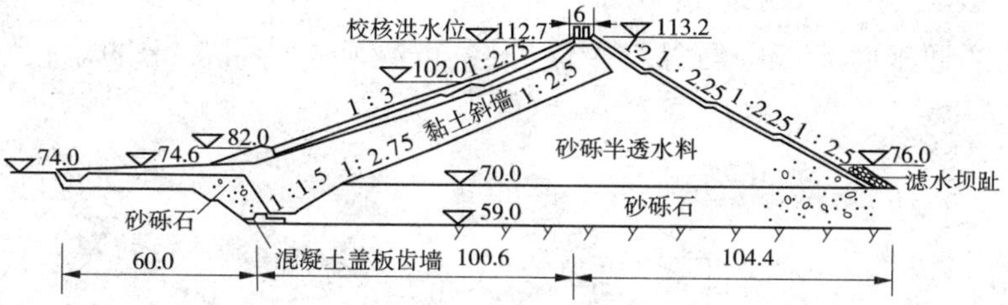

图 4-12 汤河土石坝 (单位:m)

4.3.3.2 人工材料防渗体

1. 沥青混凝土防渗体

沥青具有良好的黏结性,适于做砂卵石级配材料的胶结料。沥青混凝土作为土石坝的防渗体具有较好的抗渗性、耐久性和适应变形的性能,较之普通混凝土等刚性材料具有较大的优越性。沥青混凝土是由一定级配的碎石(或卵石)、砂、石粉和沥青按比例配合,然后加热拌和成均匀的混合物,经摊铺、碾压达到一定的密实度。

沥青混凝土防渗体有沥青混凝土心墙和沥青混凝土面板等两种形式。

1) 沥青混凝土心墙

由于沥青混凝土渗透系数很小(10^{-10}~10^{-9} cm/s),所以断面很薄,一般采用底部厚、顶部窄的变厚心墙。对于中、低坝其底部厚度采用坝高的 1/60~1/40,但不小于 40 cm;顶部厚度可以减小但不得小于 30 cm。心墙的上、下游面铺设过渡层,过渡层用砂砾石或碎石填筑,做成柔性的以调节坝体变形,厚度不要小于 50 cm,以免心墙中的沥青在水压力作用下被挤出。由于心墙位于坝内不受气候影响,不易受机械损伤,故其施工较沥青混凝土面板简单,但检查维修的条件较斜墙差,见图 4-13。

2) 沥青混凝土面板

沥青混凝土面板常见的有两种形式,一种为设有排水层的复式断面;另一种为无排水层的简式断面。前者由碎石垫层、整平胶结层、防渗底层、排水层、防渗面层和封闭涂层组成;后者由碎石(或干砌石)垫层、防渗层和封闭涂层组成。垫层一般为碎石或砾石,厚 1~3 m。有排水层的面板是在防渗层之下或两层防渗层之间,设置由粗粒级配沥青混凝土铺成的排水层,其厚度约 20 cm,分层铺压,每一铺压层厚 3~6 cm。许多工程的运用实践表明,无排水层的面板几乎不渗水,因此近年来倾向不设排水层。

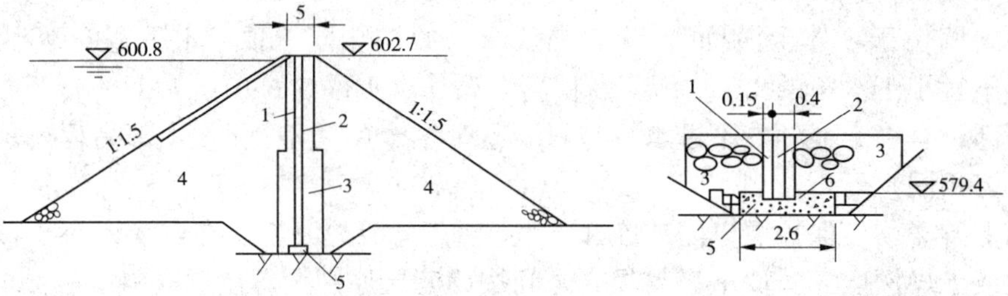

(a)坝断面　　(b)心墙与基础的连接

1—渣油沥青混凝土心墙,顶厚 10 cm;2—渣油砂浆砌块石;3—干砌石;4—堆石;5—水泥混凝土座垫;6—渣油砂浆。

图 4-13　吉林白水堆石坝　(单位:m)

在防渗层的迎水面涂一层沥青胶砂保护层,以减轻沥青混凝土的老化,增强防渗效果,见图 4-14。

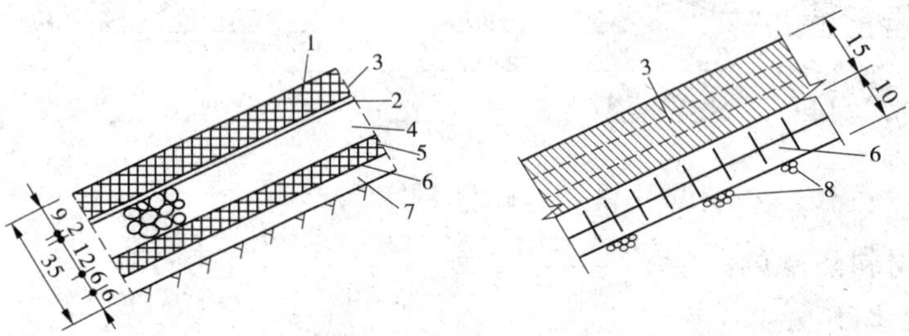

(a)具有中间排水层的正凯罗坝　　(b)无中间排水层的半城子坝

1—沥青砂胶;2—沥青砂浆;3—沥青混凝土(分 3 层浇筑);4—排水层 I;

5—沥青混凝土(分 2 层浇筑);6—整平层;7—砂浆;8—碎石垫层。

图 4-14　沥青混凝土面板构造　(单位:cm)

2. 混凝土和钢筋混凝土防渗体

图 4-15 为钢筋混凝土斜墙整体式分缝平面图,斜墙铺在碎石或砌石垫层上,垫层将斜墙承受的水压力均匀传到堆石体上,一定程度上减少了堆石沉陷对斜墙的影响。垫层顶部厚度为 1.5~3.0 m,向下逐渐加厚。石块要求填筑密实,孔隙率不超过 0.25~0.30。

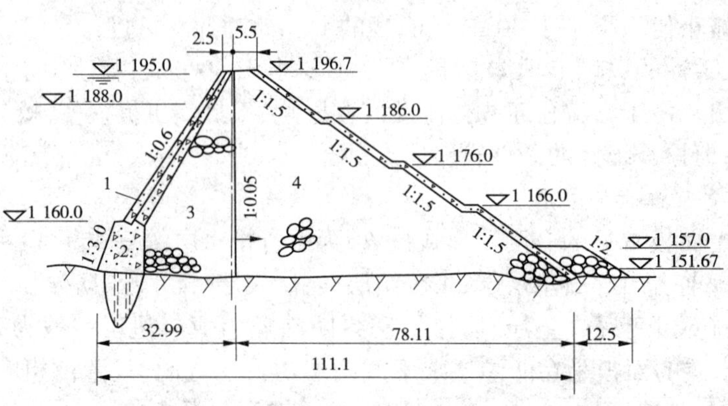

1—钢筋混凝土;2—块石混凝土垫底;3—中间干砌块石;4—下游堆石。

图 4-15　钢筋混凝土斜墙整体式分缝平面图　(单位:m)

(1)整体式。钢筋混凝土斜墙直接浇在砌石层面上,只设竖向伸缩缝不设水平向沉降缝,双向钢筋通过施工缝。多在坝体完成后才修建。对沉降适应性差,见图4-15。

(2)分块式。将钢筋混凝土斜墙分成10~20 m的正方块或长方块,块间的钢筋不连通,缝间设止水。斜墙与岸边连接处设有双条周边缝,以防斜墙因变形而开裂。典型布置如图4-16所示。

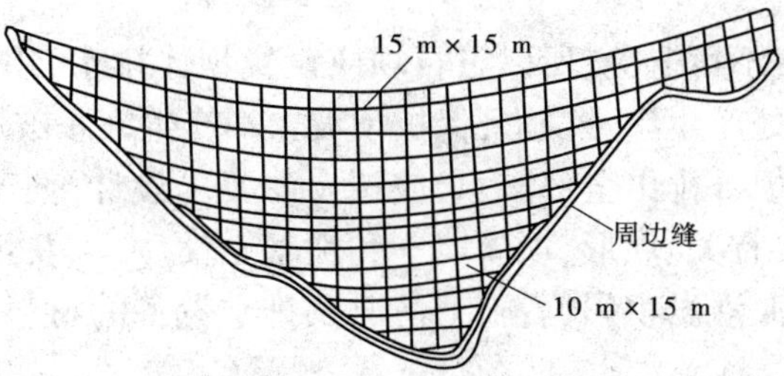

图4-16 钢筋混凝土斜墙分块式分缝平面图

(3)滑动式。在砌石面上浇筑一层厚几厘米的无筋混凝土垫层,在垫层上敷以沥青等涂料,然后再建钢筋混凝土斜墙。这样可使坝壳的沉降对斜墙的影响较小,滑动式钢筋穿过接缝。

(4)多层式。由多层钢筋混凝土板组成,见图4-17。板间涂以沥青或夹沥青混凝土板或夹油浸沥青麻片,以减小板间摩阻力并增加斜墙的不透水性。每层板均分成3~9 m的正方形。相邻层间的缝应错开以免形成渗流通道。

(5)分层喷混凝土式。它与多层式不同之处是分层间喷混凝土紧密结合成整体,见图4-18。每喷层厚7 cm,共5~10层。每层间均设有直径8 mm、间距15 cm的钢筋网。它较钢筋混凝土斜墙更接近均质弹性体材料,因而具有较高的抗弯强度。

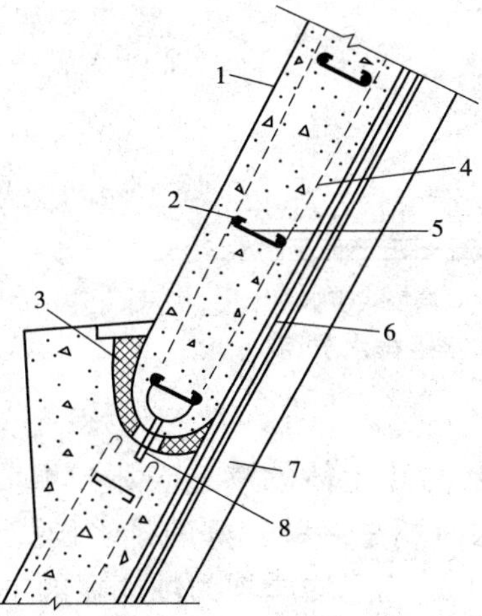

1—喷涂环氧树脂和沥青;2—水平向钢筋;3—止水填料;4—顺坡主筋(一律焊接);5—架立筋(按梅花形排列);6—沥青麻片;7—素混凝土;8—止水铜片。

图4-17 多层式钢筋混凝土面板构造

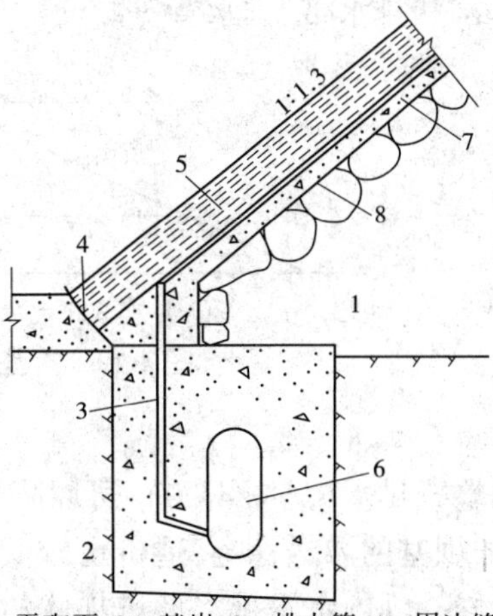

1—干砌石;2—基岩;3—排水管;4—周边缝;5—底部10层、顶部5层的喷混凝土斜墙,钢筋Φ 8 mm,间距15 cm,周边处间距12 cm;6—检查廊道;7—无砂透水混凝土,厚20 cm;8—氯丁乙烯橡胶布。

图4-18 雷姆司坝的分层喷混凝土面板构造

钢筋混凝土斜墙厚度必须满足抗渗、抗裂要求,顶部厚度不小于 0.30 m。混凝土强度等级不低于 C20、S8、D150,配筋率按构造要求不低于 0.4%。为防止面板开裂,一般需设置垂直坝轴线的沉降缝和与地基连接的周边缝,缝内设有可靠的柔性止水结构。考虑到坝面的不均匀沉降,在平行坝轴线方向也需设置水平沉降缝。

4.3.4 排水设施

由于在土石坝中渗流不可避免,所以土石坝应设置坝体排水,用以降低浸润线,改变渗流方向,防止渗流逸出处产生渗透变形,保护坝坡土不产生冻胀破坏。坝体排水必须满足以下要求:能自由地向坝外排出全部渗水,应按反滤要求设计,便于观测和检修。坝体排水设备形式与下列因素有关:坝形、坝体填土和坝基土性质,以及坝基的工程地质和水文地质条件;下游水位及泥沙淤积影响;施工情况及排水设备的材料;筑坝地区的气候条件等。

常用的坝体排水有坝体内排水、棱体排水、贴坡排水、综合排水等。

4.3.4.1 坝体内排水

1. 竖式排水

竖式排水(见图 4-19),包括直立排水、上昂式排水、下昂式排水等。设置竖式排水的目的是使透过坝体的水通过其排至下游,保持坝体干燥,可有效降低坝体的浸润线,并防止渗透水在坝坡出逸。一般竖式排水的顶部通到坝顶附近,底部与坝底水平排水层连接,通过水平排水层排至下游。竖式排水也可以向上游或下游倾斜的形式,这是近年来控制渗流的有效形式。特别是对均质坝,更宜提倡这种形式。

2. 水平排水

水平排水(见图 4-19),包括坝体不同高程的水平排水层、褥垫式排水(坝底部水平排水层)、网状排水带、排水管等。

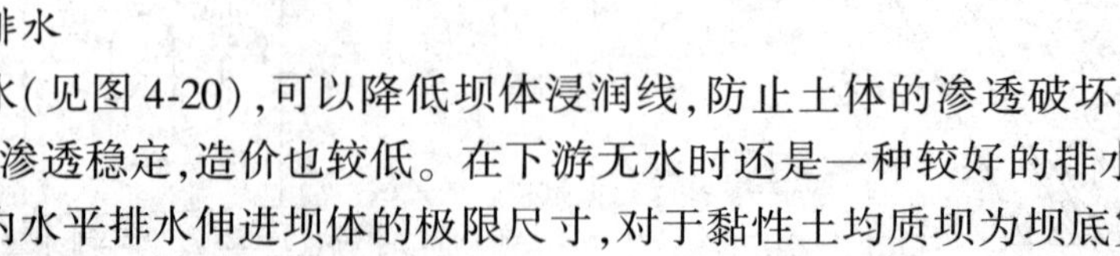

1—竖式排水;2—水平排水层组;3—褥垫式排水。

图 4-19 褥垫式排水加竖式和水平排水层组

3. 褥垫式排水

褥垫式排水(见图 4-20),可以降低坝体浸润线,防止土体的渗透破坏和坝坡土的冻胀,增加坝基的渗透稳定,造价也较低。在下游无水时还是一种较好的排水设备,缺点是不易检修。坝内水平排水伸进坝体的极限尺寸,对于黏性土均质坝为坝底宽的 1/2,砂性土均质坝为坝底宽的 1/3;对于土质防渗体分区坝,宜与防渗体下游的反滤层相连接。

4.3.4.2 棱体排水

棱体排水(见图 4-21),可以降低坝体浸润线,防止坝坡土的渗透破坏和冻胀,在下游有水条件下可防止波浪淘刷。还可与坝基排水相结合,在坝基强度较大时,可以增加坝坡的稳定性，是一种均质坝常用的排水设备。但需要的块石较多，造价较高，且与坝体施工有干扰，检修较困难。

棱体排水设计应遵守下列规定：顶部高程应超出下游最高水位，超过的高度，1级、2级坝应不小于1.0 m，3级、4级和5级坝应不小于0.5 m，并大于波浪沿坡面的爬高；顶部高程应使坝体浸润线距坝面的距离大于该地区的冻结深度；顶部宽度应根据施工条件及检查观测需要确定但不宜小于1.0 m；应避免在棱体上游坡脚处出现锐角。

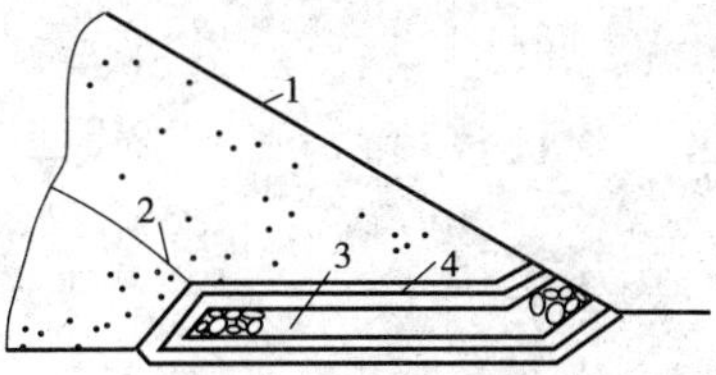

1—坝坡；2—浸润线；3—褥垫式排水；4—反滤层。

图4-20 褥垫式排水

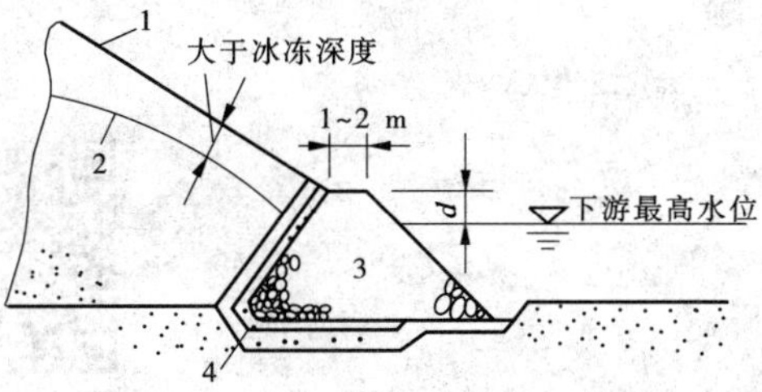

1—坝坡；2—浸润线；3—堆石棱体；4—反滤层。

图4-21 棱体排水

4.3.4.3 贴坡排水

贴坡排水（见图4-22），可以防止坝坡土发生渗透破坏，保护坝坡免受下游波浪淘刷，对坝体施工干扰较小，易于检修，但不能有效地降低浸润线。要防止坝坡冻胀，必须将反滤层加厚到超过冻结深度。土质防渗体分区坝常用这种排水体。

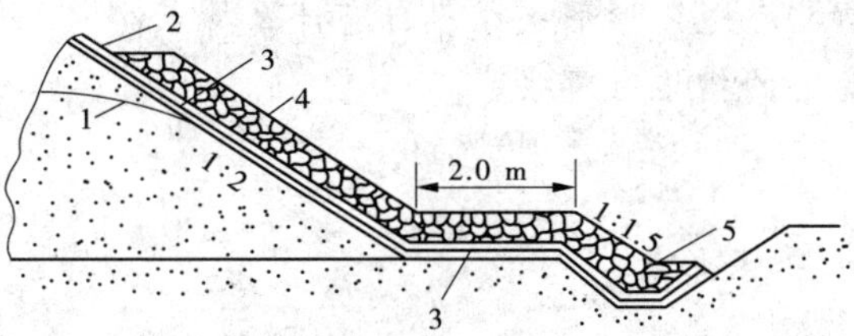

1—浸润线；2—护坡 3—反滤层；4—排水；5—排水沟。

图4-22 贴坡排水

贴坡排水设计应遵守下列规定：顶部高程应高于坝体浸润线出逸点，超过的高度应使坝体浸润线在该地区的冻结深度以下，1级、2级坝不小于2.0 m，3级、4级和5级坝不小于1.5 m，并应超过波浪沿坡面的爬高；底部应设置排水沟或排水体；材料应满足防浪护坡的要求。

4.3.4.4 综合排水

为发挥各种排水形式的优点，在实际工程中常根据具体情况采用几种排水形式组合在一起的综合排水。例如，若下游高水位持续时间不长，为节省石料可考虑在下游正常水位以上采用贴坡排水，以下采用棱体排水；还可用褥垫式与棱体排水组合，贴坡、棱体与褥垫式排水等综合排水，见图4-23。

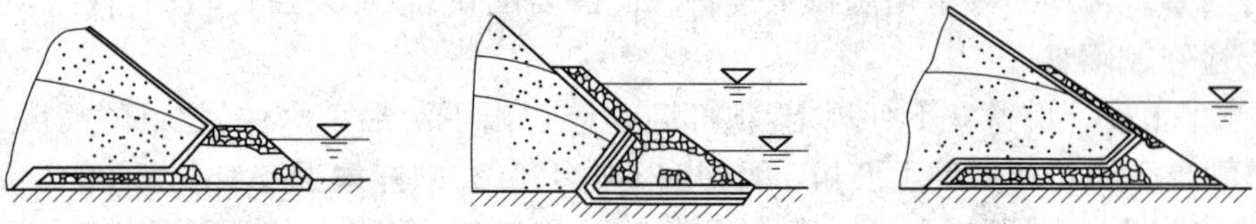

(a)褥垫+棱体　(b)贴坡+棱体　(c)贴坡+褥垫+棱体

图 4-23　综合排水

【任务测试】

请扫描二维码,做任务测试卷。

码 4-17　任务 4.3 测试卷

任务 4.4　土石坝的渗流分析

【任务导航】

问题 1:进行土石坝渗流分析的目的是什么?

问题 2:土石坝渗流分析的水力学法的基本公式是什么?

问题 3:土石坝有哪些渗透变形形式?各自有什么特点?

问题 4:防止渗透变形的措施有哪些?

【任务解析】

4.4.1　概述

4.4.1.1　渗流分析内容

(1)确定坝体浸润线及其下游出逸点的位置,绘制坝体及坝基内的等势线分布图或流网图。

(2)确定坝体与坝基的渗流量。

(3)确定坝坡出逸段与下游坝基表面的出逸比降,以及不同土层之间的渗透比降。

(4)确定库水位降落时上游坝坡内的浸润线位置或孔隙压力。

(5)确定坝肩的等势线、渗流量和渗透比降。

4.4.1.2　渗流分析方法

土石坝渗流分析通常是把一个实际比较复杂的空间问题近似转化为平面问题。土石坝的渗流分析方法主要有解析法、手绘流网法、实验法和数值法四种。

解析法分为流体力学法和水力学法。前者理论严谨,只能解决某些边界条件较为简单的情况;后者计算简单,精度可满足工程要求,并在工程实践中得到了广泛的验证。本任务主要介绍水力学法。

手绘流网法是一种图解流网，绘制方便，当坝体和坝基中的渗流场不十分复杂时，其精度能满足工程要求，但在渗流场内具有不同土质，且其渗透系数差别较大的情况下较难应用。

遇到复杂地基或多种土质坝，可用电模拟实验法，它能解决三维问题，但需一定的设备。近年来由于计算机和有限元等数值分析法的发展，数值法在土石坝渗流分析中得到了广泛的应用，对1级、2级坝及高坝，提出用数值法求解。

4.4.1.3　渗流分析的计算情况

(1)上游正常蓄水位与下游相应的最低水位。

(2)上游设计洪水位与下游相应的水位。

(3)上游校核洪水位与下游相应的水位。

(4)库水位降落时上游坝坡稳定最不利的情况。

4.4.2　渗流分析的水力学法

4.4.2.1　基本假定

(1)坝体土是均质的，坝内各点在各个方向的渗透系数相同。

(2)渗流是层流，符合达西定律 $v=KJ$。

(3)渗流是渐变流，过水断面上各点的坡降和流速是相等的。

4.4.2.2　渗流基本公式

如图4-24所示，矩形土体内的渗流满足上述假定，建立坐标轴 xOy。应用达西定律，并假定任一铅直过水断面内各点的渗透坡降相等，对不透水地基上矩形土体，流过断面上的平均流速为

$$v=-K\frac{dy}{dx}=-KJ \tag{4-5}$$

单宽流量

$$q=vy=-Ky\frac{dy}{dx}=-KJy \tag{4-6}$$

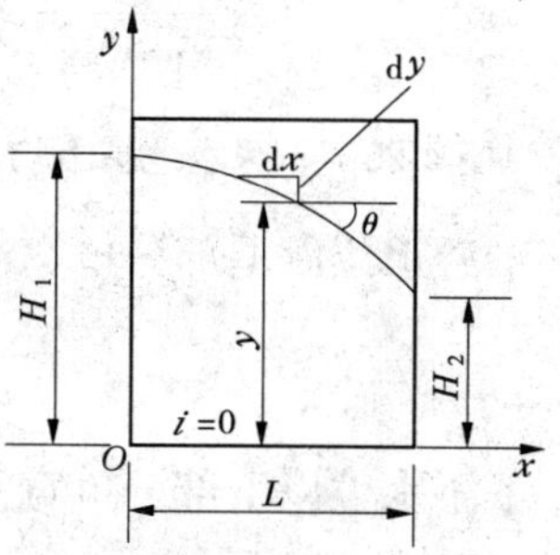

图4-24　不透水地基上矩形土体的渗流计算图

自上游向下游积分

$$q=\frac{K}{2L}(H_1^2-H_2^2) \tag{4-7}$$

自上游向区域中某点(x,y)积分，得浸润线方程

$$y=\sqrt{H_1^2-\frac{2q}{K}x} \tag{4-8}$$

4.4.2.3　不透水地基渗流计算

1.均质坝

1)下游有水而无排水设备或设有贴坡式排水的情况

如图4-25所示，过 B' 点做铅垂线将坝体分为两部分，用矩形 $AEOF$ 代替三角形 AMF。

$$\Delta L=\frac{m_1H_1}{2m_1+1} \tag{4-9}$$

(1)上游坝体段计算。

按式(4-7)计算通过上游计算段的渗流量为

$$q_1=K\frac{H_1^2-(H_2+a_0)^2}{2L'} \tag{4-10}$$

式中　a_0——浸润线出逸点距下游水面的高度;

K——坝身土料渗透系数;

H_1——上游水深;

H_2——下游水深;

L'——浸润线的水平距离,见图 4-25。

(2)下游坝体段计算,如图 4-26 所示。

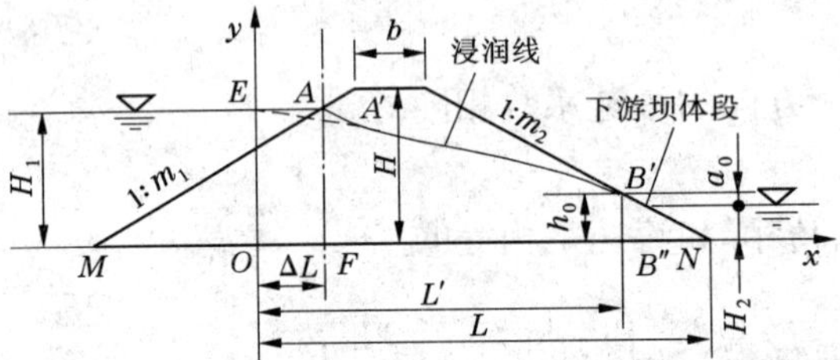

图 4-25　不透水地基上均质土坝的渗流计算图

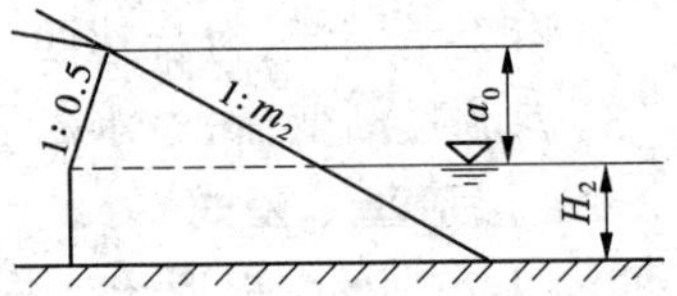

图 4-26　下游楔形体渗流计算图

下游水位以上部分单宽渗流量

$$q_2'=K\frac{a_0}{m_2+0.5} \tag{4-11}$$

下游水位以下部分单宽渗流量

$$q_2''=K\frac{a_0H_2}{(m_2+0.5)a_0+\dfrac{m_2H_2}{1+2m_2}} \tag{4-12}$$

通过下游坝体总单宽流量

$$q_2=q_2'+q_2''=K\frac{a_0}{m_2+0.5}\left(1+\frac{H_2}{a_0+a_mH_2}\right) \tag{4-13}$$

$$a_m=\frac{m_2}{2(m_2+0.5)^2} \tag{4-14}$$

根据水流连续性条件:

$$q_1=q_2=q \tag{4-15}$$

由以上各式可求得 q 及 a_0,由式(4-8)可确定浸润线。上游坝面附近的浸润线需做适当的修正:自 A 点作与坝坡 AM 正交的平滑曲线,曲线下端与计算求得的浸润线相切于 A'点。

当下游无水时,以上各式中的 $H_2=0$。

下游有贴坡排水时,因贴坡排水基本上不影响坝体浸润线的位置,所以计算方法与下游不设排水时相同。

2)下游有褥垫排水(见图4-27)

浸润线为抛物线,其方程为

$$L' = \frac{y_2 - h_0^2}{2h_0} + x \tag{4-16}$$

$$h_0 = \sqrt{L'^2 + H_1^2} - L' \tag{4-17}$$

通过坝身的单宽渗流量

$$q = \frac{K(H_1^2 - h_0^2)}{2L'} \tag{4-18}$$

3)下游有棱体排水(见图4-28)

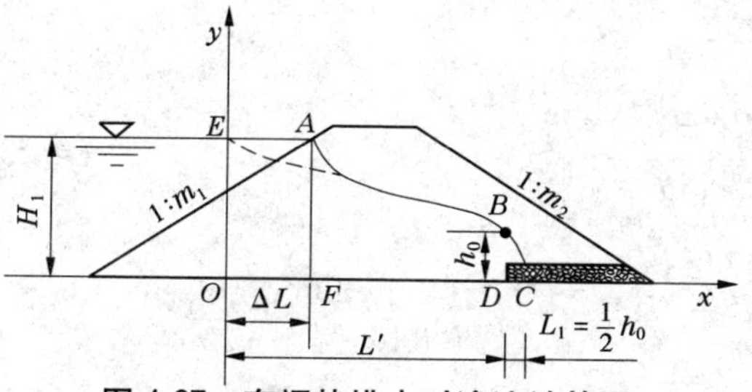

图4-27　有褥垫排水时渗流计算图

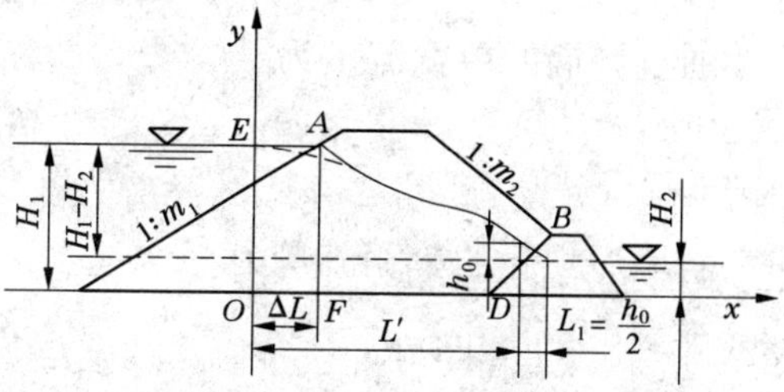

图4-28　有棱体排水时渗流计算图

(1)下游无水情况,按上述褥垫式排水情况计算。

(2)下游有水情况,将下游水面以上部分按照褥垫式下游无水情况处理,即

$$h_0 = \sqrt{L'^2 + (H_1 - H_2)^2} - L' \tag{4-19}$$

单宽渗流量

$$q = \frac{K}{2L'}[H_1^2 - (H_2 + h_0)^2] \tag{4-20}$$

浸润线按式(4-8)计算。

2. 心墙坝

一般心墙土料的渗透系数很小,比坝壳小1万倍以上。因此,在进行计算时可不考虑上游坝壳降落水头的作用。下游坝壳的浸润线也比较平缓,水头损失主要在心墙部位,当下游有排水设备时,见图4-29,可近似认为浸润线的逸出点为下游水位与堆石内坡的交点,将心墙壁简化成厚度为δ的等厚矩形,则

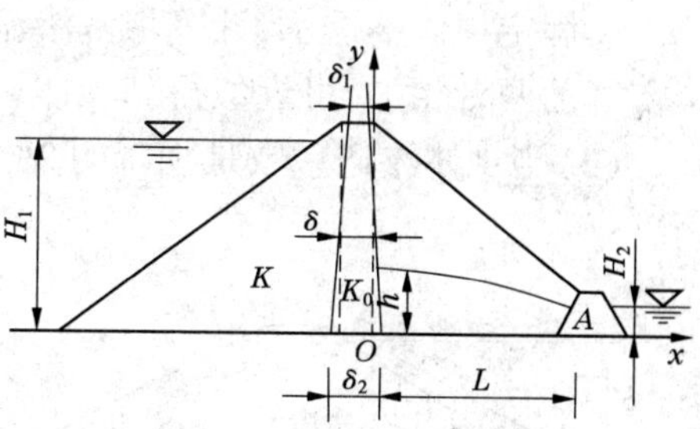

图4-29　心墙坝渗流计算图

$$\delta = \frac{1}{2}(\delta_1 + \delta_2)$$

通过心墙的单宽流量为

$$q_1 = \frac{K_0(H_1^2 - h^2)}{2\delta} \tag{4-21}$$

通过下游坝壳的单宽流量为

$$q_2 = \frac{K(h^2 - H_2^2)}{2L} \tag{4-22}$$

由 $q=q_1=q_2$ 得心墙后浸润线高度 h 和渗流量 q。下游坝壳浸润线仍用式(4-8)计算,只需将公式中的 H_1 换成 h 即可。

3. 斜墙坝

将斜墙壁简化成厚度为 dδ 的等厚斜墙(见图 4-30),则

$$\delta = \frac{1}{2}(\delta_1 + \delta_2)$$

通过斜墙的单宽流量为

$$q_1 = \frac{K_0(H_1^2 - h^2)}{2\delta\sin\theta} \tag{4-23}$$

斜墙后坝壳的单宽流量为

$$q_2 = \frac{K(h^2 - H_2^2)}{2L}$$

由 $q=q_1=q_2$ 得斜墙后浸润线高度 h 和渗流量 q。下游坝壳浸润线仍用式(4-8)计算,只需将公式中得 H_1 换成 h 即可。

4.4.2.4 有限深透水地基上渗流计算

1. 均质坝

(1)坝体浸润线可不考虑坝基渗透的影响,仍用地基不透水情况算出的结果,见图 4-31。

(2)坝体与坝基渗透系数相近,可采用以下步骤计算坝基渗流量:

①假定坝基不透水,计算坝体渗流量。

②假定坝体不透水,计算坝基渗流量。

③前两者相加,可近似得到坝体、坝基的渗流量。

(3)当坝体渗透系数是坝基的 2%时,认为坝体不透水,反之相同。

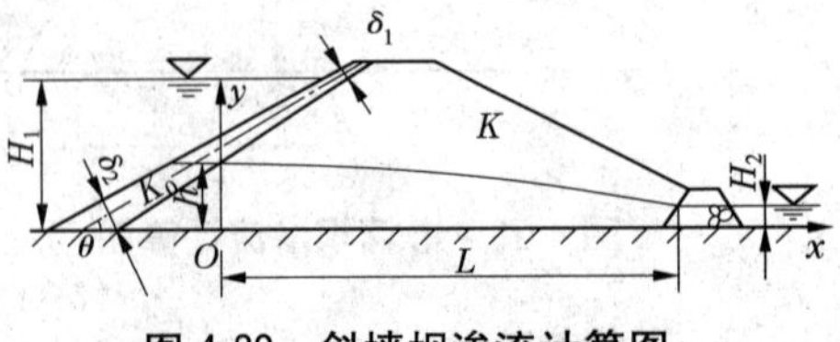

图 4-30 斜墙坝渗流计算图

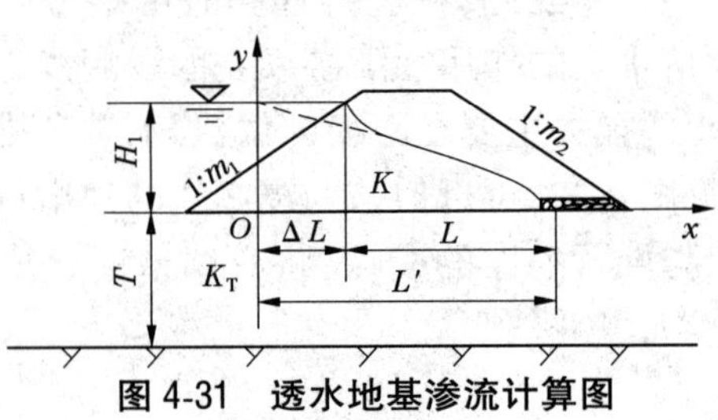

图 4-31 透水地基渗流计算图

考虑坝基透水的影响,上游面的等效矩形宽度应按下式计算:

$$\Delta L=\frac{\beta_1\beta_2+\beta_3\dfrac{K_T}{K}}{\beta_1+\dfrac{K_T}{K}} \tag{4-24}$$

$$\beta_1=\frac{2m_1H_1}{T}+\frac{0.44}{m_1}-0.12,\quad \beta_2=\frac{m_1H_1}{1+2m_1},\quad \beta_3=m_1H_1+0.44T$$

式中　T——透水地基厚度；

K_T——透水地基的渗透系数。

下游无水时，通过坝体和坝基的单宽渗流量：

$$q=q_1+q_2=K\frac{H_1^2}{2L'}+K_T\frac{TH_1}{L'+0.44T} \tag{4-25}$$

下游有水时，通过坝体和坝基的单宽渗流量：

$$q=K\frac{H_1^2-H_2^2}{2L'}+K_T\frac{H_1-H_2}{L'+0.44T}T \tag{4-26}$$

2. 心墙坝(见图 4-32)

(1)一般 K_0 比 K 小很多，近似认为上游坝壳中无水头损失。

(2)通过心墙、截水墙段的单宽渗流量：

$$q_1=K_0\frac{(H_1+T)^2-(h+T)^2}{2\delta} \tag{4-27}$$

(3)通过下游坝壳和坝基段的单宽渗流量：

$$q_2=K\frac{h^2}{2L}+K_TT\frac{h}{L+0.44T} \tag{4-28}$$

(4)由 $q=q_1=q_2$，得 h 和 q。

(5)浸润线按式(4-29)近似计算：

$$y=\sqrt{h^2-\frac{h^2}{L}x} \tag{4-29}$$

3. 斜墙坝

有限深透水地基上的斜墙土坝，一般同时设有截水墙或铺盖。前者用于地基透水层较薄时截断透水地基渗流；后者用于透水地基较厚时延长渗径，减小渗透坡降，防止渗透变形。

1)有截水墙情况

有截水墙情况，见图 4-33，与心墙情况类似。

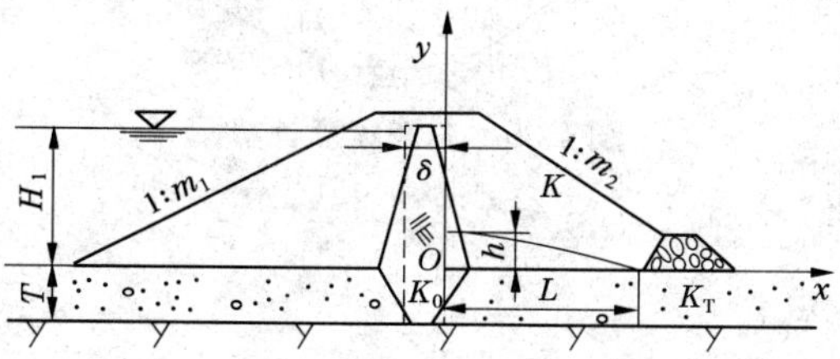

图 4-32　透水地基黏土心墙坝渗流计算图

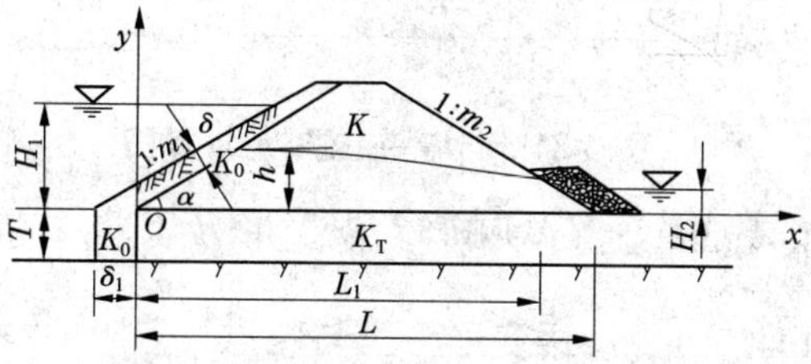

图 4-33　斜墙+截水墙渗流计算图

(1)通过斜墙、截水墙段的单宽渗流量：

$$q_1 = \frac{K_0(H_1^2 - h^2)}{2\delta\sin\alpha} + \frac{K_0(H_1 - h)}{\delta_1}T \tag{4-30}$$

(2)通过下游坝壳和坝基段的单宽渗流量：

$$q_2 = \frac{K(h^2 - H_2^2)}{2(L - m_2H_2)} + \frac{K_T(h - H_2)}{L + 0.44T}T \tag{4-31}$$

(3)由 $q=q_1=q_2$，得 h 和 q。

(4)斜墙后坝体浸润线方程：

$$y = \sqrt{\frac{L_1}{L_1 - m_1h}h^2 - \frac{h^2}{L_1 - m_1h}x} \tag{4-32}$$

2)有铺盖情况

有铺盖情况，见图 4-34，近似认为铺盖与斜墙是不透水的，并以铺盖末端为分界线，将渗流区分为两段进行计算。

(1)通过铺盖下坝基段的单宽渗流量：

$$q_1 = K_T\frac{H_1 - h}{L_n + 0.44T}T \tag{4-33}$$

(2)通过下游坝壳和坝基段的单宽渗流量仍用式(4-31)计算。

(3)由 $q_1=q_2=q$，得 h 和 q。

4.4.2.5　总渗流量计算

计算总渗流量时，应根据地形、地质、防渗排水的变化情况，将土石坝沿坝轴线分为若干段，然后分别计算选取断面的单宽渗流量，见图 4-35，再按式(4-34)计算总渗流量。

$$Q = \frac{1}{2}[q_1l_1 + (q_1 + q_2)l_2 + \cdots + (q_{n-2} + q_{n-1})l_{n-1} + q_{n-1}l_n] \tag{4-34}$$

式中　$l_1,l_2,\cdots,l_n$——各段坝长；

$q_1,q_2,\cdots,q_{n-1}$——断面 1，断面 2，…，断面 $n-1$ 处的单宽渗流量。

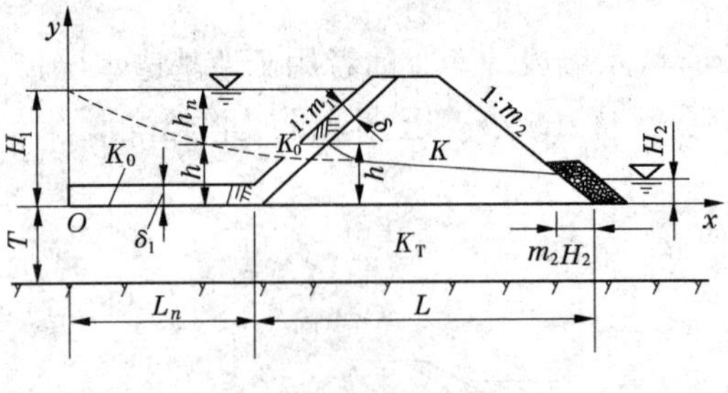

图 4-34　斜墙+铺盖渗流计算图

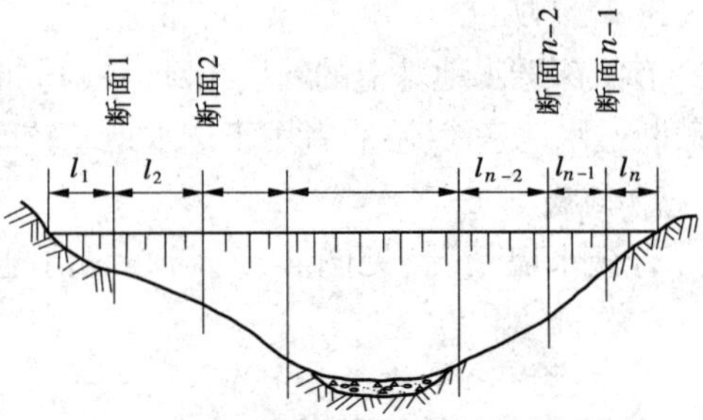

图 4-35　总渗流量计算图

4.4.3　土石坝的渗透变形及其防止措施

4.4.3.1　渗透变形分类与特点

渗流对土体的作用：从宏观上看，影响坝的应力和变形；从微观上看，使土体颗粒失去原有的平衡，而产生渗透变形。渗透变形是土体在渗透水流作用下的破坏变形，它与土料性质、土粒级配、水流条件以及防渗排水设施有关，一般有以下几种形式。

1. 管涌

管涌指坝体和坝基土体中部分细颗粒被渗流水带走的现象。细颗粒被带走后，孔隙扩大，管涌还将进一步发展。一般将管涌区分为内部管涌与外部管涌两种情况，前者颗粒移动只发生于坝体内部，后者颗粒可被带出坝体之外。管涌只发生于无黏性土中。其产生条件为：内因是非黏性土颗粒不均匀，间断级配；外因是渗透流速达到一定值。管涌类型有机械管涌、化学管涌等。

2. 流土

流土指在渗流作用下，黏性土及均匀无黏性土体被浮动的现象。其产生条件是渗透动水压力大于土体保持稳定的力。流土发生在黏性土及均匀非黏性土中，其发生部位常见于渗流从坝下游逸出处。

3. 接触冲刷

接触冲刷是指在细颗粒土与粗颗粒土的交接面上（包括建筑物与地基的接触面），渗流方向与交接面平行，细颗粒土被渗流水带走而发生破坏。一般发生于非黏性土中。

4. 接触流土

接触流土是指渗流垂直于渗透系数相差较大的两相邻土层流动时，将渗透系数较小的土层的细颗粒带入渗透系数较大的土层现象。一般发生于黏土心墙与坝壳之间、坝体与坝基或坝体与坝体排水之间。

4.4.3.2 非黏性土管涌与流土的判别

试验研究表明，土壤中的细颗粒含量是影响土体渗透性能和渗透变形的主要因素。南京水利科学研究院进行大量研究得出，粒径在 2 mm 以下的细颗粒含量 $P_g>35\%$时，孔隙填充饱满，易产生流土；$P_g<25\%$时，孔隙填充不足，易产生管涌；$25\%\leqslant P_g\leqslant 35\%$时，可能产生管涌或流土，并提出产生管涌或流土的细颗粒临界含量与孔隙关系为

$$P_g = \alpha \frac{\sqrt{n}}{1+\sqrt{n}} \tag{4-35}$$

式中 P_g——粒径小于或等于 2 mm 的细颗粒临界含量；

α——修正系数，取 0.95~1.0；

n——土壤孔隙率（%）。

当土体细颗粒含量大于 P_g 时，可能产生流土。

当土体细颗粒含量小于或等于 P_g 时，则可能产生管涌。

4.4.3.3 渗透变形的临界坡降与容许坡降

1. 产生管涌的临界坡降 J_c 和容许坡降

当渗流自下而上，根据土粒在渗流作用下的平衡条件，在非黏性土中产生管涌的临界坡降 J_c 可按下式计算（南京水利科学研究院经验公式），适用于中、小型工程及初步设计。

$$J_c = \frac{42d_3}{\sqrt{\frac{K}{n^3}}} \tag{4-36}$$

式中　d_3——相应于粒径曲线上含量为3%的粒径,cm;

K——渗透系数,cm/s;

n——土壤孔隙率(%)。

对于大、中型工程,应进行管涌试验,求出实际产生管涌的临界坡降。

容许渗透坡降计算式:

$$[J] = \frac{J_c}{K} \tag{4-37}$$

式中　K——安全系数,一般为2~3。

2. 产生流土的临界坡降 J_B 和容许坡降

当渗流自下而上,根据由极限平衡条件得到的太沙基公式计算:

$$J_B = (G - 1)(1 - n) \tag{4-38}$$

式中　G——土粒比重;

n——土壤孔隙率;

J_B——一般在0.8~1.2变化。

南京水利科学研究院建议把式(4-38)乘上系数1.17。容许渗透坡降$[J_B]$也要采用一定的安全系数,对于黏性土,可用1.5;对于非黏性土,可用2.0~2.5。

4.4.3.4　防止渗透变形的工程措施

为防止渗透变形,常采用的工程措施有:全面截阻渗流,延长渗径;设置排水设施;设置反滤层;设排渗减压井。

反滤层作用是滤土排水,它是提高抗渗破坏能力,防止各类渗透变形,特别是防止管涌的有效措施。在任何渗流流入排水设施处都要设置反滤层。

砂石反滤层结构见图4-36。

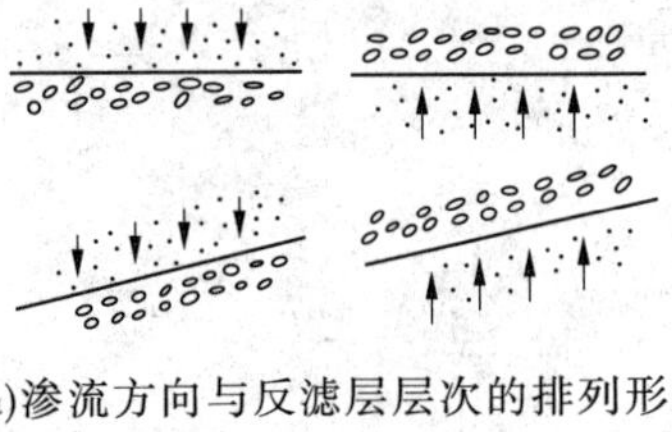

(a)渗流方向与反滤层层次的排列形式

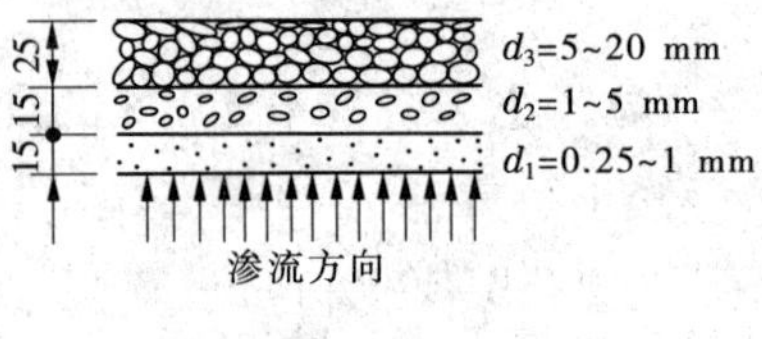

(b)反滤层的厚度与粒径大小举例

图4-36　砂石反滤层布置图　(单位:cm)

砂石反滤层设计原则:被保护土壤的颗粒不得穿过反滤层;相邻两层反滤层间,颗粒小的不得穿过较粗颗粒的孔隙;各层内土壤不得发生相对移动;反滤层不得被堵塞;应保持耐久、稳定。

砂石反滤层材料:质地坚硬,抗水性和抗风化能满足工程条件要求;具有要求的级配;具有要求的透水性;粒径小于 0.075 mm 的粒径含量应不超过 5%。

土工织物已广泛应用于坝体排水反滤以及作为坝体和渠道的防渗材料。在土石坝坝体底部或在靠下游边坡的坝体内部沿水平方向铺设土工织物,可提高土体抗剪强度,增加边坡稳定性,详见《土工合成材料应用技术规范》(GB/T 50290—2014)。

【任务测试】

请扫描二维码,做任务测试卷。

码 4-18　任务 4.4 测试卷

任务 4.5　土石坝的稳定分析

【任务导航】

问题 1:进行土石坝稳定分析的目的是什么?

问题 2:土石坝失稳形式有哪些?

问题 3:土石坝坝坡稳定分析的瑞典圆弧法的计算过程是什么?

【任务解析】

4.5.1　概述

稳定分析是确定坝体设计剖面经济安全的主要依据。由于土石坝体积大、坝体重,不可能产生水平滑动,其失稳形式主要是坝坡滑动或坝坡与坝基一起滑动。

土石坝稳定计算的目的是保证土石坝在自重、孔隙压力、外荷载的作用下,具有足够的稳定性,不致发生通过坝体或坝基的整体或局部剪切破坏。

坝坡稳定计算时,应先确定滑动面的形状,土石坝滑坡的形式与坝体结构、土料和地基的性质以及坝的工作条件等密切相关。图 4-37 表示了各种可能的滑裂面形式。

4.5.1.1　圆弧滑裂面

当滑裂面通过黏性土部位时,其形状常是近似上陡下缓的曲面,实际计算时用圆弧表示,如图 4-37(a)、(b)所示。

4.5.1.2　直线或折线滑裂面

当滑裂面通过无黏性土部位时,滑裂面的形状可能是直线或折线形。当坝坡干燥或全部浸入水中时呈直线形;当坝坡部分浸入水中时呈折线形,如图 4-37(c)所示。斜墙坝的上游坡失稳时,通常是沿着斜墙与坝体交界面滑动,如图 4-37(d)所示。

4.5.1.3　复合滑裂面

当滑裂面通过性质不同的几种土料时,可能是由直线和曲线组成的复合形状的滑裂面,如图 4-37(e)、(f)所示。

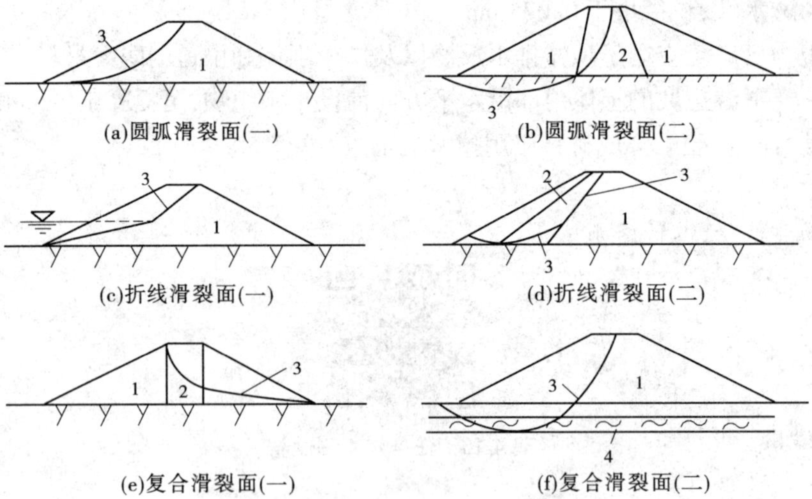

(a)圆弧滑裂面(一)　(b)圆弧滑裂面(二)

(c)折线滑裂面(一)　(d)折线滑裂面(二)

(e)复合滑裂面(一)　(f)复合滑裂面(二)

1—坝壳;2—防渗体;3—滑裂面;4—软弱层。

图 4-37　滑裂面形式

4.5.2　土壤抗剪强度指标的选取

土料抗剪强度指标(内摩擦角 φ、纵黏聚力 c)的选用影响到坝体的工程量和安全。《碾压式土石坝设计规范》(SL 274—2020)还提出了不同情况下定抗剪强度指标的方法,见表 4-8。

表 4-8　抗剪强度指标的测定和应用

控制稳定时期	强度计算方法	土类		使用仪器	试验方法与代号	强度指标	试验起始状态
施工期	有效应力法	无黏性土		直剪仪	慢剪(S)	c'、φ'	填土:用填筑含水率和填筑重度的土;坝基土:用原状土
				三轴仪	固结排水剪(CD)		
		黏性土	饱和度小于 80%	直剪仪	慢剪(S)		
				三轴仪	不排水剪测孔隙压力(UU)		
			饱和度大于或等于 80%	直剪仪	慢剪(S)		
				三轴仪	固结不排水剪测孔隙压力(CU)		
	总应力法	黏性土	渗透系数小于 10^{-7} cm/s	直剪仪	快剪(Q)	c_u、φ_u	
			任何渗透系数	三轴仪	不排水剪测孔隙压力(UU)		

续表 4-8

<table>
<tr><th>控制稳定时期</th><th>强度计算方法</th><th colspan="2">土类</th><th>使用仪器</th><th>试验方法与代号</th><th>强度指标</th><th>试验起始状态</th></tr>
<tr><td rowspan="4">稳定渗流期和水库水位降落期</td><td rowspan="4">有效应力法</td><td colspan="2" rowspan="2">无黏性土</td><td>直剪仪</td><td>慢剪(S)</td><td rowspan="4">c'、φ'</td><td rowspan="6">填土:用填筑含水率和填筑重度的土;坝基土:用原状土,但要预先饱和,而浸润线以上的土不需饱和</td></tr>
<tr><td>三轴仪</td><td>固结排水剪(CD)</td></tr>
<tr><td colspan="2" rowspan="2">黏性土</td><td>直剪仪</td><td>慢剪(S)</td></tr>
<tr><td>三轴仪</td><td>固结不排水剪测孔隙压力(CU)</td></tr>
<tr><td rowspan="2">水库水位降落期</td><td rowspan="2">总应力法</td><td rowspan="2">黏性土</td><td>渗透系数小于 10^{-7} cm/s</td><td>直剪仪</td><td>固结快剪(CQ)</td><td rowspan="2">c_{cu}、φ_{cu}</td></tr>
<tr><td>任何渗透系数</td><td>三轴仪</td><td>固结不排水剪测孔隙压力(CU)</td></tr>
</table>

注:表内施工期总应力抗剪强度为坝体填土非饱和土,对于坝基饱和土,抗剪强度指标应改为 c_{cu}、φ_{cu}。

4.5.3 稳定计算情况和安全系数的采用

4.5.3.1 稳定计算情况

1. 正常运用情况

(1)上游为正常蓄水位,下游为最低水位,或上游为设计洪水位,下游为相应最高水位,坝内形成稳定渗流时,上、下游坝坡稳定验算。

(2)水库水位处于正常和设计水位之间范围内的正常性降落,上游坝坡稳定验算。

2. 非常运用情况Ⅰ

(1)施工期,考虑孔隙压力时的上、下游坝坡稳定验算。

(2)水库水位非常降落,如自校核洪水降落至死水位以下,以及大流量快速泄空等情况下的上游坝坡稳定验算。

(3)校核洪水位下有可能形成稳定渗流时的下游坝坡稳定验算。

3. 非常运用情况Ⅱ

正常运用情况遇到地震时上、下游坝坡稳定验算。

4.5.3.2 安全系数的采用

采用计入条块间作用力计算方法时,坝坡的抗滑稳定安全系数应不小于表 4-9 所规定的数值。采用不计条块间作用力时瑞典圆弧法计算坝坡稳定时,对 1 级坝,正常应用情况下最小稳定安全系数应不小于 1.30,其他情况应比表 4-9 中规定降低 8%。

表4-9　容许最小抗滑稳定安全系数

运用条件	工程等级			
	1	2	3	4、5
正常运用	1.50	1.35	1.30	1.25
非常运用Ⅰ	1.30	1.25	1.20	1.15
非常运用Ⅱ	1.20	1.15	1.15	1.10

4.5.4　坝坡稳定分析方法

4.5.4.1　圆弧滑动面稳定计算

1.瑞典圆弧法(见图4-38)

瑞典圆弧法是不计条块间作用力的方法,计算简单,已积累了丰富的经验,但理论上有缺陷,且孔隙压力较大和地基软弱时误差较大。其基本原理是将滑动土体分为若干铅直土条,不考虑条块间的作用力,求出各土条对滑动圆心的抗滑力矩和滑动力矩,并求其总和,根据以下公式求得稳定安全系数:

$$K=\frac{\sum M_{\mathrm{r}}}{\sum M_{\mathrm{s}}}=\frac{\text{抗滑力矩总和}}{\text{滑动力矩总和}} \tag{4-39}$$

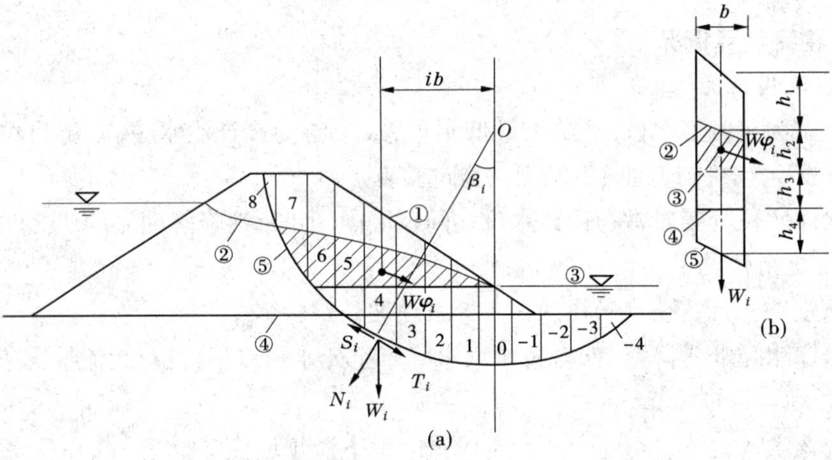

①—坝坡线;②—浸润线;③—下游水面;④—地基面;⑤—滑裂面。

图4-38　圆弧滑动计算简图

计算步骤如下:

(1)确定圆心、半径,绘制滑弧。

(2)将土体分条编号。为便于计算,取土条宽 $b=0.1R$(圆弧半径),圆心以下的为0号土条,向上游依次为1,2,3,…,向下游依次为-1,-2,-3,…,如图4-38所示。

(3)计算土条重量。计算抗滑力时,浸润线以上部分用湿容重,浸润线以下部分用浮容重;计算滑动力时,下游水面以上部分用湿容重,下游水面以下部分用饱和容重。

(4)计算安全系数。计算公式为

$$K=\frac{\sum\{[(W_i\pm V)\cos\beta_i-ub\sec\beta_i-Q\sin\beta_i]\tan\varphi_i'+c_i'b\sec\beta_i\}}{\sum[(W_i\pm V)\sin\beta_i+M_c/R]} \tag{4-40}$$

式中　W_i——土条重量；

Q、V——水平和垂直地震惯性力(向上为负,向下为正)；

u——作用于土条底面的孔隙压力；

β_i——条块重力线与通过此条块底面中点的半径之间的夹角；

b——土条宽度；

c_i'、φ_i'——土条底面的有效应力抗剪强度指标；

M_c——水平地震惯性力对圆心的力矩；

R——圆弧半径。

用总应力法分析坝体稳定时,略去公式含孔隙压力 u 的项,并将 c_i'、φ_i' 换成总应力强度指标。

2. 简化的毕肖普圆弧法(见图4-39)

简化的毕肖普圆弧法或其他计及条块间作用力的方法,由于“计及条块间作用力”,能反映土体滑动土条之间的客观状况,但计算比瑞典圆弧法复杂。计算机的广泛应用,使得计及条块间作用力方法的计算变得比较简单,容易实现。近十几年来已积累了很多经验。

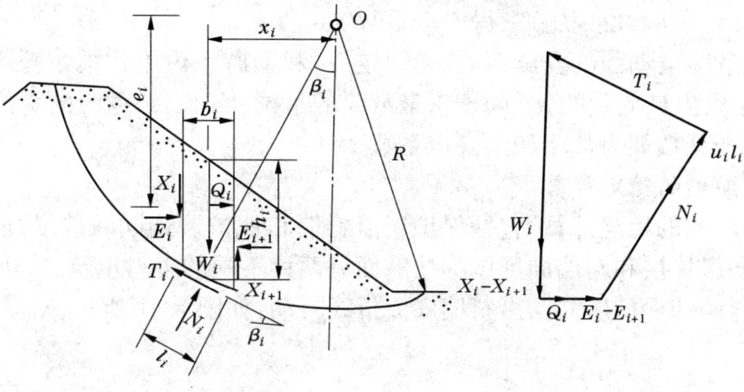

(a)　　　　(b)

图4-39　简化的毕肖普圆弧法

计算公式为

$$K=\frac{\sum\{[(W_i\pm V)\cos\beta_i-ub\sec\beta_i]\tan\varphi_i'+c_i'b\sec\beta_i\}[1/(1+\tan\beta_i\tan\varphi_i'/K)]}{\sum[(W_i\pm V)\sin\beta_i+M_c/R]} \tag{4-41}$$

4.5.4.2　非圆弧滑动稳定计算

非黏性土坝坡,例如心墙的上、下游坡和斜墙坝的下游坝坡,以及斜墙坝的上游保护层和保护层连同斜墙一起滑动时,常形成折线滑动面。

折线法常采用两种假定:滑楔间作用力为水平时,采用与圆弧法相同的安全系数;滑楔间作用力平行滑动面,采用与毕肖普圆弧法相同的安全系数。

1. 非黏性土坝坡部分浸水的稳定计算

如图 4-40 所示,图中 ADC 为一滑裂面,折点 D 在上游水位处;用铅直线 DE 将滑动土体分为两块,重为 W_1、W_2;假设条块间的作用力为 P_1,方向平行于 DC;两块土体底面的抗剪强度指标分为 $\tan\varphi_1$、$\tan\varphi_2$。

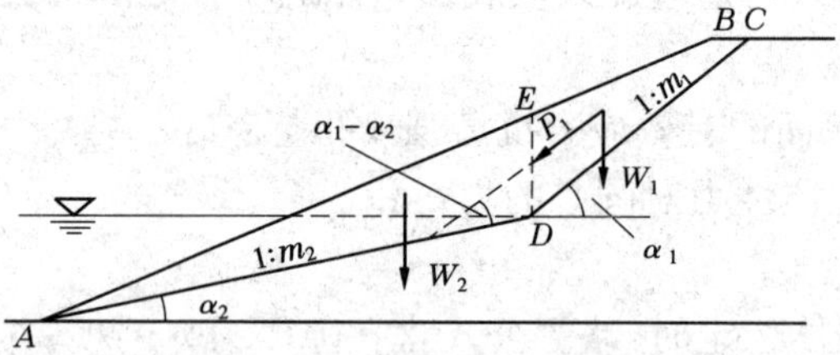

图 4-40　非黏性土坝坡部分浸水的稳定计算图

土块 $BCDE$ 沿 CD 滑动面的力平衡式为

$$P_1 - W_1\sin\alpha_1 + \frac{1}{K}W_1\cos\alpha_1\tan\varphi_1 = 0 \tag{4-42}$$

土块 ADE 沿 AD 滑动面的力平衡式为

$$\frac{1}{K}[W_2\cos\alpha_2 + P_1\sin(\alpha_1 - \alpha_2)]\tan\varphi_2 - W_2\sin\alpha_2 - P_1\cos(\alpha_1 - \alpha_2) = 0 \tag{4-43}$$

将式(4-41)、式(4-42)联解求得安全系数 K。

坝坡的最危险滑动面的安全系数:先假定 α_2 和上游水位不便的情况下,一般至少假设三个 α_1 才能求出最危险的 α_1,同理求最危险的水位和 α_2。最危险的水位和 α_1、α_2 对应的滑动面的安全系数即为最小稳定安全系数。

2. 斜墙坝坝坡的稳定计算

斜墙上游坝坡的稳定计算,包括保护层沿斜墙和保护层连同斜墙沿坝体滑动两种情况,因为斜墙同保护层和斜墙同坝体的接触面是两种不同的土料填筑的,接触面处往往强度低,有可能斜墙和保护层共同沿斜墙底面折线滑动,如图 4-41 所示,对厚斜墙还应计算圆弧滑动稳定。

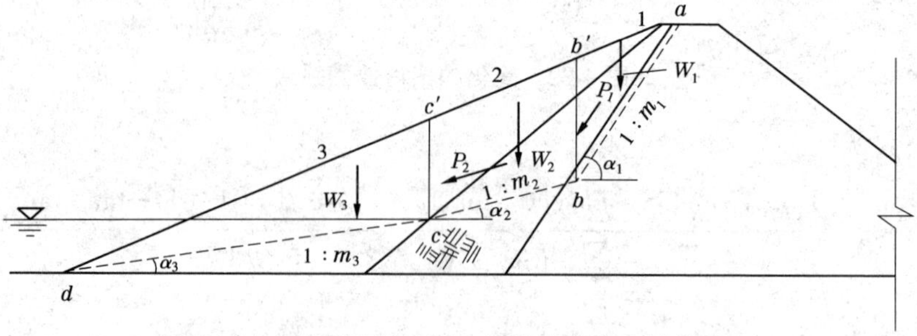

图 4-41　斜墙同保护层一起滑动的稳定计算图

设试算滑动面 $abcd$,将土体分成三块。土体重量分别为 W_1、W_2、W_3,滑面折线与水

平面的夹角分别为 α_1、α_2、α_3，P_1、P_2 分别假定沿着 α_1、α_2 的方向，分别对三块土体沿滑动面方向建立力平衡方程：

$$P_1 - W_1\sin\alpha_1 + \frac{1}{K}W_1\cos\alpha_1\tan\varphi_1 = 0$$

$$P_2 - P_1\cos(\alpha_1 - \alpha_2) - W_2\sin\alpha_2 + \frac{1}{K}\{[W_2\cos\alpha_2 + P_1\sin(\alpha_1 - \alpha_2)]\tan\varphi_2 + c_2 l_2\} = 0$$

$$P_2\cos(\alpha_2 - \alpha_3) - W_3\sin\alpha_3 - \frac{1}{K}[W_3\cos\alpha_3 + P_2\sin(\alpha_2 - \alpha_3)]\tan\varphi_3 = 0$$

求最危险滑动面方法原理同上。

4.5.4.3　复合滑动面

当滑动面通过不同土料时，常有直线与圆弧组合的形式。例如图 4-42 所示，一厚心墙坝的滑动面，通过砂性土部分为直线，通过黏性土部分为圆弧。当坝基下不深处存在软弱夹层时，滑动面也可能通过软弱夹层形成复合滑动面。

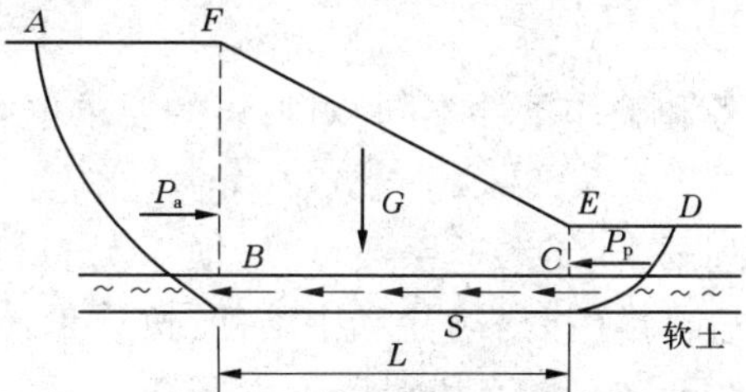

图 4-42　复合滑动面

计算时，可将滑动土体分为 3 个区，在左侧有主动土压力 P_a，右侧有被动土压力 P_p，并假定它们的方向均水平，中间土体的重量 G，同时在 BC 面上有抗滑力 $S=G\tan\varphi+cL$，则安全系数为

$$K = \frac{P_p + S}{P_a} \tag{4-44}$$

经过多次试算，才能求出沿这种滑动面的最小稳定安全系数。

4.5.4.4　最危险滑裂面确定

任意选定的滑动圆弧，所求得的安全系数一般不是最小的。为了求得最小的安全系数，需要经过多次试算，常用 B. B. 方捷耶夫法和费兰纽斯法这两种方法确定。

【任务测试】

请扫描二维码，做任务测试卷。

码 4-19　任务 4.5 测试卷

任务 4.6　土料选择与填土标准确定

【任务导航】

问题1:土石坝坝体不同部位对土石料的要求是什么?

问题2:土石坝的填筑标准有哪些?

【任务解析】

筑坝土石料选择应遵守下列原则:

(1)具有或经加工处理后具有与其使用目的相适应的工程性质,并具有长期稳定性。

(2)就地、就近取材,减少弃料,少占或不占农田,并优先考虑枢纽建筑物开挖料的利用。

(3)便于开采、运输和压实。

4.6.1　坝体不同部位对土石料要求

坝体不同部位由于任务和工作条件不同,对材料的要求也有所不同。

4.6.1.1　防渗体土料

防渗体土料应满足下列要求:①渗透系数:均质坝不大于 1×10^{-4} cm/s,心墙和斜墙不大于 1×10^{-5} cm/s;②水溶盐含量(指易溶盐和中溶盐,按质量计)不大于3%;③有机质含量(按质量计):均质坝不大于5%,心墙和斜墙不大于2%,超过此规定需进行论证;④有较好的塑性和渗透稳定性;⑤浸水与失水时体积变化小。

以下几种黏性土不宜作为坝的防渗体填筑料,必须采用时,应根据其特性采取相应的措施:①塑性指数大于20和液限大于40%的冲积黏土;②膨胀土;③开挖、压实困难的干硬黏土;④冻土;⑤分散性黏土。

目前,国内外对于土石坝材料的要求有逐步放宽的趋势。具体内容参照有关规范及设计资料。

4.6.1.2　坝壳土石料

料场开采和建筑物开挖的无黏性土(包括砂、砾石、卵石、漂石等)、石料和风化料、砾石土均可作为坝壳料,并应根据材料性质用于坝壳的不同部位。均匀中、细砂及粉砂可用于中、低坝坝壳的干燥区,但地震区不宜采用。采用风化石料和软岩填筑坝壳时,应按压实后的级配研究确定材料的物理力学指标,并应考虑浸水后抗剪强度的降低、压缩性增加等不利情况。对软化系数低、不能压碎成砾石的风化石料和软岩宜填筑在干燥区。下游坝壳水下部位和上游坝壳水位变动区应采用透水料填筑。

4.6.1.3　对排水体、护坡石料的要求

反滤料、过渡层料和排水体料应符合下列要求:质地致密;抗水性和抗风化性能满足工程运用条件的要求;具有要求的级配;具有要求的透水性;反滤料和排水体料中粒径小于0.075 mm的颗粒含量应不超过5%。

反滤料可利用天然或经过筛选的砂砾石料,也可采用块石、砾石轧制,或天然和轧制的掺合料。3级低坝经过论证可采用土工织物作为反滤层。

护坡石料应采用质地致密、抗水性和抗风化性能满足工程运用条件要求的硬岩石料。

4.6.2 土料填筑标准的确定

坝体填土的压实是为了提高填土的密实度和均匀性，使填土具有足够的抗剪强度、抗渗性和抗压缩性，但压得越密实，越需要较大的压实功能，耗费越多的人力、财力和时间，有时反而不够经济合理。因此，设计时必须对选用的材料，确定合理的填筑方法和恰当的填筑标准，以取得既安全又经济的设计效果。

为了保证土石料的填筑质量，必须规定一定的标准。我国《碾压式土石坝设计规范》(SL 274—2020)对填筑标准做了如下规定。

4.6.2.1 黏性土的压实标准

含砾和不含砾的黏性土的填筑标准应以压实度和最优含水率作为设计控制指标。设计干容重应以击实最大干容重乘以压实度求得。

$$\gamma_d = P\gamma_{dmax} \tag{4-45}$$

式中 γ_d——设计干容重；

P——压实度；

γ_{dmax}——标准击实试验平均最大干容重。

1级、2级坝和高坝的压实度应为98%~100%，3级中、低坝及3级以下的中坝压实度应为96%~98%；设计地震烈度为8度、9度的地区，宜取上述规定的大值；有特殊用途和性质特殊的土料的压实度宜另行确定。

4.6.2.2 非黏性土料的压实标准

砂砾石和砂的填筑标准应以相对密度为设计控制指标，并应符合下列要求：①砂砾石的相对密度不应低于0.75，砂的相对密度不应低于0.70，反滤料宜为0.70；②砂砾石中粗粒料含量小于50%时，应保证细料(小于5 mm的颗粒)的相对密度也符合上述要求；③地震区的相对密度设计标准应符合《水工建筑物抗震设计规范》(SL 203—97)的规定。

堆石的填筑标准宜用孔隙率为设计控制指标，并应符合下列要求：①土质防渗体分区坝和沥青混凝土心墙坝的堆石料，孔隙率宜为20%~28%；②沥青混凝土面板坝堆石料的孔隙率宜在混凝土面板堆石坝和土质防渗体分区坝的孔隙率之间选择；③采用软岩、风化岩石筑坝时，孔隙率宜根据坝体变形、应力及抗剪强度等要求确定；④设计地震烈度为8度、9度的地区，可取上述孔隙率的小值。

【任务测试】

请扫描二维码，做任务测试卷。

码4-20 任务4.6测试卷

任务 4.7 土石坝的地基处理

【任务导航】

问题 1:土石坝地基处理的任务有哪些?

问题 2:砂砾石地基的处理方法是什么?

问题 3:土石坝坝基的垂直防渗措施有哪些类型?水平防渗措施是什么?

问题 4:土石坝细砂与淤泥地基的处理方法有哪些?软黏土与黄土地基的处理方法有哪些?

码 4-21 微课:土石坝的地基处理

【任务解析】

土石坝对地基的要求比混凝土坝低,可不必挖除地表透水土壤和砂砾石等,但地基性质对土石坝的构造和尺寸仍有很大的影响。据资料统计,土石坝约有40%的失事是由地基问题所引起的。

土石坝地基处理的任务如下:

(1)控制渗流,减小渗流坡降,避免管涌等有害的渗透变形,控制渗流量。

(2)保持坝体和坝基的静力和动力稳定,不产生过大及有害变形,不发生明显的均匀沉降,竣工后,坝基和坝体的总沉降量一般不宜大于坝高的1%。

(3)在保证坝安全运行的条件下节省投资。

4.7.1 砂砾石地基处理

砂砾石地基处理的主要问题是地基透水性大。处理的目的是减少地基的渗流量并保证地基和坝体的抗渗稳定。处理方法是"上防下排"。

4.7.1.1 垂直防渗设施

垂直防渗设施能比较可靠且有效地截断坝基渗流,是一种比较彻底的方法。

1. 黏土截水墙

在平行坝轴线方向,在坝体防渗体底部挖槽至不透水层,回填黏土,适用于透水层深度较小的情况,见图4-43。

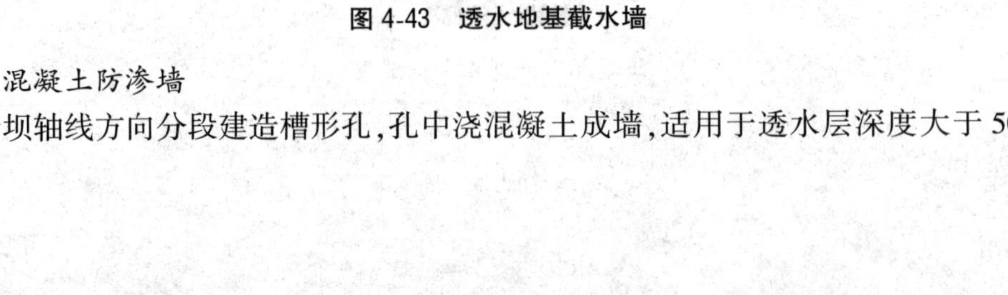

图 4-43 透水地基截水墙

2. 混凝土防渗墙

沿坝轴线方向分段建造槽形孔,孔中浇混凝土成墙,适用于透水层深度大于 50 m 的情况，见图 4-44。

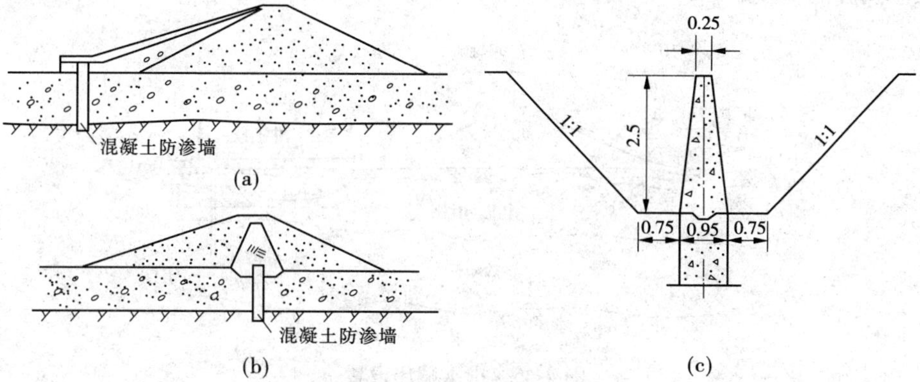

图 4-44　混凝土防渗墙　（单位：m）

3. 帷幕灌浆

采用高压定向喷射灌浆技术，通过喷嘴的高压气流切割地层成缝槽，在缝槽中灌压水泥砂浆，凝结后形成防渗板墙。其特点是可以处理较深的砂砾石地基，但对地层的可灌性要求高，地层的可灌性：①$M<5$，不可灌；②$M=5\sim10$，可灌性差；③$M>10\sim15$，可灌水泥黏土砂浆或水泥砂浆。

$$M=\frac{D_{15}}{d_{85}} \tag{4-46}$$

式中　D_{15}——受灌地层中小于该粒径的土占总土重的 15%，mm；

d_{85}——灌注材料中小于该粒径的土占总土重的 85%，mm。

帷幕的厚度

$$T=\frac{H}{J} \tag{4-47}$$

式中　H——最大设计水头，m；

J——帷幕的允许比降，对一般水泥黏土浆，可采用 3～4。

4.7.1.2　上游水平防渗铺盖

铺盖是一种由黏土做成的防渗设施，是斜墙、心墙或均质坝坝体向上游的延伸部分，一般应与下游排水设施联合作用。其不能完全阻截渗流，能延长渗径，结构简单，造价低，但防渗效果不如垂直防渗体。

4.7.1.3　下游排水措施

坝基中的渗透水流有可能引起坝下游地层的渗透变形或沼泽化；或使坝体浸润线过高时，宜设置坝基排水设施。常用的减压排水设施有排水沟、减压井、透水盖重等。常用的基本措施如下：

（1）透水性均匀的单层结构坝基以及上层渗透系数大于下层的双层结构坝基，可采用水平排水垫层，也可在坝脚处结合贴坡排水体做反滤排水沟。

（2）双层结构透水坝基，当表层为不太厚的弱透水层，且其下的透水层较浅，渗透性较均匀时，宜将坝底表层挖穿做反滤排水暗沟，并与坝底的水平排水垫层相连，将水导出。此外，也可在下游坝脚处做反滤排水沟。

(3)对于表层弱透水层太厚,或透水层成层性较显著时,宜采用减压井深入强透水层,见图 4-45、图 4-46。

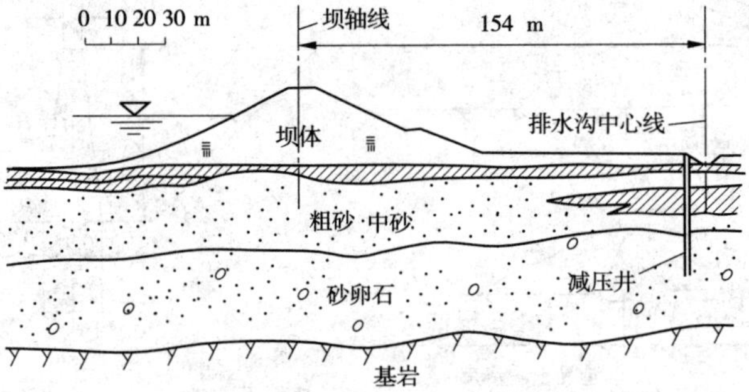

图 4-45 排水减压设置

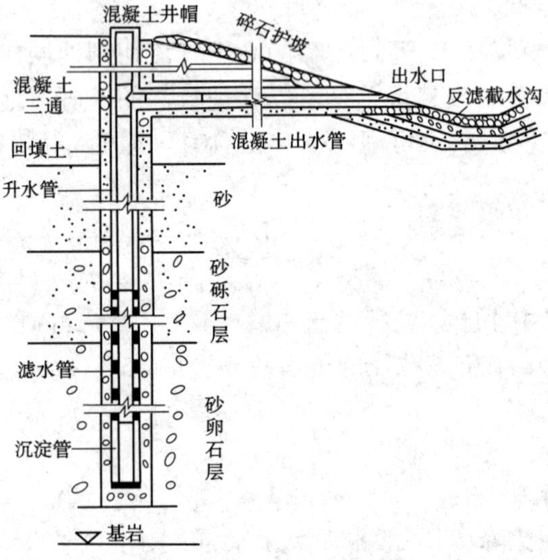

图 4-46 减压井布置图

4.7.2 细砂与淤泥地基处理

4.7.2.1 细砂地基

细砂地基的主要问题是液化。液化是在震动荷载作用下,土坝内孔隙水来不及排出,土体内孔隙压力上升,使土体颗粒间的连接强度降低而处于流动状态。

常用的处理措施为:①打板桩封闭;②浅层土,可采用表面振动加密;③深层土,采用震冲、强夯的方式加固。

4.7.2.2 淤泥地基

淤泥地基的主要问题是天然含水量高,抗剪强度低,承载能力低。

常用的处理措施为:①挖除;②设置砂井加速排水;③坝脚压重,以保持地基的稳定性。

4.7.3 软黏土和黄土地基处理

软黏土抗剪强度低,压缩性高,在这种地基上筑坝,会遇到下列问题:

(1)天然地基承载力很低,高度超过 3~6 m 的坝就足以使地基发生局部破坏。

(2)土的透水性很小,排水固结速率缓慢,地基强度增长不快,沉降变形持续时间很长,在建筑物竣工后仍将发生较大的沉降,地基长期处于软弱状态。

(3)由于灵敏度较高,在施工中不宜采用振动或挤压措施,否则易扰动土的结构,使土的强度迅速降低造成局部破坏和较大变形。

对软黏土,一般宜尽可能将其挖除。当厚度较大或分布较广,难以挖除时,可以通过排水固结或其他化学、物理方法,以提高地基土的抗剪强度,改善土的变形特性。常用的方法是:利用砂井加速排水,使大部分沉降在施工期内完成,并调整施工进度,结合坝脚镇压层,使地基土强度的增长与填土重量的增长相适应,以保持地基稳定。

4.7.4 岩石地基的防渗处理

岩石地基的强度大,变形小,其主要问题是渗流。处理目的主要是解决渗流问题,方法同重力坝地基处理。

【任务测试】

请扫描二维码,做任务测试卷。

码 4-22 任务 4.7 测试卷

任务 4.8 土石坝与地基、岸坡及其他建筑物的连接

【任务导航】

问题 1:土石坝坝体与土质地基及岸坡应该如何连接?

问题 2:土石坝坝体与岩石地基及岸坡应该如何连接?

问题 3:土石坝坝体与混凝土建筑物应该如何连接?

【任务解析】

土石坝与坝基、岸坡及混凝土建筑物的连接是土石坝设计中的一个重要问题。应当重视防渗体与坝基、岸坡等相接触的结合面的妥善处理,使其结合紧密,避免产生集中渗流;保证坝体与河床及岸坡结合面的质量,不使其形成影响坝体稳定的软弱层面,并不至因岸坡形状或坡度不当引起的坝体不均匀沉降而产生裂缝。

4.8.1 坝体与土质地基及岸坡的连接

坝体与土质坝地基及岸坡的连接必须遵守下列规定:

(1)坝断面范围内必须清除坝基与岸坡上的草皮、树根、含有植物的表土、蛮石、垃圾及其他废料,并将清理后的坝基表面土层压实。

(2)坝体断面范围内的低强度、高压缩性软土及地震时易液化的土层,应清除或处理。

(3)土质防渗体应坐落在相对不透水土基上,或经过防渗处理的坝基上。

(4)坝基覆盖层与下游坝壳粗粒料(如堆石等)接触处,应符合反滤要求,如不符合应设置反滤层。

4.8.2 坝体与岩石地基及岸坡的连接

坝体与岩石地基和岸坡的连接(见图4-47)应遵守下列原则:

(1)坝断面范围内的岩石地基与岸坡,应清除其表面松动石块、凹处积土和突出的岩石。

(2)土质防渗体和反滤层宜与坚硬、不冲蚀和可灌浆的岩石连接。当风化层较深时,高坝宜开挖到弱风化层上部,中、低坝可开挖到强风化层下部。在开挖的基础上对基岩再进行灌浆等处理。在开挖完毕后,宜用风水枪冲洗干净,对断层、张开节理裂隙应逐条开挖清理,并用混凝土或砂浆封堵。坝基岩面上宜设混凝土盖板、喷混凝土或喷水泥砂浆。

(3)对失水很快风化的软岩(如页岩、泥岩等),开挖时宜预留保护层,待开始回填时,随挖除随回填,或开挖后用喷水泥砂浆或喷混凝土保护。

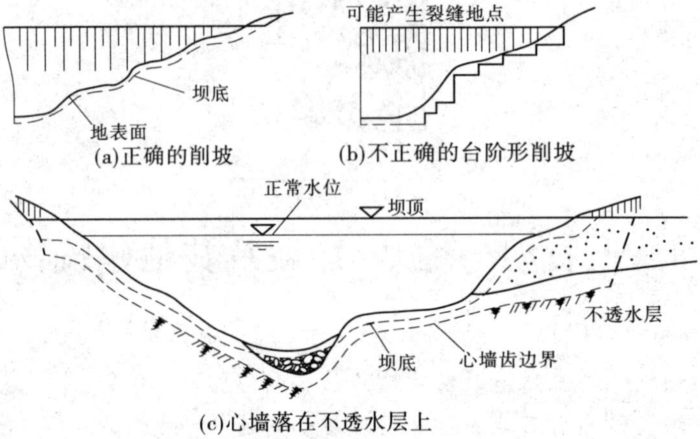

图4-47 土石坝与岸坡的连接

(4)土质防渗体与岩石接触处,在邻近接触面0.5~1.0 m内,防渗体应为黏土。如防渗料为砾石土,应改为黏土,黏土应控制在略高于最优含水率情况下填筑。在填土前应用黏土浆抹面。

4.8.3 坝体与混凝土建筑物的连接

坝体与混凝土坝、溢洪道、船闸、涵管等建筑物的连接,必须防止接触面的集中渗流,因不均匀沉降而产生的裂缝,以及水流对上、下游坝坡和坡脚的冲刷等因素的有害影响。

图 4-48 为土石坝与溢洪道的连接。

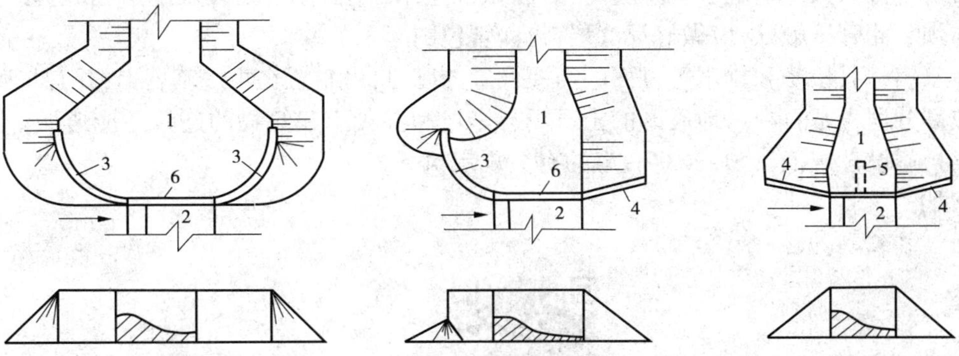

(a)上、下游圆弧式翼墙　(b)上游圆弧式、下游斜墙式反翼墙　(c)上、下游斜墙式反翼墙

1—土石坝;2—溢流重力坝;3—圆弧式翼墙;4—斜墙式翼墙;5—刺墙;6—边墩。

图 4-48　土石坝与溢洪道的连接

坝体与混凝土坝的连接,可采用侧墙式(重力墩式或翼墙式等)、插入式或经过论证的其他形式,如图 4-49 所示。土石坝与船闸、溢洪道等建筑物的连接应采用侧墙式。土质防渗体与混凝土建筑物的连接面应有足够的渗径长度。

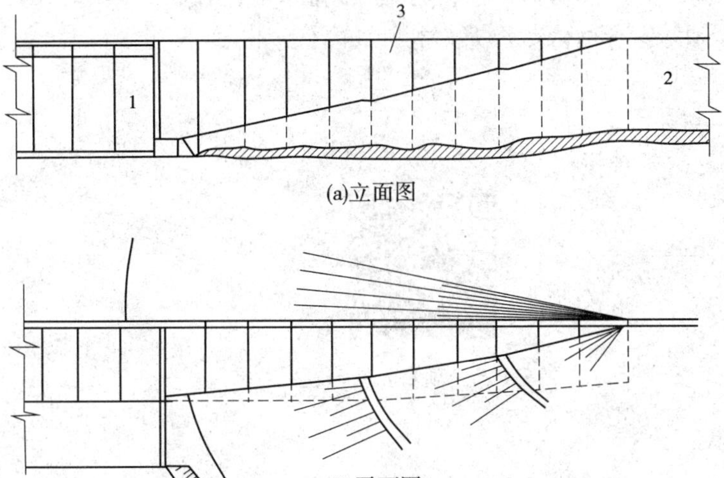

(a)立面图

(b)平面图

1—溢流重力坝;2—土坝;3—插入段。

图 4-49　插入式连接

码 4-23　图片:土石坝坝体与混凝土坝的连接

坝体与混凝土建筑物采用侧墙式连接时,土质防渗体与混凝土面结合的坡度不宜陡于 1:0.25,下游侧接触面与土石坝轴线的水平夹角宜为 85°~90°。土石坝与地基、岸坡及其他建筑物的连接应适当加大断面,或选用高塑性黏土填筑并充分压实,且在接合面附近加强防渗体下游反滤层等。

坝体与混凝土建筑物的连接在严寒地区应符合防冻要求。

坝下埋设涵管应符合下列要求:①土质防渗体坝下涵管连接处,应扩大防渗体断面;②涵管本身设置永久伸缩缝和沉降缝时,必须做好止水,并在接缝处设反滤层;③防渗体下游面与坝下涵管接触处,应做好反滤层,将涵管包围起来。

为灌浆、观测、检修和排水等方面的需要设置的廊道,可布置在坝底基岩上,并宜将廊道全部或部分埋入基岩内。地震区的土石坝与岸坡和混凝土建筑物的连接还应遵照《水工建筑物抗震设计规范》(SL 203—97)的有关规定执行。

【任务测试】

请扫描二维码,做任务练习题。

码 4-24　任务 4.8 测试卷

小　结

以土石材料为主建造的坝叫土石坝。学习本项目应从土石坝的基本特点出发,掌握剖面设计、稳定分析、坝体构造、地基处理、渗流分析等内容,以及土石坝的设计要求和设计计算方法。剖面设计、渗流和稳定分析是本项目的核心内容。

【项目练习】

请扫描二维码,做项目练习题。

码 4-25　项目 4 练习题

项目 5 水闸设计

【学习目标】

学习任务	能力目标	知识要点	素质目标
任务 5.1	掌握水闸的定义、水闸的类型；掌握水闸的工作特点和设计要求；掌握水闸的三大组成及各组成部分的作用；熟悉水闸的等级划分和洪水标准	水闸的概念、水闸的分类、水闸的组成	认真贯彻执行有关法律法规、规范标准，按章办事，履职尽责；塑造扎根基层、崇尚劳动、创造美好生活的劳动精神风貌
任务 5.2	熟悉闸址的选择；掌握水闸孔口尺寸的设计计算方法	闸底板的形式、单宽流量	
任务 5.3	掌握水闸地下轮廓线的布置；熟悉水闸闸基的渗流计算的原理、方法；掌握水闸的防渗及排水设施的构造	水闸的地下轮廓线、防渗及排水设施的构造	
任务 5.4	熟悉水闸的过流特点；掌握水闸的消能防冲设施的构造；了解水闸消能防冲的设计条件	波状水跃、折冲水流、消力池、海漫	
任务 5.5	掌握闸底板的类型及各类型的优缺点；掌握闸墩、胸墙、工作桥、交通桥的构造，分缝与止水的构造	整体式底板、分离式底板、胸墙	
任务 5.6	掌握作用于水闸上的荷载的计算方法；熟悉荷载组合；掌握闸室的抗滑稳定计算方法，提高闸室抗滑稳定性的措施；了解水闸的地基处理方法	荷载组合、提高闸室抗滑稳定性的措施	
任务 5.7	熟悉水闸底板、闸墩的结构计算原理和方法	弹性地基梁法、文克尔假定	
任务 5.8	掌握两岸连接建筑物的作用、布置形式及分类；掌握两岸连接建筑物的结构形式和构造	翼墙、边墩和岸墙、连接建筑物的结构形式	
任务 5.9	掌握水闸闸门的类型、组成和构造；掌握启闭机的类型	闸门的类型、启闭机的类型	

【思政导引】

码 5-1 赓续红旗渠精神,筑梦新时代

任务 5.1 概 述

【任务导航】

问题 1:水闸的定义是什么? 水闸有哪些分类方式? 具体有哪些类型?

问题 2:水闸的工作特点和设计要求是什么?

问题 3:水闸由哪几部分组成? 每个部分发挥什么作用?

【任务解析】

水闸是一种控制水位和调节流量的低水头水工建筑物,具有挡水和泄水的双重作用。

码 5-2 微课:水闸的类型

5.1.1 水闸的类型

5.1.1.1 按水闸所承担的任务分类

(1)进水闸(取水闸)。建在天然河道、水库、湖泊的岸边及渠道的首部,用于引水,并控制引水流量,以满足发电或供水的需要。

(2)节制闸。灌溉渠系中的节制闸一般建于干、支、斗渠分水口的下游。拦河而建的节制闸也叫拦河闸,用于在枯水期抬高水位,以满足上游取水或航运的需要;在洪水期提闸泄水,控制下泄流量。

(3)冲沙闸(排沙闸)。多建在多泥沙河流上的引水枢纽或渠系中布置有节制闸的分水枢纽处及沉沙池的末端,用于排除泥沙。一般与节制闸并排布置。

(4)分洪闸。建造在天然河道的一侧。用于将超过下游河道安全泄量的洪水泄入湖泊、洼地等滞洪区,以削减洪峰保证下游河道的安全。

(5)排水闸。在江河沿岸排水渠的出口处建造,排除其附近低洼地区的积水,当外河水位高时关闸以防河水倒灌。其具有闸底板高程较低,且受双向水头作用的特点。

(6)挡潮闸。建在入海河口附近,涨潮时关闸,防止海水倒灌;退潮时开闸放水。挡潮闸也具有双向承受水头作用的特点,且操作频繁。

上述各水闸的布置示意图见图 5-1。

5.1.1.2 按闸室结构的形式分类

(1)开敞式。开敞式水闸闸室是露天的,可分为无胸墙和有胸墙两种形式,见图 5-2 (a)、(b)。当上游水位变幅较大而过闸流量不大时,采用胸墙式,既可降低闸门高度,又能减少启闭力;当有泄洪、通航、排冰、过木等要求时,宜采用无胸墙的开敞式水闸。

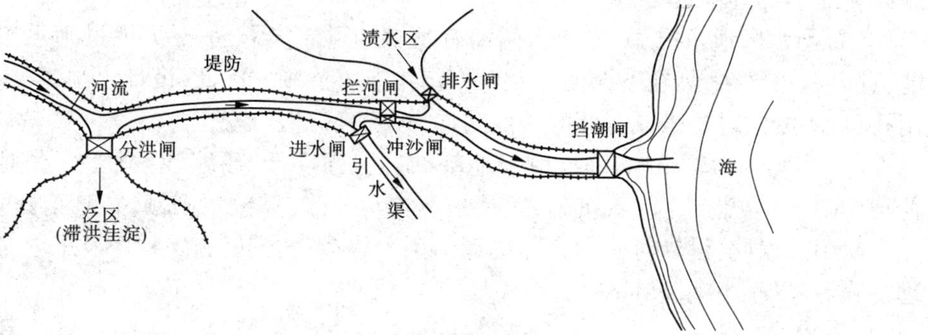

图 5-1 水闸的布置示意图

(2)涵洞式。水闸修建在河、渠堤之下时,便称为涵洞式水闸,见图 5-2(c)。根据水力条件的不同,可分为有压式和无压式两类,其适用情况基本同胸墙式水闸。

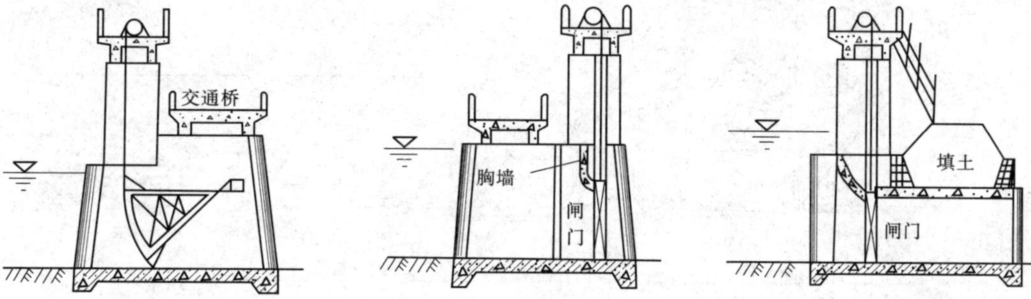

(a)无胸墙的开敞式　(b)胸墙式　(c)涵洞式

图 5-2 水闸闸室结构分类图

码 5-3 动画:开敞式闸门　码 5-4 动画:胸墙式闸门　码 5-5 动画:涵洞式闸门

5.1.2 水闸的工作特点和设计要求

水闸是一种既挡水又泄水的低水头水工建筑物,且多修建在土质地基上,因而它在抗滑稳定、防渗、消能防冲及沉陷等方面具有以下工作特点和设计要求。

(1)当水闸建完时,可能因较大的垂直荷载,使基底压力超过地基容许承载力,导致闸基土深层滑动失稳。因此,水闸必须具有适当的基础(底板)面积,以满足应力要求。

(2)当水闸挡水时,上、下游水位差形成的水平水压力,可能使水闸产生滑动。同时,这种水位差还会引起闸基及两岸的渗流,渗流不仅将对水闸底部施加向上的渗透压力,降低水闸的抗滑稳定性,而且还可能在闸基及两岸土壤中产生渗透变形。因此,水闸必须具有足够的重量以维持自身的稳定,且应妥善设计防渗设施,并在渗流逸出处设反滤层等设施以保证不发生渗透变形。

(3)当水闸泄水时,一方面水闸需有足够的过流能力;另一方面过闸水流具有较大动能,且流态较复杂,易在下游河床及两岸产生有害冲刷。因此,设计水闸时,应合理确定水闸孔口尺寸,同时要采取有效的消能防冲措施,确保泄流安全。

(4)当闸基为软土地基时,由于地基的抗剪强度低,压缩性比较大,水闸在重力和外荷载作用下,可能产生较大沉陷,尤其是不均匀沉陷,导致水闸倾斜,甚至断裂,影响水闸正常使用。因此,设计时必须合理选择闸型和构造,安排好施工程序及采取必要的地基处理措施等,以减小地基沉陷。

5.1.3　水闸的组成

码 5-6　微课:水闸的组成

水闸一般由上游连接段、闸室段及下游连接段三部分组成,见图 5-3。

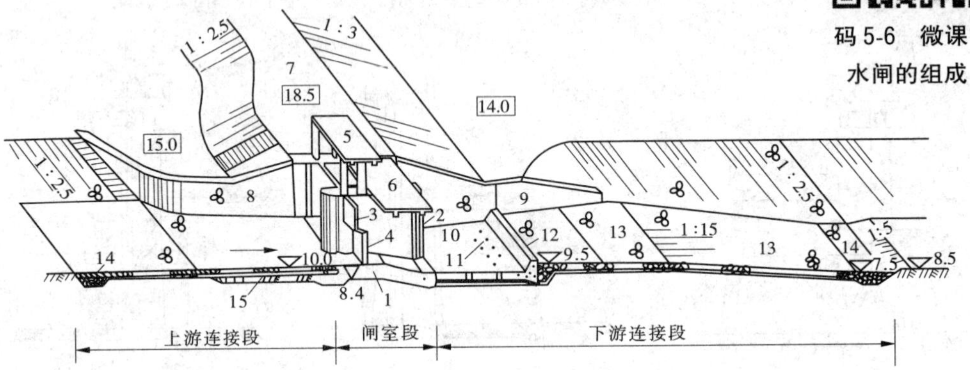

1—闸室底板;2—闸墩;3—胸墙;4—闸门;5—工作桥;6—交通桥;
7—堤顶;8—上游翼墙;9—下游翼墙;10—护坦;11—排水孔;
12—消力坎;13—海漫;14—防冲槽;15—上游铺盖。

图 5-3　开敞式水闸组成示意图

(1)上游连接段。主要是引导水流平顺、均匀地进入闸室,同时起防冲、防渗和挡土作用。一般由上游防冲槽、护底、铺盖、上游护坡和翼墙等部分组成。

(2)闸室段。它是水闸的主体部分,起挡水和调节水流作用,包括底板、闸墩、闸门、胸墙、工作桥和交通桥等。底板是水闸闸室的基础,承受闸室全部荷载并较均匀地传给地基,兼起防渗和防冲作用,同时闸室的稳定主要由底板与地基间的摩擦力来维持;闸墩的主要作用是分隔闸孔,支撑闸门,承受和传递上部结构荷载;闸门则用于控制水位和调节流量;工作桥和交通桥用于安装启闭设备、操作闸门和联系两岸交通。

(3)下游连接段。主要用来引导水流均匀扩散,消能、防冲及安全排出流经闸基和两岸的渗流。一般包括消力池、海漫、下游防冲槽、下游翼墙及两岸护坡等。

5.1.4　水闸的等级划分和洪水标准

(1)平原区水闸枢纽工程,其工程等别按水闸最大过闸流量及其防护对象的重要性划分成五等,如表 5-1 所示。枢纽中的水工建筑物级别和洪水标准仍根据国家现行的《水利水电工程等级划分及洪水标准》(SL 252—2017)的规定确定。

山区、丘陵区水利水电枢纽工程,其工程等别、水闸级别及洪水标准的确定方法,详见规范规定。

表 5-1 平原区水闸枢纽工程分等指标

工程等别	Ⅰ	Ⅱ	Ⅲ	Ⅳ	Ⅴ
规模	大(1)型	大(2)型	中型	小(1)型	小(2)型
最大过闸流量/(m^3/s)	≥5 000	5 000~1 000	1 000~100	100~20	<20
防护对象的重要性	特别重要	重要	中等	一般	一般

(2)灌排渠系上的水闸,其级别可按现行《灌溉与排水工程设计标准》(GB 50288—2018)的规定确定,见表 5-2,其洪水标准见表 5-3。

表 5-2 灌排渠系建筑物级别划分

建筑物级别	1	2	3	4	5
过闸流量/(m^3/s)	≥300	<300,且≥100	<100,且≥20	<20,且≥5	<5

表 5-3 灌排渠系水闸的设计洪水标准

水闸级别	1	2	3	4	5
设计洪水重现期/年	100~50	50~30	30~20	20~10	10

(3)位于防洪(挡潮)堤上的水闸,其级别和防洪标准不得低于防洪(挡潮)堤的级别和防洪标准。

(4)平原区水闸闸下消能防冲的洪水标准应与该水闸洪水标准一致,并应考虑泄放小于消能防冲设计洪水标准的流量时可能出现的不利情况。山区、丘陵区水闸闸下消能防冲设计洪水标准见表 5-4。当泄放超过消能防冲设计洪水标准的流量时,允许消能防冲设施出现局部破坏,但必须不危及水闸闸室安全,且易于修复,不致长期影响工程运行。

表 5-4 山区、丘陵区水闸闸下消能防冲设计洪水标准

水闸级别	1	2	3	4	5
闸下消能防冲设计洪水重现期/年	100	50	30	20	10

【任务测试】

请扫描二维码,做任务测试卷。

码 5-7 任务 5.1 测试卷

任务5.2 闸址选择及闸口设计

【任务导航】

问题1:水闸闸址的选择受哪些因素的影响?不同类型的水闸在选择闸址时有哪些要求?

问题2:如何进行水闸孔口尺寸的确定?需要哪些选择和计算?

【任务解析】

5.2.1 闸址选择

水闸的建设会对河道演变产生很大影响,所以闸址选择关系到工程建设的成败和经济效益的发挥,是水闸设计中的一项重要内容。应当根据水闸承担的任务,综合考虑地形、地质条件和水文、施工等因素,通过技术经济比较,选定最佳方案。

闸址宜优先选用地质条件良好的天然地基。土质地基中,以地质年代较久的黏土、重壤土地基为最好;中壤土、轻壤土、中砂、粗砂和砂砾石也可以作为水闸的地基。要尽量避开淤泥质土和粉砂、细砂地基,必要时,应采取妥善的处理措施。

建闸后,过闸水流的形态是选择闸址时需要考虑的重要因素。要求做到:过闸水流平顺,流速分布均匀,不出现偏流和危害性冲刷或淤积。拦河闸宜选在河床稳定、水流顺直的河段上,闸的上下游应有一定长度的平直段。在以拦河闸为主,兼有取水和通航要求的水利枢纽中,拦河闸可选在稳定的弯曲河段上,将进水闸和船闸分别设在凹岸和凸岸。

无坝取水枢纽的进水闸应选在弯曲河段的凹岸顶点或稍偏下游,引水方向与河道主流方向间的夹角,最好在30°以内。分洪闸一般设在弯曲河段的凹岸或顺直河道的深槽一侧。排水闸宜选择在地势低洼、出水通畅处,且将闸址设在靠近主要涝区和容泄区的江河老堤的堤线上。冲沙闸大多布置在拦河闸与进水闸之间、紧靠拦河闸河槽最深的部位,有时也建在引水渠内的进水闸旁。还有挡潮闸,宜设在入海口,注意不要被淤死。

在河道上建造拦河闸,为解决施工导流问题,常将闸址选在弯曲河段的凸岸,利用原河道导流,裁弯取直,新开上下游引水和泄水渠。新开渠道既要尽量缩短其长度,又要使其进、出口与原河道平顺衔接。

5.2.2 闸口设计

水闸的孔口尺寸可根据已知的设计流量、上下游水位、初步选定的闸孔及底板形式和底板高程,参考单宽流量数值,利用水力学公式计算闸孔总宽,拟定孔数及单孔尺寸。

5.2.2.1 闸孔和底板形式选择

闸孔形式有开敞式和涵洞式两大类,其选用条件已在水闸类型中说明。

闸底板形式有宽顶堰和低实用堰两种。

(1)宽顶堰具有结构简单、施工方便、有利于排沙冲淤、泄流能力比较稳定等优点;其缺点是自由泄流时流量系数较小,闸后方较容易产生波状水跃。

(2)低实用堰有梯形堰、驼峰堰和WES低堰等形式,见图5-4。其优点是自由泄流时流量系数较大,可缩短闸孔宽度和减小闸门高度,并能拦截泥沙入渠;缺点是泄流能力受下游水位变化的影响显著,当淹没度增加时($h_s>0.60H$),泄流能力急剧下降。当上游水位较高而又需限制过闸单宽流量时,或由于地基表层松软需降低闸底高程又要避免闸门高度过大时,以及在多泥沙河道上有拦沙要求时,常选用这种形式。

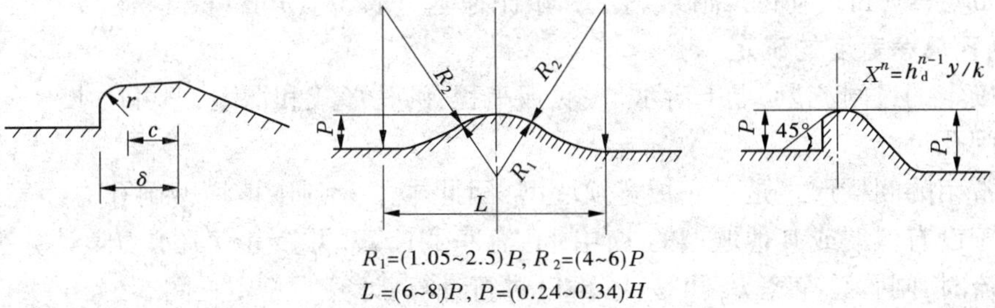

(a)梯形堰　(b)驼峰堰　(c)WES低堰

图 5-4　低实用堰

5.2.2.2　设计流量和上、下游水位确定

水闸的设计流量和上、下游水位,应根据其所担负的任务不同,分别进行确定。

(1)拦河闸。拦河闸的设计流量可采用设计洪水标准或校核洪水标准所相应的洪峰流量。下游水位可由通过设计流量时,河道的水位流量关系曲线中查得;上游水位按下游水位加 0.1~0.3 m 落差求得,同时还应综合考虑上、下游用水要求及上游回水淹没损失情况,经方案比较后确定。

(2)进水闸。进水闸的设计流量为渠道的设计取用流量。下游水位一般由供水区域高程控制要求和渠道通过设计流量时的水位流量关系曲线求得;上游水位可按下游水位加 0.1~0.3 m 落差确定。

(3)排水闸。排水闸的排水设计流量可由设计暴雨、汇水面积及排水时间来确定,当有其他来水汇入时,应增加相应的排水量。上游水位为渍水区内或排水渠末端相应于排水设计流量的水位;排水闸一般在外河水位稍低时就开闸抢排,故通常选择低于上游水位 0.05~0.1 m 的外河水位作为排水闸的下游设计水位。

5.2.2.3　闸底板高程的选定

闸底板高程的选定关系到闸孔形式和尺寸的确定,直接影响整个水闸的工程量和造价。闸底板高程的确定应依据河(渠)底高程、水流、泥沙、闸址地形、地貌等条件,并结合水闸规模、所选用的堰型、门型,经技术经济比较确定。对于小型水闸,由于两岸连接建筑物在整个工程量中所占比重较大,将闸底板高程定得高些,可能是经济的。在大、中型水闸中,适当降低闸底板高程,常常是有利的。

一般情况下,节制闸、泄洪闸、进水闸或冲沙闸的闸底板高程宜与河(渠)底齐平,以便多泄(引)水、多冲沙;多泥沙河流上的进水闸、分水闸及分洪闸,在满足引水、分水或泄水的条件下,闸底板高程可比河(渠)底略高一些;排水闸(排涝闸)、泄水闸或挡潮闸(常常兼有排涝闸的作用),闸底板高程应尽量定得低些,以保证将涝水或渠系集水面积内的洪水迅速排走,一般略低于或齐平闸前排水渠的渠底。

5.2.2.4 过闸单宽流量的确定

过闸单宽流量的选用主要取决于河床或渠道的地质条件,同时还要考虑水闸上、下游水位差,下游尾水深度等因素影响,兼顾泄洪能力和下游消能防冲两个方面。根据我国的经验,对黏土地基可取15~25 $m^3/(s \cdot m)$;壤土地基可取15~20 $m^3/(s \cdot m)$;砂壤土地基可取10~15 $m^3/(s \cdot m)$;粉砂、细砂、粉土和淤泥地基可取5~10 $m^3/(s \cdot m)$。

5.2.2.5 闸孔总净宽度的确定

根据已确定的过闸流量、上下游水位、底板高程、闸孔形式和堰型,即可用水力学公式计算水闸的闸孔尺寸。

水闸最常用的闸槛形式是平底板宽顶堰型,因此本书只列出该堰型闸孔总净宽的计算公式。对于设有低堰或其他堰型的水闸闸孔总净宽计算,可参考有关水力学计算手册。

当为堰流时,闸孔总净宽 B_0 可按式(5-1)进行计算,计算示意图见图5-5(a)。

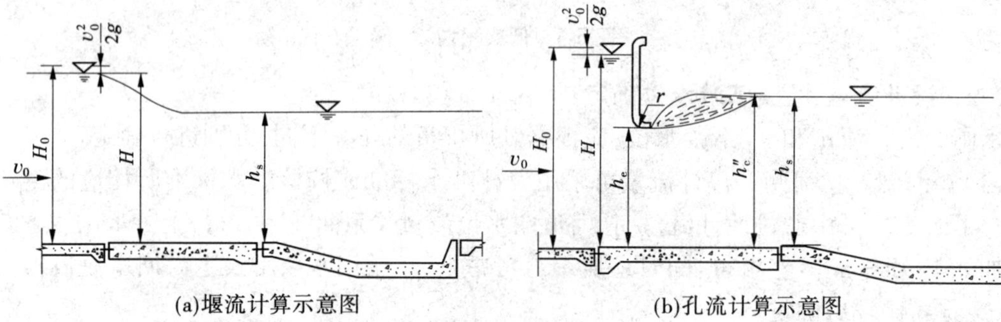

图5-5 闸孔尺寸计算示意图

$$B_0 = \frac{Q}{\sigma \varepsilon m \sqrt{2gH_0^3}} \tag{5-1}$$

单孔闸

$$\varepsilon = 1 - 0.171\left(1 - \frac{b_0}{b_s}\right)\sqrt[4]{\frac{b_0}{b_s}} \tag{5-2}$$

多孔闸,闸墩墩头为圆弧形时:

$$\varepsilon = \frac{\varepsilon_z(N-1) + \varepsilon_b}{N} \tag{5-3}$$

$$\varepsilon_z = 1 - 0.171\left(1 - \frac{b_0}{b_s + d_z}\right)\sqrt[4]{\frac{b_0}{b_s + d_z}} \tag{5-4}$$

$$\varepsilon_b = 1 - 0.171\left(1 - \frac{b_0}{b_0 + \frac{d_z}{2} + b_b}\right)\sqrt[4]{\frac{b_0}{b_0 + d_z/2 + b_b}} \tag{5-5}$$

$$\sigma = 2.31\frac{h_s}{H_0}\left(1 - \frac{h_s}{H_0}\right)^{0.4} \tag{5-6}$$

式中 B_0——闸孔总净宽,m;

Q——过闸流量,m^3/s;

H_0——计入行近流速水头的堰上水深,m;

ε——堰流侧收缩系数,单孔闸按式(5-2)计算,多孔闸可按式(5-3)计算;

m——堰流流量系数,可采用0.385;

b_0——每孔净宽,m;

b_s——上游河道一半水深处的宽度,m;

ε_z——中闸孔侧收缩系数,可按式(5-4)计算;

ε_b——边闸孔侧收缩系数,可按式(5-5)计算;

σ——堰流淹没系数,可按式(5-6)计算;

g——重力加速度,可采用9.81 m/s^2;

N——闸孔数;

d_z——中闸墩厚度,m;

b_b——边闸墩顺水流向边缘至上游河道水边线之间的距离,m;

h_s——由堰顶算起的下游水深,m。

【任务测试】

请扫描二维码,做任务测试卷。

码5-8 任务5.2测试卷

任务5.3 水闸的防渗排水设计

【任务导航】

问题1:什么是水闸的地下轮廓线?闸基的防渗长度是什么?

问题2:闸基的防渗排水布置的原则是什么?

问题3:水闸的防渗排水设施有哪些?如何进行构造设计?

【任务解析】

水闸建成后,在上、下游水位差作用下,在闸基及边墩和翼墙的背水一侧将产生渗流。渗流会带来一系列的危害,主要表现为:①降低了闸室的抗滑稳定性及两岸翼墙和边墩的侧向稳定性;②可能引起地基的渗透变形,严重的渗透变形会使地基受到破坏,甚至失事;③损失水量;④使地基内的可溶物质加速溶解。因此,必须拟定合理的地下轮廓线并做好防渗排水设计,有效地控制渗流。

5.3.1 水闸的防渗长度拟定及地下轮廓布置

5.3.1.1 防渗长度拟定

图5-6为水闸的防渗布置示意图,其中上游铺盖、板桩及底板都是相对不透水的,护

坦上因设有排水孔,所以不阻水,在水头 H 作用下,闸基内的渗流,将从护坦上的排水孔等处逸出。不透水的铺盖、板桩及底板与地基的接触线,即是闸基渗流的第一根流线,称为地下轮廓线,其长度即为水闸的防渗长度。

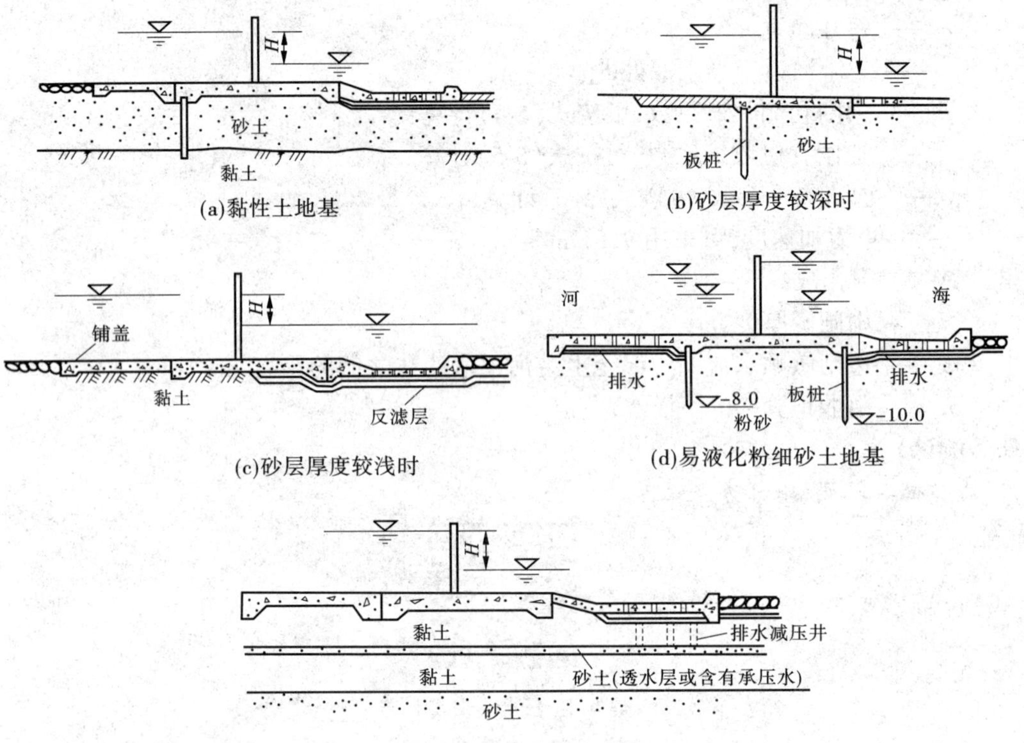

(a)黏性土地基　(b)砂层厚度较深时

(c)砂层厚度较浅时　(d)易液化粉细砂土地基

(e)黏性地基夹有透水砂层

图 5-6　水闸的防渗布置示意图　(单位:m)

过去,我国一直沿用勃莱法或莱因法初拟闸基防渗长度,这两种方法精度均较差。因此,《水闸设计规范》(SL 265—2016)提出,在工程规划和可行性研究阶段,闸基防渗长度初拟值可按式(5-7)确定,即渗径系数法

$$L = C\Delta H \tag{5-7}$$

式中　L——闸基防渗长度,即闸基轮廓线防渗部分水平段和垂直段长度的总和,m;

ΔH——上、下游水位差,m;

C——允许渗径系数值,见表 5-5,当闸基设板桩时,可采用表 5-5 所列规定值的小值。

表 5-5　允许渗径系数值

排水条件	地基类别									
	粉砂	细砂	中砂	粗砂	中砾、细砾	粗砾夹卵石	轻粉质砂壤土	轻砂壤土	壤土	黏土
有反滤层	9~13	7~9	5~7	4~5	3~4	2.5~3	7~11	5~9	3~5	2~3
无反滤层	—	—	—	—	—	—	—	—	4~7	3~4

上述防渗长度仅系初拟值，在工程初步设计或施工图设计阶段，还必须采用改进阻力系数法校验。

表 5-5 中除壤土和黏土外的各类地基，只列出了有反滤层时的允许渗径系数值，因为在这些地基上建闸，不允许不设反滤层。

5.3.1.2　地下轮廓布置

当水闸防渗长度初步拟定后，即可依地基情况并参照条件相近的已建工程的实践经验进行水闸地下轮廓的布置。总的布置原则是防渗与导渗（即排水）相结合，即在上游侧采用水平防渗，如铺盖；或垂直防渗，如齿墙、板桩、混凝土防渗墙、灌浆帷幕、土工膜垂直防渗结构等。延长渗径以减小作用在底板上的渗透压力，降低闸基平均渗透坡降，这叫防渗；在下游侧设置排水反滤设施，如面层排水、排水孔、减压井与下游连通，使渗透水流尽快排出，防止在渗流出口附近发生渗透变形，称为导渗。

码 5-9　微课：水闸地下轮廓线的布置

不同土质的地基，其地下轮廓线的布置有很大的差异。

黏性土地基的土壤颗粒之间具有黏聚力，不易发生管涌。但底板与基土间的摩擦系数较小，不利于闸室稳定，所以在地下轮廓布置时主要考虑的是如何降低作用在底板上的渗透压力，以提高闸室的抗滑稳定性。为此，可在闸室上游设置水平防渗铺盖，而将排水设施布置在闸底板下游段或消力池底板下。由于打桩可能破坏黏土的天然结构，在板桩与地基间造成集中渗流通道，所以对黏性土地基一般不用板桩，见图 5-6(a)。

对于砂性土地基，因其与底板间的摩擦系数较大，而抵抗渗透变形的能力较差，渗透系数也较大，因此在地下轮廓布置时应以防止渗透变形和减小渗漏为主。对砂层很厚的地基，如为粗砂或砂砾，可采用铺盖与悬挂式板桩相结合，而将排水设施布置在消力池下面，见图 5-6(b)；如为细砂，可在铺盖上游端增设短板桩，以增加渗径，减小渗透坡降。当砂层较薄，且下面有不透水层时，最好采用齿墙或截流板桩切断砂层，板桩深入不透水层 0.5~1.0 m，并在消力池下设排水，见图 5-6(c)。对于粉砂土地基，为了防止液化，大多采用封闭式布置，将闸基四周用板桩封闭起来，见图 5-6(d)。

当弱透水地基内有承压水或透水层时，为了消减承压水对闸室稳定的不利影响，可在消力池底面设置深入该承压水或透水层的排水减压井，见图 5-6(e)。

5.3.2　渗流计算

在初步拟定地下轮廓布置后，即可进行渗流计算，从而求得渗流区域内的渗透压力、渗透坡降、渗透流速及渗流量（通常渗流量可以不计）等各项渗流要素。

闸基渗流为有压渗流，一般作为平面问题考虑，假定地基均匀、各向同性，渗水不可压缩，并符合达西定律。在此情况下，闸基渗流运动可用拉普拉斯（Laplace）方程式表示：

$$\frac{\partial^2 h}{\partial x^2}+\frac{\partial^2 h}{\partial y^2}=0 \tag{5-8}$$

式中 h——渗透水流在计算点的水头值,称为水头函数,它仅是坐标的函数。

理论上,只要渗透区域的边界条件已知,根据式(5-8)就可解出渗流区域内任一点的 h,进而求得各项渗流要素。然而,实际的边界条件及防渗布置十分复杂,很难求得解析解,因此在实际工程中常采用一些近似而实用的方法。

在《水闸设计规范》(SL 265—2016)及其编制说明中,对于闸基渗流计算方法的选择问题,提出以下几点建议:①推荐采用改进阻力系数法和流网法作为基本方法;②对于复杂土质地基上重要的水闸应采用数值计算法求解;③对于闸基防渗布置比较简单,地基又不复杂的中、小型工程,也可考虑采用直线展开法或加权直线法;④直线比例法精度较差,不宜采用。

下面分别对上述几种方法加以介绍。

5.3.2.1 流网法

流网的绘制可以通过手绘或试验来完成。绘制流网时必须满足:①流线与等势线正交;②除第一根流线外,流线和等势线都是连续的光滑曲线(在土层变化处曲线不连续);③流线和等势线组成近似正方形的网格。

绘制流网时,按下述方法确定流网的边界:地下轮廓线上游和下游地基表面是两条边界等势线,地下轮廓线和不透水的地基表面是两条边界流线。对深透水地基,采用半径等于1~1.5倍地下轮廓水平投影总长的半圆形作为最后一根流线。

流网绘成后,便可算出渗流区内任一点的渗透压力、渗透坡降和渗透流量。图5-7是某水闸的流网图和根据流网绘制的闸底渗透压力分布图。

设渗流区共分为 n 个等压带,流网中方格边长 $\Delta S=\Delta L$,则渗透坡降 J 为

$$J=\frac{\Delta H}{\Delta L}=\frac{H/n}{\Delta S}=\frac{H}{n\Delta S} \tag{5-9}$$

渗透流速 v 为

$$v=KJ=\frac{KH}{n\Delta S} \tag{5-10}$$

若渗流区共有 m 个流线层,则单位宽度的渗流量 q 为

$$q=\frac{m}{n}KH \tag{5-11}$$

对于任何复杂的地下轮廓和边界条件,均可绘出比较精确的流网,使误差控制在5%以内。该方法计算精度很高,可用于大、中型工程中。

5.3.2.2 改进阻力系数法

1. 基本原理

改进阻力系数法是一种以流体力学解为基础的近似方法。对于比较复杂的地下轮廓,可从板桩与底板或铺盖相交处和桩尖画等势线,将整个渗流区域分成几个典型流段,如图5-8(a)所示,由2、3、4、5、6、7等点引出的等势线,将渗流区域划分成7个典型流段。

根据达西定律,任一流段的单宽渗流量 q 为

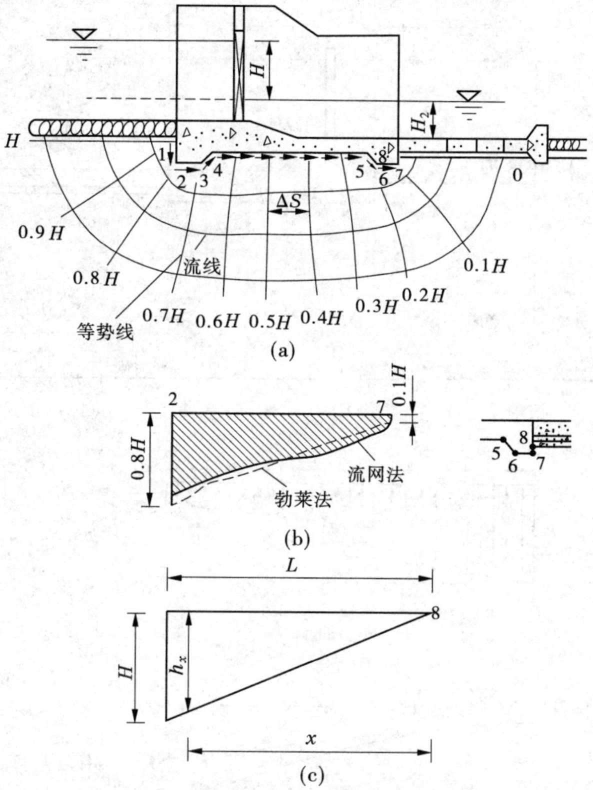

图 5-7 闸基流网及渗透压力分布

$$q = k\frac{h_i}{l_i}T \quad 或 \quad h_i = \frac{l_i}{T}\frac{q}{k}$$

令 $\frac{l_i}{T}=\xi_i$，则得

$$h_i = \xi_i \frac{q}{k} \tag{5-12}$$

式中 q——单宽渗流量，$m^3/(s \cdot m)$；

k——地基土的渗透系数，m/s；

T——透水层深度，m；

l_i——渗流段内流线的平均长度，m；

h_i——渗流段的水头损失值，m；

ξ_i——渗流段的阻力系数，只与渗流段的几何形状有关。

根据水流连续条件，各段的单宽渗流量 q 相同，而总水头 H 应为各段水头损失之和，于是有

$$H = \sum_{i=1}^{n} h_i = \sum_{i=1}^{n} \xi_i \frac{q}{k} = \frac{q}{k}\sum_{i=1}^{n}\xi_i$$

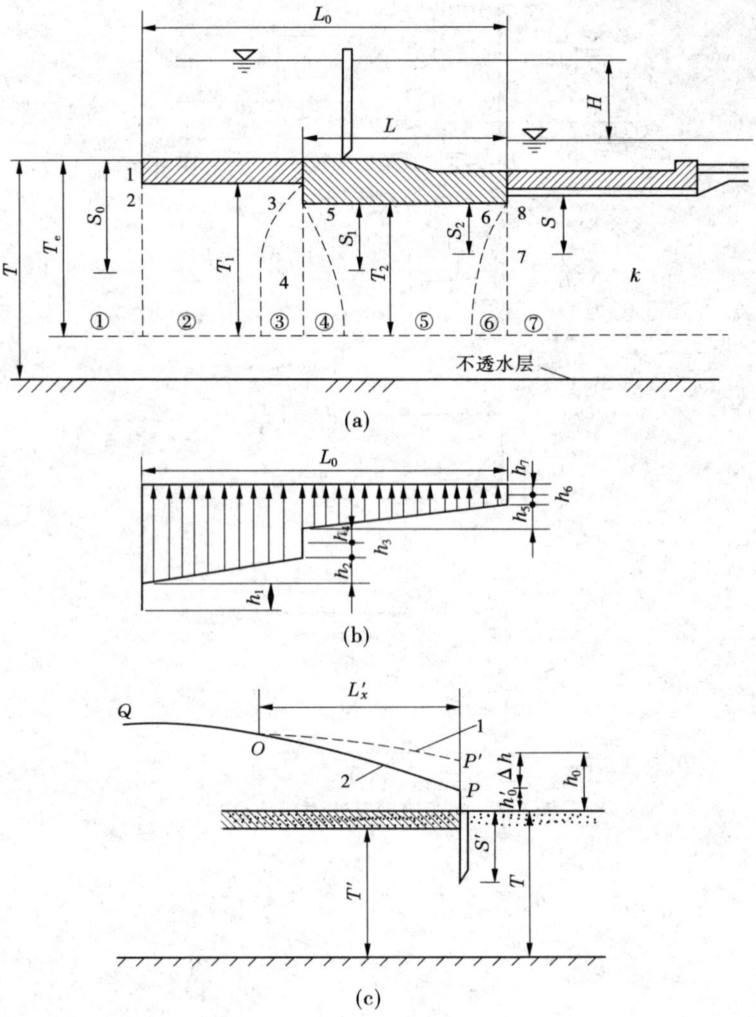

1—修正前的水力坡降线;2—修正后的水力坡降线。

图5-8　改进阻力系数法计算简图

得

$$q = \frac{kH}{\sum_{i=1}^{n} \xi_i} \tag{5-13}$$

式中　$\sum_{i=1}^{n} \xi_i$——各渗流段阻力系数的总和;

n——典型渗流段的段数。

将式(5-13)代入式(5-12),可得各分段的水头损失为

$$h_i = \xi_i \frac{H}{\sum_{i=1}^{n} \xi_i} \tag{5-14}$$

这样,只要已知各个典型流段的阻力系数,即可算出任一流段的水头损失。将各段的

水头损失由出口向上游依次叠加，即可求得各段分界线处的渗透压力及其他渗流要素。

2. 渗透压力的确定

水闸的地下轮廓可归纳为三种典型流段，即：进口段和出口段，相当于图 5-8(a)中的①、⑦段；内部垂直段，相当于图 5-8(a)中的③、④、⑥段；内部水平段，相当于图 5-8(a)中的②、⑤段。

每一种典型流段的阻力系数 ξ，可按表 5-6 中的计算公式确定。

表 5-6 典型流段的阻力系数

区段名称	典型流段形式	阻力系数 ξ 的计算公式
进口段和出口段	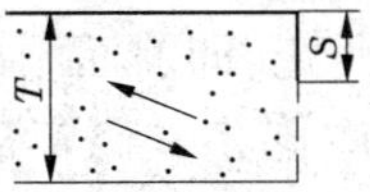	$\xi_0 = 1.5\left(\frac{S}{T}\right)^{3/2} + 0.44$
内部垂直段	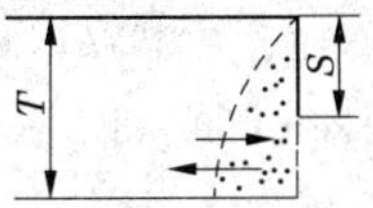	$\xi_y = \frac{2}{\pi}\ln\cot\left[\frac{\pi}{4}\left(1-\frac{S}{T}\right)\right]$
内部水平段	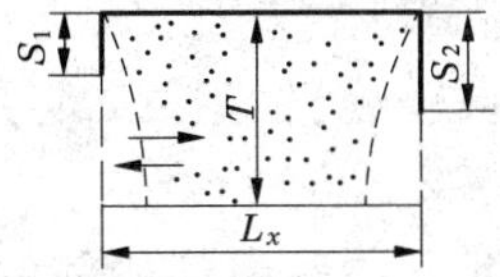	$\xi_x = \frac{L_x - 0.7(S_1 + S_2)}{T}$

当地基不透水层埋藏较深时，需用一个有效计算深度 T_e 来代替实际深度 T；T_e 可按式(5-15)确定。

$$\left.\begin{aligned} &\text{当}\frac{L_0}{S_0}\geqslant 5\text{ 时}\quad T_e = 0.5L_0 \\ &\text{当}\frac{L_0}{S_0}<5\text{ 时}\quad T_e = \frac{5L_0}{1.6\frac{L_0}{S_0}+2} \end{aligned}\right\} \tag{5-15}$$

式中 L_0、S_0——地下轮廓的水平投影长度和垂直投影长度，m。

若算出的 T_e 值小于地基的实际深度，应以 T_e 代替 T；若 T_e 值大于地基的实际深度，则应按地基实际深度计算。

各分段的阻力系数确定后，可按式(5-14)计算各段的水头损失。假设各分段的水头损失按直线变化，依次叠加，即可绘出闸基渗透压力分布图[见图 5-8(b)]。

进、出口水力坡降呈急变曲线形式，由式(5-14)算得的进、出口水头损失与实际情况相比，误差较大，必须加以修正，见图 5-8(c)。修正后的水头损失 h_0' 为

$$h_0' = \beta' h_0 \tag{5-16}$$

其中

$$\beta' = 1.21 - \frac{1}{12\left(\frac{T'}{T}\right)^2\left(\frac{S'}{T} + 0.059\right)}$$

式中 h_0——按式(5-14)计算出的进、出口段水头损失值,m;

h'_0——修正后的水头损失值,m;

β'——阻力修正系数;

S'——底板埋深与板桩入土深度之和,m;

T'——板桩另一侧地基透水层深度,m;

T——板桩进口(或出口)侧地基的透水层深度,m。

当$\beta' \geqslant 1.0$时,取$\beta' = 1.0$,说明不需要修正,即前面画出的渗压水头分布图或渗流坡降线就是求得的正确解。当$\beta' < 1.0$时,则应修正。修正后进、出口段水头损失将减小Δh,即

$$\Delta h = h_0 - h'_0 = (1 - \beta')h_0 \tag{5-17}$$

渗流坡降线呈急变段的长度L'_x按式(5-18)计算,即

$$L'_x = \frac{\Delta h}{\Delta H}T\sum_{i=1}^{n}\xi_i \tag{5-18}$$

图5-8(c)中的QP'为修正前的水力坡降线,根据Δh及L'_x值,可分别定出P点及O点,QOP的连线即为修正后的水力坡降线。

进、出口水头损失减小值Δh可按以下方法调整到相邻的分段中去。调整以后的各分段水头损失之和将与总水头损失值相等,这也是改进阻力系数法的优点之一。

(1)如果$h_x \geqslant \Delta h$,则该段水头损失应修正为

$$h'_x = h_x + \Delta h \tag{5-19}$$

式中 h_x——修正前水平段的水头损失值,m;

h'_x——修正后水平段的水头损失值,m。

(2)如果$h_x < \Delta h$,可按下列两种情况分别进行修正(见图5-9)。

①当$h_x + h_y \geqslant \Delta h$时,可按下列二式修正:

$$h'_x = 2h_x \tag{5-20}$$

$$h'_y = h_y + \Delta h - h_x \tag{5-21}$$

式中 h_y——修正前内部垂直段的水头损失值,m;

h'_y——修正后内部垂直段的水头损失值,m。

②当$h_x + h_y < \Delta h$时,可按下列三式修正:

$$h'_x = 2h_x \tag{5-22}$$

$$h'_y = 2h_y \tag{5-23}$$

$$h'_{CD} = h_{CD} + \Delta h - (h_x + h_y) \tag{5-24}$$

式中 h_{CD}、h'_{CD}——CD段原来的和修正后的水头损失值,m。

渗流坡降线(渗压水头分布图)按修正后的各分段水头损失值累加后,重新用直线连接。

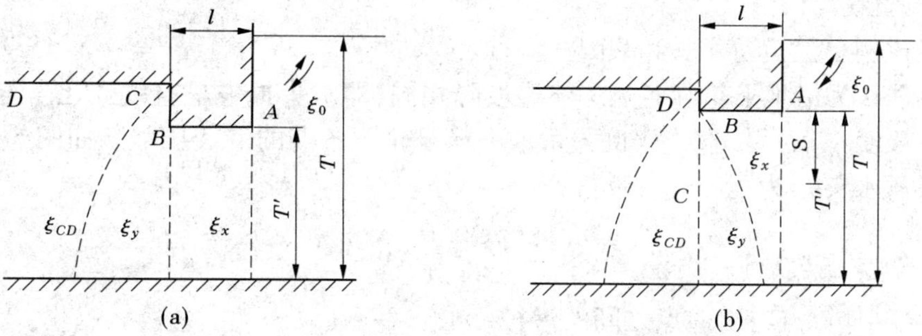

图 5-9　进、出口水头损失修正示意图

3. 逸出坡降的计算

为保证闸基的抗渗稳定性，黏性土地基主要应防止流土破坏，要求水平段和出口段的渗流坡降必须小于各自规定的允许值，见表 5-7。出口处的渗流坡降 J 为

$$J = \frac{h_0'}{S'} \tag{5-25}$$

式中　S'——地下轮廓不透水部分渗流出口段的垂直长度，m；

h_0'——出口段水头损失，m，出口段不需作修正时，$h_0' = h_0$。

表 5-7　水平段和出口段允许渗流坡降值

地基类别		粉砂	细砂	中砂	粗砂	中砾、细砾	粗砾夹卵石	砂壤土	壤土	软(黏)土	坚硬黏土	极坚硬黏土
允许渗流坡降值	出口段	0.25~0.30	0.30~0.35	0.35~0.40	0.40~0.45	0.45~0.50	0.50~0.55	0.40~0.50	0.50~0.60	0.60~0.70	0.70~0.80	0.80~0.90
	水平段	0.05~0.07	0.07~0.10	0.10~0.13	0.13~0.17	0.17~0.22	0.22~0.28	0.15~0.25	0.25~0.35	0.30~0.40	0.40~0.50	0.50~0.60

注：当渗流出口处有反滤层时，表列数值可加大 30%。

对于非黏性土地基，既要验算流土破坏，也要验算管涌破坏。例如：对于砂砾石地基，可按 $4P_f(1-n)>1.0$ 和 $4P_f(1-n)<1.0$ 作为判别破坏形式的标准，前者为流土破坏，后者为管涌破坏。防止流土破坏的出口段允许渗流坡降值[J]应满足表 5-7 的规定。防止管涌破坏的允许渗流坡降值[J]，可按式(5-26)计算。

$$[J] = \frac{7d_5}{Kd_f}[4p_f(1-n)]^2 \tag{5-26}$$

其中

$$d_f = 1.3\sqrt{d_{15}d_{85}}$$

式中　d_f——闸基土的粗细颗粒分界粒径，mm；

p_f——小于 d_f 的土粒百分数含量；

n——闸基土的孔隙率(%)；

d_5、d_{15}、d_{85}——闸基土颗粒级配曲线上小于含量 5%、15%和 85%的粒径，mm；

K——防止管涌破坏的安全系数，可采用 1.5~2.0。

5.3.2.3 直线比例法

直线比例法包括勃莱法和莱因法两种。

勃莱法认为沿地下轮廓各点的渗透坡降相同,即水头损失呈直线变化。若已知水头 H 及防渗长度 L,就可按直线比例关系求出地下轮廓各点的渗透压强。如图5-7所示,任一点的渗压水头h_x 为

$$h_x = \frac{H}{L}x \tag{5-27}$$

式中 x——计算点与出逸点之间的渗径。

莱因法与勃莱法的不同之处是将水平渗径(包括倾角小于或等于45°的渗径)乘以1/3,再与垂直渗径(倾角大于45°的渗径)相加,即得折算后的防渗长度。计算渗压时仍可应用式(5-27),但应将式中的 L 及 x 中的水平渗径乘以1/3。

直线比例法计算精度很差,特别是对于渗流进、出口段,因而《水闸设计规范》(SL 265—2016)不推荐使用。

5.3.2.4 加权直线法

加权直线法是在直线比例法基础上发展起来的。直线比例法常用的是勃莱法,由于该法缺乏理论根据,所以计算精度差。加权直线法是将直线比例加以简化,该法仅对地下轮廓上、下游两端的铅直渗径进行加权处理,即把两端的铅直渗径乘以加权系数即得水平渗径,加权系数 n 为水平渗径与铅直渗径的比值。该法的要求为:①在地下轮廓两端,如遇长板桩,加权系数 $n=2$;如遇短板桩,$n=4$。②地下轮廓的其他部位,不论板桩长短,一律采用 $n=1$。③同时满足 $S/T<0.1$ 和 $S/L<0.1$ 这两个条件的(见图5-10),即视为短板桩,否则视为长板桩,对于齿墙则作为有厚度的板桩看待。④由以上三点算出地下轮廓的折算渗径长度后,即按直线比例法计算地下轮廓各点的渗透压强。

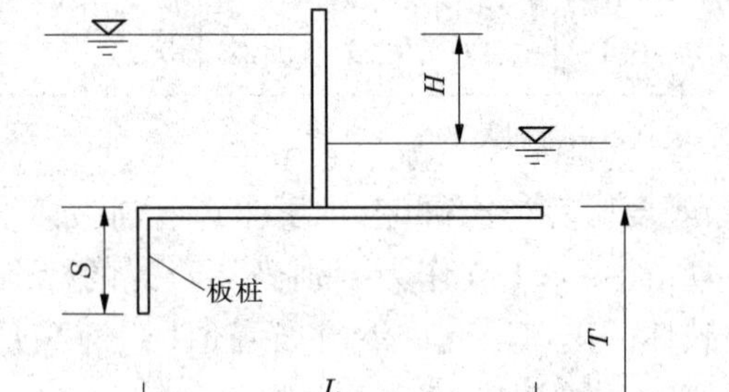

图5-10 加权直线法计算图

5.3.3 防渗及排水设施

防渗设施是指构成地下轮廓的、起阻渗作用的铺盖、板桩及齿墙,而排水设施则是指铺设在护坦、浆砌石海漫底部或闸底板下游段起导渗作用的砂砾石层。排水常与反滤层结合使用。

5.3.3.1 铺盖

铺盖布置在闸室上游一侧，主要用来延长渗径，应具有相对的不透水性；为适应地基变形，也要有一定的柔性。铺盖常用黏土、黏壤土或沥青混凝土做成，有时也用钢筋混凝土、土工膜作为铺盖材料。

码 5-10 微课：水闸防渗及排水设施

1. 黏土和黏壤土铺盖

铺盖的渗透系数应比地基土的渗透系数小 100 倍以上，最好达 1 000 倍。铺盖的长度可根据闸基防渗需要确定，一般采用上、下游最大水位差的 3~5 倍。铺盖的厚度应根据铺盖土料的允许水力坡降值计算确定，其前端最小厚度不宜小于 0.6 m，向闸室方向逐渐加厚，靠近闸室处的厚度不小于 1.0~1.5 m。铺盖与底板连接处为一薄弱部位，在该处需将铺盖加厚；常将底板前端做成倾斜面，使黏土能借自重及上部荷重与底板紧贴；在连接处铺设油毛毡等止水材料，一端用螺栓固定在斜面上，另一端埋入黏土中，见图 5-11。为了防止铺盖在施工期遭受破坏和运行期间被水流冲刷，应在其表面铺砂层，然后在砂层上再铺设单层或双层块石护面。

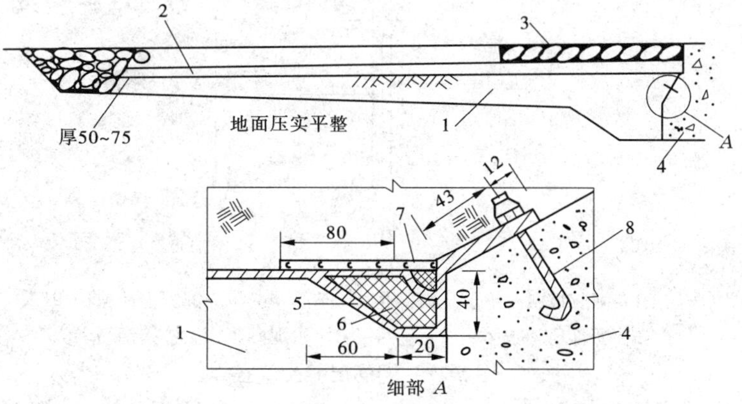

1—黏土铺盖；2—垫层；3—浆砌块石保护层（或混凝土板）；4—闸室底板；
5—沥青麻袋；6—沥青填料；7—木盖板；8—斜面上螺栓。

图 5-11 黏土铺盖的细部构造 （单位：cm）

2. 沥青混凝土铺盖

在缺少黏性土料的地区，可采用沥青混凝土铺盖。沥青混凝土的渗透系数较小，一般为 $K=10^{-9}\sim10^{-8}$ cm/s，防渗性能好；有一定的柔性，可适应地基的变形；造价也较低。沥青混凝土铺盖的厚度一般为 5~10 cm，在与闸室底板连接处应适当加厚，接缝多为搭接形式。为提高铺盖与底板间的黏结力，可在底板混凝土面先涂一层稀释的沥青乳胶，再涂一层较厚的纯沥青。沥青混凝土铺盖可以不分缝，但要分层浇筑和压实，各层的浇筑缝要错开。

3. 钢筋混凝土铺盖

当缺少适宜的黏性土料或需要铺盖兼作阻滑板时，常采用钢筋混凝土铺盖。钢筋混凝土铺盖的厚度不宜小于 0.4 m，在与底板连接处应加厚至 0.8~1.0 m，并用沉降缝分开，缝中设止水，见图 5-12(a)。在顺水流和垂直水流流向均应设沉降缝，缝距 8~20 m，在接缝处局部加厚,并设止水。

钢筋混凝土铺盖内需双向配置构造钢筋Φ10 mm@ 25~30 cm。如利用铺盖兼作阻滑板,还须配置轴向受拉钢筋。受拉钢筋与闸室在接缝处应采用铰接的构造形式,见图 5-12(b)。接缝中的钢筋断面面积要适当加大,以防锈蚀。用作阻滑板的钢筋混凝土铺盖,在垂直水流流向仅有施工缝,不设沉降缝。

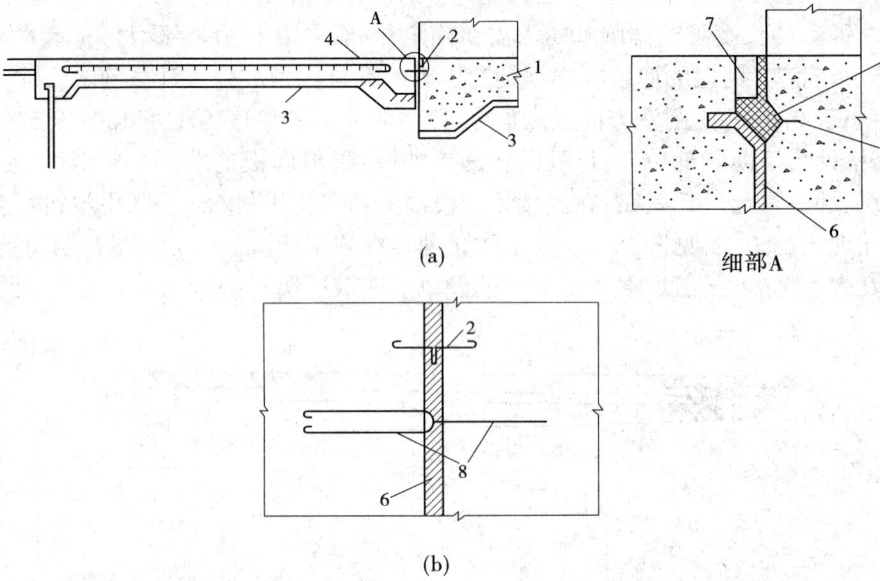

1—闸底板;2—止水片;3—混凝土垫层;4—钢筋混凝土铺盖;
5—沥青玛琋脂;6—油毛毡两层;7—水泥砂浆;8—铰接钢筋。

图 5-12　钢筋混凝土铺盖

4. 土工膜防渗铺盖

土工膜防渗铺盖的厚度应根据作用水头、膜下土体可能产生裂隙宽度、膜的应变和强度等因素确定,但不宜小于 0.5 mm。防渗土工膜下部应设垫层,上部应设保护层。

5.3.3.2　板桩

板桩一般设在闸室底板高水位一侧或设在铺盖起端。板桩长度视地基透水层的厚度而定。当透水层较薄时,可用板桩截断,并插入不透水层至少 1.0 m;若不透水层埋藏很深,则板桩深度一般采用上、下游最大水位差的 80%~100%。用作板桩的材料有木材、钢筋混凝土及钢材三种。木板桩厚 8~12 cm,宽 20~30 cm,一般长 3~5 m,最长 8 m,可用于砂土地基,但现在用得不多。钢筋混凝土板桩使用较多,一般在现场预制,厚度不宜小于 20 cm,宽度不宜小于 40 cm,入土深度可达 15~20 m,两桩之间设榫槽,以增加不透水性,可用于各种地基,包括砂砾石地基。钢板桩在我国较少采用。

板桩与闸室底板的连接形式有两种:一种是把板桩紧靠底板前缘,顶部嵌入黏土铺盖一定深度,见图 5-13(a);另一种是把板桩顶部嵌入底板底面特设的凹槽内,桩顶填塞可塑性较大的不透水材料,见图 5-13(b)。前者适用于闸室沉降量较大,而板桩桩尖已插入坚实土层的情况;后者则适用于闸室沉降量小,而板桩桩尖未达到坚实土层的情况。

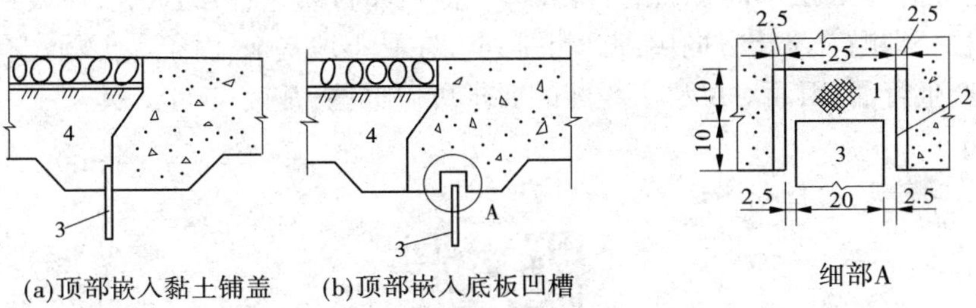

1—沥青;2—预制挡板;3—板桩;4—铺盖。

图 5-13 板桩与底板的连接 (单位:cm)

5.3.3.3 齿墙

齿墙有浅齿墙和深齿墙两种。浅齿墙常设在闸室底板上、下游两端及铺盖起始处。底板两端的浅齿墙均用混凝土或钢筋混凝土做成,深度一般为0.5~1.5 m。这种齿墙既能延长渗径,又能增加闸室抗滑稳定性。深齿墙常用于如下情况:①当水闸在闸室底板后面紧接斜坡段,并与原河道连接时,在与斜坡段连接处的底板下游侧采用深齿墙(墙深大于1.5 m),其作用主要是防止斜坡段冲坏后危及闸室安全;②当闸基透水层较浅时,可用深齿墙截断透水层,此时齿墙可用混凝土、钢筋混凝土或黏性土等材料,齿墙底部需插入不透水层0.5~1.0 m;③在小型水闸中,有时为了增加渗径和抗滑稳定性,也使用深齿墙。

5.3.3.4 其他防渗设施

近年来,垂直防渗设施在我国有较大进展,就地浇筑混凝土防渗墙、灌注式水泥砂浆帷幕、高压旋喷法构筑防渗墙及土工膜垂直防渗等方法已成功地用于水闸建设,详细内容可参阅有关文献。

5.3.3.5 排水反滤设施

为了减小渗透压力,增加闸室的抗滑稳定性,需要在闸室下游侧设置排水设施,如排水孔、减压井、反滤层和垫层等。排水设施要有良好的透水性,并与下游畅通,同时能够有效地防止地基土产生渗透变形。

通常在地基表面铺设反滤层或垫层,并在消力池底部设排水孔(见图5-14),让渗透水流畅通至下游。设置反滤层是防止地基土产生渗透变形的关键性措施,其末端的渗透坡降必须小于地基土在无反滤层保护时的允许坡降,应以此原则来确定反滤层铺设长度。

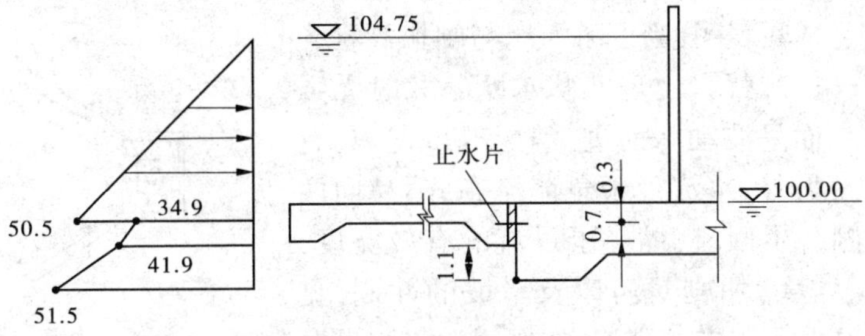

图 5-14 闸室上游水平水压力计算图 (单位:尺寸、高程,m;压强,kPa)

反滤层常由2~3层不同粒径的石料(砂、砾石、卵石或碎石)组成,层面大致与渗流方向正交,其粒径则顺着渗流方向由细到粗排列。在黏土地基上,由于黏土颗粒有较大的黏聚力,不易产生管涌,因而对反滤层级配的要求可以低些,常铺设1~2层。

【任务测试】

请扫描二维码,做任务测试卷。

码5-11　任务5.3测试卷

任务5.4　水闸的消能防冲设计

【任务导航】

问题1:过闸水流有哪些不利的水流流态?各有哪些防止措施?

问题2:消力池的作用是什么?有哪些类型?

问题3:海漫的作用是什么?有哪些类型?

问题4:除消力池和海漫外,水闸还有哪些消能防冲的设施?

【任务解析】

水闸泄水时水流具有较大的动能,而土质河床的抗冲能力低,必将对下游河床产生不同程度的冲刷。不危害建筑物安全的冲刷,一般说来是允许的,但对于有害的冲刷,则必须采取妥善的防范措施,以保证水闸的安全使用。

5.4.1　过闸水流的特点

初始泄流时,闸下水深较浅,随着闸门开度的增大,水深逐渐增加,闸下出流由孔流到堰流,由自由出流到淹没出流都会发生,水流形态比较复杂。

5.4.1.1　闸下易形成波状水跃

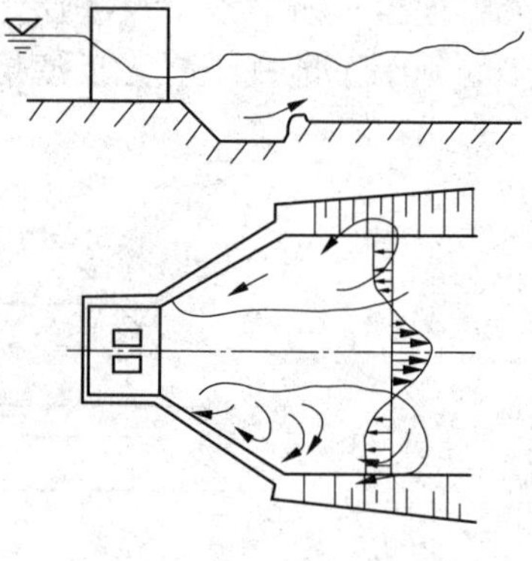

图5-15　波状水跃示意图

由于水闸上、下游水位差较小,相应的弗劳德数 Fr 较低($Fr=v_c/h_c$,h_c 为第一共轭水深,v_c 为 h_c 处的断面平均流速)。试验表明,当下游河床与闸槛高程齐平时,若 $1.0<Fr<1.7$,就会出现波状水跃。此时无强烈的水跃漩滚,水面呈波动状前进,消能效果差,具有较大的冲刷能力;另外,水流处于急流流态,不易向两侧扩散,致使两侧产生回流,缩小了过流的有效宽度,使局部单宽流量增大,加剧对河床及岸坡的冲刷,见图5-15。为此,要采取相应的措施,如在闸室末端设置一道小槛,使水流越过小槛,跌入消力池内,促使其形

成底流水跃，见图 5-16(a)。

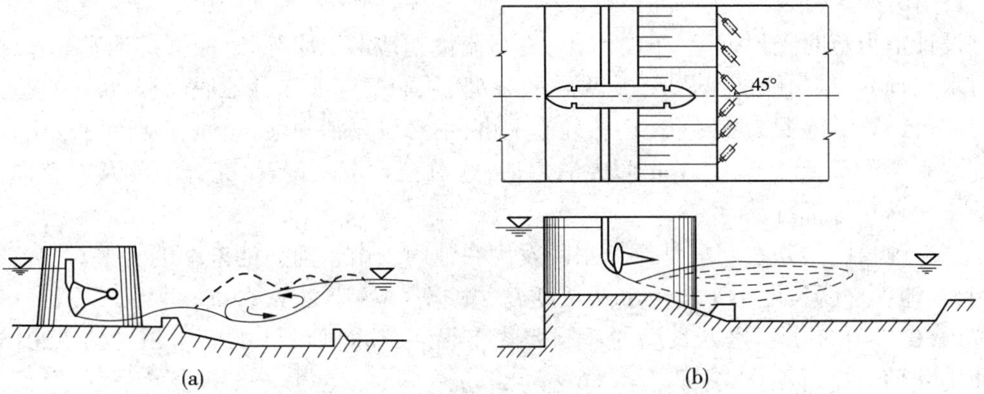

图 5-16 小槛及散流墩布置示意图

5.4.1.2 闸下容易出现折冲水流

拦河闸的宽度通常只占河床宽的一部分，过闸水流先行收缩，出闸后再行扩散，如果布置或操作运行不当，出闸水流不能均匀扩散，即容易形成折冲水流。此时水流集中，左冲右撞，蜿蜒蛇行，淘刷河床及岸坡，并影响枢纽的正常运行，见图 5-17。

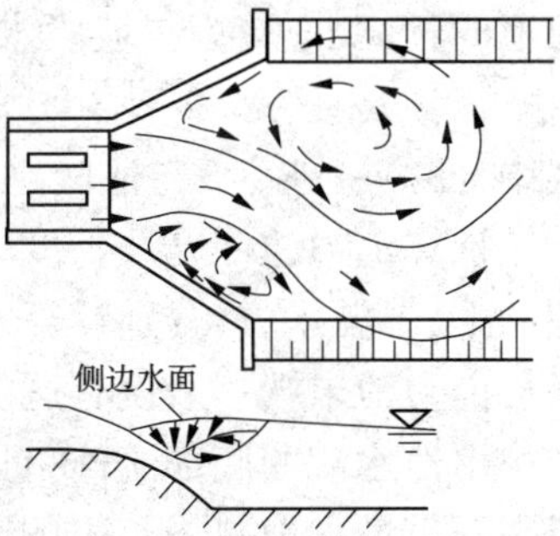

图 5-17 闸下折冲水流

造成折冲水流的原因很多，如下游翼墙扩散角太大，水流不能很快地扩散，以致在两侧翼墙附近产生回流，此时主流受到回流的挤压更加集中，进而形成折冲水流；又如工程布置不当、闸前来水不平顺及消能设施不当，或者运用管理不善、闸门开启不对称及单孔开闸等，都是产生折冲水流的原因。为此，应做好水闸总体布置，使上游引水渠顺直，并控制下游翼墙扩散角，同时应制定合理的闸门启闭程序。有的工程在消力池前端设置散流墩以防止出现折冲水流，见图 5-17(b)。

5.4.2 消能防冲设施

码 5-12 微课：消力池与海漫

为了保证水闸的正常运用，防止河床冲刷，一方面要尽可能消除水流的动能，消除波状水跃，并促使水流横向扩散，防止产生折冲水流；另一方面要保护河床及河岸，防止剩余动能引起的冲刷。这两方面的措施，首先是消能，其次是防冲。所以在消能防冲设计中，一定要抓住消能这个主要环节。水闸消能方式有底流式、面流式和挑流式三种，而底流式是应用比较广泛的基本消能方式，这种消能形式由消力池、海漫和防冲槽三个部分组成。消力池紧接闸室布置，在池中利用水跃进行消能。海漫紧接消力池，其作用是继续消除水流的剩余动能，使水流扩散并调整流速分布，以减小底部流速，从而保护河床免受冲刷。海漫末端常设防冲槽。

5.4.2.1 消力池

1. 消力池的布置

设计消力池时先根据上、下游水位,过闸流量和地形地质等条件,假定池底高程,然后进行水跃计算,求出跃前水深 h_c 及跃后水深 h''_c,从而确定池深及池底高程,也可直接查图求得。若计算的池深为零或负值,从理论上讲,不必设置消力池,可是在实际工程中,通常仍把池底高程降低 0.5~1.0 m 形成消力池,这对稳定水跃位置、充分消能及调整消力池后的流速分布等都有利。

消力池长度的基本要求是保证水跃发生在池内。由于消力池末端的陡壁对水流有反作用力,池中水跃长度小于自由水跃长度 L_j,根据经验,小 20%~30%,所以消力池水平段长度为(0.7~0.8)L_j。水跃长度的计算公式有很多,《水闸设计规范》(SL 265—2016)推荐使用欧勒佛托斯基公式,即

$$L_j = 6.9(h''_c - h_c) \tag{5-28}$$

消力池与闸室底板之间常用不陡于1:4的斜坡连接,工程中常用1:4~1:5。这样,消力池的长度 L_{sj} 应为斜坡段水平投影长度与水平段长度之和,即

$$L_{sj} = (4 \sim 5)z + (0.7 \sim 0.8)L_j \tag{5-29}$$

式中 z——闸底板与池底之间的高差,m。

计算消力池深度及长度时要考虑最不利的运用情况,可用设计范围内不同的 q 及相应的上、下游水位,分别计算上述两个数值,从中选取最大值作为设计值。

消力池末端一般设有尾槛,高约 50 cm,用以稳定水跃、调整铅直断面上的流速分布、减小出池水流的底部流速,且可在槛后产生小横轴漩滚,防止在尾槛后发生冲刷,并有利于平面扩散和消减下游边侧回流,见图 5-18。

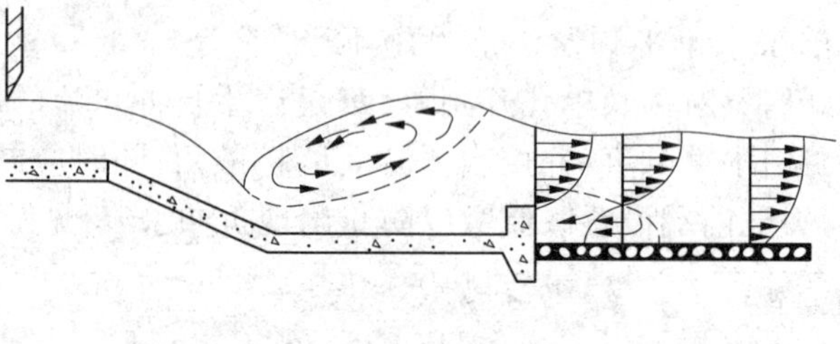

图 5-18 消力池尾槛后的流速分布

以上介绍的是开挖而成的消力池。如果地基开挖困难,或因冬季要求放空池中积水以防止冰冻,则可以不开挖而直接在护坦末端修建消力墙,以抬高池内水位。如因墙身太高,工作条件复杂而消力墙后又需进一步消能时,可采用较浅的开挖深度和较低的消力墙相结合的消力池,这种消力池在闸门开度较小时,消能效果亦较好。

2. 护坦构造

消力池的底板又称护坦,其作用不仅是促使出闸水流在底板(护坦)范围内产生水跃,而且保护河床免受冲刷。水闸过水时消力池内水流非常紊乱,护坦不仅受自重、水重、扬压力、脉动压力,而且还有水流的冲击力,其受力条件较为复杂,一旦破坏就会影响到整个水闸的安全,设计时应慎重对待。

整个护坦一般是等厚的,也有采用变厚的。靠近闸室的一端较厚,向下游逐渐减薄。确定护坦厚度时要从抗冲和抗浮两方面考虑。根据抗冲要求,护坦厚度可采用下面的经验公式确定,即

$$t = k_1 \sqrt{q\sqrt{\Delta H'}} \tag{5-30}$$

式中 $\Delta H'$——闸孔泄水时的上、下游水位差,m;

k_1——消力池底板计算系数,可采用0.15~0.20;

q——护坦上的单宽流量,$m^3/(s \cdot m)$;

t——护坦始端厚度,m。

护坦末端厚度可采用$t/2$,但不宜小于0.5 m。

根据抗浮要求,护坦始端厚度t可按式(5-31)计算,即

$$t = k_2 \frac{U - W \pm P_m}{r_b} \tag{5-31}$$

式中 U——作用在消力池底板底面的扬压力,kN/m^2;

W——作用在消力池底板顶面的水重,kN/m^2;

P_m——作用在消力池底板上的脉动压力,kN/m^2,其值可取跃前收缩断面流速水头值的5%,通常计算消力池底板前半部的脉动压力时取"+"号,计算消力池底板后半部的脉动压力时取"-"号;

k_2——消力池底板安全系数,可采用1.1~1.3;

r_b——消力池底板的饱和容重,kN/m^3。

按式(5-30)、式(5-31)计算护坦厚度后,应取其中的大值。这里要说明的是:式(5-31)仅适用于在护坦上未设排水孔和反滤层的情况。一般地,大、中型水闸的护坦厚度为1.0 m左右,不宜小于0.5 m;小型水闸可减薄到0.3~0.5 m。

护坦材料必须具有良好的抗冲耐磨性,一般采用等级C15或C20的混凝土浇筑,并配置Φ 10~12 mm@25~30 cm的温度构造钢筋,在小型水闸中有的也采用浆砌块石。为增强护坦板的抗滑稳定性,常在消力池的末端设置齿墙,墙深一般为0.8~1.5 m,宽为0.6~0.8 m。为了降低护坦底部的扬压力,可在水平段的后半部设置排水孔,并在该部位的底面铺设反滤层,以防地基土壤被渗水带走。排水孔孔径一般为5~25 cm,间距1.0~3.0 m,呈梅花状排列。排水孔内充填碎石或无砂混凝土,以防泥沙堵塞。但在多泥沙河道上,排水孔易被堵塞,不宜采用。

护坦与闸室、翼墙之间用沉陷缝(即横缝)分开,护坦在顺水流方向也应以沉陷缝分成若干段。横缝的间距,地基较好时为15~20 m,地基较差时为8~12 m,并尽可能与闸墩缝对齐。有防渗要求时,缝中应设止水、键槽,不必加厚。一般护坦在垂直水流方向不分缝(即纵缝),以提高整体性和稳定性。当护坦较长而又地基软弱时,顺水流方向护坦可分成前后两段,采用不同厚度,并增设横向沉陷缝。

3. 辅助消能工

在消力池中除尾槛外,有时还设有消力墩等辅助消能工,用以使水流受阻,给水流以反力,在墩后形成涡流,加强紊动扩散,从而达到稳定水跃、减小和缩短消力池深度及长度

的目的,见图5-19。

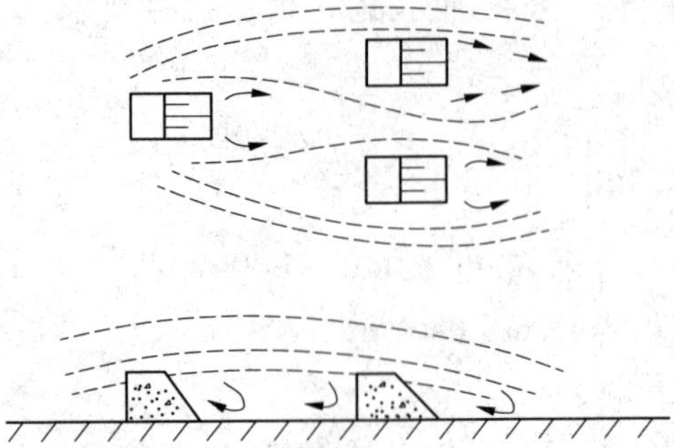

图5-19 辅助消能工对水流的紊动作用

消力墩可设在消力池的前部或后部。设在前部的消力墩,对急流的反力大,辅助消能作用强,缩短消力池长度的作用明显,但易发生空蚀,且需承受较大的水流冲击力。设在后部的消力墩,消能作用较小,主要用于改善水流流态。消力墩可做成矩形或梯形,两排或三排交错排列,墩顶应有足够的淹没水深,墩高为跃后水深的1/5~1/3。在出闸水流流速较高的情况下,宜采用设在后部的消力墩。

5.4.2.2 **海漫**

水流经过消力池,虽已消除了大部分多余能量,但仍留有一定的剩余动能,特别是流速分布不均,脉动仍较剧烈,具有一定的冲刷能力。因此,护坦后仍需设置海漫等防冲加固设施,以使水流均匀扩散,并将流速分布逐步调整到接近天然河道的水流形态(见图5-20)。

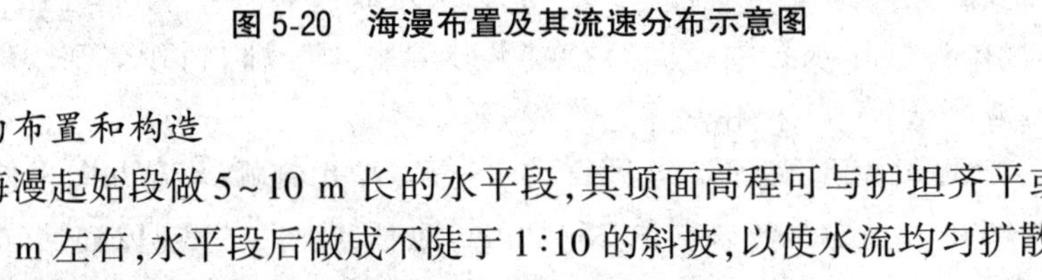

图5-20 海漫布置及其流速分布示意图

1. 海漫的布置和构造

一般在海漫起始段做5~10 m长的水平段,其顶面高程可与护坦齐平或在消力池尾槛顶以下0.5 m左右,水平段后做成不陡于1:10的斜坡,以使水流均匀扩散,调整流速分布,保护河床不受冲刷,见图5-20。

对海漫的要求有:①表面有一定的粗糙度,以利进一步消除余能;②具有一定的透水性,以便使渗水自由排出,降低扬压力;③具有一定的柔性,以适应下游河床可能的冲刷变形。

常用的海漫结构有以下几种:

(1)干砌石海漫。一般由块径大于30 cm的块石砌成,厚度为30~50 cm,下面铺设碎石、粗砂垫层,厚10~15 cm[见图5-21(a)]。干砌石海漫的抗冲流速为2.5~4.0 m/s。为了加大其抗冲能力,可每隔6~10 m设一浆砌石埂。干砌石常用在海漫后段,约占海漫全长的2/3。

(2)浆砌石海漫。厚度与干砌石海漫相同,抗冲流速可达3~6 m/s,但柔性和透水性较差,常设置在海漫前部,约占海漫全长的1/3。浆砌石内设排水孔,下面铺设反滤层或垫层[见图5-21(b)]。

(3)混凝土板海漫。整个海漫由板块拼铺而成,每块板的边长为2~5 m,厚度为10~30 m,板中有排水孔,下面铺设反滤层或垫层[见图5-21(d)、(e)]。混凝土板海漫的抗冲流速可达6~10 m/s,但造价较高。有时为增加表面糙率,可采用斜面式或城垛式混凝土块体[见图5-21(f)、(g)]。铺设时应注意顺水流流向不宜有通缝。

(4)钢筋混凝土板海漫。当出池水流的剩余能量较大时,可在尾槛下游5~10 m内采用钢筋混凝土板海漫,板中有排水孔,下面铺设反滤层或垫层[见图5-21(h)]。

(5)其他形式海漫。如铅丝石笼海漫[见图5-21(c)]等。

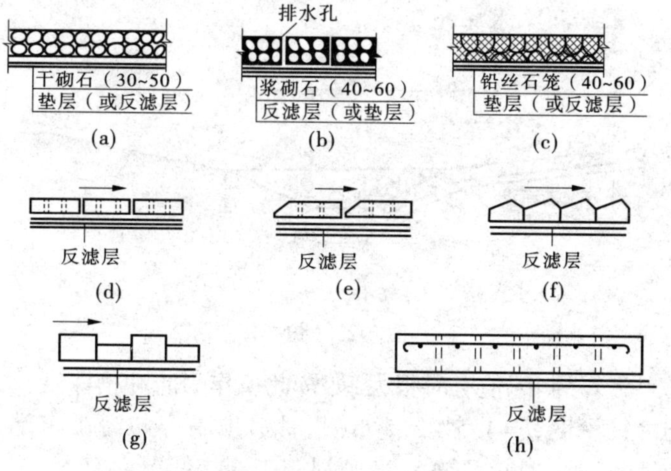

图5-21 海漫构造示意图 (单位:cm)

2.海漫长度

海漫长度L_p取决于水流剩余动能、消力池出口的单宽流量、水流扩散情况、上下游水位差、河床土质抗冲能力、尾水深度及海漫表面粗糙程度等因素。根据水闸运用经验,海漫与护坦的总长度为上下游最大水位差的6~12倍。《水闸设计规范》(SL 265—2016)建议用式(5-32)进行估算。

$$L_p = K_s\sqrt{q_s\sqrt{\Delta H'}} \tag{5-32}$$

式中 q_s——消力池末端的单宽流量,$m^3/(s \cdot m)$;

$\Delta H'$——上、下游水位差,m;

K_s——海漫长度计算系数,当河床为粉砂、细砂时取13~14,中砂、粗砂及粉质壤土取 11~12,粉质黏土取 9~10,坚硬黏土取 7~8。

式(5-32)适用于 $\sqrt{q_s\sqrt{\Delta H'}}=1\sim 9$ 且消能扩散良好的情况。

5. 4. 2. 3　**防冲槽**

水流经过海漫后,能量得到进一步消除,流速分布接近河床水流的正常状态,但在海漫末端仍有冲刷现象。若要完全消除冲刷,海漫必须做得很长,这样既不经济也没有必要。因此,常常在海漫末端挖槽堆石,从而形成防冲槽,见图 5-22。当河床受到冲刷后,槽内石块即自动坍塌在冲刷坑上游坡面,以防止冲刷坑向上游延伸而破坏海漫;由于过水断面增大、流速减小,就可防止水流对下游河床的进一步破坏。防冲槽的尺寸可根据河床冲刷深度 d_m 确定,其计算公式为

$$d_m = 1.1\frac{q_m}{[v_0]} - h_m \tag{5-33}$$

式中　d_m ——海漫末端河床冲刷深度,m;

q_m ——海漫末端的单宽流量,$m^3/(s \cdot m)$;

$[v_0]$ ——河床土质允许不冲流速,m/s;

h_m ——海漫末端河床水深,m。

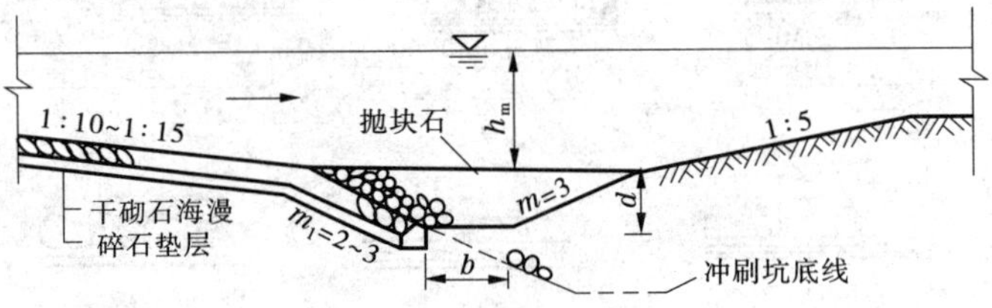

图 5-22　防冲槽

根据式(5-33)计算的 d_m 值有时很大,如按此值作为防冲槽深度,既不经济,施工又很困难。一般取防冲槽深度 d=1. 5~2. 5 m,此时槽顶高程与海漫末端齐平,防冲槽底宽为(1~2)d,上游坡率 m_1=2~3,下游坡率则视施工开挖情况而定。

对于冲刷深度较小的水闸,可用 1~3 m 深的防冲齿墙来代替防冲槽。

在黏土河床中往往会出现计算的 d_m 值小于零的情况,从理论上讲,此时不需要设置防冲槽等防冲设备,但是在实际工程中,为了安全起见,也常设置齿墙,深约 1 m。

5. 4. 2. 4　**上游河床防护**

在渠道上建闸时,闸室宽度小于引渠宽度,上游过水断面向闸室方向逐渐减小,流速逐渐增大,水流将冲刷上游河床,进而危及闸室的安全。因此,在闸室上游除有铺盖保护外,还需设置护底。护底长度一般为 3~5 倍堰顶水头(指自由出流),在中型水闸中,约为 10 m。护底材料常用浆砌块石或干砌块石。护底起端受到底部水流漩滚的淘刷,也会引起河床冲刷,为了防止冲刷坑危及护底,在起端需设置防冲槽或齿墙,该防冲槽的尺寸一般比下游防冲槽小些。

如水闸具有双向过水要求,则上、下游两侧均应根据具体情况设置消能防冲设施。

5.4.2.5 上、下游河岸的防护

为了使上、下游保护段的两岸不受水流冲刷的危害,需要进行河岸防护。护岸的长度应大于河床底部防护的范围,护坡顶部应在最高水位以上。靠近闸室的一段距离内,由于流速较大,护岸材料一般都采用浆砌块石,其他部分则用干砌块石。河岸护坡厚度为0.3~0.5 m,每隔8~10 m常设有混凝土埂或浆砌块石埂一道,其断面尺寸约为30 cm×60 cm。在护坡与河床交接处,以及护坡与上游进水渠交接处均应做混凝土齿墙(或浆砌石齿墙)嵌入土中,以增加坡脚稳定及防止两岸遭受回流淘刷。护坡下面一般都铺设卵石及毛砂垫层,厚度均为10 cm。

5.4.2.6 其他消能防冲设施

1. 沉井防冲墙(或称防冲锁墙)

沉井防冲墙是水闸建在平原地区土基上的又一种消能防冲设施。图5-23是广东省吴川市塘尾分洪闸,该闸建在砂质黏土地基上,闸室底板与下游最低潮位齐平,采用面流消能方式。沉井防冲墙的最大特点是省掉了全部的消力池、海漫和防冲槽,在条件适宜时,这是一种较好的防冲消能设施。

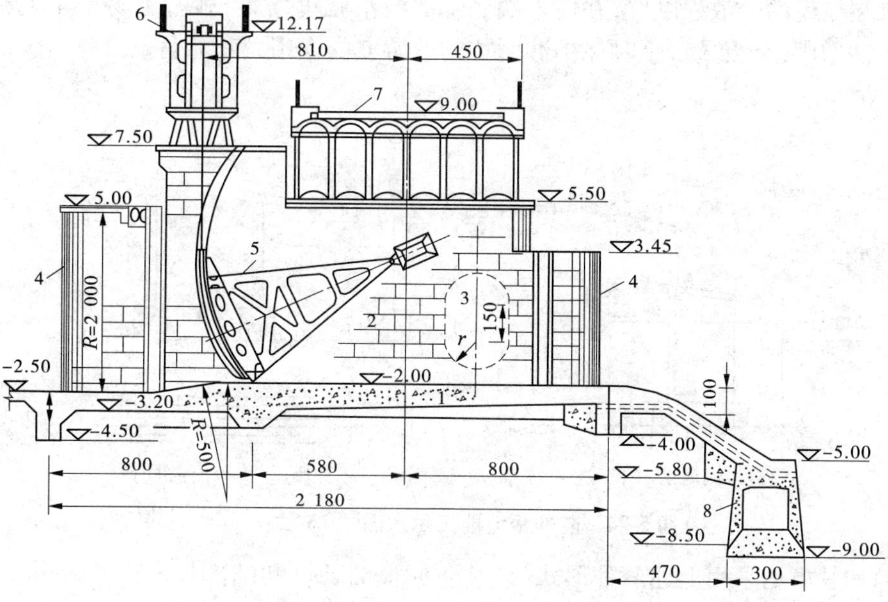

1—底板;2—箱壳构件;3—挖空部分(虚线内);4—鱼嘴构件;5—闸门;
6—工作桥;7—交通桥;8—沉井防冲墙。

图5-23 塘尾分洪闸 (单位:高程,m;尺寸,cm)

2. 防冲板消能工

消力池和海漫虽是常用的消能防冲设施,可是在山区河道上,不但不经济,而且效果甚差,消力池常被砂石淤塞,降低消能作用;或因河床冲刷很严重,下游水位随之下降,不能满足在消力池内产生水跃的条件,致使消力池失去作用。为了解决这些问题,新疆早在1958年就开始采用防冲板和防冲墙相结合的消能方式,即防冲板消能工(见图5-24)。这

种消能工采用面流消能的布置方式,在下游护坦末端设置防冲墙,墙后布置防冲板,当速度很高的水流通过防冲板表面时,在其首部与护坦之间的空隙处形成低压区,产生向上的吸力,因而在防冲板下面形成漩滚,把下游冲坑内的砂石推移到防冲墙前,并淤积在防冲板下面,这对防冲墙起到保护作用。另外,防冲板微向上倾,把水流挑起,使冲刷坑离防冲墙较远,这也有利于水闸安全。这种消能结构在新疆应用最广,甘肃及山西等省也有采用。在已建的防冲板消能工中,进入防冲板的水流流速一般为 10 m/s 左右,过闸单宽流量在 20 $m^3/(s \cdot m)$ 以下。

防冲板的形式有以下三种:

(1)无梳齿防冲板[见图 5-24(a)]。这种防冲板由连续的板块组成。防冲板长度约为 3 m,其首端低于护坦 10 cm,末端高出 10 cm,防冲板与护坦之间的间隙为 10 cm。该形式结构简单,效果较好。

(2)一端梳齿防冲板[见图 5-24(b)]。这种防冲板由长短交错的板块所组成,梳齿设在末端。板长 l 约为 6 m,末端齿缝长度为 $(1/4 \sim 1/3)l$。首部低于护坦 20~30 cm,末端高出 5~10 cm,防冲板与护坦之间的间隙为 20~35 cm。这种形式防冲板的优点在于水流通过末端梳齿的分散程度好,并使末端底部的漩滚强度增大,砂石更易推至上游,以加强消能防冲作用,在流量较小时保护冲刷坑的上游坡的作用尤其显著。

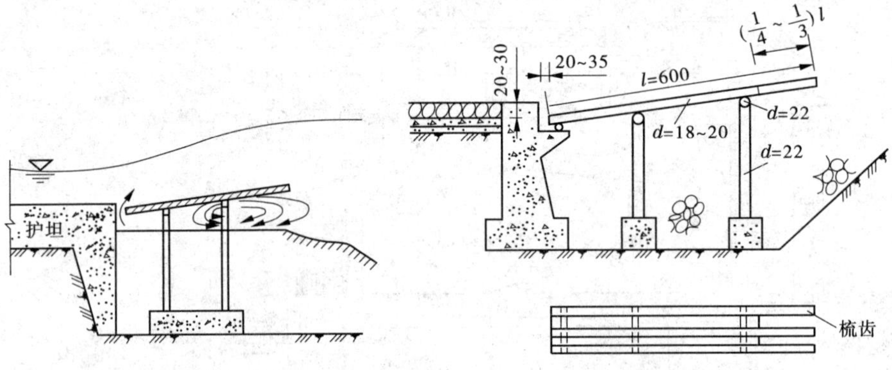

(a)无梳齿防冲板　(b)一端梳齿防冲板

图 5-24　防冲板消能工示意图　(单位:cm)

新疆和甘肃均采用上述两种形式,只是防冲板的长度和细部尺寸有些差异。这两种形式的防冲板,其仰角多为 6°(即坡度为 1:10)。

(3)两端梳齿防冲板。这种防冲板的两端均设有梳齿,首端梳齿的作用是形成低压状态,末端梳齿的作用与一端梳齿防冲板相同。防冲板的长度约为 8 m,首端低于护坦挑流鼻坎 80 cm,仰角为 2°~4°。这种形式的防冲板在山西省使用广泛,效果较好。

以上三种形式,各有优缺点,其布置尺寸主要根据具体工程的水力条件等因素确定,设计时可参考已建工程,最好进行模型试验。一般来说,如果防冲板长些,则下游冲坑较远,防冲墙的高度可以低些。

3. 斜坡护坦消能工

在山区河道上建闸,除采用防冲板消能工外,有的地区(如四川、新疆等)还采用斜坡护坦消能方式,即在闸室后面紧接坡度很缓的斜坡护坦(如1:20的缓坡),并在其末端设置截水墙,然后与下游河道直接连接。斜坡护坦表面要粗糙、耐磨,且易维修,常用的材料为坚硬的条石。

5.4.3 消能防冲的设计条件

根据水闸的运用要求,其上下游水位、过闸流量,以及泄流方式(如闸门的开启程序、开启孔数和开启高度)等常常是复杂多变的,因此水闸闸下消能防冲设施必须在各种可能出现的水力条件下,都能满足消散动能与均匀扩散水流的要求,且应与下游河道有良好的衔接。

不同类型的水闸,其泄流特点各不相同,因而控制消能设计的水力条件也不尽相同。如拦河节制闸宜以在保持闸上最高蓄水位的情况下,排泄上游多余来水量为控制消能设计的水力条件;当闸的下游河道已渠化时,应考虑下一级的蓄水位对闸下水位的影响。分洪闸宜以闸门全开,通过最大分洪流量为控制消能设计的水力条件。排水闸(排涝闸)宜以冬、春季蓄水期通过排涝流量为控制消能设计的水力条件。挡潮闸宜以蓄水期排泄上游多余来水量时,有时需用闸门控制泄水,上、下游可能出现较大的水位差为控制消能设计的水力条件。

闸门的运用管理,对消能防冲设计的影响也很大。例如,当闸孔迅速地全部开启时,下游水位尚未升高,水深较小,单宽流量很大,远驱水跃会使闸下产生严重的始流冲刷。在多孔水闸中,当单独开启一孔或少数几孔时,则折冲水流影响更大。因此,必须对闸门开启方式做出一定的限制,即将闸门均匀提升。每次开启时必须等待下游水位升高后再逐步开启,严禁一次开到顶。一般规定闸门分二次或三次开启,初始开度为0.5~1.0 m。当闸门受到具体条件限制(如没有足够的电源保证)而不能均匀开启时,则应分阶段开启,每次开启0.5~1.0 m,依此对称地增加每个闸门的开度。如先将中孔开启0.5 m或更小,待下游水位升高后再开启两侧闸孔,以此类推,直至闸门全部开启。关闭闸门时与上述顺序正好相反。

另外,闸门开度应避免处于不利位置。当水位差大而开度小($e/H=0.1$左右,e为闸门开度,H为从闸底坎起算的水头)时闸门最容易震动;当水位差小(如2~5 m)而开度$e=0.1\sim0.6$ m时也最易发生震动。闸门在大开度时则又易发生摇动。总之,从安全观点出发,闸门运行的关键是避开易发生震动和摇动的不利位置。

【任务测试】

请扫描二维码,做任务测试卷。

码5-13 任务5.4测试卷

任务5.5 闸室的布置与构造

【任务导航】

问题1:水闸的闸室由哪些部分构成?

问题2:闸底板的作用是什么?具体有哪些形式,各自的优缺点是什么?

问题3:水闸闸室除闸底板外,其他组成部分各自的作用是什么?如何进行构造设计?

问题4:闸室的分缝与止水如何布置?

【任务解析】

5.5.1 底板

闸室底板形式通常有平底板、低堰底板及折线底板。其形式可根据地基、泄流等条件进行选用。开敞式闸室结构的底板按照闸墩与底板的连接方式又可分为整体式和分离式两种。涵洞式和双层式闸室结构不宜采用分离式。

5.5.1.1 整体式底板

当闸墩与底板浇筑或砌筑成整体时,称为整体式底板。对于孔数多、宽度较大的水闸,为了适应地基不均匀沉陷和温度变化需要,在顺水流方向设永久缝将底板分成若干闸段,每个闸段一般由2~4个完整的闸孔组成,靠近岸墙的闸段,考虑到边荷载的影响,宜为单孔。缝距一般不宜超过20 m(岩基)或35 m(土基),缝宽2~3 cm,缝中应设止水。

将缝设在闸墩中间时,为缝墩式闸室,见图5-25(a)。其优点是闸室结构整体性好,缝间闸段各自独立,当各闸段间有不均匀沉陷时,水闸仍能正常工作,且具有较好的抗震性能;缺点是缝墩施工工期较长,且比其他中墩厚,当缝墩较多时,将增加工程量和施工难度。这种底板适用于地质条件较差的地基或地震区。

如果地基条件较好,相邻闸段不致出现不均匀沉降的情况下,也可将缝设在闸孔底板中间,见图5-25(b)。

5.5.1.2 分离式底板

在闸墩附近设缝,将闸室底板与闸墩断开的,称为分离式底板,见图5-25(c)。缝中设止水,其闸室上部结构的重量将直接由闸墩或连同部分底板传给地基。闸孔部分底板仅起防冲、防渗和稳定的作用,其厚度根据自身稳定的需要确定。分离式底板的优点是可缩短工期,减小闸的总宽度,工程量小;缺点是底板接缝较多,闸室结构的整体性较差,给止水防渗和浇筑分块带来不利和麻烦,且不均匀沉陷将影响闸门启闭,故对地基要求较高。这种底板适用于地质条件较好、承载能力较大的地基。

底板顺水流方向的长度应根据闸室地基条件、上部结构布置、满足闸室整体稳定和地基允许承载力等要求来确定。初拟时可参考已建工程的经验数据选定,当地基为碎石土和(砾卵)石时,底板长度取(1.5~2.5)H(H为水闸上、下游最大水位差),砂土和砂壤土取(2.0~3.5)H,粉质壤土和壤土取(2.0~4.0)H,黏土取(2.5~4.5)H。

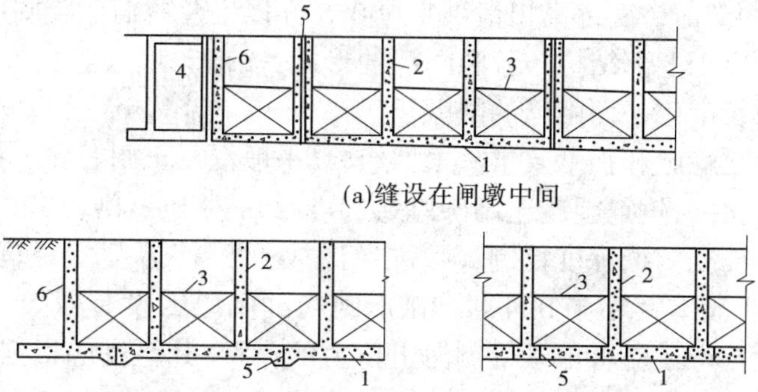

(a)缝设在闸墩中间

(b)缝设在闸孔底板中间　　(c)分离式底板

1—底板;2—闸墩;3—闸门;4—空箱式岸墙;5—温度沉陷缝;6—边墩。

图 5-25　整体式、分离式平底板

底板厚度必须满足强度和刚度的要求,大、中型水闸平底板厚度可取闸孔净宽的 1/8~1/6,一般为 1.0~2.0 m,最薄不小于 0.7 m,小型水闸不宜小于 0.3 m。闸室底板还应具有足够的整体性、坚固性、抗渗性和耐久性,通常采用钢筋混凝土结构,小型水闸底板也可采用混凝土浇筑,常用的强度等级为 C15、C20。

5.5.2　闸墩与胸墙

5.5.2.1　闸墩

闸墩的结构形式应根据闸室结构抗滑稳定性和闸墩纵向刚度要求确定,一般宜采用实体式,常用混凝土、少筋混凝土或浆砌块石。闸墩的外形轮廓设计应满足过闸水流平顺、侧向收缩小、过流能力大的要求。闸墩头部和尾部一般采用半圆形或流线型。

闸顶高程一般指闸室胸墙或闸门挡水线上游闸墩和岸墙的顶部高程,应满足挡水和泄水两种运用情况的要求。挡水时,闸顶高程不应低于水闸正常蓄水位(或最高挡水位)加波浪计算高度与相应安全超高值之和;泄水时,闸顶高程不应低于设计洪水位(或校核洪水位)与相应安全超高值之和。水闸安全超高下限值见表 5-8。

表 5-8　水闸安全超高下限值

单位:m

运用情况		水闸级别			
		1	2	3	4、5
挡水时	正常蓄水位	0.7	0.5	0.4	0.3
	最高挡水位	0.5	0.4	0.3	0.2
泄水时	设计洪水位	1.5	1.0	0.7	0.5
	校核洪水位	1.0	0.7	0.5	0.4

此外,确定闸顶高程时,还应考虑闸室沉降、闸前河渠淤积、潮水位壅高等影响,以及在防洪大堤上的水闸闸顶高程应不低于两侧堤顶高程。下游部分的闸顶高程可适当降

低,但应保证下游的交通桥底部高出泄洪水位0.5 m以上及桥面能与闸室两岸道路衔接。

闸墩的长度取决于上部结构布置和闸门的形式,一般与底板等长或稍短于底板。通常弧形闸门的闸墩长度比平面闸门的闸墩长。

闸墩厚度应满足稳定和强度要求。根据经验,一般混凝土闸墩厚1.0~1.6 m,少筋混凝土闸墩厚0.9~1.4 m,钢筋混凝土闸墩厚0.7~1.2 m,浆砌石闸墩厚0.8~1.5 m。平面闸门的闸墩厚度主要受门槽深度控制,闸墩在门槽处的最小厚度主要是根据结构强度和刚度的需要确定,一般不宜小于0.4 m。弧形闸门的闸墩因没有门槽,可采用较小的厚度。兼作岸墙的边闸墩还应考虑承受侧向土压力的作用,其厚度应根据结构抗滑稳定性能和结构强度的需要计算确定。

平面闸门的门槽尺寸取决于闸门尺寸和支承形式。工作闸门槽深一般不小于0.3 m,宽0.5~1.0 m,最优宽深比宜取1.6~1.8;检修门槽深一般为0.15~0.25 m,宽0.15~0.3 m。为了满足闸门安装与维修的要求,方便启闭机的布置与运行,检修闸门槽与工作闸门槽之间的净距不宜小于1.5 m。当设有两道检修闸门槽时,闸墩和底板必须满足检修期的结构强度要求。

5.5.2.2　**胸墙**

胸墙常用钢筋混凝土结构做成板式或梁板式。当孔径小于或等于6.0 m时可采用板式,墙板也可做成上薄下厚的楔形板,见图5-26(a),其顶部厚度一般不小于0.2 m。当孔径大于6.0 m时,宜采用梁板式,它由墙板、顶梁和底梁组成,见图5-26(b),其板厚一般不小于0.12 m;顶梁梁高一般为胸墙跨度的1/15~1/12,梁宽常取0.4~0.8 m;底梁由于与闸门顶接触,要求有较大的刚度,梁高为胸墙跨度的1/9~1/8,梁宽为0.6~1.2 m。当胸墙高度大于5.0 m,且跨度较大时,可增设中梁及竖梁构成肋形结构,见图5-26(c),各结构尺寸应根据受力条件和边界支承情况计算确定。

胸墙顶宜与闸顶齐平。胸墙底部高程应根据孔口流量要求计算确定。为使过闸水流平顺,胸墙上游面底部宜做成流线型。对于受风浪冲击力较大的水闸,胸墙上应留有足够的排气孔。

胸墙与闸墩的连接方式有简支式和固接式两种,见图5-27。

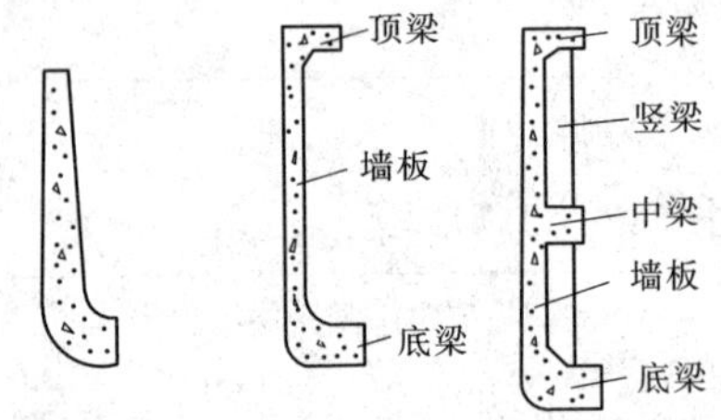

(a)楔形板　(b)梁板式　(c)肋形结构

图5-26　胸墙结构图

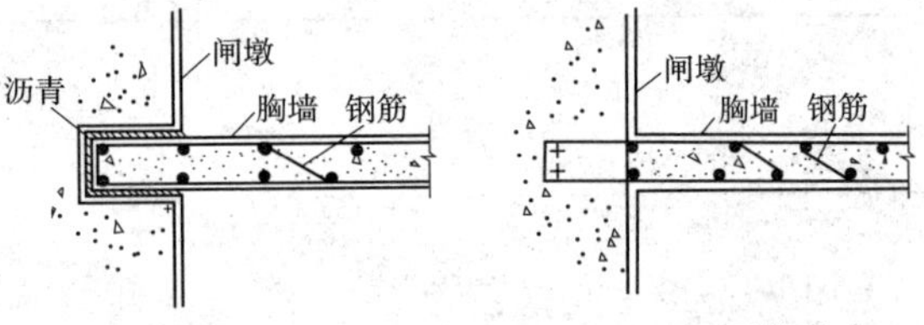

(a)简支式　(b)固接式

图5-27　胸墙的支撑形式

简支式胸墙与闸墩分开浇筑,缝间涂沥青;也可将预制墙体插入闸墩预留槽内,成为活动胸墙。其优点是可避免在闸墩附近迎水面出现裂缝,但断面尺寸较大。固接式胸墙与闸墩整浇在一起,胸墙钢筋伸入闸墩内,形成刚性连接。其优点是断面尺寸小,可增强闸室的整体性,但受温度变化和闸墩变位的影响,易在胸墙支点附近的迎水面产生裂缝。整体式底板可用固接式,分离式底板多用简支式。

胸墙相对于闸门的位置取决于闸门的形式。若采用弧形闸门,胸墙设在闸门上游侧;若采用平面闸门,胸墙可设在闸门上游侧,也可设在闸门下游侧。一般情况下,大、中型水闸的胸墙可设在闸门前,因门顶上无水重,可减小启门力;小型水闸的胸墙设在闸门的下游侧,除便于止水外,还可利用门顶上水重增加闸室的稳定。

5.5.3 工作桥、交通桥

为了安装启闭设备和便于工作人员操作,通常在闸墩上设置工作桥。桥的位置由启闭设备、闸门类型及其布置和启闭方式而定。当桥面很高时,也可在闸墩上部另建支柱或排架来支承工作桥,以减小闸墩高度,节省材料。

工作桥的高度与闸门和启闭设备的形式、闸门高度有关,一般应使闸门开启后,门底高于上游最高水位,以免阻碍过闸水流。对于平面直升门,若采用固定启闭设备,桥的高度(即横梁底部高程与底板高程的差值)为门高的 2 倍加上 1.0~1.5 m 的富余高度;若采用活动式启闭设备,则桥高可以低些,但也应大于 1.7 倍的闸门高度。对于弧形闸门及升卧式平面闸门,工作桥高度可以降低很多,具体应视工作桥的位置及闸门吊点位置等条件而定。工作桥的宽度,小型水闸在 2.0~2.5 m,大、中型水闸在 2.5~4.5 m。

建闸后,为便于行人或车马通行,通常也在闸墩上设置交通桥。交通桥的位置应根据闸室稳定及两岸交通连接的需要而定,一般布置在闸墩的下游侧。

工作桥、交通桥可根据闸孔孔径、闸门启闭机形式及容量、设计荷载标准等具体条件来选用板式、梁板式或板拱式,其与闸墩的连接形式应与底板分缝位置及胸墙支承形式统一考虑。有条件时,可采用预制构件,现场吊装。工作桥、交通桥的梁(板)底高程均应高出最高洪水位 0.5 m 以上;如果有流冰,则应高出流冰面 0.2 m。

5.5.4 分缝与止水

5.5.4.1 分缝方式与布置

除闸室本身分缝外,凡是相邻结构荷重相差很大或结构较长、面积较大的地方也要设缝分开,如铺盖与闸室底板、翼墙的连接处及消力池与闸室底板、翼墙的连接处要分别设缝。另外,翼墙本身较长,混凝土铺盖、消力池的护坦在面积较大时也需设缝,以防产生不均匀沉陷。

5.5.4.2 止水设备

凡是具有防渗要求的缝中都应设置止水设备。对止水设备的要求是:①应防渗可靠;②应能适应混凝土收缩及地基不均匀沉降的变形;③应结构简单,施工方便。按止水所设置的位置不同可分为水平止水和铅直止水两种。水平止水和铅直止水的构造形式见图 5-28、图 5-29。两种止水交叉处的构造必须妥善处理,以便形成一个完整的止水体系。止水交叉连接也有两类,即铅直交叉和水平交叉,见图 5-30。

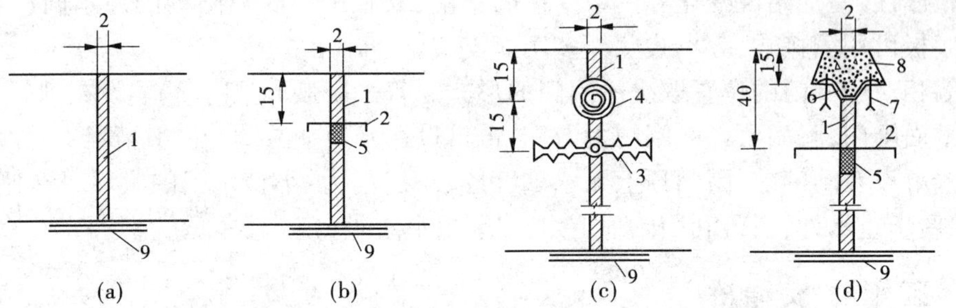

1—沥青油毛毡或沥青砂板填缝;2—紫铜片或镀锌铁片;3—塑料止水片;
4—ϕ7~10 cm 沥青油毛毡卷;5—灌沥青或用沥青麻索填塞;6—橡皮;
7—鱼尾螺栓;8—沥青混凝土;9—2~3 层沥青油毛毡,宽 50~60 cm。

图 5-28　水平止水构造　(单位:cm)

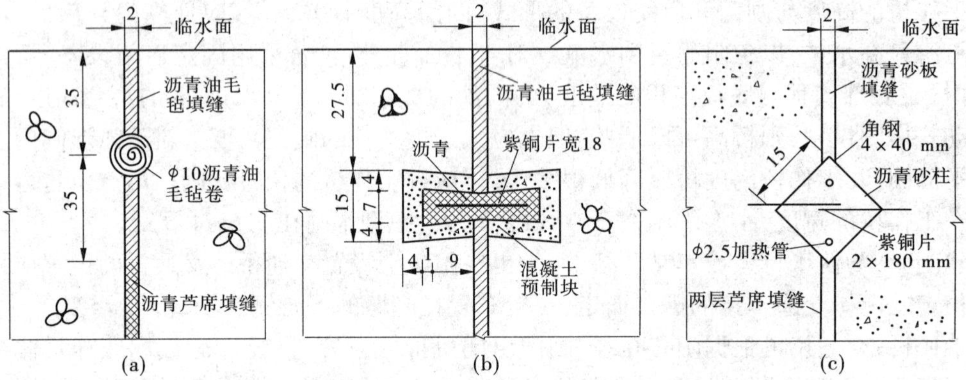

图 5-29　铅直止水构造　(单位:cm)

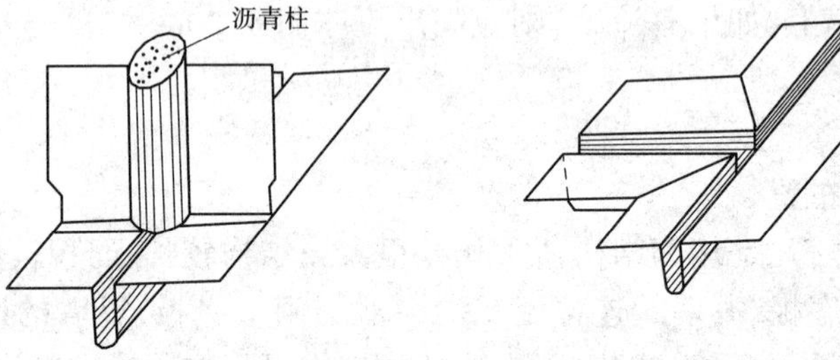

(a)铅直交叉连接　　(b)水平交叉连接

图 5-30　止水交叉构造

【任务测试】

请扫描二维码,做任务测试卷。

码 5-14　任务 5.5 测试卷

任务5.6 稳定计算及地基处理

【任务导航】

问题1:作用于水闸上的荷载有哪些?有哪些荷载组合?

问题2:如何进行闸室的抗滑稳定计算?

问题3:提高闸室抗滑稳定性的措施有哪些?

【任务解析】

5.6.1 荷载计算及其组合

5.6.1.1 荷载计算

作用在水闸上的荷载主要有自重、水重、水平水压力、淤沙压力、扬压力、浪压力、土压力等。其中,自重、水重、淤沙压力等荷载的计算方法与重力坝基本类似;扬压力中渗透压力的分布规律和计算方法见任务5.3,闸底板某一点的浮托力强度值等于该点与下游水位间的高差乘以水的容重。以下对水平水压力、浪压力、土压力等的计算进行说明。

(1)水平水压力。作用在铺盖与底板连接处的水平水压力因铺盖所用材料不同而略有差异。对于黏土铺盖,如图5-31(a)所示,a点处按静水压强计算,b点处则取该点的扬压力强度值,两点之间以直线相连进行计算。当为混凝土或钢筋混凝土铺盖时,如图5-31(b)所示,止水片以上的水平水压力仍按静水压力分布计算,止水片以下的水平水压力按梯形分布计算,c点的水平水压力强度等于该点的浮托力强度值加上e点的渗透压力强度值,d点则取该点的扬压力强度值,c、d点之间按直线连接计算。

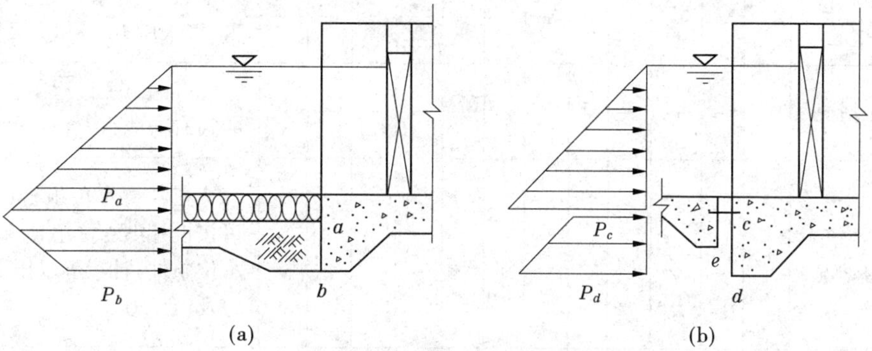

图5-31 水平水压力计算图

(2)浪压力。波长、波高和波浪中心线高出静水位高度等波浪要素的计算按莆田试验站法进行;根据风区范围内平均水深、波浪破碎的临界水深及半波长之间的关系,判别属深水波、浅水波或破碎波,分别用相应公式进行浪压力计算。

(3)土压力。应根据填土性质、挡土高度、填土内的地下水位、填土顶面坡角及超载等计算确定。对于向外侧移动或转动的挡土结构,可按主动土压力计算;对于保持静止不动的挡土结构,可按静止土压力计算。

作用在水闸上的地震荷载、冰压力、土的冻胀力及其他荷载的计算可具体见《水闸设计规范》(SL 265—2016)。施工中各个阶段的临时荷载应根据工程实际情况确定。

5.6.1.2　荷载组合

水闸在施工、运用及检修过程中,各种作用荷载的大小、分布及出现的概率是经常变化的。因此,设计水闸时,应将可能同时作用的各种荷载进行组合。荷载组合分为基本组合与特殊组合两类。基本组合由基本荷载组成;特殊组合由基本荷载和一种或几种特殊荷载组成。但地震荷载只允许与正常蓄水位情况下的相应荷载组合。每种组合中所包含的计算情况及每种情况中所涉及的荷载见表 5-9。

表 5-9　水闸荷载组合

荷载组合	计算情况	荷载												说明
		自重	水重	静水压力	扬压力	土压力	淤沙压力	风压力	浪压力	冰压力	土的冻胀力	地震荷载	其他	
基本组合	完建情况	√	—	—	—	√	—	—	—	—	—	—	√	必要时,可考虑地下水产生的扬压力
	正常蓄水位情况	√	√	√	√	√	√	√	√	—	—	—	√	按正常蓄水位组合计算水重、静水压力、扬压力及浪压力
	设计洪水位情况	√	√	√	√	√	√	√	√	—	—	—	—	按设计洪水位组合计算水重、静水压力、扬压力及浪压力
	冰冻情况	√	√	√	√	√	√	√	—	√	√	—	√	按正常蓄水位组合计算水重、静水压力、扬压力及冰压力
特殊组合	校核洪水位情况	√	√	√	√	√	√	√	√	—	—	—	—	按校核洪水位组合计算水重、静水压力、扬压力及浪压力
	施工情况	√	—	—	—	√	—	—	—	—	—	—	√	应考虑施工过程中各个阶段的临时荷载
	检修情况	√	—	√	√	√	√	√	√	—	—	—	√	按正常蓄水位组合(必要时可按设计洪水位组合或冬季低水位条件)计算静水压力、扬压力及浪压力
	地震情况	√	√	√	√	√	√	√	√	—	—	√	—	按正常蓄水位组合计算水重、静水压力、扬压力及浪压力

注:表中"√"为需要考虑的荷载,"—"为不需要考虑的荷载。

5.6.2　闸室抗滑稳定计算

闸室抗滑稳定计算应满足的要求是:土基上沿闸室基底面的抗滑稳定安全系数不小于表 5-10 的[$K_{土}$]值;岩基上沿闸室基底面的抗滑稳定安全系数不小于表 5-11 的[$K_{岩}$]值。计算时取两相邻顺水流方向永久缝之间的闸段作为计算单元。

表5-10 [$K_{土}$]值

荷载组合		水闸级别			
		1	2	3	4、5
基本组合		1.35	1.30	1.25	1.20
特殊组合	Ⅰ	1.20	1.15	1.10	1.05
	Ⅱ	1.10	1.05	1.05	1.00

注:1.特殊组合Ⅰ适用于校核洪水位情况、施工情况及检修情况。

2.特殊组合Ⅱ适用于地震情况。

表5-11 [$K_{岩}$]值

荷载组合		按式(5-34)计算时			按式(5-36)计算时
		水闸级别			
		1	2、3	4、5	
基本组合		1.10	1.08	1.05	3.00
特殊组合	Ⅰ	1.05	1.03	1.00	2.50
	Ⅱ	1.00			2.30

注:1.特殊组合Ⅰ适用于校核洪水位情况、施工情况及检修情况。

2.特殊组合Ⅱ适用于地震情况。

5.6.2.1 计算公式

土基上的水闸闸室沿地基面的抗滑稳定计算公式为

$$K_c = \frac{f\sum G}{\sum H} \tag{5-34}$$

$$K_c = \frac{\tan\varphi_0 \sum G + c_0 A}{\sum H} \tag{5-35}$$

式中 K_c——沿闸室基底面的抗滑稳定安全系数；

f——闸室基底面与地基之间的摩擦系数,查表5-12；

$\sum H$——作用在闸室上的全部水平向荷载,kN；

φ_0——闸室基底面与土质地基之间的摩擦角,(°),查表5-13；

c_0——闸室基底面与土质地基之间的黏结力,kPa,查表5-13。

表5-12 f值

地基类别		f
黏土	软弱	0.20~0.25
	中等坚硬	0.25~0.35
	坚硬	0.35~0.45

续表 5-12

地基类别		f
壤土、粉质壤土		0.25~0.40
砂壤土、粉砂土		0.35~0.40
细砂、极细砂		0.40~0.45
中砂、粗砂		0.45~0.50
砂砾石		0.40~0.50
砾石、卵石		0.50~0.55
碎石土		0.40~0.50
软质岩石	极软	0.40~0.45
	软	0.45~0.55
	较软	0.55~0.60
硬质岩石	较坚硬	0.60~0.65
	坚硬	0.65~0.70

表 5-13 φ_0、c_0 值(土质地基)

地质地基类别	φ_0/(°)	c_0/kPa
黏性土	0.9φ	$(0.2\sim0.3)c$
砂性土	$(0.85\sim0.90)\varphi$	0

注:φ 为室内饱和固结快剪(黏性土)或饱和快剪试验测得的内摩擦角;c 为室内饱和固结快剪试验测得的黏结力。

由于式(5-34)计算简便,故在水闸设计中,特别是在水闸的初步设计阶段采用较多。对于黏性土地基上的大型水闸宜按式(5-35)进行计算。而对于土基上采用钻孔灌注桩基础的水闸,若采用式(5-35)验算沿闸室底板底面的抗滑稳定性,还应计入桩体材料的抗剪断能力。

岩基上沿闸室基底面的抗滑稳定计算可按式(5-34)或式(5-36)进行。

$$K_c = \frac{f'\sum G + c'A}{\sum H} \tag{5-36}$$

式中 f'——闸室基底面与岩石地基之间的抗剪断摩擦系数,查表 5-14;

c'——闸室基底面与岩石地基之间的抗剪断黏结力,kPa,查表 5-14。

式(5-36)中不仅考虑了闸室基底面与岩石地基之间的摩阻力,而且考虑了客观存在于闸室基底面与岩石地基之间的黏结力,因此按此公式计算显然更加合理。

当闸室承受双向水平向荷载作用时,应验算其合力方向的抗滑稳定性,其抗滑稳定安全系数应按土基或岩基分别不小于$[K_土]$值和$[K_岩]$值,见表 5-10、表 5-11。

表 5-14 f'、c'值(岩石地基)

岩石地基类别		f'	c'/MPa
硬质岩石	坚硬	1.5~1.3	1.5~1.3
	软坚硬	1.3~1.1	1.3~1.1
软质岩石	较软	1.1~0.9	1.1~0.7
	软	0.9~0.7	0.7~0.3
	极软	0.7~0.4	0.3~0.05

注:如岩石地基内存在结构面、软弱层(带)或断层的情况,f'、c'值应按现行的《水利水电工程地质勘察规范》(GB 50487—2008)选用。

5.6.2.2 提高闸室抗滑稳定性的措施

当沿闸室基底面抗滑稳定安全系数计算值小于允许值时,可采用下列一种或几种抗滑措施:①将闸门位置移向低水位一侧,或将水闸底板向高水位一侧加长,以增加水重。②适当增大闸室结构尺寸。③增加闸室底板的齿墙深度。④增加铺盖长度或帷幕灌浆深度,或在不影响防渗安全的条件下将排水设施向水闸底板靠近。⑤利用钢筋混凝土铺盖作为阻滑板,但闸室自身的抗滑稳定安全系数不应小于1.0(计算由阻滑板增加的抗滑力时,阻滑板效果的折减系数可采用0.80),阻滑板应满足抗裂要求。⑥增设钢筋混凝土抗滑桩或预应力锚固结构。

5.6.3 闸室基底应力计算

闸室基底应力应满足:在各种计算情况下,土基上闸室的平均基底应力不大于地基容许承载力,最大基底应力不大于地基容许承载力的1.2倍;闸室基底应力的最大值与最小值之比η不大于容许值[η],见表5-15。岩基上,闸室最大基底应力不大于地基容许承载力;在非地震情况下,闸室基底不出现拉应力;在地震情况下,闸室基底拉应力不大于100 kPa。

表 5-15 土基上的[η]值

地基土质	荷载组合	
	基本组合	特殊组合
松软	1.50	2.00
中等坚实	2.00	2.50
坚实	2.50	3.00

(1)对于结构布置及受力情况对称的闸孔,如多孔水闸的中间孔或左右对称的单闸孔,按式(5-37)计算。

$$P_{\substack{max\\min}} = \frac{\sum G}{A} \pm \frac{\sum M}{W} \tag{5-37}$$

式中 P_{max}、P_{min}——闸室基底应力的最大值和最小值,kPa;

$\sum G$——作用在闸室上的所有竖向荷载(包括闸室基底面上的扬压力),kN;

A——闸室基底面的面积,m^2;

$\sum M$——作用在闸室上的所有竖向和水平向荷载对基础底面垂直水流方向的形心轴的力矩和,kN · m;

W——闸室基底面对该底面垂直水流方向的形心轴的截面矩,m^3。

(2)对于结构布置及受力情况不对称的闸孔,如多孔闸的边闸孔或左右不对称的单闸孔,按双向偏心受压式(5-38)计算。

$$P=\frac{\sum G}{A}\pm\frac{\sum M_x}{W_x}\pm\frac{\sum M_y}{W_y} \tag{5-38}$$

式中　$\sum M_x$、$\sum M_y$——作用在闸室上的所有竖向和水平向荷载对基础底面形心轴 x、y 轴的力矩和,kN · m;

W_x、W_y——闸室基底面对该底面形心轴 x、y 轴的截面矩,m^3。

5.6.4　地基沉降校核

由于土基压缩变形大,容易引起较大的地基沉降。较大的均匀沉降可能会使闸顶部高程不足;过大的不均匀沉降,将导致闸室倾斜、产生裂缝、止水破坏,甚至断裂等。因此,在研究地基稳定时,应进行地基的沉降校核,以保证水闸的安全和正常运用。

目前,我国水利系统多数是根据土工试验提供的压缩曲线(如 $e\sim p$ 压缩曲线或 $e\sim p$ 回弹压缩曲线)采用分层总和法计算地基沉降。

根据工程实践,天然土质地基上水闸地基的允许最大沉降量为 15 cm,相邻部位的允许最大沉降差为 5 cm。当软土地基上的水闸地基沉降计算不满足上述要求时,可以考虑采取以下一种或几种措施:①采用沉降缝隔开;②改变基础形式或刚度;③调整基础尺寸与埋置深度;④必要时对地基进行人工加固;⑤安排合适的施工程序,严格控制施工进度;⑥变更结构形式(采用轻型结构或静定结构等)或加强结构刚度。

5.6.5　地基处理

水闸地基处理的目的是:提高地基的承载能力和稳定性;减小或消除地基的有害沉陷,防止地基渗透变形。当天然地基承载能力、稳定和变形任何一方面不能满足要求时,就应根据工程具体情况进行地基处理。对于软弱地基,常用的地基处理方法有:

(1)强力夯实法。通过夯实机械对天然地基土进行强力夯实,以增加地基承载力,减小沉降量,提高抗震动、抗液化的能力。该法适用于透水性较好的松软地基,尤其是稍密的碎石土或松砂地基。

(2)换土垫层法。这种方法是将基底附近一定深度的软土挖除,换以砂土或紧密黏土,分层夯实而成。其主要作用是改善地基应力分布,减小沉降量。该方法适用于厚度不大的软土地基。

(3)桩基础。当闸室结构重量较大、软土层较厚、基底压力较大时,可采用桩基础。水闸桩基通常采用端承桩和端承摩擦桩两种形式。桩的根数和尺寸宜按承担底板底面以上的全部荷载确定。

(4)高速旋喷法。此法是用钻机钻孔至设计高层,然后以“射水法”用安装在钻杆下端的特殊喷嘴把高压水、压缩空气和水泥浆或其他化学浆高速喷出,搅动土体,同时钻杆边旋转边提升,使土体与浆液混合,形成柱桩,达到加固地基的目的。

【任务测试】

请扫描二维码,做任务测试卷。

码5-15　任务5.6测试卷

任务5.7　闸室结构计算

【任务导航】

问题1:闸底板有哪些结构计算方法?

问题2:闸墩的结构计算包括哪些内容?

【任务解析】

闸室是一空间结构,受力比较复杂,可用三维弹性力学有限元法对一段闸室进行整体分析。但为简化计算,一般都将其分解成底板、闸墩、胸墙、工作桥、交通桥等若干构件分别计算,并在单独计算时,考虑它们之间的相互作用。

5.7.1　底板

闸底板是整个闸室结构的基础,是全面支承在地基上的一块受力条件复杂的弹性基础板。实际工程中,一般近似地将其简化成平面问题,采用“截板成梁”的方法进行计算。因底板在顺水流方向的弯曲变形远较垂直水流方向小,故一般沿垂直水流方向截取单位宽度的板条作为梁来进行计算。由于闸门前后水重相差很大,底板所受荷载不同,常以闸门为界,分别在闸门上、下游段的中间处截取单宽板条及墩条。

土基上的闸底板按照不同的地基情况可以采用不同的计算方法:对黏性土地基或相对密度 $D_r>0.5$ 的非黏性土地基,采用弹性地基梁法;对 $D_r\leqslant0.5$ 的非黏性土地基,采用反力直线分布法;对小型水闸,常采用倒置梁法。根据经验,重要的大型水闸宜按弹性地基梁法设计,反力直线分布法校核。

岩基上闸底板的应力分析,可按弹性地基梁法中的基床系数法计算。因为岩基弹性模量较大,其单位面积上的沉降变形与所受压力之间的关系比较符合文克尔假定。

5.7.1.1　倒置梁法

倒置梁法假定闸室地基反力沿顺水流方向呈直线分布,沿垂直水流方向为均匀分布,并把地基反力当作荷载、底板当作梁、闸墩当作支座,按倒置的连续梁计算底板内力。作用在梁上的荷载有底板自重 q_1、水重 q_2、扬压力 q_3 及地基反力 σ。把上述铅直荷载进行叠加,便得到倒置梁上的均布荷载 $q=q_3+\sigma-q_1-q_2$。最后按图5-32所示的计算图,用结构力学法计算连续梁的内力,进而进行配筋。

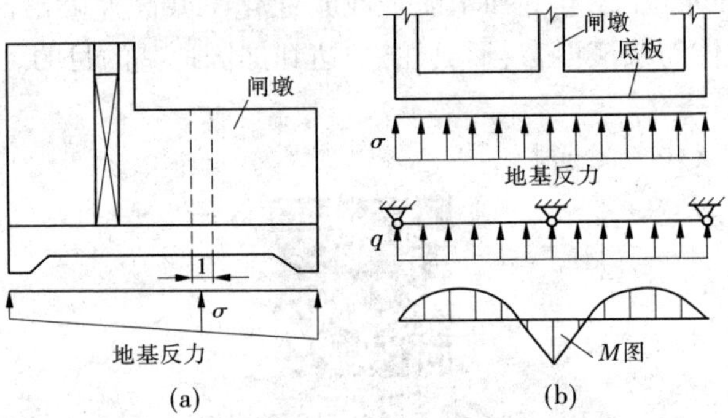

图 5-32　倒置梁法底板结构计算简图

该法的优点是计算简便。缺点是:①没有考虑底板与地基变形的协调作用;②假定底板在垂直水流方向的地基反力为均匀分布,有时与实际情况出入较大;③支座反力与闸墩铅直荷载不相等。因此,该法计算成果的误差较大,只在小型水闸设计中使用。

5.7.1.2　弹性地基梁法

弹性地基梁法认为在顺水流方向的地基反力仍呈直线变化,但在垂直水流方向不再假定地基反力呈均匀分布,认为底板和地基都是弹性体,由于两者紧密接触,故变形是相同的,即地基反力在垂直水流方向按曲线形(或弹性)分布。同时,梁在荷载及地基反力作用下,仍保持平衡。根据变形协调一致和静力平衡条件,求解地基反力和梁的内力,并且考虑底板范围以外的边荷载对梁的影响。

采用弹性地基梁法分析闸底板的应力时,还应考虑可压缩土层厚度 T 与弹性地基梁半长 $L/2$ 的比值的影响。当 $2T/L<0.25$ 时,可按基床系数法(文克尔假定)计算;当 $2T/L>2.0$ 时,可按半无限深的弹性地基梁法计算;当 $2T/L=0.25\sim2.0$ 时,可按有限深的弹性地基梁法计算。其具体计算方法和步骤如下:

(1)用偏心受压公式计算闸底在顺水流方向的地基反力。

(2)计算单宽板条上的不平衡剪力。由于顺水流方向闸室所受的荷载是不均匀的,特别是闸门前后水重相差悬殊,而地基反力是连续变化的,所以计算时应以闸门门槛作为上、下游的分界,将闸室分为上、下游两段脱离体,脱离体截面上必然产生剪力 Q 来维持平衡,该剪力称为不平衡剪力。其值由脱离体平衡条件求得,即 $Q_{上}=-Q_{下}$,而 $Q_{下}=-\sum W_{下}$($\sum W_{下}$为下游段脱离体上全部竖向荷载)。

(3)不平衡剪力 Q 的分配。不平衡剪力的分配可采用作图法或数值法求得。一般情况下,闸底板分担不平衡剪力的 10%~15%,闸墩分担不平衡剪力的 85%~90%。

(4)计算作用在弹性地基梁(单宽板条)上的荷载。

集中荷载:将闸墩上的不平衡剪力与闸墩及其上部结构的重量作为梁的集中力。

均布荷载:将分配给底板上的不平衡剪力化为均布荷载,并与底板自重、水重及扬压力等代数和相加,作为梁的均布荷载。

(5)考虑边荷载对地基梁的影响。边荷载是指计算闸段底板两侧的闸室或边闸墩后回填土及岸墙作用于地基上的荷载。《水闸设计规范》(SL 265—2016)提出:由于实际工程中水闸各单项工程基本上是同时施工的，因此无须考虑边荷载是在计算闸段底板浇筑之前还是之后施加的问题。当地基为砂性土，且边荷载使计算闸段底板内力减少时，计算百分数为50%；当边荷载使计算闸段底板内力增加时，计算百分数为100%。当地基为黏性土，且边荷载使计算闸段底板内力减少时，计算百分数为0；当边荷载使计算闸段底板内力增加时，计算百分数为100%。

(6)计算地基反力及梁的内力。根据$2T/L$判别所需采用的计算方法，然后利用已编制好的数表计算地基反力和梁的内力，进而验算强度并进行配筋。

5.7.2 闸墩

闸墩结构计算主要包括闸墩水平截面上的正应力和剪应力、平面闸门门槽或弧形闸门支座的应力计算。闸墩计算情况有运用期和检修期两种。

(1)运用期。闸门关闭，闸墩承受最大水头时的水压力(包括闸门传来的水压力)、自重、上部结构及设备重，见图5-33(a)、图5-33(b)。

(2)检修期。一孔关门检修，相邻闸孔开启时，闸墩承受侧向水压力及自重、上部结构及设备重、交通桥上车辆刹车制动力等荷载，见图5-33(c)。

5.7.2.1 闸墩水平截面上的正应力和剪应力

闸墩水平截面上的正应力和剪应力，主要包括纵向(顺水流方向)和横向(垂直水流方向)两个方向。闸墩每个高程的应力都不同，而最危险的断面则是闸墩与底板的接触面。因此，主要以墩底截面为控制应力截面，将闸墩视为固结于闸底板上的悬臂结构，近似按材料力学中的偏心受压公式进行应力分析。

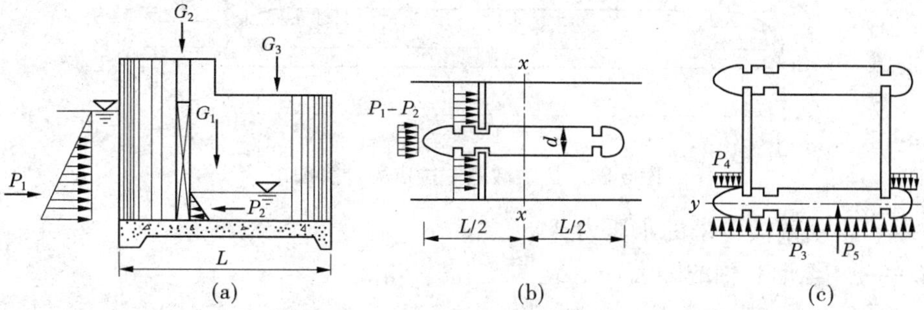

P_1、P_2—上、下游水平水压力；P_3、P_4—闸墩两侧横向水压力；P_5—交通桥上车辆刹车制动力；

G_1—闸墩自重；G_2—工作桥及闸门重；G_3—交通桥重。

图5-33 闸墩结构计算示意图

1. 闸墩水平截面上的正应力计算

运用期

$$\sigma_{\substack{\max\\\min}} = \frac{\sum G}{A} \pm \frac{\sum M_x}{I_x}\frac{L}{2} \tag{5-39}$$

检修期

$$\sigma_{\substack{\max\\\min}} = \frac{\sum G}{A} \pm \frac{\sum M_y}{I_y}\frac{d}{2} \tag{5-40}$$

式中 $\sum G$——计算截面以上全部竖向力的总和，kN；

A——计算截面的面积,m^2;

$\sum M_x$、$\sum M_y$——计算截面以上各力对截面垂直水流方向和顺水流方向形心轴 x、y 轴的力矩总和,kN · m;

I_x、I_y——计算截面对其形心轴 x、y 轴的惯性矩,m^4;

d——墩厚,m;

L——闸墩长度,m。

2. 闸墩水平截面上的剪应力计算

$$\tau = \frac{QS}{Ib} \tag{5-41}$$

式中 Q——作用在墩底计算截面上顺水流方向和垂直水流方向的剪力,kN;

S——计算截面以外的面积对形心轴 x、y 轴的面积矩(方向与 Q 垂直),m^3;

I——计算截面对其形心 x、y 轴的惯性矩,m^4;

b——计算截面处的墩厚,m。

3. 边墩(包括缝墩)墩底主拉应力计算

闸门关闭时,由于受力不对称(见图 5-34),墩底受纵向剪力和扭矩的共同作用,产生较大的主拉应力。由于扭矩 M_n 作用,在 A 点产生的剪应力近似为

$$\tau = \frac{M_n}{0.4d^2L} \tag{5-42}$$

$$M_n = Pd_1 \tag{5-43}$$

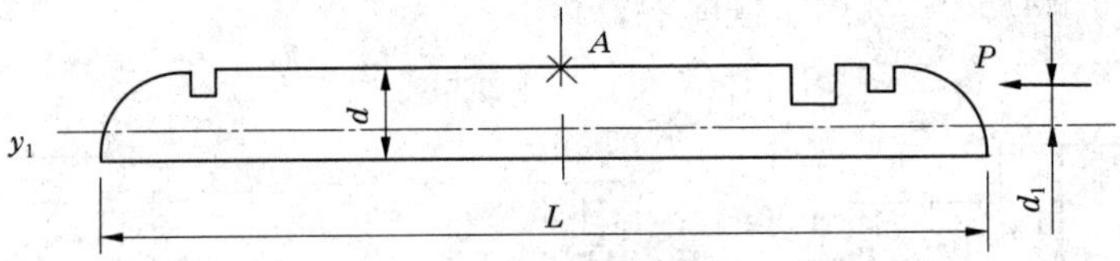

图 5-34 边墩墩底主拉应力计算图

式中 P——半扇闸门传来的水压力,kN;

d_1——P 至形心轴的距离,m;

d、L——墩宽与墩长,m。

纵向剪应力的近似值为

$$\tau_2 = \frac{3P}{2dL} \tag{5-44}$$

A 点的主拉应力为

$$\sigma_{z1} = \frac{\sigma}{2} \pm \frac{1}{2}\sqrt{\sigma^2 + 4(\tau + \tau_2)^2} \tag{5-45}$$

式中 σ——边墩(或缝墩)的墩底正应力(以压应力为负)。

σ_{z1} 不得大于混凝土的允许拉应力,否则应配受力钢筋。

5.7.2.2 平面闸门闸墩的门槽应力计算

平面闸门门槽颈部因受闸门传来的水压力而产生拉应力,过去常假定该拉应力完全

由钢筋承担,以致造成浪费。实际上应该考虑闸墩水平截面上的剪应力影响,它承担着一部分拉应力,这样可以减少钢筋用量。计算步骤如下:

(1)取 1 m 高的闸墩作为计算单元。由左、右侧闸门传来的水压力为 P,在计算单元上、下水平截面上将产生剪力 $Q_{上}$ 和 $Q_{下}$,剪力差 $Q_{下}-Q_{上}$ 应等于 P。

(2)假设剪应力在上、下水平截面上呈均匀分布,并取门槽前的闸墩作为脱离体,由力的平衡条件可求得此 1 m 高门槽颈部所受的拉力 P_1 为

$$P_1 = P\frac{A_1}{A} \tag{5-46}$$

式中 A_1——门槽颈部以前闸墩的水平截面面积,m^2;

A——闸墩的水平截面面积,m^2。

(3)计算 1 m 高闸墩在门槽颈部所产生的拉应力

$$\sigma = \frac{P_1}{b} \tag{5-47}$$

式中 b——门槽颈部厚度,m。

(4)闸墩配筋。当拉应力小于混凝土的容许拉应力时,可按构造要求进行配筋;否则,应按实际受力情况配筋。一般情况下,实体闸墩的应力不会超过墩体材料的容许应力,只需在闸墩底部及门槽配置构造钢筋。闸墩底部一般配Φ 10~14 mm、间距 25~30 cm 的垂直钢筋,下端深入底板 25~30 倍的钢筋直径,上端伸至墩顶或底板以上 2~3 m 处截断。水平分布钢筋一般采用Φ 8~12 mm,每米 3~4 根。

由于水压力是沿闸墩高度变化的,因此应在高度方向分段进行上述计算。此外,由于门槽承受的荷载是由滚轮或滑块传来的集中力,故还应验算混凝土的局部承压强度或配以一定数量的构造钢筋。门槽配筋见图 5-35。

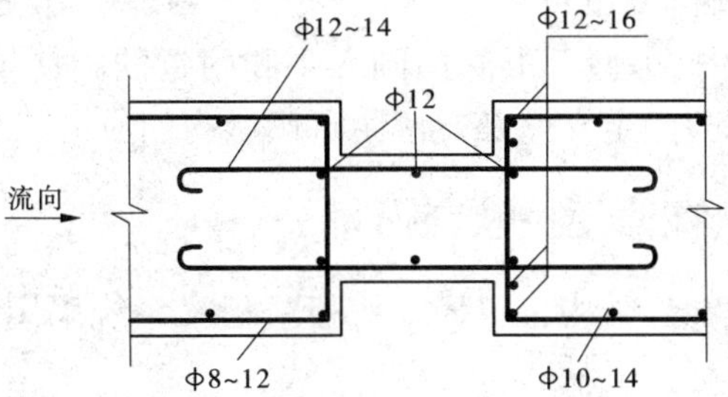

图 5-35 门槽配筋图 (单位:mm)

5.7.2.3 弧形闸门支座处应力计算

弧形闸门闸墩,除应计算底部应力外,还应验算牛腿及其附近的应力。

当闸门关闭挡水时,由弧形闸门门轴传给牛腿的作用力 R 为闸门全部水压力合力的一半,该力可分为法向力 N 和切向力 T(见图 5-36)。分析时可将牛腿视为短悬臂梁,计算它在 N 与 T 二力作用下的受力钢筋,并验算牛腿与闸墩相连处的面积是否满足要求。分力 N 使牛腿产生弯矩和剪力,分力 T 则使牛腿产生扭矩和剪力。有关牛腿的配筋计算可参阅《水工钢筋混凝土结构学》等有关书籍。

作用在弧形闸门上的水压力通过牛腿传递给闸墩，远离牛腿部位的闸墩应力仍可用前述方法进行计算，但牛腿附近的应力集中现象则需采用弹性理论进行分析。现介绍偏光弹性试验法。

分力 N 会使闸墩产生相当大的拉应力。三向偏光弹性试验结果表明：仅在牛腿前(靠闸门一边)的约2倍牛腿宽、1.5~2.5倍牛腿高范围内(见图5-37虚线范围)的主拉应力大于混凝土的容许应力，需要配置受力钢筋，其余部位的拉应力较小，一般小于混凝土的容许拉应力，可按构造配筋或不配筋。在牛腿附近闸墩需配置的受力钢筋截面面积 A_s 可近似地按式(5-48)计算：

$$A_s = \frac{\gamma_d N'}{f_y} \tag{5-48}$$

式中 N'——大于混凝土容许拉应力范围内的拉应力总和(即图5-37虚线范围内的总拉力)，该值为(70%~80%)N，kN；

γ_d——结构系数，取1.2；

f_y——钢筋受拉强度设计值，MPa。

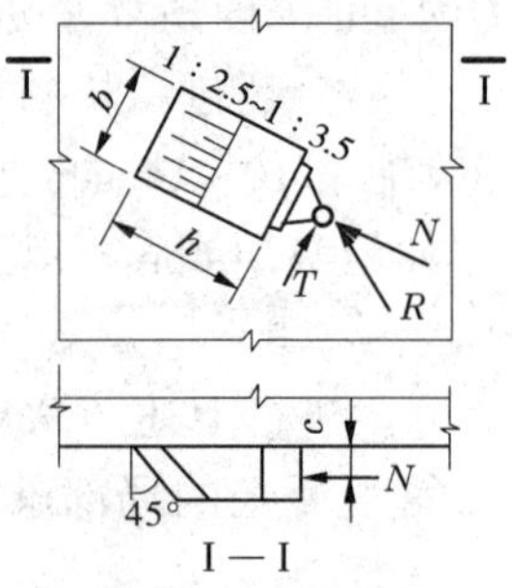

图5-36 牛腿计算图

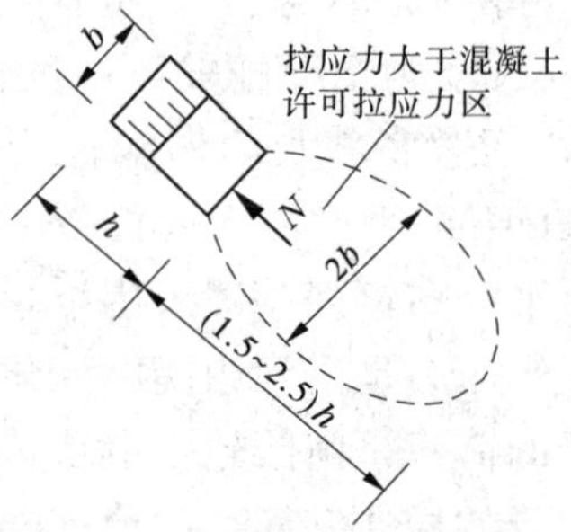

图5-37 牛腿附近的闸墩拉应力

上述成果只能作为中、小型弧形闸门闸墩牛腿附近的配筋依据，对于重要及大型水闸，需要直接通过模型试验确定支座及支座附近闸墩内的应力状态，并依此配置钢筋。

5.7.3 胸墙、工作桥、检修便桥及交通桥等

可根据各自的支承情况、结构布置形式按板或板梁系统采用结构力学的方法进行结构计算，具体计算可参考有关文献。

【任务测试】

请扫描二维码，做任务测试卷。

码5-16 任务5.7测试卷

任务5.8 两岸连接建筑物

【任务导航】

问题1:连接建筑物有哪些作用?

问题2:连接建筑物有哪些布置形式?

问题3:连接建筑物有哪些结构形式和构造?

码5-17 微课:两岸连接建筑物

【任务解析】

5.8.1 连接建筑物的作用

水闸两端与河岸或堤、坝等建筑物的连接处,需设置连接建筑物,它们包括上、下游翼墙,边墩或岸墙、刺墙和导流墙等。其作用是:①挡住两侧填土,维持土坝及两岸的稳定,防止过闸水流的冲刷;②引导水流平顺进闸,并使出闸水流均匀扩散;③阻止侧向绕渗,防止与其相连的岸坡或土坝产生渗透变形。

两岸连接建筑物的工程量占水闸总工程量的15%~40%,闸孔愈少,所占比重愈大。因此,应十分重视其形式的选择和布置。

5.8.2 连接建筑物的布置形式

5.8.2.1 上、下游翼墙

边墩或岸墙向上、下游延伸,便形成了上、下游翼墙。上、下游翼墙在顺水流方向上的投影长度,应分别等于或大于铺盖及消力池的长度。在有侧向防渗要求的条件下,上、下游翼墙的墙顶高程应分别高于上、下游最不利运用水位。上、下游翼墙宜与闸室及两岸岸坡平顺连接,其平面布置形式通常有以下几种。

(1)圆弧或椭圆弧形翼墙[见图5-38(a)]。从边墩两端开始,用圆弧或1/4椭圆弧形直墙插入两岸。一般上游圆弧半径为20~50 m,下游圆弧半径为30~50 m。其优点是水流条件好;缺点是施工复杂,工程量大。该形式翼墙适用于水位差及单宽流量大、闸身高、地基承载力较低的大、中型水闸。

(2)反翼墙[见图5-38(b)]。翼墙向上、下游延伸一定距离后,转90°插入两岸,转弯半径一般采用2~5 m。上游翼墙的收缩角不宜大于12°~18°,下游翼墙的平均扩散角一般采用7°~12°,以免出闸水流脱离边壁,产生回流,挤压主流,冲刷下游河道。其优点是水流条件较好,防渗效果好;缺点是工程量大,造价较高。该形式翼墙适用于大、中型水闸。小型水闸也可采用一字形布置形式。

(3)扭曲面翼墙[见图5-38(c)]。翼墙的迎水面自闸室连接处开始,由垂直面逐渐变化为倾斜面,直至与河岸同坡度相接。其优点是水流条件好,工程量较小;缺点是施工较麻烦,当墙后填土质量不好时,易产生不均匀沉降,使翼墙产生裂缝,甚至断裂。该形式翼墙一般在渠系工程中采用较多。

(4)斜降翼墙[见图5-38(d)]。翼墙在平面上呈八字形,翼墙的高度随着其向上、下游方向延伸而逐渐降低,直至与河底相接。其优点是工程量少,施工方便;缺点是防渗效

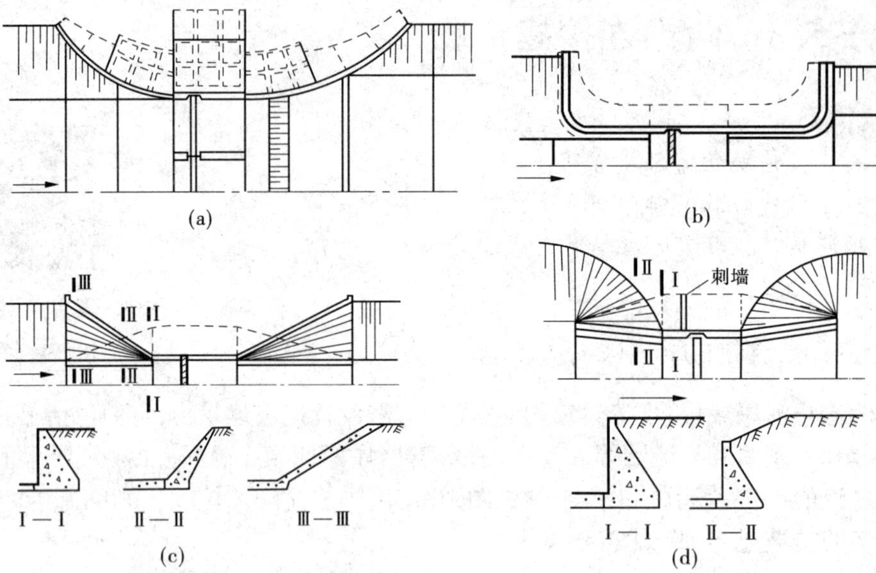

图 5-38　翼墙平面布置形式

果差，水流易在闸孔附近产生立轴漩涡，冲刷堤岸。该形式翼墙常用于小型水闸。

5.8.2.2　**边墩和岸墙**

边墩是闸室靠近两岸的闸墩，而岸墙则是设在边墩后面的一种挡土结构。其布置形式与闸室结构情况及地基条件等因素有关，通常有以下几种。

(1)边墩与岸墙结合。当闸室不太高、地基承载力较大时，一般不另修岸墙，利用边墩直接与两岸或土坝连接。边墩与闸室连成整体或用缝分开，见图 5-39。此时，边墩除起支承闸门及上部结构、防冲、防渗、导水作用外，还要起挡土作用。

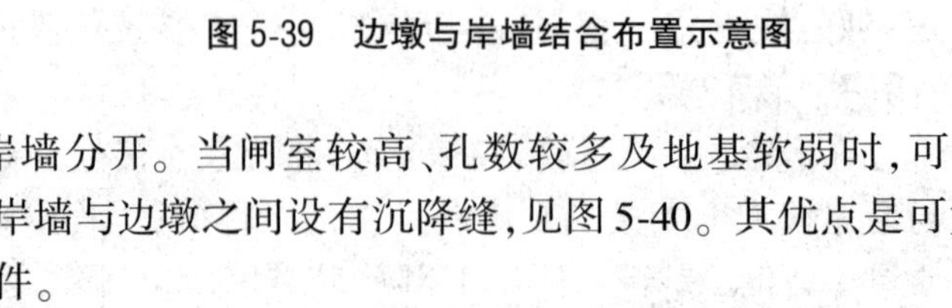

图 5-39　边墩与岸墙结合布置示意图

(2)边墩与岸墙分开。当闸室较高、孔数较多及地基软弱时，可在边墩后面另设岸墙，起挡土作用，岸墙与边墩之间设有沉降缝，见图 5-40。其优点是可大大减轻边墩负担，改善闸室受力条件。

(3)边墩或岸墙部分挡土。当地基承载力过低时，可利用边墩或岸墙的下部挡土，并在边墩或岸墙的后面设置与其垂直的刺墙进行挡水。墙(墩)后填土至一定高度，再以一定的坡度到达堤顶，见图 5-41。

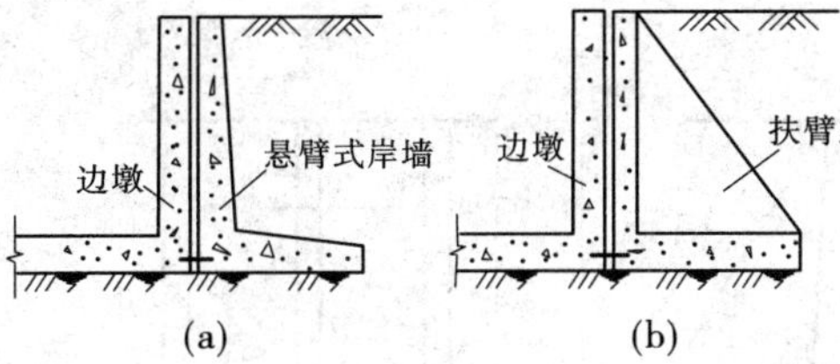

图5-40 边墩与岸墙分开布置示意图

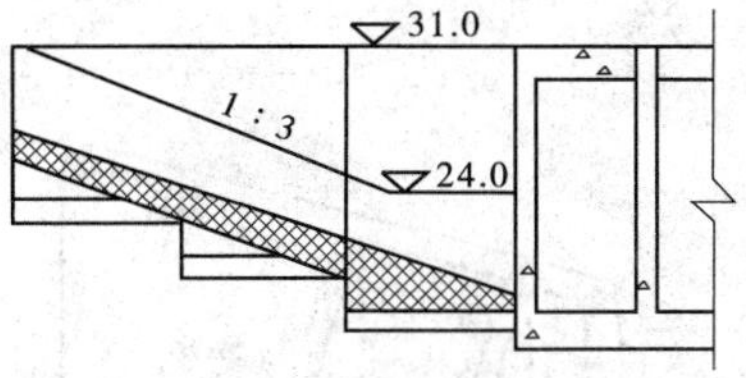

图5-41 边墩或岸墙部分挡土形式

码5-18 微课：连接建筑物的结构形式和构造

5.8.3 连接建筑物的结构形式和构造

两岸连接建筑物的受力状态和结构形式与一般挡土墙基本相同,常用的结构形式有重力式、半重力式、衡重式、悬臂式、扶壁式、空箱式和连拱空箱式等,但在水闸工程中应用最多的是重力式、悬臂式、扶壁式和空箱式四种。

5.8.3.1 重力式

重力式挡土墙是用混凝土或浆砌石等材料筑成,主要依靠自重来维持稳定的一种结构形式,见图5-42。其特点是可就地取材,结构简单,施工方便,材料用量大。该形式适用于地基较好、墙高为6 m以下的挡土墙。

5.8.3.2 悬臂式

悬臂式挡土墙是由直墙和底板组成的主要利用底板上填土维持稳定的一种钢筋混凝土轻型挡土结构。其断面用作翼墙时为倒T形,用作岸墙时则为L形,见图5-43。其优点是结构尺寸小,自重轻,构造简单,挡土墙适宜高度为6~10 m。

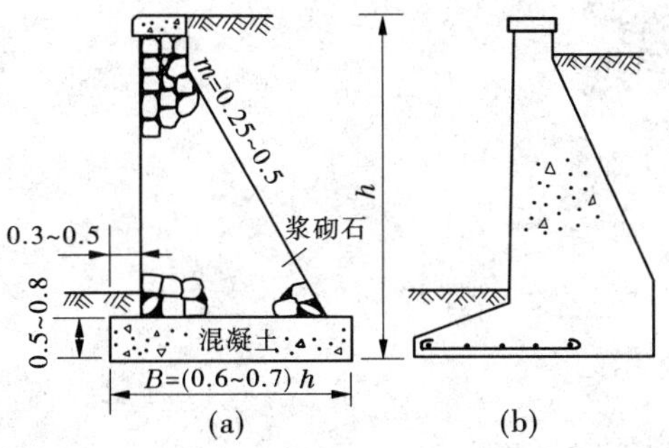

图5-42 重力式挡土墙 （单位：m）

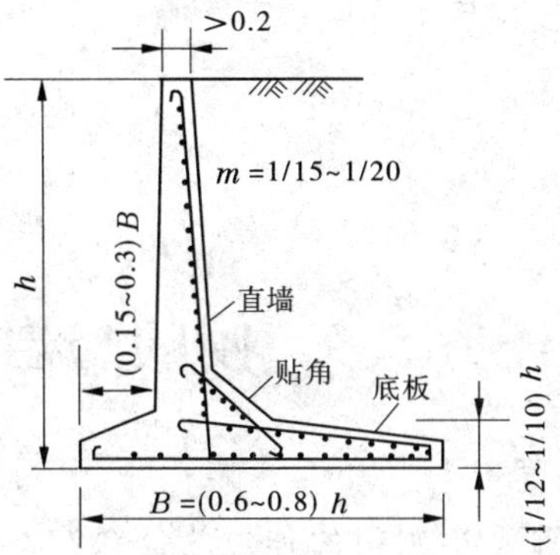

图5-43 悬臂式挡土墙 （单位：m）

5.8.3.3 扶壁式

扶壁式挡土墙通常采用钢筋混凝土修建,也是一种轻型结构,它由直墙、扶壁及底板三部分组成,利用扶壁和直墙共同挡土,并可利用底板上的填土维持稳定,适用于墙高大于10 m的坚实或中等坚实的地基上,见图5-44。当直墙高度在6.5 m以内时,直墙和扶壁可采用浆砌石结构。

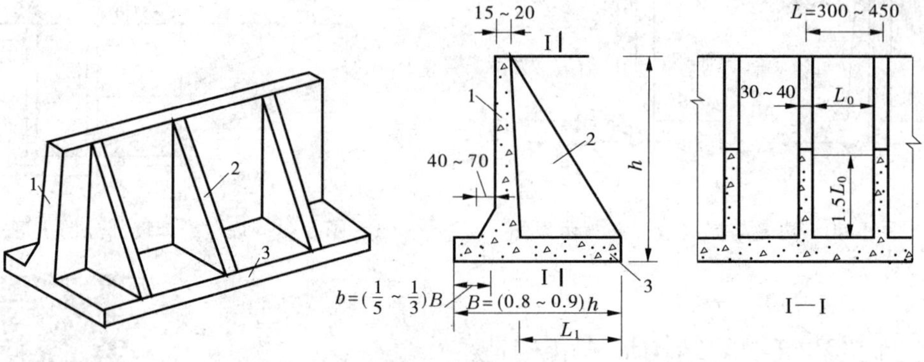

1—直墙;2—扶壁;3—底板。

图 5-44　扶壁式挡土墙　(单位:cm)

5.8.3.4　空箱式

空箱式挡土墙也是一种轻型结构,由顶板、底板、前墙、后墙、扶壁和隔墙等组成,底板宽度一般为墙高的 0.8~1.2 倍,箱内不填土或填少量的土,但可以进水,主要依靠墙体本身的重量和箱内部分土重或水重维持其稳定性。其特点是作用于地基上的单位压力较小,且分布均匀,故适用于墙的高度很大且地基允许承载力较低的情况。但其结构复杂,需用较多的钢筋和木材,施工麻烦,造价较高。因此,在某些较差的松软地基上采用扶壁式挡土墙还不能满足设计要求的情况下,宜采用空箱式挡土墙。

【任务测试】

请扫描二维码,做任务测试卷。

码 5-19　任务 5.8 测试卷

任务 5.9　闸门与启闭机

【任务导航】

问题 1:闸门的作用是什么? 由几部分组成?

问题 2:如何进行闸门分类和选型?

问题 3:启闭机有哪些类型? 各自由哪些部分组成?

【任务解析】

5.9.1　闸门

码 5-20　微课:闸门与启闭机

闸门是水闸的重要组成部分,其作用是控制水位、调节流量,以及通航、过木、排砂等。闸门设计应满足安全经济、操作灵活、止水可靠及过水平顺等要求,并且应尽量避免闸门产生空蚀和震动现象。

5.9.1.1 闸门的组成

闸门结构一般由活动部分、埋固部分和悬吊设备三部分组成。活动部分主要是由面板、梁格系统组成的门体结构;埋固部分是预埋在闸墩和胸墙等结构内部的固定构件;悬吊设备是指连接闸门和启闭设备的拉杆或牵引索等。

5.9.1.2 闸门的分类与选型

(1)闸门按结构形式可分为平面闸门、弧形闸门。平面闸门按提升方式不同可分为直升式和升卧式两种。直升式平面闸门(见图5-45),其优点是门体结构简单,可吊出孔口进行检修,所用闸墩长度较短,也便于采用移动式启闭机;缺点是闸门的启闭力较大,工作桥较高,门槽处也易发生空蚀现象。这种闸门形式应用很普遍。升卧式平面闸门提升时,先沿铅垂轨道直升,再在自重和吊绳组成的倾翻力矩作用下继续沿弧形轨和斜轨逐步向下游或上游倾翻,最后全开时闸门平卧在闸墩顶部。其优点是工作桥高度小,可以降低造价,提高抗震性能;缺点是由于闸门的吊点一般设在闸门底部的上游一侧,长期浸入水中,易于锈蚀,且闸门除锈、涂漆也较困难。

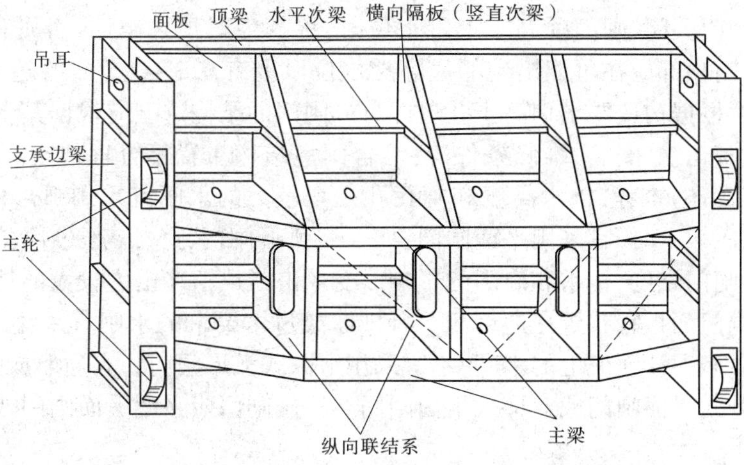

图5-45 直升式平面闸门门叶结构布置图

弧形闸门(见图5-46)的挡水面板是圆弧面,启闭时绕位于弧形挡水面圆心处的支铰转动。闸门上的总水压力通过转动中心,对闸门的启闭不产生阻力矩,故启门力小,应用较广。同时,弧形闸门不设门槽,不影响孔口水流状态,且所需闸墩厚度较小,但闸墩较长,且受到侧向推力的作用。

(2)闸门按工作性质可分为工作闸门、检修闸门和事故闸门。水闸一般只设工作闸门和检修闸门。工作闸门用以控制孔口、调节水位和流量,要求其在动水中启闭;检修闸门是当工作闸门、门槽或门坎等检修时,临时挡水的闸门,通常在平压静水中启闭。

(3)闸门按所用材料可分为钢闸门、钢筋混凝土及钢丝网水泥闸门、钢木混合结构闸门、木闸门和铸铁闸门等。钢闸门具有自重轻、工作可靠的优点,在大、中型水闸中应用广泛。钢筋混凝土及钢丝网水泥闸门和铸铁闸门可节约钢材,但自重较大,增加了启闭设备

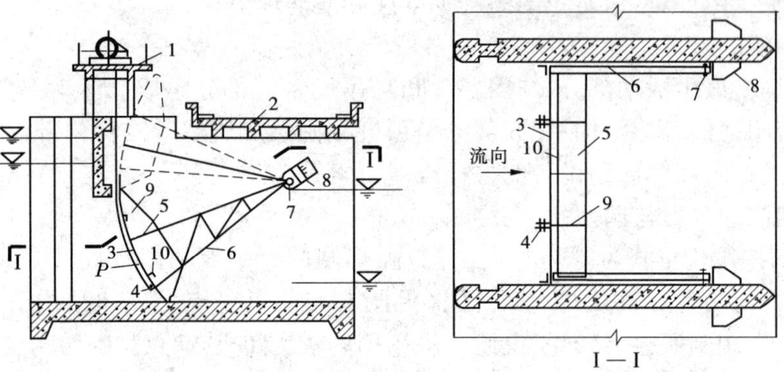

1—工作桥;2—公路桥;3—面板;4—吊耳;5—主梁;
6—支臂;7—支铰;8—牛腿;9—竖隔板;10—水平次梁。

图5-46 卷扬式启闭机的弧形闸门结构布置图

的造价,且耐久性或韧性较差,一般只用于小型水闸。木闸门和钢木混合结构闸门因其寿命短,并需要经常维护检修,目前已很少采用。

另外,当闸门关闭,闸门顶高于上游水位时,称其为露顶式闸门,否则称其为潜孔闸门。露顶式闸门顶部应在可能出现的最高挡水位以上有0.3~0.5 m的超高。对胸墙式水闸,闸门高度根据构造要求稍高于孔口即可。闸门的结构选型应根据其受力情况、控制运用要求、制作、运输、安装、维修条件等,结合闸室结构布置等合理选定。《水闸设计规范》(SL 265—2016)推荐,挡水高度和闸孔孔径均较大的水闸宜采用弧形闸门。当永久缝设置在闸室底板上时,宜采用平面闸门;如采用弧形闸门,必须考虑闸墩间可能产生的不均匀沉降对闸门强度、止水和启闭的影响。受风浪或风浪冲击力较大的挡潮闸,宜采用平面闸门,且闸门面板宜布置在迎潮侧。有排冰或过木要求的水闸宜采用平面闸门或下卧式弧形闸门;多泥沙河流上的水闸,不宜采用下卧式弧形闸门。有通航或抗震要求的水闸,宜采用升卧式平面闸门或双扉式平面闸门。检修闸门应采用平面闸门或叠梁式闸门。

5.9.2 启闭机

闸门启闭机可分为固定式和移动式两种。常用的固定式启闭机有卷扬式、螺杆式和油压式三种。移动式一般有门架式和桥式两种。启闭机的形式应根据门型、尺寸及其运用条件等因素选定。所选用启闭机的启闭力应不小于计算的启闭力,同时应符合国家现行的《水利水电工程启闭机设计规范》(SL 41—2018)所规定的启闭机系列标准。若要求短时间内全部均匀开启或多孔闸门启闭频繁,每孔应设一台固定式启闭机。

固定卷扬式启闭机,主要由电动机、减速箱、传动轴和绳鼓组成。启闭闸门时,通过电动机、减速箱和传动轴使绳鼓转动,进而使钢丝绳牵引闸门升降,并通过滑轮组的作用,使用较小的钢丝绳拉力,便可获得较大的启门力。固定卷扬式启闭机适用于闭门时不需施加压力,且要求在短时间内全部开启的闸门。一般每孔布置一台。

螺杆式启闭机主要由摇柄、主机和螺杆组成。利用机械或人力转动主机,使螺杆连同闸门上下移动,从而启闭闸门。其优点是结构简单、使用方便,价格较低且易于制造;缺点是启闭速度慢,启闭力小,一般用于小型水闸。当水压力较大,门重不足时,可通过螺杆对闸门施加压力,以便使闸门关闭到底。当螺杆长度较大(如大于 3 m)时,可在胸墙上每隔一定距离设支承套环,以防止螺杆受压失稳。

油压式启闭机主体由油缸和活塞两部分组成。活塞经活塞杆或连杆和闸门连接,改变油管中的压力即可使活塞带动闸门升降。油压式启闭机的优点是利用液压原理,可以用较小的动力获得很大的启门力;液压传动比较平稳和安全(有溢流阀,超载时起自动保护作用);机体体积小、重量轻,当闸孔较多时,可以降低机房、管路及工作桥的工程造价;较易实现遥测、遥控和自动化。其主要缺点是对金属加工条件要求较高,质量不易保证,造价较高。同时,设计选用时要注意解决闸门起吊同步的问题,否则会发生闸门歪斜卡阻的现象。

【任务测试】

请扫描二维码,做任务测试卷。

码 5-21 任务 5.9 测试卷

小 结

本项目主要讲述了水闸的类型,水闸的组成部分及其作用,水闸的工作特点,闸址选择及孔口设计;水闸的消能防冲与防护设计;闸基防渗排水设计及闸基的渗流计算;闸室稳定分析,闸室的结构计算;水闸与两岸连接建筑物。

【项目练习】

请扫描二维码,做项目练习题。

码 5-22 项目 5 练习题

项目 6　河岸溢洪道设计

【学习目标】

<table>
<tr><th>学习任务</th><th>能力目标</th><th>知识要点</th><th>素质目标</th></tr>
<tr><td>任务 6.1</td><td>掌握河岸溢洪道的定义和作用;明确溢洪道的类型和位置选择</td><td>河岸溢洪道的定义、河岸溢洪道的分类</td><td rowspan="3">培养学生坚守水利工作岗位的理想信念;具有敏锐的风险防范意识,坚持预防为主、安全第一;认真贯彻执行有关法律法规、规范标准,按章办事,履职尽责;传承新时代水利精神</td></tr>
<tr><td>任务 6.2</td><td>熟悉正槽式溢洪道的位置选择;掌握正槽式溢洪道的组成及各部分设计</td><td>引水渠、控制段、泄槽</td></tr>
<tr><td>任务 6.3</td><td>掌握侧槽式溢洪道的组成及水流特点、各部分的作用;掌握井式溢洪道、虹吸式溢洪道的组成和工作原理;掌握非常泄洪设施的类型</td><td>侧槽式溢洪道</td></tr>
</table>

【思政导引】

码 6-1　美国密歇根州大坝溃决事件的分析与思考

任务 6.1　概　述

【任务导航】

问题 1:河岸溢洪道是哪种水工建筑物?主要发挥什么作用?

问题 2:河岸溢洪道有哪些类型?

【任务解析】

在水利枢纽中,必须设置泄水建筑物。溢洪道是一种最常见的泄水建筑物,是用于排泄水库的多余水量、必要时放空水库以及施工期导流,以满足安全和其他要求而修建的建筑物。

溢洪道可以与坝体结合在一起,也可以设在坝体以外。混凝土坝一般适用于经坝体溢洪或泄洪，如各种溢流坝。此时，坝体既是挡水建筑物又是泄水建筑物，枢纽布置紧凑、管理集中，这种布置一般是经济合理的。但对于土石坝、堆石坝及某些轻型坝，一般不容许从坝身溢流或大量泄流；或当河谷狭窄而泄流量大，难以经混凝土坝泄放全部洪水时，需要在坝体以外的岸边或天然垭口处建造溢洪道（通常称河岸溢洪道）或开挖泄水隧洞。

河岸溢洪道和泄水隧洞一起作为坝外泄水建筑物，适用范围很广，除以上情况外，还有以下两种情况。

（1）坝型虽适于布置坝身泄水道，但由于其他条件的影响，仍不得不用坝外泄水建筑物的情况是：①坝轴线长度不足以满足泄洪要求的溢流前缘宽度时；②为布置水电站厂房于坝后，不容许同时布置坝身泄水道时；③水库有排沙要求，而又无法借助于坝身泄水底孔或底孔尚不能胜任时（如三门峡水库，除底孔外，又续建两条净高达 13 m 的大断面泄洪冲沙隧洞）。

（2）虽完全可以布置坝身泄水道，但采用坝外泄水建筑物的技术经济条件更有利时，也会用坝外泄水建筑物。例如：①有适于修建坝外溢洪道的理想地形、地质条件，如刘家峡水利枢纽，高 148 m 的混凝土重力坝除坝身有一道泄水孔外，还在坝外建有高水头、大流量的溢洪道和溢洪隧洞；②施工期已有导流隧洞，结合作为运用期泄水道并无困难时。

岸边溢洪道按泄洪标准和运用情况，可分为正常溢洪道（包括主、副溢洪道）和非常溢洪道，其定义和功能如下：

- 岸边溢洪道
  - 正常溢洪道——宣泄设计洪水
    - 主溢洪道——宣泄常遇洪水
    - 副溢洪道——按设计泄流量与主溢洪道泄流量之差设计
  - 非常溢洪道——宣泄超过设计标准的洪水

正常溢洪道的泄流能力应满足宣泄设计洪水的要求。超过此标准的洪水由正常溢洪道和非常溢洪道共同承担。正常溢洪道在布置和运用上有时也可分为主溢洪道和副溢洪道，但采用这种布置是有条件的，应根据地形、地质条件、枢纽布置、坝型、洪水特征及其对下游的影响等因素研究确定。主溢洪道宣泄常遇洪水，常遇洪水标准可在 20 年一遇至设计洪水之间选择。非常溢洪道在稀遇洪水时才启用，因此运行机会少，可采用较简易的结构，以获得全面、综合的经济效益。

岸边溢洪道按其结构形式可分为正槽式溢洪道、侧槽式溢洪道、井式溢洪道和虹吸式溢洪道等。在实际工程中，正槽式溢洪道被广泛应用，也较典型，为本项目的重点，其他形式的溢洪道仅做简要介绍。

【任务测试】

请扫描二维码，做任务测试卷。

码 6-2　任务 6.1 测试卷

任务 6.2 正槽式溢洪道

【任务导航】

问题1：正槽式溢洪道的位置选择受哪些因素的影响？

问题2：正槽式溢洪道由哪些部分组成？各部分发挥什么作用，如何进行构造设计？

码 6-3 动画：正槽式溢洪道

【任务解析】

6.2.1 正槽式溢洪道的位置选择

溢洪道的布置和形式应根据水库水文、坝址地形、地质、水流条件、枢纽布置、施工、运用管理及造价等因素，通过技术经济比较后确定。下面介绍地形条件、地质条件、泄洪时的水流条件、施工条件对正槽式溢洪道位置的选择的影响。

(1)地形条件。溢洪道应位于路线短和土石方开挖量少的地方。比如坝址附近有高程合适的马鞍形垭口，往往是布置溢洪道较理想之处。拦河坝两岸顺河谷方向的缓坡台地上也适于布置溢洪道。

(2)地质条件。溢洪道应尽量位于较坚硬的岩基上。当然土基上也能建造溢洪道，但要注意，位于好岩基上的溢洪道可以减轻工程量，甚至不衬砌；而土基上的溢洪道，尽管开挖较岩基容易，但衬砌及消能防冲工程量可能大得多。此外，无论如何应避免在可能坍滑的地带修建溢洪道。

(3)泄洪时的水流条件。溢洪道应位于水流顺畅且对枢纽其他建筑物无不利影响之处，通常应注意以下几个方面：①控制堰上游应开阔，使堰前水头损失小；②控制堰如靠近土石坝，其进水方向应不致冲刷坝的上游坡；③泄水陡槽在平面上最好不设弯段；④泄槽末端的消能段应远离坝脚，以免造成坝身的冲刷；⑤水利枢纽中如尚有水力发电、航运等建筑物，应尽量使溢洪道泄水时不造成电站水头的波动，不影响过船筏的安全。

(4)施工条件。使溢洪道的开挖土、石方量具有好的经济效益，如将其用于填筑土石坝的坝体；在施工布置时，应仔细考虑出渣路线及弃渣场的合理安排。此外，还要解决与相邻建筑物的施工干扰问题。

6.2.2 正槽式溢洪道的组成及各部分设计

正槽式溢洪道通常由引水渠、控制段、泄槽、出口消能段及尾水渠等部分组成，溢流堰轴线与泄槽轴线接近正交，过堰水流流向与泄槽轴线方向一致，见图6-1。其中，控制段、泄槽及出口消能段是溢洪道的主体。

码 6-4 微课：正槽式溢洪道的组成

6.2.2.1 引水渠

由于地形、地质条件限制，溢流堰往往不能紧靠库岸，需在溢流堰前开挖引水渠，将库水平顺地引向溢流堰，当溢流堰紧靠库岸或坝肩时，此段只是一个喇叭口，如图6-2所示。

为了提高溢洪道的泄流能力，引水渠中的水流应平顺、均匀，并在合理开挖的前提下减小渠中水流流速，以减少水头损失。流速应大于悬移质不淤流速，小于渠道中不冲流速，设计流速宜采用 3~5 m/s。引水渠越长，流速越大，水头损失就越大。在山高坡陡的岩体中开挖溢洪道，为了减少土石方开挖，也可采用较大的流速。例如，碧口水电站的岸边溢洪道，经技术经济比较，其引水渠的水流流速在设计情况下选用了 5.8 m/s。

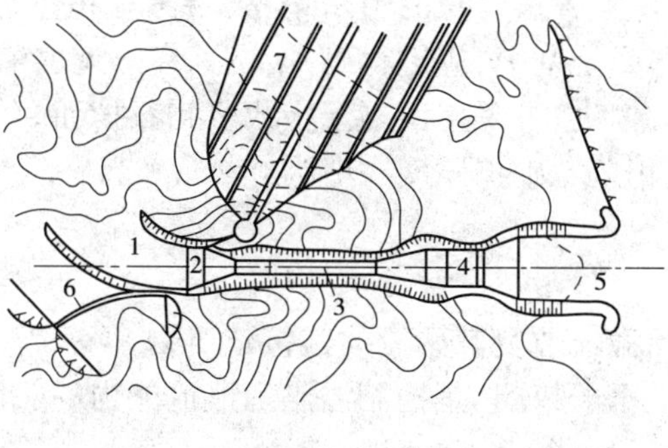

1—引水渠；2—溢流堰；3—泄槽；4—出口消能段；
5—尾水渠；6—非常溢洪道；7—土石坝。

图 6-1　正槽式溢洪道平面布置图

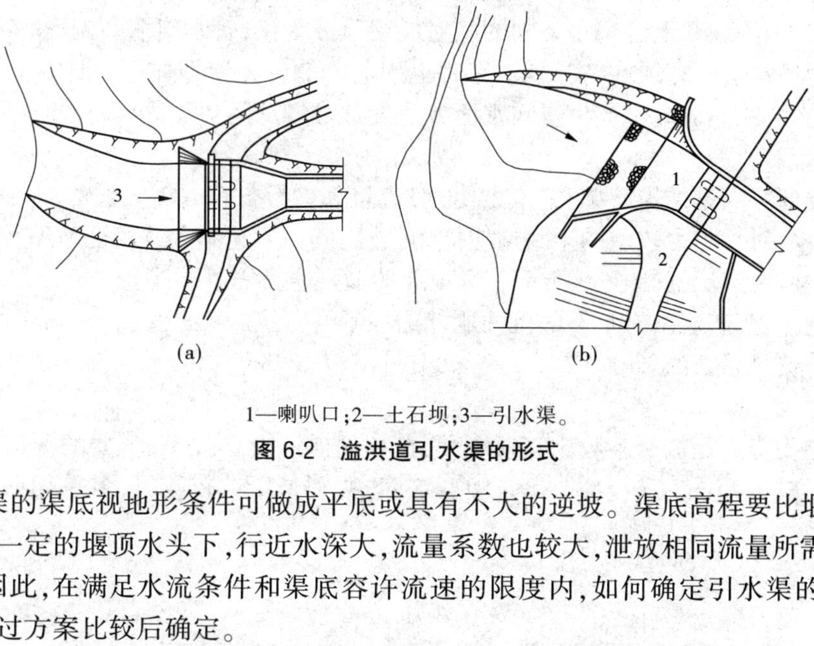

1—喇叭口；2—土石坝；3—引水渠。

图 6-2　溢洪道引水渠的形式

引水渠的渠底视地形条件可做成平底或具有不大的逆坡。渠底高程要比堰顶高程低些，因为在一定的堰顶水头下，行近水深大，流量系数也较大，泄放相同流量所需的堰顶长度要短。因此，在满足水流条件和渠底容许流速的限度内，如何确定引水渠的水深和宽度，需要经过方案比较后确定。

引水渠在平面布置上应力求平顺，避免断面突然变化和水流流向的急剧转变。通常把溢流堰两侧的边墩向上游延伸构成导水墙或渐变段，其高度应高于最高水位，这样水流能平稳、均匀地流向溢流堰，防止在引水渠中因发生漩涡或横向水流而影响泄流能力。此外，导水墙也起保护岸坡或上游邻近坝坡的作用。引水渠在平面上如需转弯，其轴线的转弯半径一般为 4~6 倍渠底宽度，弯道至溢洪道一般应有 2~3 倍堰上水头的直线长度，以便调整水流，使之均匀、平顺入堰。当堰紧靠库岸时，导水墙在平面上呈喇叭口状。引水渠前沿库面要求水域开阔，不得有山头或其他建筑物阻挡。

引水渠的横断面,在岩基上接近矩形,边坡根据岩层条件确定,新鲜岩石一般为1:0.1~1:0.3,风化岩石为1:0.5~1:1.0;在土基上采用梯形,边坡根据土坡稳定要求确定,一般选用1:1.5~1:2.5。

引水渠应根据地质情况、渠线长短、流速大小等条件确定是否需要砌护。岩基上的引水渠可以不砌护,但应开挖整齐。对长的引水渠,则要考虑糙率的影响,以免过多地降低泄流能力。在较差的岩基或土基上,应进行砌护,尤其在靠近堰前的区段,由于流速较大,为了防止冲刷和减少水头损失,可采用混凝土板或浆砌石护面。保护段长度,视流速大小而定,一般与导水墙长度相近。砌护厚度一般为0.3 m。当有防渗要求时,混凝土砌护还可兼作防渗铺盖。

6.2.2.2 控制段

溢洪道的控制段包括溢流堰及其两侧的连接建筑物。

溢流堰是水库下泄洪水的口门,是控制溢洪道泄流能力的关键部位,因此必须合理选择溢流堰的形式和尺寸。

1. 溢流堰的形式

溢流堰按其横断面形状与尺寸可分为薄壁堰、宽顶堰、实用堰(堰断面形状可为矩形、梯形或曲线形);按其在平面布置上的轮廓形状可分为直线形堰、折线形堰、曲线形堰和环形堰;按堰轴线和上游来水方向的相对关系可分为正交堰、斜堰和侧堰等。

溢流堰通常选用宽顶堰、实用堰,有时也用驼峰堰。溢流堰体形设计的要求是:尽量增大流量系数,在泄流时不产生空穴水流或诱发危险震动的负压等。

1) 宽顶堰

宽顶堰的特点是结构简单、施工方便,但流量系数较低(0.32~0.385)。由于宽顶堰堰矮,荷载小,对承载力较差的土基适应能力强,因此在泄流不大或附近地形较平缓的中、小型工程中应用广泛,如图6-3所示。宽顶堰的堰顶通常需进行砌护,对于中、小型工程,尤其是小型工程,若岩基有足够的抗冲刷能力,也可以不加砌护,但应考虑开挖后岩石表面不平整对流量系数的影响。

2) 实用堰

实用堰的优点是流量系数比宽顶堰大,在相同泄流量条件下,需要的溢流前缘较短,工程量相对较小,但施工较复杂。大、中型水库,特别是岸坡较陡时,多采用此种形式,如图6-4所示。

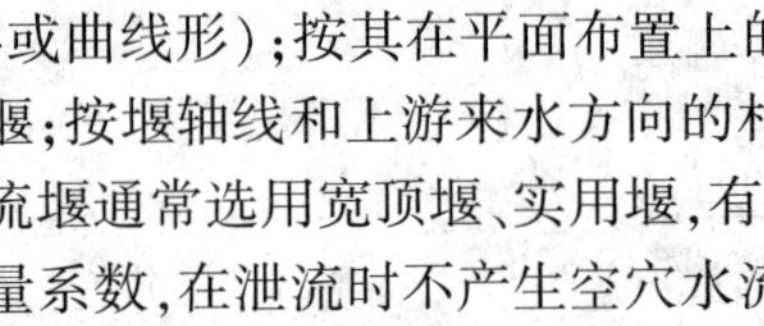

图6-3 宽顶堰

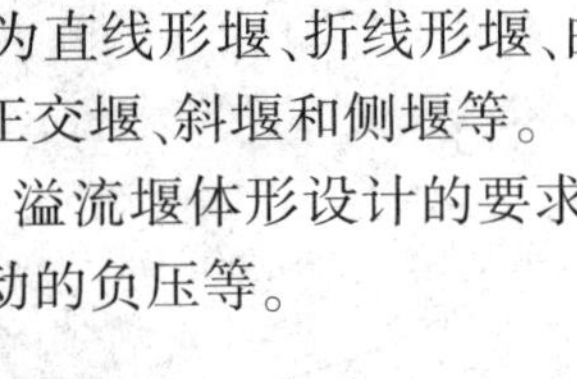

图6-4 实用堰

实用堰的断面形式很多,我国最常用的是WES型、克-奥Ⅰ型和幂次曲线型。在《溢洪道设计规范》(SL 253—2018)中建议优先选择WES型堰。为了使溢流堰具有较大的流量系数,在设计和施工中,堰高、堰面坐标、堰面曲线长度和下游堰坡均需满足规定要求;

否则,将影响流量系数或使堰面压强降低,有产生空蚀的危险。当上游堰高 P_1 和堰面曲线定型水头 H_d 的比值 $P_1/H_d>1.33$ 时,流量系数接近一个常数,不受堰高的影响,为高堰。对于低堰的标准,一般认为 $0.3<P_1/H_d<1.33$,流量系数将随 P_1/H_d 的减小而降低,因此堰高 P_1 不能过低,建议 P_1 以不低于 $0.3H_d$ 为宜。低堰的流量系数还受下游堰高 P_2 的影响,随 P_2 减小过堰水流受顶托甚至淹没,为保证堰的自由泄流状态,下游堰高 P_2 建议不大于 $0.6H_d$。对于低堰,因下游堰面水深较大,堰面一般不会出现过大的负压,不致发生破坏性空蚀和震动。因此,在设计低堰时,可选择较小的定型设计水头 H_d,使高水位时的流量系数加大,建议采用60%~75%的堰顶最大水头。表6-1给出了克-奥Ⅰ型剖面堰和WES型剖面堰流量系数随相对堰高 P_1/H_d 的变化值,可供设计时参考选用。

表6-1　随相对堰高变化的流量系数

堰面形式	P_1/H_d							
	0.2	0.3	0.4	0.6	0.8	1.0	1.2	1.33
克-奥Ⅰ型	0.446	0.460	0.469	0.480	0.485	0.485	0.485	0.485
WES型	0.480	0.485	0.488	0.492	0.496	0.499	0.501	0.502

3)驼峰堰

驼峰堰是一种复合圆弧低堰,堰体低,是我国从工程实践中总结出来的一种新堰型,如图6-5所示,驼峰堰的流量系数较大,其流量系数一般为0.40~0.46,但流量系数随堰上水头增加而有所减小。设计与施工简便,对地基要求低,适用于软弱地基。

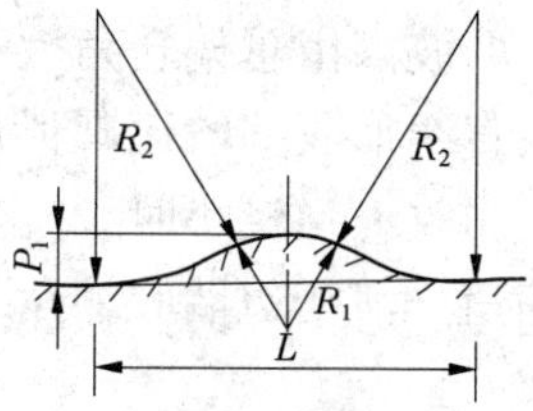

图6-5　驼峰堰

2.闸门的布置与选型

溢流堰顶可设置闸门,也可不设置闸门。不设闸门时,堰顶高程就是水库的正常蓄水位;设闸门时,堰顶高程低于水库的正常蓄水位。

一般情况下,对于大、中型水库的溢洪道,一般都设置闸门,小型水库对上游水位稍有增高所加大的淹没损失和加高坝身及其他建筑物的工程费用都不是很大,从施工简单、管理方便及节省工程费用等各方面考虑,一般都不设置闸门。

关于溢流堰设计的一些主要问题,如闸墩、边墩、防渗、排水、工作桥、交通桥等的设计,与溢流堰或水闸相类似。

3.堰顶高程和孔口尺寸的确定

确定了溢洪道位置、堰型并确定是否设置闸门之后,即可进一步确定堰顶高程、孔口尺寸(或前缘长度)。其设计方法和溢流坝相同。值得说明的是,由于进水渠的存在,特别是较长的进水渠,其上的水头损失是不能忽略的。另外,溢洪道出口一般远离坝脚,其单宽流量的选取比溢流坝所采用的数值更大些。

溢流堰前缘长度和孔口尺寸的拟定及单宽流量的选择,可参考重力坝的有关内容。拟定了上述尺寸后,选定调洪起始水位和泄水建筑物的运用方式,然后进行调洪演算,得出水库的设计洪水位和溢洪道的最大下泄量。显然,拟定的控制段基本形式、尺寸和调洪演算成果,不一定能满足上游限制水位及下游河道安全泄量的要求,同时也不一定经济、合理。在此基础上,通过分析研究再拟定若干方案,分别进行调洪计算,得出不同的水库设计洪水位和最大下泄量,并相应定出枢纽中各主要建筑物的布置尺寸、工程量和造价。最后,从安全、经济及管理运用等方面进行综合分析论证,从而选出最优方案。

6.2.2.3 泄槽

正槽式溢洪道在溢流堰后多用泄水陡槽与出口消能段相连接,以便将过堰洪水安全地泄向下游河道。泄槽一般位于挖方地段,设计时要根据地形、地质、水流条件及经济等因素合理确定其形式和尺寸。由于泄槽内水流处于急流状态,高速水流带来的一些特殊问题,如冲击波、水流掺气、空蚀和压力脉动等,均应认真考虑,并采取相应的措施。

1. 泄槽的平面布置

泄槽在平面上宜尽量成直线、等宽、对称布置,使水流平顺,避免产生冲击波等不良现象。但实际工程中受地形、地质条件的限制,有时泄槽很长,为减少开挖、衬砌工程量或避免地质软弱带等,往往做成带收缩段和弯曲段的形式。

1)收缩段

泄槽段水流属于急流,如必须设置收缩段,其收缩角也不宜太大。收缩角又可以叫扩散角,当收缩角太大时,必须进行冲击波计算,并应通过水工模型试验验证。收缩段最大冲击波波高由总偏转角大小决定,而与边墙偏转过程无关。因此,为了减小冲击波高度,采用直线形收缩段比圆弧形收缩段好。

当收缩角较小时,冲击波较小,不一定要进行冲击波计算,可直接采用经验公式计算收缩角。泄槽边墙收缩角 θ 可按如下经验公式确定:

$$\tan\theta = \frac{1}{kFr} = \frac{\sqrt{gh}}{kv} \tag{6-1}$$

式中 θ ——收缩段边墙与泄槽中心线夹角,(°);

Fr ——收缩段首、末断面的平均弗劳德数;

h ——收缩段首、末断面的平均水深,m;

v ——收缩段首、末断面的平均流速,m/s;

k ——经验系数,可取 $k=3.0$。

工程经验和试验资料表明,收缩角在 6°以下具有较好的水流状态。

2)弯曲段

泄槽弯曲段通常采用圆弧曲线,弯曲半径应大于 10 倍槽宽。弯曲段水流太复杂,不仅因受离心力作用,导致外侧水深加大、内侧水深减小,造成断面内流量分布不均,如图 6-6 所示,而且由于边墙转折,迫使水流改变方向,产生冲击波。因此,弯曲段设计的主要问题在于使断面内的流量分布趋近均匀,消除或抑制冲击波。

弯曲段的水力设计方法很多,大体可分为两类:①施加侧向力,即采取工程措施,向弯曲段水流施加作用力,使它与水流所受的离心力相平衡,以达到消除干扰的目的。渠底超高法、弯曲导流墙法等方法都属于这一类。②干扰处理法,即在曲线的起点和终点,引入与原来的干扰大小相等但相位相反的扰动,以消除原来扰动影响。复曲线段法、螺旋线过渡段法和斜坎法就是基于这个原理提出来的。

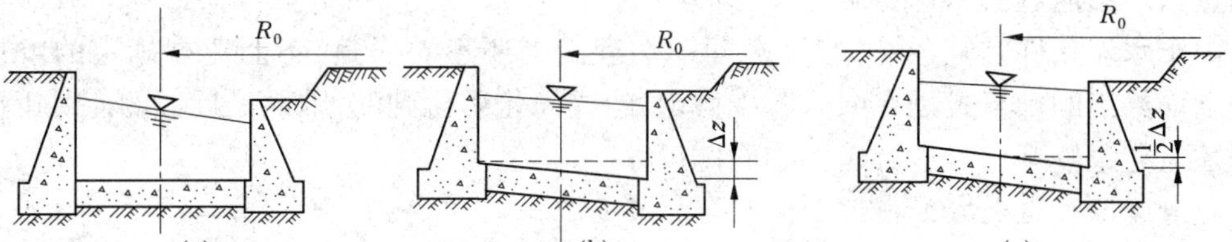

图 6-6　弯道上的泄槽

渠底超高法是在弯曲段的横剖面上,将外侧渠底抬高,造成一个横向坡度,如图 6-6(b)所示。利用重力沿横向坡度产生的分力,与弯曲段水体的离心力相平衡,以调整横剖面上的流量分布,使之均匀,改善流态,减小冲击波和保持弯曲段水面的稳定性。泄槽弯曲段外侧相对内侧的槽底超高值 Δz,可用一个由离心力方程导出的公式来表达,即

$$\Delta z = C\frac{v^2 b}{g\gamma_c} \tag{6-2}$$

式中　v——弯曲段起始断面的平均流速,m/s;

b——泄槽直段的水面宽,m;

g——重力加速度,m/s^2;

γ_c——弯曲段中线的曲率半径,m;

C——取决于水流弗劳德数、泄槽断面及弯道几何形状的系数,对于急流、矩形断面和弯曲段为简单圆弧时,C 取 2.0。

为了保持泄槽中线的原底部高程不变,以利于施工,常将内侧渠底较中线高程下降 $\Delta z/2$,而外侧渠底则抬高 $\Delta z/2$,如图 6-6(c)所示。

2. 纵剖面布置

泄槽纵剖面设计主要是决定纵坡。泄槽纵坡必须保证泄流时,溢流堰下为自由出流和槽中不发生水跃,使水流始终处于急流状态。因此,泄槽纵坡必须大于临界坡度。为了减小工程量,泄槽沿程可随地形、地质变坡,但变坡次数不宜过多,而且在两种坡度连接处,要用平滑曲线连接,以免在变坡处发生水流脱离边壁引起负压或空蚀。当坡度由缓变陡时,应采用竖向射流抛物线来连接;当坡度由陡变缓时,需用反弧连接,反弧半径应不小于 3~6 倍的变坡处水深。刘家峡水电站的右岸溢洪道,其泄槽纵坡由 6 个坡段组成,改变达 5 次之多,1969 年断续过水总时数 324 h,最大过流量 2 350 m^3/s,最大流速约 30 m/s,经检查,破坏比较严重的有 3 处,都发生在泄槽底坡由陡变缓处,底板被掀走,地基被冲刷,最深达 13 m。实践证明,泄槽变坡处易遭动水压力破坏,设计时应予重视。常用纵坡为 1%~5%,有时可达 10%~15%,在坚硬的岩基上可以更陡一些,实践中有用到 1∶1的。从地质条件讲,为保证泄槽正常运行,应将其建在岩基上,如不得已需要建在较差的地基上,则应进行必要的地基处理和采取可靠的结构措施。

3. 横断面

泄槽横断面形状与地质情况紧密相连。在非岩基上,一般做成梯形断面,边坡比为 1∶1~1∶2;在岩基上的泄槽多做成矩形或近于矩形的横断面,边坡比为 1∶0.1~1∶0.3。泄

槽的过水断面通过水力计算确定。

由于水流条件的复杂性,有许多问题在理论上还不够成熟,不能建立确定的解析关系。上面给出的计算式是在引入若干假定,经过简化后得到的,因而是近似的。对于重要工程还应通过模型试验进行选型和确定尺寸。

4. 泄槽的构造及减蚀措施

1)泄槽的衬砌

为了保护槽底不受冲刷和岩石不受风化,防止高速水流钻入岩石裂隙,将岩石掀起,泄槽都需要进行衬砌。对泄槽衬砌的要求是:衬砌材料能抵抗水流冲刷;在各种荷载作用下能够保持稳定;表面光滑平整,不致引起不利的负压和空蚀;做好底板下排水,以减小作用在底板上的扬压力;做好接缝止水,隔绝高速水流侵入底板底面,避免因脉动压力引起的破坏,要考虑温度变化对衬砌的影响,在寒冷地区对衬砌材料还应有一定的抗冻要求。

作用在泄槽底板上的力有底板自重、水压力、水流的拖曳力和扬压力等。其中,脉动压力在时间和空间上都在不断的变化,是具有随机性质的脉动量。扬压力和动水压力是影响衬砌安全的两种主要荷载。

影响泄槽衬砌可靠性的因素是多方面的,但不易确切计算。因此,衬砌设计应着重分析不同的地基、气候、水流和施工条件,选用不同的衬砌形式,并采取相应的构造措施。

(1)岩基上泄槽的衬砌。

岩基上泄槽的衬砌可以用混凝土、水泥浆砌条石或块石及石灰浆砌块石水泥浆勾缝等形式。

石灰浆砌块石水泥浆勾缝,适用于流速小于 10 m/s 的小型水库溢洪道。

水泥浆砌条石或块石,适用于流速小于 15 m/s 的中、小型水库溢洪道。但对抗冲能力较强的坚硬岩石,如果砌得光滑平整,做好接缝止水和底部排水,也可以承受 20 m/s 左右的流速。例如,福建石壁水库溢洪道,采用浆砌块石衬砌,建成后经受了 20 m/s 过水流速的考验,衬砌厚度一般为 30~60 cm。

对于大、中型工程,由于泄槽中流速较高,一般多采用混凝土衬砌。混凝土衬砌厚度不宜小于 30 cm。为防止产生温度裂缝,需要设置纵横缝,见图 6-7(a)、(b)。由于岩基的约束力较大,分缝距离不宜太大,一般为 10~15 m(当衬砌厚度较小、温度变化较大时,取小值)。靠近衬砌表面沿纵横向需配制温度钢筋,含钢率约为 0.1%。

岩基上的衬砌接缝有平接缝、搭接缝和键槽缝等形式。对垂直于水流流向的横缝比平行于水流流向的纵缝要求高,横缝一般做成搭接缝,在良好的岩基上有时也可用键槽缝,见图 6-7(c)。

施工时要做到接缝处衬砌表面平整,特别要防止下游块底板高出上游块底板。国外有小坝工程,在高流速处将紧靠横缝下游块底板的边缘降低 12.7 mm,并以 1∶12 或更缓的斜坡升高至原底板高程,收到了减小脉动压力和防止空蚀破坏的效果,可供设计参考。做好接缝止水是底板防冲的一项重要措施,止水效果好,可隔绝水流侵蚀底部。从理论上讲,没有向上的脉动压力,底板就不会失稳。对于平行于水流流向的纵缝,可适当降低要求,一般可用平接形式[见图 6-7(d)],但缝内也要做好止水。

衬砌的纵缝和横缝下面都应设置排水设施,且需要相互连通,以便将渗水集中到纵向

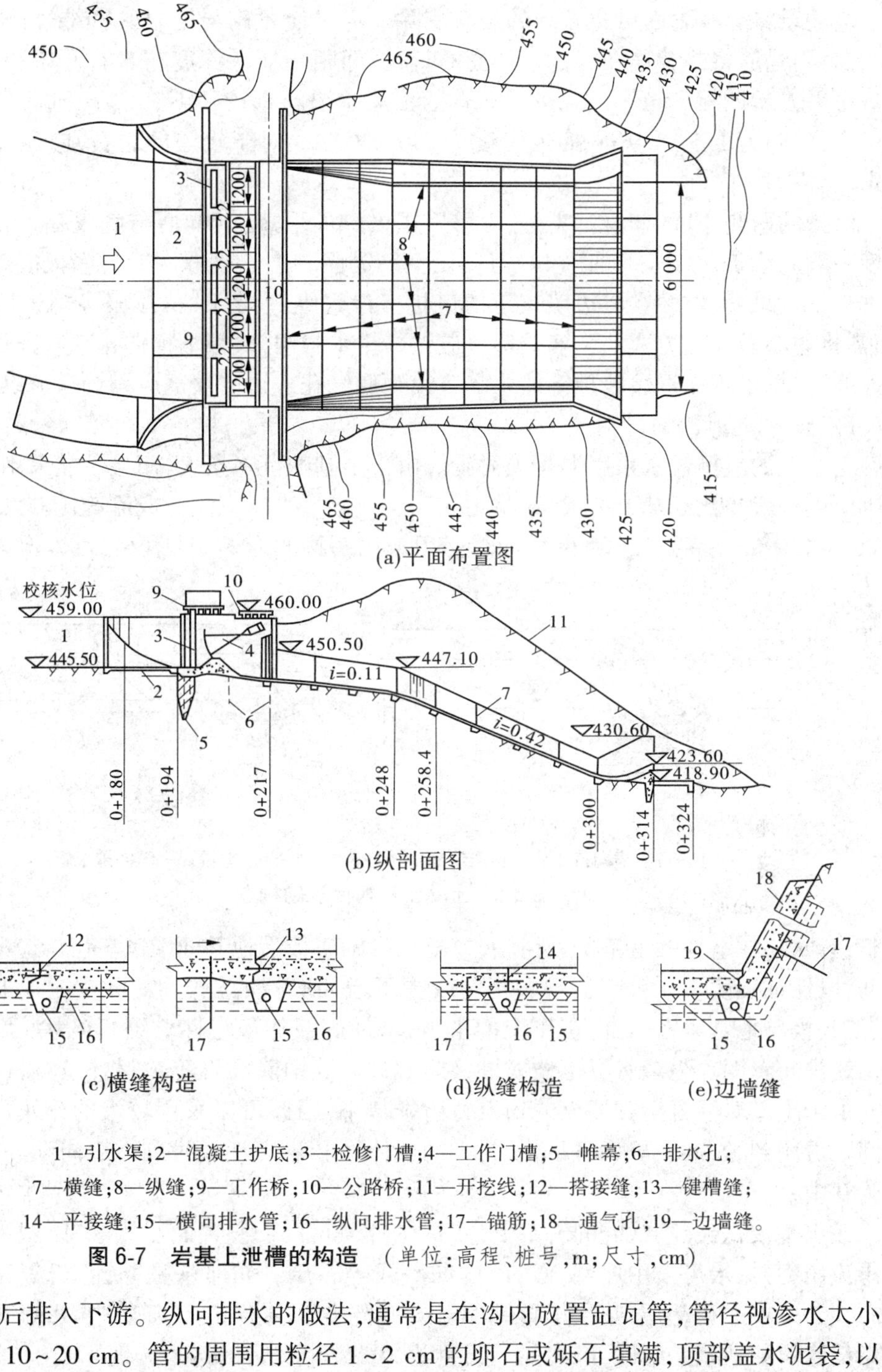

(a)平面布置图

(b)纵剖面图

(c)横缝构造 (d)纵缝构造 (e)边墙缝

1—引水渠;2—混凝土护底;3—检修门槽;4—工作门槽;5—帷幕;6—排水孔;
7—横缝;8—纵缝;9—工作桥;10—公路桥;11—开挖线;12—搭接缝;13—键槽缝;
14—平接缝;15—横向排水管;16—纵向排水管;17—锚筋;18—通气孔;19—边墙缝。

图6-7 岩基上泄槽的构造 (单位:高程、桩号,m;尺寸,cm)

排水内,然后排入下游。纵向排水的做法,通常是在沟内放置缸瓦管,管径视渗水大小而定,一般为10~20 cm。管的周围用粒径1~2 cm的卵石或砾石填满,顶部盖水泥袋,以防浇筑混凝土的灰浆进入,造成堵塞。当渗流量较小时,纵向排水也可以在岩基上开挖沟槽,沟内填不易风化的碎石或砾石,上面用水泥袋盖好,再浇混凝土。横向排水通常都是在岩表面上开挖沟槽,沟槽尺寸视渗水大小而定,一般为0.3 m×0.3 m。为防止排水管被堵塞,纵向排水管至少应有两排,以保证排水流畅。

应注意将岩基表面风化破碎的岩石挖除。为了使衬砌与基岩紧密结合,增强衬砌稳定,有时用锚筋将二者连在一起。锚筋的直径、间距和插入深度与岩石性质和节理有关,一般每平方米的衬砌范围约需要 1 cm^2 的锚筋。锚筋直径 d 不宜太小,通常采用 25 mm 或更大,间距为 1.5~3.0 m,插入深度为(40~60)d。对于较差的岩石,应通过现场试验确定。

泄槽的两侧边墙,如岩基良好,也可采用衬砌的形式,其构造与底板基本相同。衬砌厚度一般不小于 30 cm,以便浇筑,且需用钢筋锚固。边墙横缝一般与底板横缝一致。边墙本身不设纵缝,但多在与边墙接近的底板上设置纵缝,见图 6-7(e)。当岩石比较软弱时,需将边墙做成重力式挡土墙。边墙应做好排水,并与底板下横向排水管连通。为了排水通畅,在排水管靠近边墙顶部的一端应设置通气孔。边墙顶部应设置马道以利交通。

(2)土基上泄槽的衬砌。

土基上的泄槽通常采用混凝土衬砌。由于土基的沉降量大,而且不能采用锚筋,所以衬砌厚度一般要比岩基上的大,通常为 0.3~0.5 m。当单宽流量或流速比较大时,也可用到 0.7~1.0 m。混凝土衬砌的横向缝必须采用搭接的形式(见图 6-8),以保证接缝处的

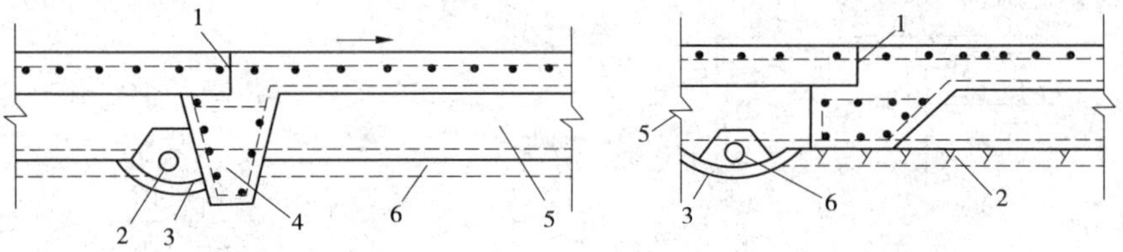

(a)横缝　　(b)纵缝

1—止水;2—横向排水管;3—灰浆垫座;4—齿墙;5—透水垫层;6—纵向排水管。

图 6-8　土基上泄槽底板的构造

平整,有时还在下块的上游侧做齿墙,以防止衬砌底板沿地基面滑动。齿墙应配置足够的钢筋,以保证强度。如果底板不够稳定或为了增加底板的稳定性,可在地基中设置锚筋桩,使底板与地基紧密结合,利用土的重力,增加底板的稳定性。图 6-9 为岳城水库溢洪道锚筋桩布置图。纵缝有时也做成搭接的形式。缝中除沥青等填料外,还需设水平止水片。由于土基对混凝土板伸缩的约束力比岩基小,因此可以采用较大的分块尺寸。纵横缝间距可用到 15 m 或更大,以增加衬砌的整体性和稳定性。衬砌需双向配筋,各向含钢率为 0.1%。

在土基或是破碎、软弱的岩基上,需要在衬砌底板下设置面层排水,以减小底板承受的渗流压力,排水可采用厚约 30 cm 的卵石或碎石层。如地基是黏性土,应先铺一层厚 0.2~0.5 m 的砂砾垫层,垫层上再铺卵石或碎石排水层;或在砂砾层中做纵横排水管,管周做反滤。如地基是细砂,应先铺一层粗砂,再做排水层,以防渗流破坏。

这里还须指出,泄槽的止水和排水都是为防止动水压力引起底板破坏和降低扬压力而采取的有力措施,对保证安全是很重要的。但在工程实践中往往因对其认识不足而被忽视,以致造成工程事故,所以必须认真做好泄槽的构造设计,认真施工。

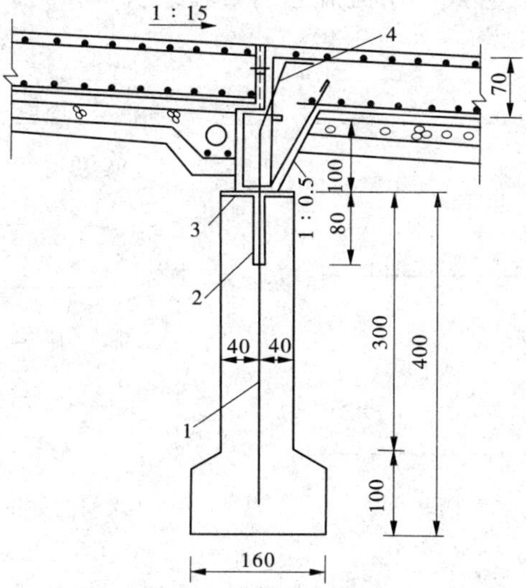

1—15 kg/m 钢轨;2—涂沥青厚 2 cm,包油毡一层;
3—沥青油毡厚 1 cm;4—直径为 32 mm 螺纹钢筋。

图 6-9 岳城水库溢洪道锚筋桩布置图 (单位:cm)

2)泄槽边墙高度的确定

泄槽边墙高度根据水深并考虑冲击波、弯道及水流掺气的影响,再加上一定的超高来确定,边墙超高一般取 0.5~1.5 m。

计算水深为宣泄最大流量时的槽内水深。

当泄槽水流表面流速达到 10 m/s 左右时,将发生水流掺气现象而使水深增加。掺气程度与流速、水深、边界糙率及进口形状等因素有关,掺气后水深可按式(6-3)进行估算:

$$h_b = \left(1 + \frac{\xi v}{100}\right) h \tag{6-3}$$

式中 h 、h_b ——泄槽计算断面的水深及掺气后的水深,m;

v ——不掺气情况下泄槽计算断面的流速,m/s;

ξ ——修正系数,可取 1.0~1.4 s/m,流速大者取大值。

3)掺气减蚀

水流沿泄槽下泄,流速沿程增大,水深沿程减小,即水流的空化数沿程递减。于是水流经过一段流程后,将产生水流空化现象。空化水流到达高压区,因空泡溃灭而使泄槽边壁遭受空蚀破坏。抗空蚀措施有掺气减蚀、优化体形、控制溢流表面的不平整度和采用抗空蚀材料等。

试验表明,通过水流掺气可消除或减轻过水边界局部负压。一般当掺气水流中空气含量为 1.5%~2.5%时,可明显减轻空蚀现象,当水中掺气 7%~8%时,可免除空蚀。掺气装置主要包括两部分:①借助于低挑坎、跌坎或掺气槽,在射流下面形成一个掺气空间;②通气系统,为射流下面的掺气空间补给空气,掺气装置的主要类型有掺气槽式、挑坎式、跌坎式、挑坎与掺气槽联合式、跌坎与掺气槽联合式,还有突扩式和分流墩式等(见

图6-10)。挑坎与掺气槽联合式的水流流态通常较跌坎式和突扩式好。

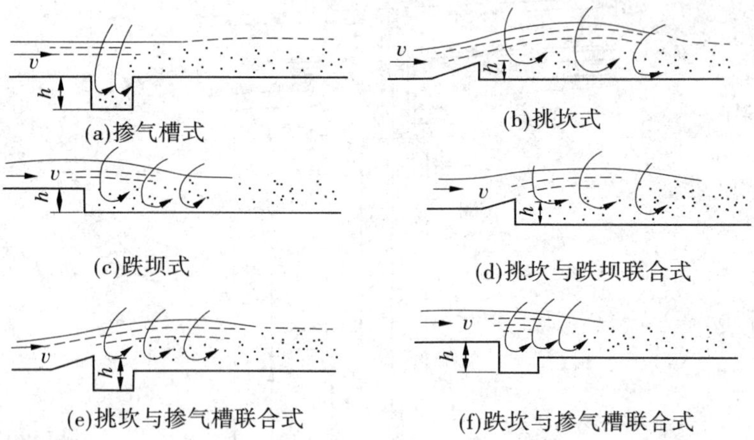

图6-10　掺气装置的主要类型

利用下泄水流形成的流体动力减压作用,可促使空气自动进入掺气空间。如果掺气空间不直接与大气相通,则必须设置通气管,通气管可埋设在边墙中。空腔压力应以保证空腔顺利进气为原则,可在−2～−14 kPa选取。通气孔面积等于通气量除以风速,最大单宽通气量宜为12~15 $m^3/(s \cdot m)$,通气管安全风速宜小于60 m/s。

通气系统在泄洪运行中必须保持空气畅通、不积水、不为泥沙所堵塞。图6-11是掺气装置进气系统的类型。

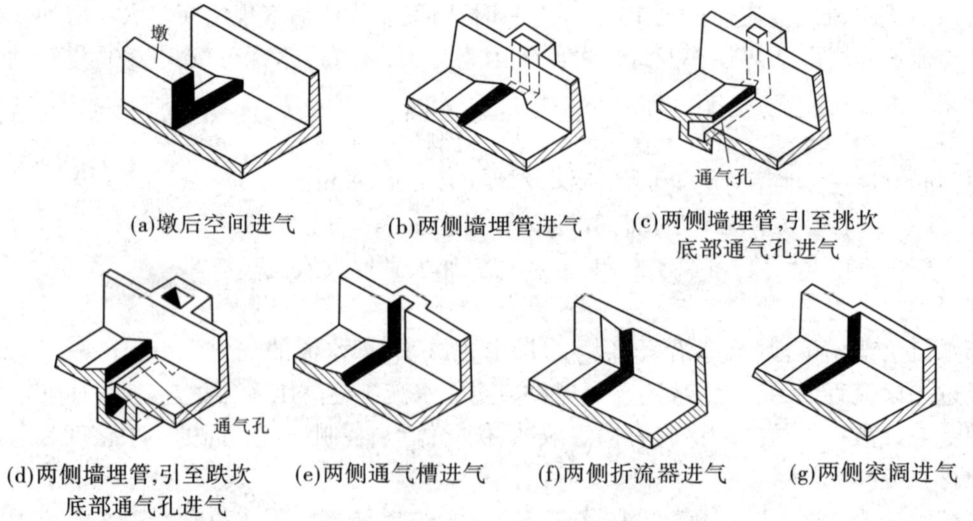

图6-11　掺气装置进气系统的类型

6.2.2.4　出口消能段及尾水渠

在较好的岩基上,一般多采用挑流消能。挑坎所受的荷载,主要是水流的离心力、水重、扬压力、脉动压力、挑坎自重等。根据这些作用力,可对挑坎进行强度验算。为了保证挑坎稳定,常在挑坎的末端做一道深齿墙,见图6-12。齿墙深度应根据冲刷坑的形状和尺寸决定,一般可达5~8 m。如冲坑再深,齿墙还应加深。挑坎的左右两侧也应做齿墙插入两侧岩体。为了加强挑坎的稳定,常用锚筋将挑坎与基岩锚固连成一体。为了防止小流量水舌不能挑射时产生贴壁冲刷,挑坎下游常做一段短护坦。为了避免在挑流水舌的下面形成真空,产生对水流的吸力,减小挑射距离,应采取通气措施,如图6-12所示的通气孔或扩大尾水渠的开挖宽度,以使空气自由流通。

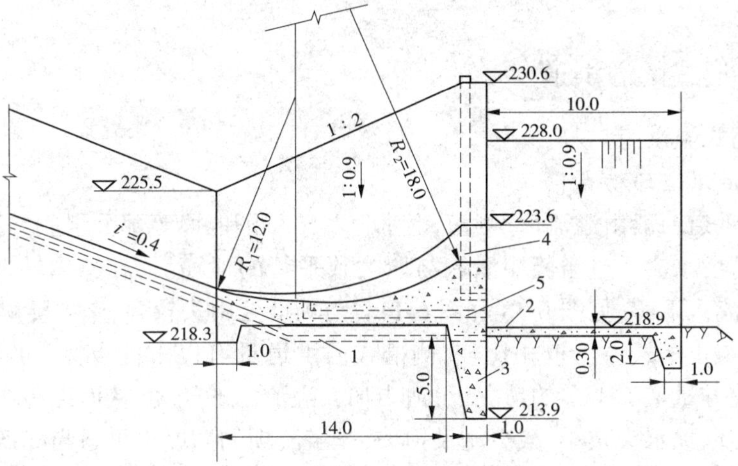

1—纵向排水管;2—护坦;3—混凝土齿墙;4—ϕ 50 cm 通气孔;5—ϕ 10 cm 排水管。

图6-12 溢洪道挑流坎布置图 (单位:m)

在土基或破碎、软弱岩基上的溢洪道,一般采用底流消能。但当泄量较小时,也可考虑采用挑流消能,如山西省境内在软基上建造了不少采用挑流消能的溢洪道,最大泄量达1 055 m^3/s,最大单宽泄流量25 $m^3/(s \cdot m)$。与采用消力池相比,挑流消能可节省工程量20%~60%,节省投资25%~50%。

由溢洪道下泄的水流应与坝脚和其他建筑物保持一定距离,且应和原河道水流获得妥善衔接,以免影响坝和其他建筑物的安全和正常运行。在有的情况下,当下泄的水流不能直接归入原河道时,需要布置一段尾水渠。尾水渠要短、直、平顺,底坡尽量接近下游原河道的平均坡降,以使下泄的水流能顺畅平稳地归入原河道。

【任务测试】

请扫描二维码,做任务测试卷。

码6-5 任务6.2测试卷

任务6.3　其他形式的溢洪道和非常泄洪设施

【任务导航】

问题1:侧槽式溢洪道有哪些特点?侧槽式溢洪道由哪些部分组成?

问题2:井式溢洪道和虹吸式溢洪道的工作原理是什么?

问题3:非常泄洪设施有哪些类型?

【任务解析】

6.3.1　其他形式的溢洪道

6.3.1.1　侧槽式溢洪道

1.侧槽式溢洪道的特点

侧槽式溢洪道一般由溢流堰、侧槽、泄水道和出口消能段等部分组成。溢流堰大致沿河岸等高线布置,水流经过溢流堰泄入与堰大致平行的泄槽后,在槽内转向约90°,经泄槽或泄水隧洞流入下游,见图6-13和图6-14。当坝址处山头较高、岸坡陡峭时,可选用侧槽式溢洪道。与正槽式溢洪道相比较,侧槽式溢洪道具有以下优点:①可以减少开挖方量;②能在开挖方量增加不多的情况下,适当加大溢流堰的长度,从而提高堰顶高程,增加兴利库容;③使堰顶水头减小,减少淹没损失,非溢流坝的高度也可适当降低。

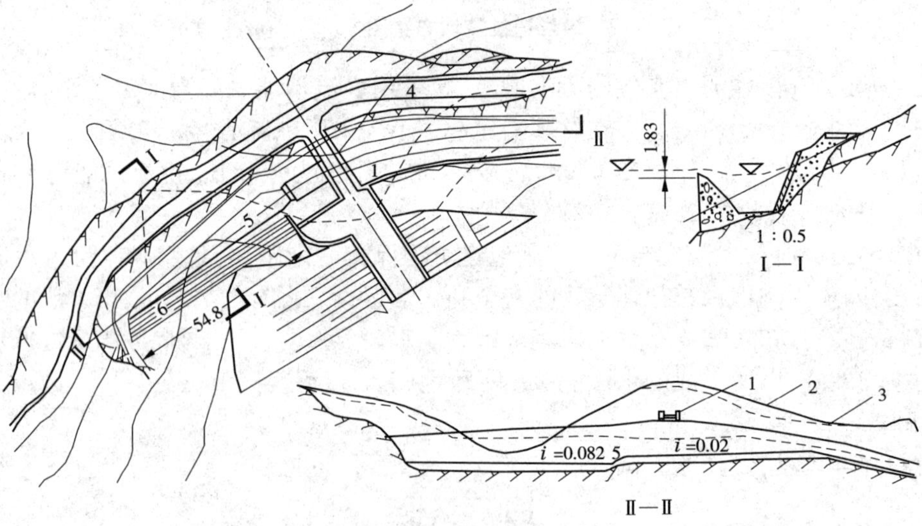

1—公路桥;2—原地面线;3—岩石线;4—上坝公路;5—侧槽;6—溢洪道。

图6-13　明渠泄水的侧槽式溢洪道　(单位:m)

侧槽式溢洪道的水流条件比较复杂,过堰水流进入侧槽后,形成横向漩滚,同时侧槽内沿流程流量不断增加,漩滚强度也不断变化,水流脉动和撞击都很强烈,水面极不平稳。

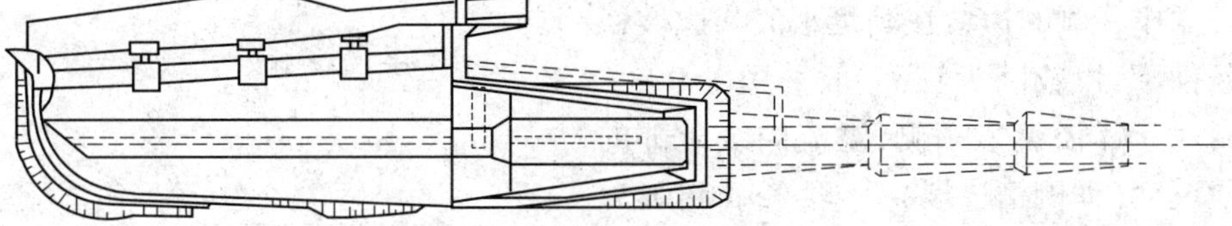

(a)平面图

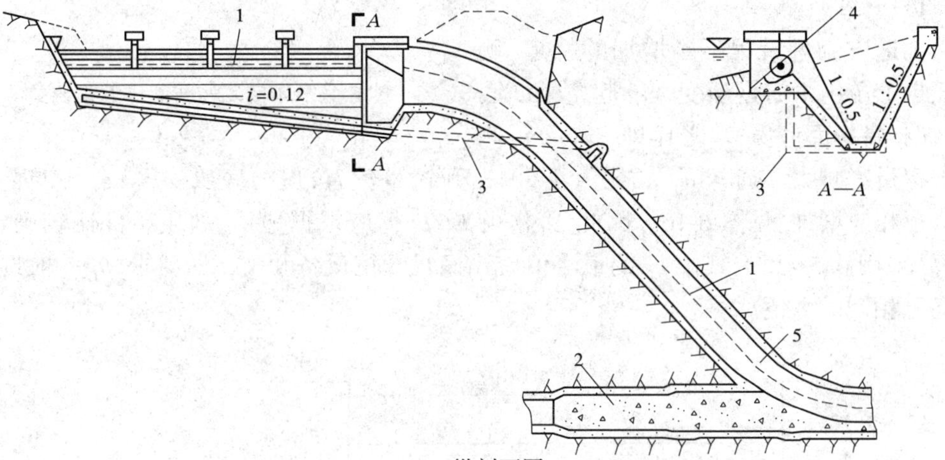

(b)纵剖面图

1—水面线;2—混凝土塞;3—排水管;4—闸门;5—泄水隧洞。

图 6-14　隧洞泄水的侧槽式溢洪道

而侧槽又多是在坝头山坡上劈山开挖的深槽,其运行情况直接关系到大坝的安全。因此,侧槽多建在完整坚实的岩基上,且要有质量较好的衬砌。除泄量较小者外,不宜在土基上修建侧槽式溢洪道。

侧槽式溢洪道的溢流堰多采用实用堰,堰顶上可设闸门,也可不设闸门。泄水道可以是泄槽,也可以是无压隧洞,视地形、地质条件而定。如果施工时用隧洞导流,则可将泄水隧洞与导流隧洞相结合。

2. 侧槽设计

根据侧槽侧向进水和沿流程流量不断增加等水流特点,侧槽设计应满足以下条件:①泄流量沿侧槽均匀增加;②由于过堰水流转向约 90°,大部分能量消耗于侧槽内水体间的漩滚撞击,认为侧槽中水流的顺槽速度完全取决于侧槽的水面坡降,故槽底应有一定坡度;③为了使槽中水流稳定,侧槽中的水流应处于缓流状态;④侧槽中的水面高程要保证溢流堰为自由出流,因为淹没出流不但影响泄流能力,而且由试验得知,当淹没到一定程度后,侧槽出口流量分布不均,容易在泄水道内造成折冲水流。

由于岸坡陡峭,窄深断面要比宽浅断面节省开挖量,如图 6-15 所示。

若窄深断面的过水面积为 ω_1,宽浅断面的过水面积为 ω_2,当 $\omega_1=\omega_2$ 时,窄深断面可节省开挖面积 ω_3;而且窄深断面容易使侧向进流与槽内水流混合,水面较为平稳。因此,在工程实践中,多将侧槽做成窄而深的梯形断面。靠岸一侧的边坡在满足水流和边坡稳定的条件下,以较陡为宜,一般采用 1∶0.3~1∶0.5;对于靠溢流堰一侧,溢流曲线下部的直线段坡度(即侧槽边坡),一般采用 1∶0.5。根据模型试验,过水后侧槽水面较高,一般不会出现负压。

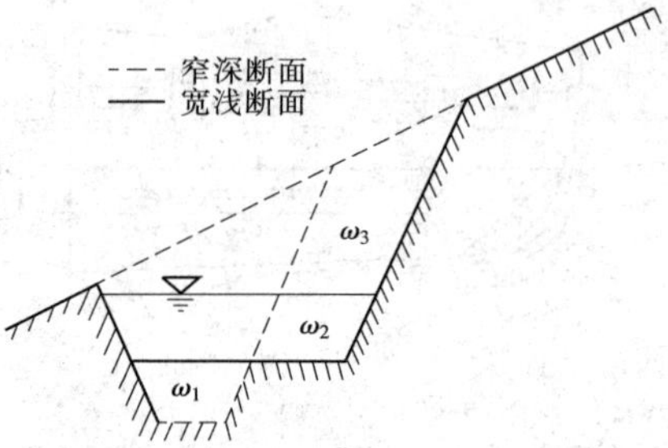

图 6-15　不同侧槽断面挖方量比较

为了适应流量沿程不断增加的特点,侧槽断面自上游向下游逐渐变宽。起始断面底宽 b_0 与末端断面底宽 b_1 之比即 b_0/b_1,对侧槽的工程量影响大。通常 b_0/b_1 比值小,侧槽开挖量较省,但槽底要挖得较深,调整段的工程量也相应增加,见图 6-16。因此,经济的 b_0/b_1 值应根据地形、地质条件比较确定,一般 b_0/b_1 采用 0.5~1.0,其中 b_0 的最小值应当满足开挖设备和施工的要求,b_1 一般选用与泄槽底宽相同的数值。

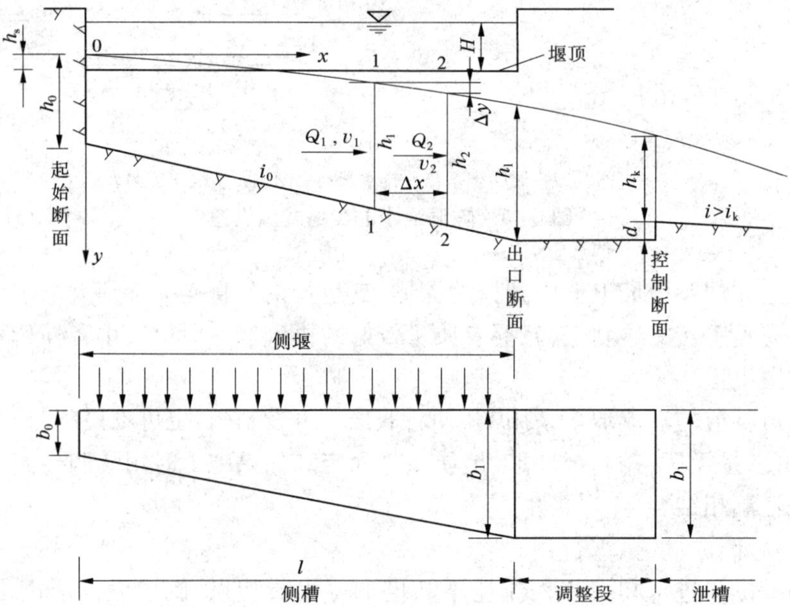

图 6-16　侧槽水面线计算简图

由于侧槽中水流处于缓流状态,因而侧槽的纵坡比较平缓,一般小于 10%,实用中可采用 1%~5%,具体数值可根据地形和泄量大小选定。应该指出,侧槽内水流在各级流量下均保证为缓流是很难做到的,但必须保证在泄放设计流量时,侧槽内为缓流。

为了减少侧槽的开挖量,应使侧槽末端水深为 h_1 计量接近经济的槽末水深。当侧槽与泄槽直接相连时,h_1 一般选用该断面的临界水深 h_k;如侧槽与泄槽间有调整段,建议采

用 $h_1=(1.2\sim1.5)h_k$。当 b_0/b_1 小时,采用大值;反之,采用小值。

侧槽底部高程,需要按满足溢流堰为非淹没出流和减少开挖量的要求来确定。由于侧槽内的水面为一降落曲线,因此确定侧槽底部高程的关键在于定出起始断面的水面高程。根据国内外一些试验资料分析认为,当起始断面附近虽有一定程度的淹没,但尚不致对整个溢流堰的泄量有较大影响时,仍可认为是非淹没的。因此,为了节省开挖量,侧槽起始断面的槽底部高程可适当提高,而允许该处堰顶有一定淹没度。一般侧槽起始断面堰顶的临界淹没度 $\sigma_k(\sigma_k=h_s/H)$ 可取小于0.5。

为了调整侧槽内的水流,改善泄槽内的水流流态,水流控制断面一般选在侧槽末端,有调整段时应选在调整段末端。调整段的作用是使尚未分布均匀的水流,在此段得到调整后,能够较平顺地流入泄槽。水工模型试验表明,这样可使泄槽内的冲击波和折冲水流明显减小。调整段一般采用平底梯形断面,其长度按地形条件决定,可采用 $(2\sim3)h_k$(h_k 为侧槽末端的临界水深)。由缩窄槽宽的收缩段或用调整段末端底坎适当壅高水位,底坎高度 d 一般取 $(0.1\sim0.2)h_k$,使水流在控制断面形成临界流,而后流入泄槽或斜井和隧洞。

根据以上要求,在初步拟定侧槽断面和布置后,即可进行侧槽的水力计算。水力计算的目的在于根据溢流堰、侧槽(包括调整段)和泄水道三者之间的水面衔接关系,定出侧槽的水面曲线和相应的槽底高程。利用动量原理,侧槽沿程水面线可按下列公式逐段推求,计算简图如图6-16所示。

$$\left.\begin{aligned}
\Delta y &= \frac{v_1+v_2}{2g}\left[(v_1-v_2)+\frac{Q_1-Q_2}{Q_1+Q_2}(v_1+v_2)\right]+\bar{J}\Delta x\\
Q_2 &= Q_1+q\Delta x\\
\bar{J} &= \frac{n^2\bar{v}^2}{\bar{R}^{4/3}}\\
\bar{v} &= (v_1+v_2)/2\\
\bar{R} &= (R_1+R_2)/2
\end{aligned}\right\}\tag{6-4}$$

式中 Δx ——计算段长度,即断面1与断面2之间的距离,m;

Δy —— Δx 段内的水面差,m;

Q_1、Q_2——通过断面1和断面2的流量,m^3/s;

q ——侧槽溢流堰单宽流量,$m^3/(s\cdot m)$;

v_1、v_2——断面1和断面2的水流平均流速,m/s;

$\bar{J}$ ——分段区内的平均摩阻坡降;

n ——泄槽槽身的糙率系数;

$\bar{v}$ ——分段平均流速,m/s;

$\bar{R}$ ——分段平均水力半径,m。

在水力计算中,给定和选定数据有:设计流量 Q、堰顶高程、允许淹没水深 h_s、侧槽边

坡坡率 m、底宽变率 b_0/b_1、槽底坡度 i_0 和槽末水深 h_1。计算步骤如下：①由给定的 Q 和堰上水头 H，算出侧堰长度 l；②列出侧槽断面与调整段末端断面（控制断面）之间的能量方程，计算控制断面处底板的抬高值 d；③根据给定的 m、b_0/b_1、i_0 和 h_1，以侧槽末端作为起始断面，按式(6-4)，用列表法逐段向上游推算水面高差 Δy 和相应水深；④根据 h_s 定出侧槽起始断面的水面高程，然后按步骤③计算成果，逐段向下游推算水面高程和槽底高程。

6.3.1.2　井式溢洪道

井式溢洪道通常由溢流喇叭口、渐变段、竖井、弯段、泄水隧洞和出口消能段等部分组成，见图6-17。

当岸坡陡峭、地质条件良好，又有适宜的地形布置环形溢流喇叭口时，可以采用井式溢洪道。这样可避免大量的土石方开挖，造价可能较其他形式溢洪道低。当水位上升，喇叭口溢流堰顶淹没后，堰流即转变为孔流，所以井式溢洪道的超泄能力较小。当宣泄小流量、井内的水流连续性遭到破坏时，水流很不平稳，容易产生震动和空蚀。因此，我国目前较少采用。

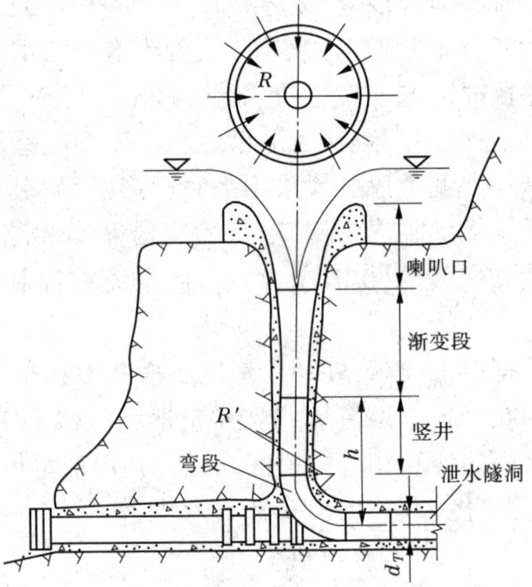

图 6-17　井式溢洪道

溢流喇叭口的断面形式有实用堰和平顶堰两种，前者较后者的流量系数大。在两种溢流堰上都可以布置闸墩，安设平面或弧形闸门。在环形实用堰上，由于直径较小，为了避免设置闸墩，有时可采用漂浮式的环形闸门，溢流时闸门下降到堰体以内的环形门室，但在多泥沙的溢洪道上，门室易被堵塞，不宜采用。在堰顶设置闸墩或导水墙可起导流和阻止发生立轴旋涡的作用。

为防止过流表面空蚀破坏和在泄水道内消除余能，也可选旋涡式竖井溢洪道，见图6-18。它由引水结构、蜗室、竖井和泄水隧洞等部分组成。水流在蜗室内呈旋转运动，进入竖井中的水流，在离心力的作用下紧贴井壁，对井壁产生附加压力，同时沿竖井轴线形成气核，这样就减小了空蚀的危险。水流在蜗室内通过紊动、剪切及掺气消除大量能量；水流在竖井中的流线是螺旋线，其螺距随着水体跌落而增加，流速的垂直分量不断增加，水平分量逐渐减少，直至消失，竖井终点水流呈加速运动，势能在克服摩擦阻力过程中消耗，当两者达到平衡时，水流的动能变成常数，流速达到极限值；在竖井末端还可设置折流器，在竖井中形成水垫，以消除水流中的多余动能。当流量变化时，蜗室内水深、井壁的水层厚度、气核的半径及消能效果也将随之发生变化，但不会引起不良现象。旋涡式竖井溢洪道的抗空蚀、消能性都很好，为导流洞和泄水隧洞改建提供了一种新途径。

6.3.1.3　虹吸式溢洪道

除了前面讲述的正槽式溢洪道、侧槽式溢洪道和井式溢洪道，还有一种既可以与坝体结合在一起，也可以建在岸边的虹吸式溢洪道，见图6-19。虹吸式溢洪道的优点有：①利用大气压强所产生的虹吸作用，能在较小的堰顶水头下得到较大的泄流量；②管理方便，可自动泄水和停止泄水，能比较灵敏地自动调节上游水位。

虹吸式溢洪道通常包括下列几个部分：①断面变化的进口段；②虹吸管；③具有自动加速发生虹吸作用和停止虹吸作用的辅助设备；④泄槽及下游消能设施。

虹吸式溢洪道进口前端设有遮檐，位于正常泄水位以下，其淹没深度应保证进水时不致挟入空气和漂浮物。溢流堰顶和正常蓄水位在同一高程。在遮檐上或在虹吸管间的分水墙上，高于正常蓄水位处设置通气孔入口，通气孔与堰顶部位的虹吸管(即喉道)相连通，见图6-19。通气孔断面面积约为虹吸管顶部横断面面积的2%~10%。当上游水位下降到通气孔入口后，空气由入口通到喉道，虹吸管的虹吸作用被破坏，泄流自动停止。

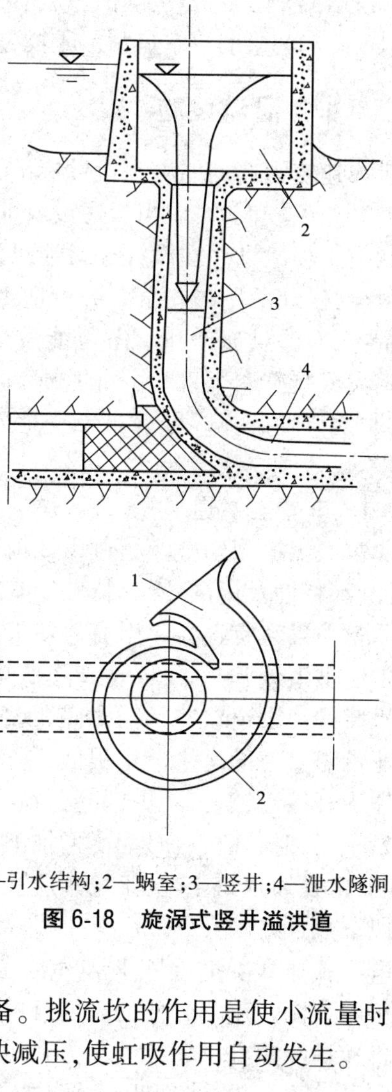

1—引水结构；2—蜗室；3—竖井；4—泄水隧洞。

图6-18　旋涡式竖井溢洪道

当上游水位超过溢流堰堰顶后，为了自动提前形成虹吸作用，可在管内设挑流坎等辅助设备。挑流坎的作用是使小流量时的水帘封闭虹吸管的上部并将其中的空气带走，管内很快减压，使虹吸作用自动发生。

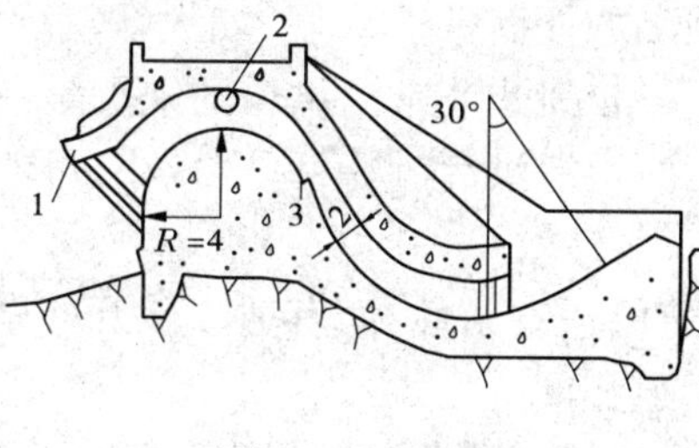

1—遮檐；2—通气孔；3—挑流坎。

图6-19　虹吸式溢洪道首部　（单位：m）

虹吸管喉道的真空值不得超过7.5~8 m水柱高，否则可能破坏水流的连续性。虹吸管在没有形成虹吸作用前，泄流量按堰流计算，一旦虹吸作用形成，即应按管流计算。

为了有利于下游消能，常将虹吸管进口布置在不同高程上，高差为5~10 m，以使各虹吸管依次投入工作。虹吸式溢洪道的缺点是：①结构较复杂；②管内不便检修；③进口易被污物或冰块堵塞;④真空度较大时,易引起混凝土空蚀;⑤超泄能力较小等。一般多用于水位变化不大和需要随时进行调节的水库及发电、灌溉的渠道上,作为泄水及放水用。

6.3.2 非常泄流设施

泄水建筑物选用的洪水设计标准,应当根据有关规范确定。当校核洪水与设计洪水的泄流量相差较大时,应当考虑设置非常泄洪设施。目前常用的非常泄洪设施有:非常溢洪道和破副坝泄洪。在设计非常泄洪设施时,应注意以下几个问题:①非常泄洪设施运行机会很少,设计所用的安全系数可适当降低;②枢纽总的最大下泄量不得超过天然来水最大流量;③对泄洪通道和下游可能发生的情况,要预先做出安排,确保能及时启用生效;④规模大或具有两个以上的非常泄洪设施,一般应考虑能分别先后启用,以控制下泄流量;⑤非常泄洪设施应尽量布置在地质条件较好的地段,要做到既能保证预期的泄洪效果,又不致造成变相垮坝。

6.3.2.1 非常溢洪道

非常溢洪道用于宣泄超过设计情况的洪水,其启用条件应根据工程等级、枢纽布置、坝型、洪水特性及标准、库容特性及其对下游的影响等因素确定。

非常溢洪道宜选在库岸有通往天然河道的垭口处或平缓的岸坡上。通常正常溢洪道与非常溢洪道分开布置,以达到降低总造价的目的,有时也可结合布置在一起,如河北省王快水库的溢洪道。非常溢洪道的溢流堰顶高程要比正常溢洪道稍高,一般不设闸门。由于非常溢洪道的运用概率很低,结构可以做得简单些,有的只做溢流堰和泄槽;在较好的岩体中开挖泄槽,可不做混凝土衬砌;在宣泄超过设计标准的洪水时,可允许消能防冲设施发生局部损坏。有时为了增加溃坝情况下的泄流量,可将堰顶高程降低;或为了多蓄水兴利,常在堰顶筑土埝,土埝顶应高于最高洪水位,要求土埝在正常情况下不失事,在非常情况下能及时破开。

自溃式非常溢洪道是非常溢洪道的一种形式,即在非常溢洪道的底板上加设自溃堤。堤体可因地制宜用非黏性的砂料、砂砾或碎石填筑,平时可挡水,当水位超过一定高程时,又能迅速被冲溃行洪。按溃决方式可分为漫顶自溃和引冲自溃两种形式。自溃式非常溢洪道因其结构简单、造价低和施工方便而常被采用,如大伙房、鸭河口和南山等水库的非常溢洪道,就是采用的这种形式。自溃式非常溢洪道的缺点是:控制过水口门形成和口门形成的时间尚缺少有效的措施,溃堤泄洪后,调蓄库容减小,可能影响来年的综合效益。

6.3.2.2 破副坝泄洪

当水库没有开挖非常溢洪道的适宜条件,而有适于破开的副坝时,可考虑破副坝的应急措施,其启用条件与非常溢洪道相同。

被破的副坝位置,应综合考虑地形、地质、副坝高度、对下游影响、损失情况和汛后副坝恢复工作量等因素慎重选定。最好选在山坳里,与主坝间有小山头隔开,这样的副坝溃决时不会危及主坝。

破副坝时,应控制决口下泄流量,使下泄量的总和(包括副坝决口流量及其他泄洪建筑物的流量)不超过入库流量。如副坝较长,除用裹头控制决口宽度外,也可预做中墩,将副坝分成数段,遇到不同频率的洪水可分段泄洪。

应当指出，由于非常泄洪设施的运用概率很少，至今经过实际运用考验的还不多，尚缺乏实践经验。因而目前在设计中对如何确定合理的非常洪水标准、非常泄洪设施的启用条件、各种设施的可靠性，建立健全指挥系统等，尚待进一步研究解决。

【任务测试】

请扫描二维码，做任务测试卷。

码6-6　任务6.3测试卷

小　结

本项目重点是河岸溢洪道的设计，主要介绍了正槽式溢洪道，对侧槽式及其他类型和非常溢洪道做了一般性介绍。

正槽式溢洪道一般由引水渠、控制段、泄槽、出口消能段及尾水渠组成，应明确各部分的设计原理，结合水力学相关内容予以学习。其设计步骤是先进行位置选择和工程布置，拟定各部分尺寸，然后进行水力计算，校核泄流能力，确定边墙高度及消能防冲设施形式及尺寸，最后进行细部构造设计。

侧槽式溢洪道相比正槽式溢洪道多了窄深断面的侧槽，其余都一样。井式和虹吸式及非常溢洪设施，可只做一般了解。

【项目练习】

请扫描二维码，做项目练习题。

码6-7　项目6练习题

项目7　水工隧洞与坝下涵管

【学习目标】

学习任务	能力目标	知识要点	素质目标
任务7.1	掌握水工隧洞的概念、类型及特点	有压隧洞、无压隧洞	具有捕捉信息的敏锐性,适应信息化发展和行业转型升级需求,能够有效收集信息、利用信息;具备科技报国的家国情怀和使命担当
任务7.2	掌握水工隧洞线路选择的基本原则和影响因素;掌握水工隧洞的工程布置要求;掌握水工隧洞进出口建筑物与各部分组成的形式与构造	塔式、岸塔式、斜坡式、竖井式等进口建筑物形式;进水喇叭口、拦污栅、闸室段、通气孔、平压管与渐变段	
任务7.3	掌握水工隧洞洞身的断面形式与构造;掌握隧洞衬砌的作用、类型与构造	无压隧洞断面形式、有压隧洞断面形式;平整衬砌、单层衬砌、预应力衬砌、喷锚衬砌;衬砌的分缝与止水、灌浆、防渗与排水	
任务7.4	掌握水工隧洞出口段的消能方式	挑流消能、底流消能、挑坎消能、洞中突扩消能	
任务7.5	掌握隧洞衬砌的荷载种类与荷载组合;理解水工隧洞衬砌结构计算的内容;熟悉水工隧洞衬砌结构计算的步骤	围岩压力、弹性抗力、内水压力、外水压力、衬砌自重、荷载组合	
任务7.6	掌握坝下涵管的类型与涵管位置选择需要考虑的因素;掌握涵管的进口形式与管身布置、构造	分级斜卧管式进水口、斜拉闸门式进水口、塔式进水口;管座、伸缩缝、截水环、涵衣	

【思政导引】

码7-1　白鹤滩水电站泄洪洞工程——世界一流精品工程的一张名片

任务7.1 概 述

码7-2 微课：水工隧洞

【任务导航】

问题1：什么是水工隧洞？它的特点是什么？

问题2：水工隧洞有哪些类型？

【任务解析】

水工隧洞是在山体中或地下开凿的过水洞，涵管是穿过山体或地下的过水管。水工隧洞和涵管可用于灌溉、发电、供水、泄洪、排沙、施工导流和通航。本任务主要介绍水工隧洞的类型及作用。

7.1.1 水工隧洞的类型

7.1.1.1 按用途分类

(1)取水隧洞：取水隧洞用来从水库取出灌溉、发电、工业用水、生活供水等所需要的水量，其流速一般较低。主要包括发电引水隧洞和输水隧洞等。

(2)泄水隧洞：泄水隧洞可配合溢洪道宣泄部分洪水，可用来排沙、泄放水电站尾水及放空水库等，一般为高速水流。主要包括导流隧洞、泄洪隧洞、排沙隧洞、放空隧洞等。

7.1.1.2 按洞内水流状态分类

(1)有压隧洞：有压隧洞工作时，内壁面各个部位均作用有较大的内水压力，并保证洞顶的测压管水头大于2 m。

(2)无压隧洞：无压隧洞工作时，水流不充满整个断面，保持一定的净空，具有自由水面。

取水隧洞和泄水隧洞工作时都可为有压或无压状态，或前段有压、后段无压状态，但必须避免有压流和无压流交替出现的工作状态。

在水工隧洞设计时，根据枢纽的规划、布置，尽量做到一洞多用，多功能、多目标开发，以节省工程投资。如采用"临时变永久"或"二洞合一"等形式。

"临时变永久"，是指工程竣工后，将施工导流洞改为放空、排沙、泄洪隧洞；也可改为发电、灌溉的引水隧洞。当导流洞的进口高程较低，不满足其他隧洞承担的任务时，可设置成"龙抬头"形式——导流洞上方另设进水口，如图7-1所示。

"二洞合一"，是指泄洪与灌溉、泄洪与发电引水相结合布置；泄洪、排沙、放空相结合布置；发电引水与灌溉供水相结合(见图7-2)布置等。只设一个进水口，在适当的位置分岔。需注意的是：多功能的隧洞虽可简化枢纽布置，节省造价，但隧洞工作条件较复杂，水流不稳定，分岔处容易产生空蚀、震动。

隧洞一般由进口段、洞身段和出口段三部分组成(见图7-2)。

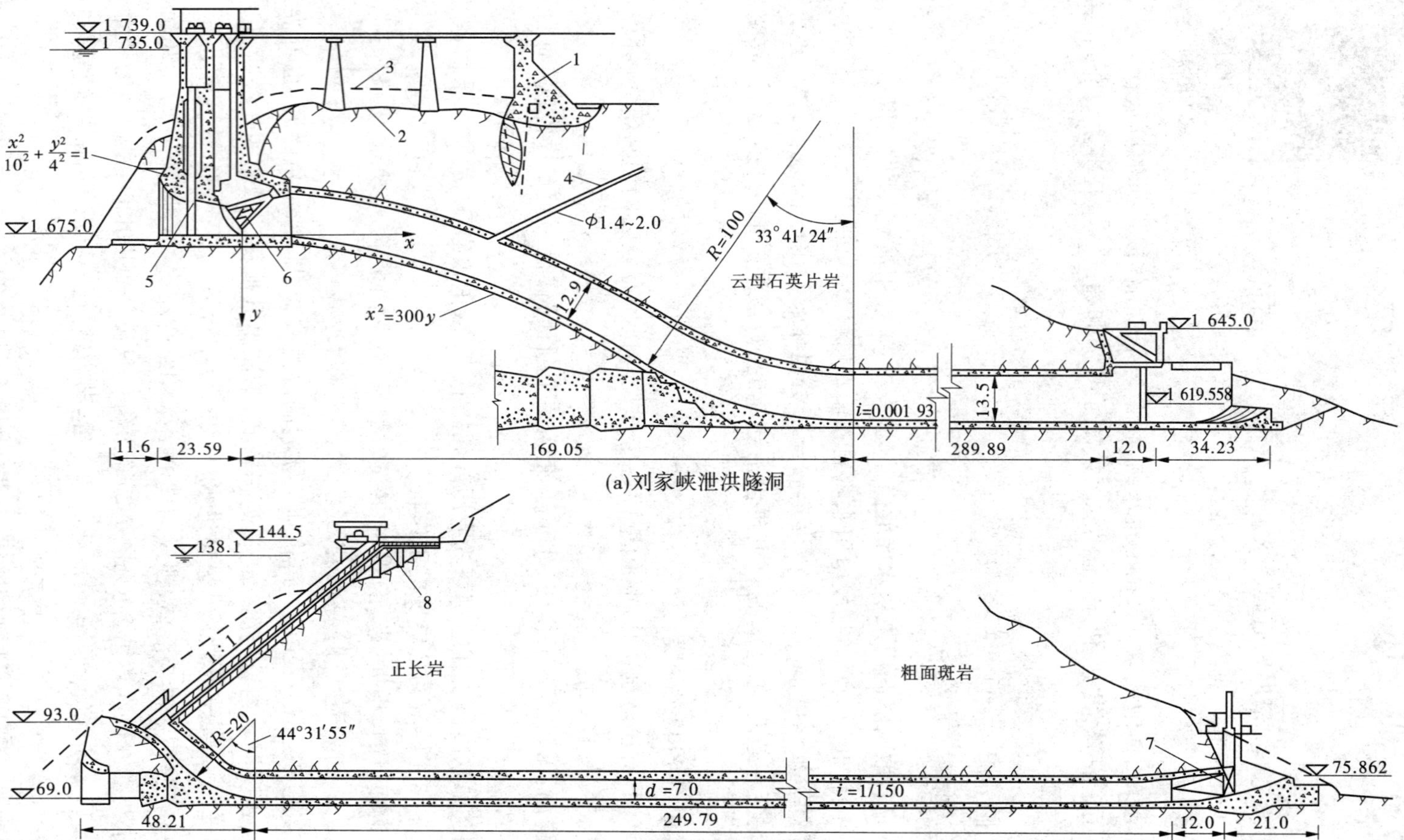

(b)响洪甸泄洪隧洞

1—混凝土副坝;2—岩面线;3—原地面线;4—通风洞;
5—检修闸门槽;6—弧形闸门;7—工作闸门;8—通气孔。

图 7-1 导流隧洞改深式泄水隧洞布置图 (单位:m)

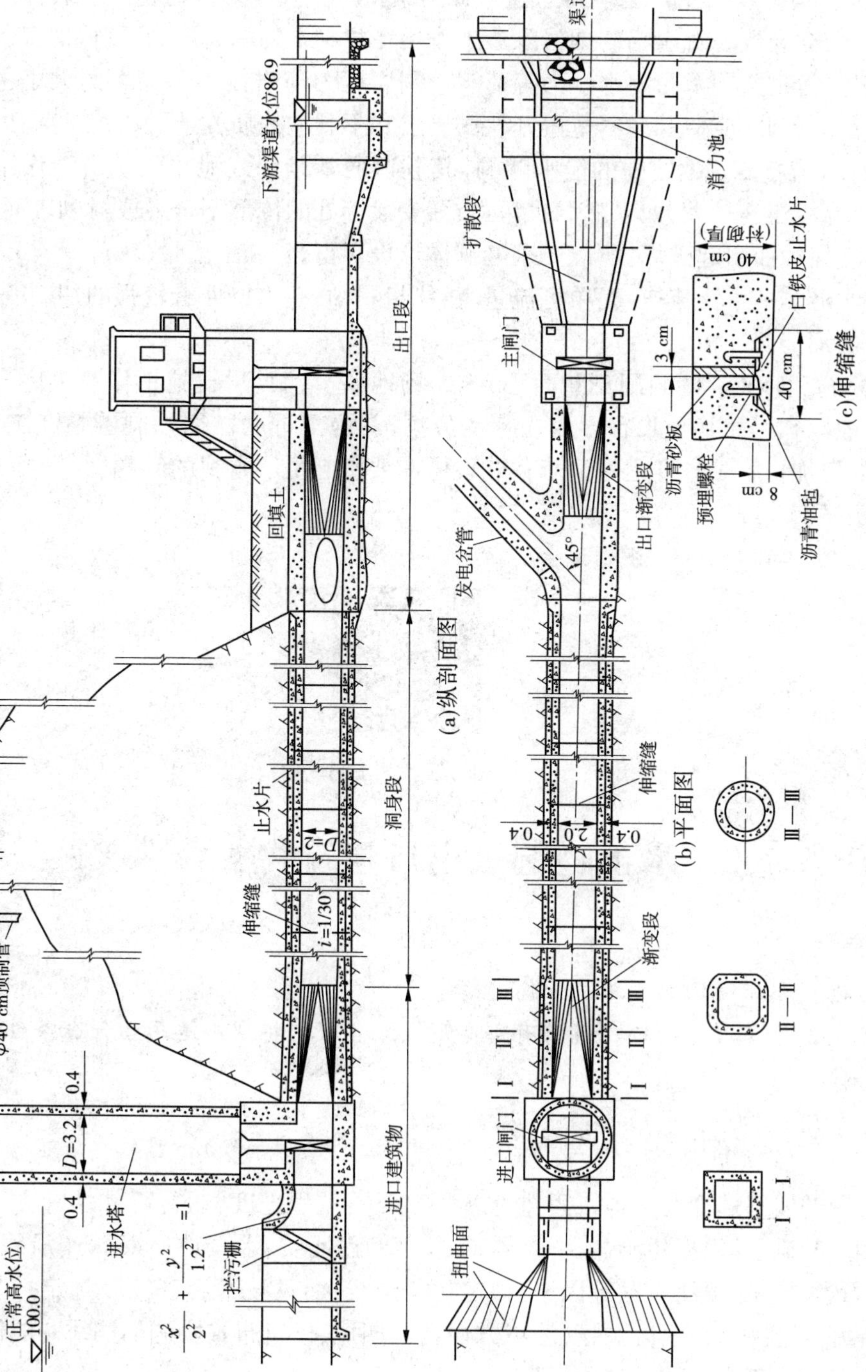

图 7-2　泄洪隧洞与发电隧洞合二为一的布置图（单位：m）

7.1.2 水工隧洞的特点

(1)结构特点。在岩层中开挖隧洞后,引起洞孔附近应力重新分布,岩体产生新的变形,严重的会导致岩石崩塌。围岩除产生作用在衬砌上的围岩压力外,同时又具有承载能力,可以与衬砌共同承受内水压力等荷载。围岩压力与岩体承载能力的大小主要取决于地质条件。因此,应使隧洞尽量避开软弱岩层和不利的地质构造。

(2)水流特点。枢纽中的泄水隧洞,其进口通常是深式泄水洞。由于作用在隧洞上的水头较高,流速较大,如果隧洞在弯道、渐变段等处的体形不合适或衬砌表面不平整,都可能出现气蚀而引起破坏,所以要求隧洞体形设计得当、施工质量良好。

泄水隧洞的水流流速高、单宽流量大、能量集中,在出口处有较强的冲刷能力,必须采取有效的消能防冲措施。

(3)施工特点。隧洞洞身断面小,施工场地狭窄,洞线长,施工作业工序多,干扰大,工期一般较长。尤其是兼有导流任务的隧洞,其施工进度往往控制着整个工程的工期。因此,如何加快施工进度是隧洞工程建设中需要引起足够重视的问题。

【任务测试】

请扫描二维码,做任务测试卷。

码7-3 任务7.1测试卷

任务7.2 水工隧洞进出口建筑物

【任务导航】

问题1:水工隧洞的线路应如何选择?

问题2:水工隧洞进口建筑物有哪些形式?各有何特点?适用于什么条件?

【任务解析】

7.2.1 水工隧洞的线路选择

隧洞的线路选择关系到工程造价、施工难易、工程进度、运行可靠性等方面。应在认真勘测的基础上,根据隧洞的用途,综合考虑工程地质、水文地质、运行、沿线建筑物、地形、水力学、施工、枢纽布置等因素,拟定几条洞线,通过技术经济比较选定。力争获得地质条件好、线路短直、水流顺畅、施工方便且工期短、枢纽布置协调的洞线。隧洞的线路选择主要考虑以下几个方面的因素。

7.2.1.1 地质条件

隧洞路线应选在地质构造简单、岩体完整稳定、岩石坚硬的地区,尽量避开不利的地质构造,要尽量避开地下水位高、渗水严重的地段。洞线要与岩层、构造断裂面及主要软弱带走向有较大的交角,对整体块状的岩体,其夹角不宜小于30°;对薄层及层间连接较弱的岩体,其夹角不小于45°。在高地应力地区,洞线应与最大水平地应力方向尽量一致,以减少隧洞的侧向围岩压力。隧洞应有足够的围岩覆盖厚度,对于有压隧洞,当考虑弹性抗力时,围岩的最小覆盖厚度不小于3倍的洞径。

在隧洞的进、出口处,围岩的厚度往往较薄,一般情况下,进、出口顶部的岩体厚度不宜小于1倍的洞径或洞宽。

7.2.1.2 地形条件

隧洞的路线在平面上应尽量短而直。如因地形、地质、枢纽布置等需要转弯时,对于低流速的隧洞,弯道曲率半径不应小于5倍的洞径或洞宽,转弯转角不宜大于60°,弯道两端的直线段长度也不宜小于5倍的洞径或洞宽。高流速的隧洞应避免设置曲线段;若要转弯,其转弯半径和转角宜通过试验确定。

7.2.1.3 水流条件

隧洞的进口应力求水流顺畅,减少水头损失。水流应与下游河道平顺衔接,与土石坝下游坝脚及其建筑物保持足够距离,防止出现冲刷。

7.2.1.4 施工条件

洞线选择应考虑施工出渣通道及施工场地布置问题。对于长隧洞,还应注意利用地形、地质条件布置施工支洞、斜洞、竖井,增加总工作面,加快施工进度。

此外,洞线选择应满足枢纽总体布置和运行要求,避免在隧洞施工和运行中对其他建筑物产生干扰。

7.2.2 进口建筑物

7.2.2.1 形式

常用隧洞的进口建筑物形式有塔式、岸塔式、斜坡式和竖井式等。

(1)塔式。当隧洞进口处岸坡覆盖层较厚或岩石破碎,不宜开凿竖井,且进口位置较高,门前淤积不严重时,可采用塔式进水口。塔的形式有封闭式(见图7-3)和框架式(见图7-4)两种。封闭式塔一般为矩形或圆形断面的钢筋混凝土结构,见图7-3(b)。中、小型工程也可采用混凝土或浆砌石修筑,塔壁厚一般为0.3~0.6 m。封闭式塔可在不同高程设进水口,可进行“分层取水”,对不同库水位,均可取温度较高的表层水,用以农业灌溉。这种封闭式塔的优点是施工、引水和启闭闸门方便;缺点是塔身受风浪、冰冻及地震的影响较大,稳定性较差,且需设工作桥与岸边、坝顶相连。框架式结构比封闭式经济,但检修不便,且泄水时闸门槽顶部进水使洞内水流流态紊乱,易引起空蚀,故多用于中、小型工程。

(2)岸塔式,如图7-5所示。进水塔直立或倾斜地靠在开挖后洞脸的岩坡上,其稳定性比塔式好,并对岸坡有一定的支撑作用。这种形式施工、安装均较方便,不需要工作桥,适用于岸坡较陡、岩石较坚硬的情况。

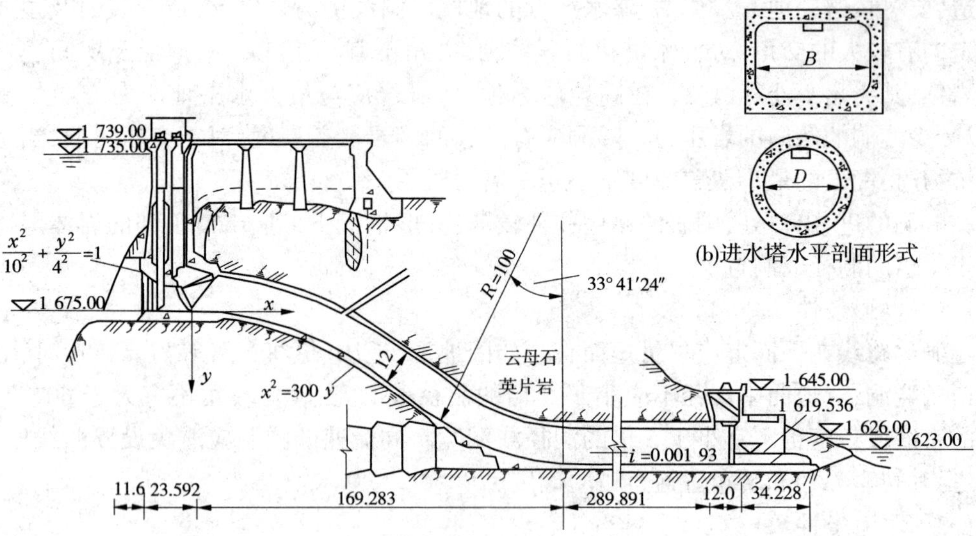

(b)进水塔水平剖面形式

(a)塔式进水口

图 7-3　封闭式塔式进水口　(单位:m)

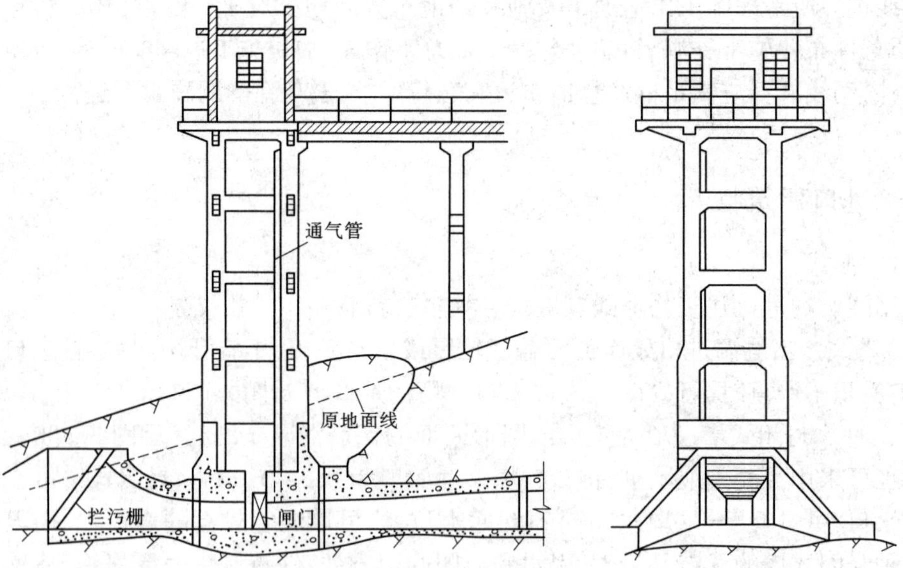

(a)纵剖面图　　(b)正面图

图 7-4　框架式进口建筑物

(3)斜坡式,如图 7-6 所示。其闸门与拦污栅轨道直接安装在经过整平和衬砌的岩坡上,省去了工作桥和岸塔,所以结构简单、施工方便、造价低。缺点是闸门不易靠自重下降,闸门面积加大,发生故障时检修困难,一般适用于中、小型工程或仅安装检修闸门的进口。

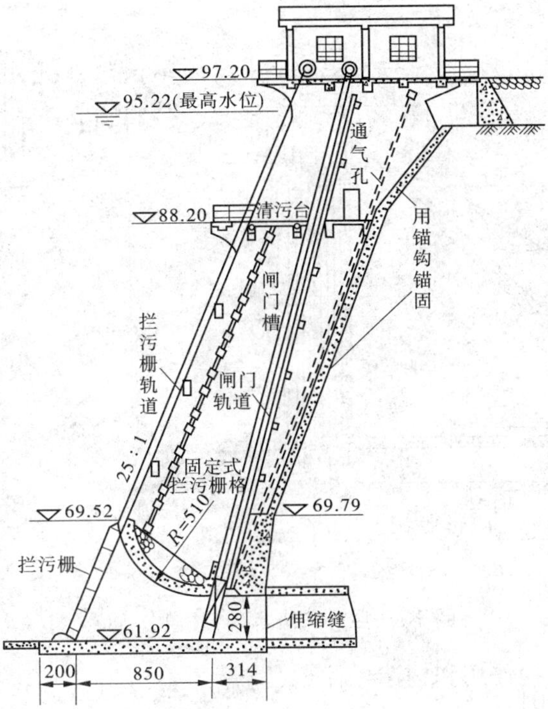

图7-5　岸塔式进口建筑物　(单位:高程,m;尺寸,cm)

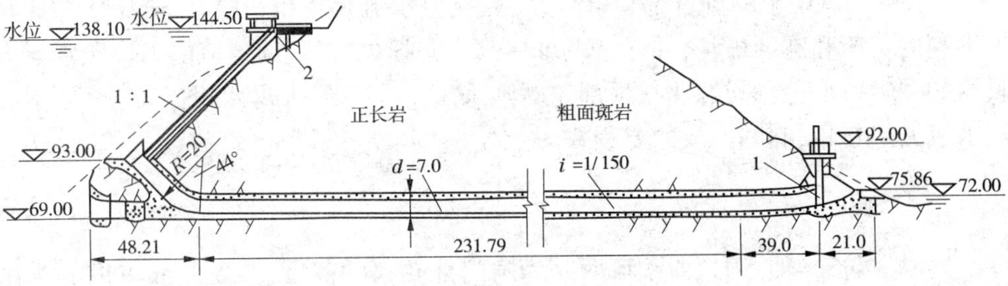

1—3 m×7 m 工作门;2—通气孔进口。

图7-6　斜坡式进水口泄水隧洞纵剖面及闸门布置图　(单位:m)

(4)竖井式。在隧洞进口附近山坡的岩体中开挖竖井,井下设闸门,启闭机室设置在井上,如图7-7所示。井壁一般用钢筋混凝土衬砌,在竖井前的进口处设置弧形闸门或前止水平面闸门,井后一般为无压流。关门时井内无水,称为“干井”,但需经常排除渗水;若在井下游出口设置后止水平面闸门,关门后井内充满水,称为“湿井”。竖井式进口建筑物,不需工作桥,不受风浪影响,抗震性较好,结构比较简单可靠,造价较低,当地形、地质条件适宜时可考虑采用。缺点是竖井开挖比较困难,闸门前段的隧洞只能在枯水期进行检修。这种进水口形式主要适用于进口段岩石完整、坚固的情况。

在实际工程中根据地形、地质、施工、运用等条件,还可采用各种组合式进水口。

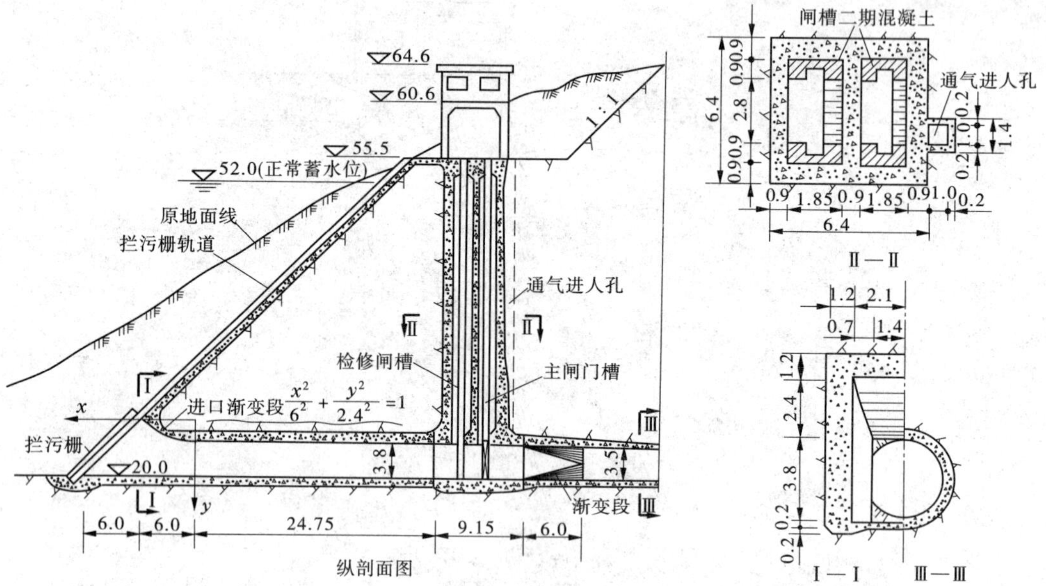

图 7-7 竖井式进水口 (单位:m)

7.2.2.2 各组成部分的作用和构造

隧洞进口建筑物包括拦污栅、进水喇叭口、闸室段、通气孔、平压管和渐变段等部分。

1. 进水喇叭口和拦污栅

(1)进水喇叭口位于隧洞首部,其体形应与孔口水流状态相适应,以避免在高速水流时产生不利的负压和空蚀破坏,并尽量减少局部水头损失,以提高过流能力。顺水流方向做成收缩的喇叭口形,流速较高时,顶部轮廓常采用 1/4 椭圆曲线,如图 7-8(b)所示。其长轴顺水流方向布置,椭圆曲线的方程式为

$$\frac{x^2}{a^2}+\frac{y^2}{b^2}=1 \tag{7-1}$$

式中 a——椭圆长半轴,洞顶曲线可取 a 为闸门处孔口的高度,边墙曲线可取 a 为闸门处孔口的宽度;

b——椭圆短半轴,洞顶曲线可取 b 为 1/3 孔口高度,边墙曲线则可取 b 为闸门孔宽的 1/5~1/3,面积收缩比不大于 0.5~0.55,实际设计中,常取得较短。

流速较低时,进口轮廓曲线可采用圆弧,见图 7-8(a)。圆弧半径 $R>2D$(D 为洞径或孔高)。

重要的工程,应由水工模型试验来确定喇叭口的形状。喇叭口常以检修闸门门槽为其末端。对无压隧洞,检修闸门与工作闸门之间的洞顶,应以 1:4~1:6的坡度向下游压缩,以增加进口处的压力,防止发生空蚀,见图 7-9。

(2)拦污栅。它是设在进口最前端的一种格栅,用以防止水库中的漂浮物进入隧洞。水电站引水洞的进口格栅间隙应较小,以防污物阻塞和破坏阀门及水轮机叶片。泄水洞则视需要设置,格栅间隙可较大。

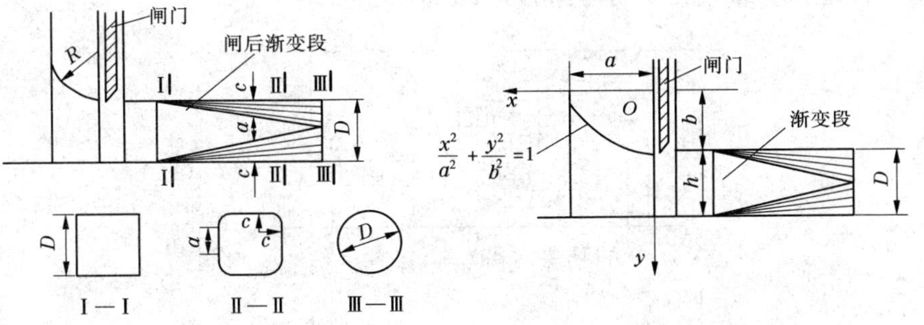

(a)圆弧曲线　(b)椭圆曲线

图 7-8　喇叭口形状

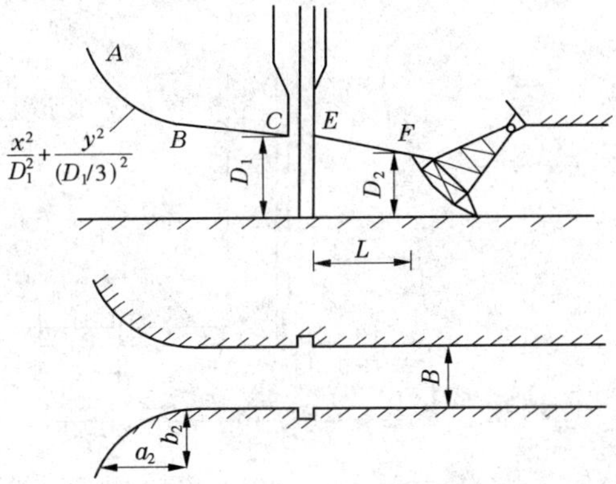

图 7-9　压板式压力进口段布置图

2. 闸室段

闸室段包括闸门、门槽、启闭设备等。闸门有工作闸门和检修闸门或事故闸门和检修闸门两种情况。常采用的闸门有平面闸门和弧形闸门。采用平面闸门时,应注意选择合适的门槽边界形式,防止高速水流在门槽处产生空蚀。门槽的几何形状参数、形式和适用范围,见《水利水电工程钢闸门设计规范》(SL 74—2019)。

3. 渐变段

渐变段是由闸门井处的矩形断面变化到洞身的圆形(或其他形状)断面的过渡段,其长度一般不小于洞径 D(或洞宽)的 2~3 倍,以使水流平顺过渡。

4. 平压管、通气孔

(1)平压管。为了减小启门力,往往要求检修闸门在静水中开启。为此,常设置绕过检修门槽的平压管,故平压管起着充水平压的作用。即当工作闸门检修完毕,放下工作闸门,通过平压管向两个闸门之间的空隙充水,使检修门前后的水压力相等,能在静水中启闭,见图 7-10。

(2)通气孔。通气孔在隧洞运用中承担补气和排气的双重作用,是保证隧洞正常运行的重要设施(见图 7-11)。在开启闸门或放空洞内水流时补气;工作(事故)闸门检修完成,向检修闸门与工作(事故)闸门间充水平压时排气。通气孔的上部进口必须与闸门启闭机室分开设置。通气孔风速应保持在20 m/s左右。

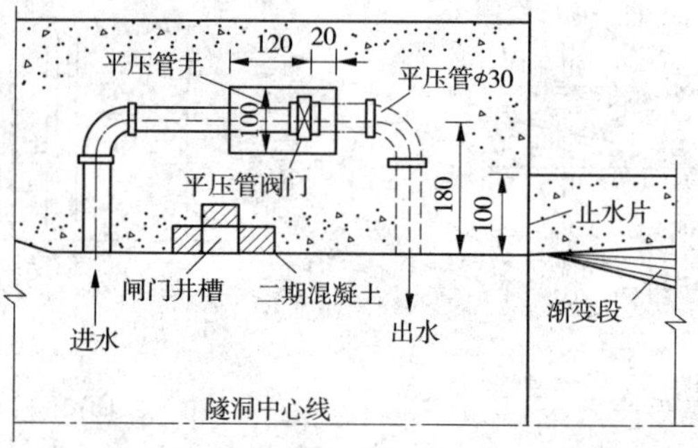

图7-10 平压管布置图 (单位:cm)

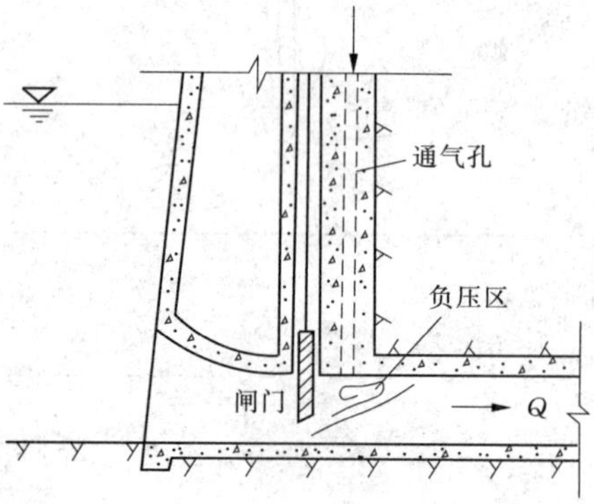

图7-11 通气孔

7.2.3 出口建筑物的形式

出口建筑物的形式及其与下游水面的衔接方式,与隧洞的功用、流态和出口附近的地形、地质等条件有关。当泄水洞全程为有压流时,出口常设置工作闸门及启闭室,门前有渐变段,出口后为消能设备,见图7-12。

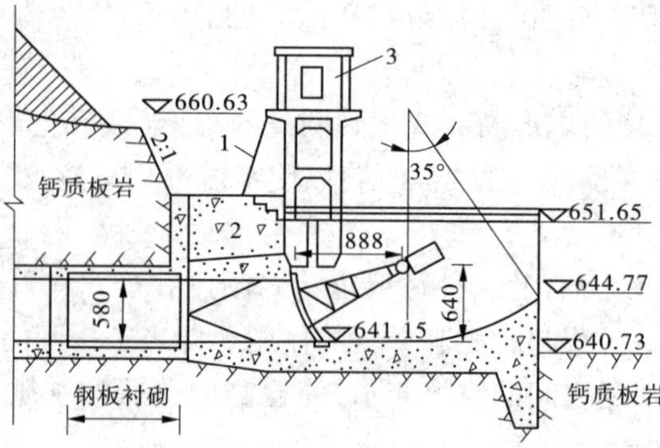

1—钢梯;2—混凝土块压重;3—启闭机操纵室。

图7-12 有压隧洞的出口结构 (单位:高程,m;尺寸,cm)

无压隧洞出口仅设有门框,其作用是防止洞脸及其以上岩石崩塌,并与扩散消能设施的两侧边墙相衔接,见图7-13。

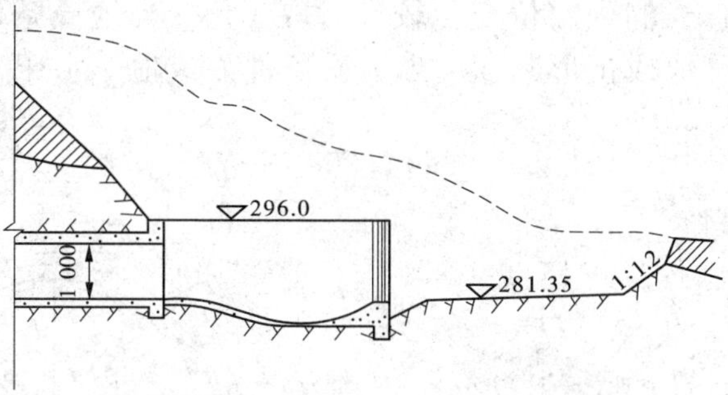

图7-13　无压隧洞的出口布置图　(单位:高程,m;尺寸,cm)

当隧洞出口断面小时,单宽流量大,能量集中,故常在出口外布置扩散段,扩散水流、减小单宽流量,其后再以适宜方式进行消能。

【任务测试】

请扫描二维码,做任务测试卷。

码7-4　任务7.2测试卷

任务7.3　水工隧洞洞身的断面形式及结构

码7-5　微课:水工隧洞洞身的形式及结构与衬砌

【任务导航】

问题1:无压水工隧洞洞身断面形状有哪几种?洞身尺寸怎样确定?

问题2:水工隧洞衬砌有哪几种?各适用于什么条件?

问题3:水工隧洞为何要分缝?缝应该如何处理?

【任务解析】

7.3.1　洞身断面形式及构造

隧洞洞身断面形式选择涉及的因素很多,其主要取决于隧洞过水流量、水流流态、地质条件、施工条件及运用要求等。

7.3.1.1　无压隧洞的断面形式和尺寸

无压隧洞的断面形式和尺寸在很大程度上取决于围岩特性和地应力情况,常采用圆拱直墙形(城门洞形)断面[见图7-14(a)]。如围岩条件较差还可以采用马蹄形断面[见图7-14(b)],另外还有蛋形断面[见图7-14(c)、(d)]。圆拱直墙形适用于地质条件较好、垂直山岩压力较小而无侧向山岩压力且便于开挖和衬砌的情况。顶部为平拱或半圆拱,圆拱的中心角在 90°~180°。圆拱的中心角越小产生的拱端推力就越大。断面的高宽比一般为 1.0~1.5,洞内水位变化较大时取小值。当地质条件较差,侧向山岩压力较大时,宜采用马蹄形或蛋形断面。当地质条件差或地下水压力很大时,也可采用圆形断面。

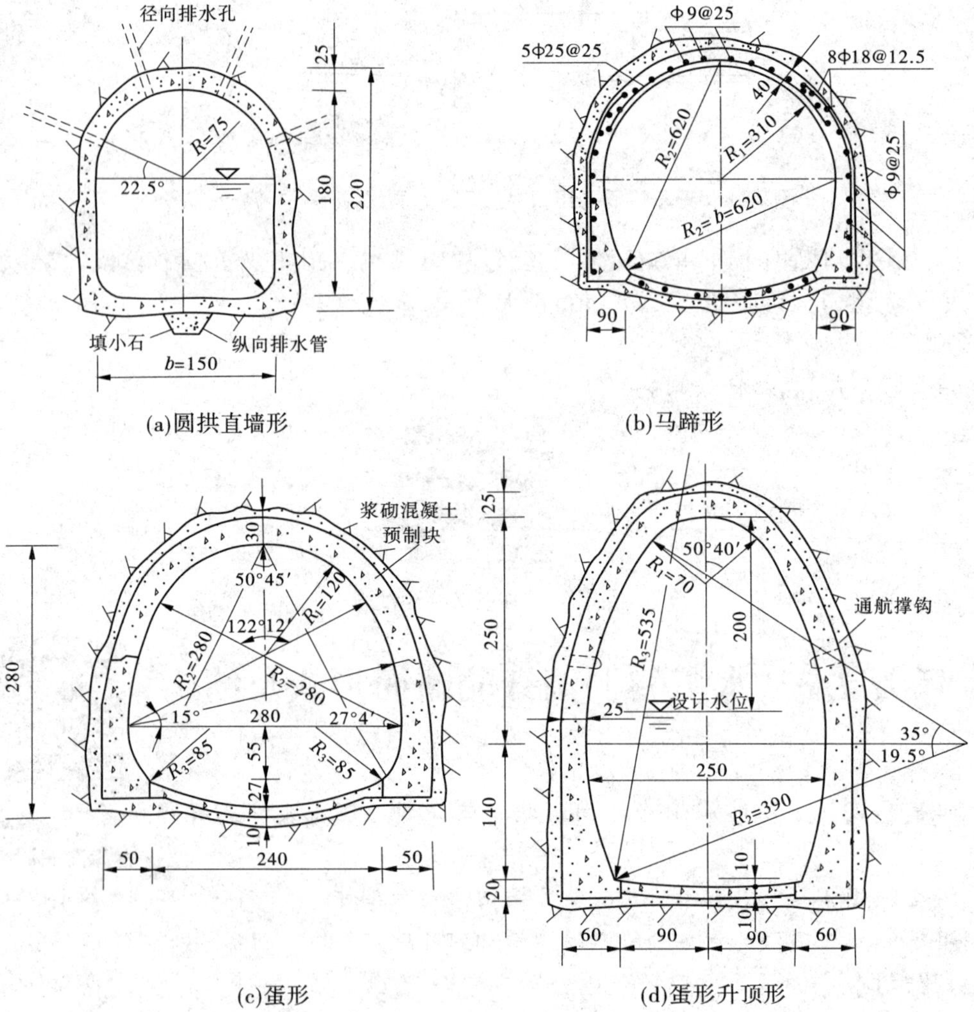

(a)圆拱直墙形　　(b)马蹄形

(c)蛋形　　(d)蛋形升顶形

图 7-14　无压隧洞的横断面形状　(单位:cm)

无压隧洞的断面尺寸,主要根据泄水要求及洞内水面线确定。低流速的无压洞,若通气条件良好,水面线以上的空间不宜小于隧洞断面面积的 15%,其净空高度不小于 40 cm。高流速的无压洞,在掺气水面以上的空间,一般为断面面积的 15%~25%。当采用圆拱直墙形断面时,水面线不应超出城门洞形断面的直墙范围。在确定隧洞断面尺寸时,还应考虑到洞内施工和检查维修等对最小尺寸的要求。无压隧洞考虑施工要求的非圆形断面尺寸为:高度不小于 1.8 m,宽度不小于 1.5 m;圆形断面的内径亦不小于 1.8 m。

7.3.1.2 有压隧洞的断面形式和尺寸

有压隧洞的断面多为圆形,其水力条件好,其水力特性也最佳,与其他形式断面相比,面积一定时,过水能力最大。当围岩坚硬且内水压力不大时,也可采用更便于施工的非圆形断面。

有压隧洞的断面尺寸,应根据泄流能力要求及沿程压坡线情况来确定,且不小于施工和检修要求的最小尺寸。泄流能力按管流计算,为保证洞内水流始终处于有压状态,在隧洞出口应设有压坡段,压坡线水头应高于洞顶 2 m 以上,且洞内水流流速越大,压力余幅越大。

7.3.2 隧洞衬砌

7.3.2.1 衬砌的作用

衬砌是指沿开挖洞壁而做的人工护壁,主要作用是:①阻止围岩变形的发展,保证围岩的稳定;②承受围岩压力、内水压力和其他荷载;③防止渗漏;④保护围岩免受水流、空气、温度、干湿变化等的冲蚀破坏作用;⑤平整围岩,减小表面糙率。

7.3.2.2 衬砌的类型

衬砌的类型按设置衬砌的目的可分为平整衬砌和受力衬砌两类;按衬砌所用的材料分为混凝土衬砌、钢筋混凝土衬砌和浆砌石衬砌等。除此以外,还有预应力衬砌、装配式衬砌和喷锚衬砌、限裂衬砌和非限裂衬砌等。

(1)平整衬砌(也称护面)。当围岩坚固、内水压力不大时,用混凝土、喷浆、砌石等做成平整的护面。它不承受荷载,只起减小糙率、防止渗水、抵抗冲蚀、防止风化等作用。对于无压隧洞,若岩石不易风化,可只衬砌过水边界。平整衬砌的厚度,一般混凝土或喷混凝土为 5~15 cm;浆砌石衬砌厚度则应为 25~30 cm。

(2)单层衬砌。用混凝土、钢筋混凝土做成。单层衬砌适用于中等地质条件,隧洞断面较大、水头及流速较高的情况,混凝土和单层钢筋混凝土衬砌的厚度不宜小于 25 cm,双层钢筋混凝土衬砌的厚度不宜小于 30 cm。

(3)预应力衬砌。预应力衬砌是对混凝土、钢筋混凝土衬砌的外壁施加预压应力,以便在运用时抵消内水压力产生的拉应力。预应力衬砌多用于高水头有压隧洞。

(4)喷锚衬砌。喷锚衬砌是利用锚杆和喷混凝土进行围岩加固的总称,是配合新奥法而逐渐发展起来的一种新型支护方法,见图 7-15。它的基本概念是将隧洞四周的围岩作为承载结构的主要部分来考虑,而不是把围岩单纯作为荷载考虑。新奥法的基本原理是:①支护要适时,即在支护受力最小的时候进行支护;②支护刚度要适中,使围岩与支护在共同变形过程中取得稳定,刚柔度适宜;③支护应与围岩紧贴,以保证支护与围岩共同工作。

由于喷射混凝土能紧跟掘进工作面施工,缩短了围岩的暴露时间,使围岩的风化、潮解和应力松弛等不致有大的发展。所以,喷混凝土施工给围岩的稳定创造了有利条件。

锚杆支护是用特定形式的锚杆锚固于岩石内部,把原来不够完整的围岩固结起来,从而增加围岩的整体性和稳定性。其对围岩的加固有三个方面的作用:悬吊作用、组合作用、固结作用、如图 7-16 所示。不稳定的断裂岩块在许多锚杆作用下固结起来,形成"有支撑能力的岩石拱"。对一具体隧洞而言,这三种作用往往是综合发生的。

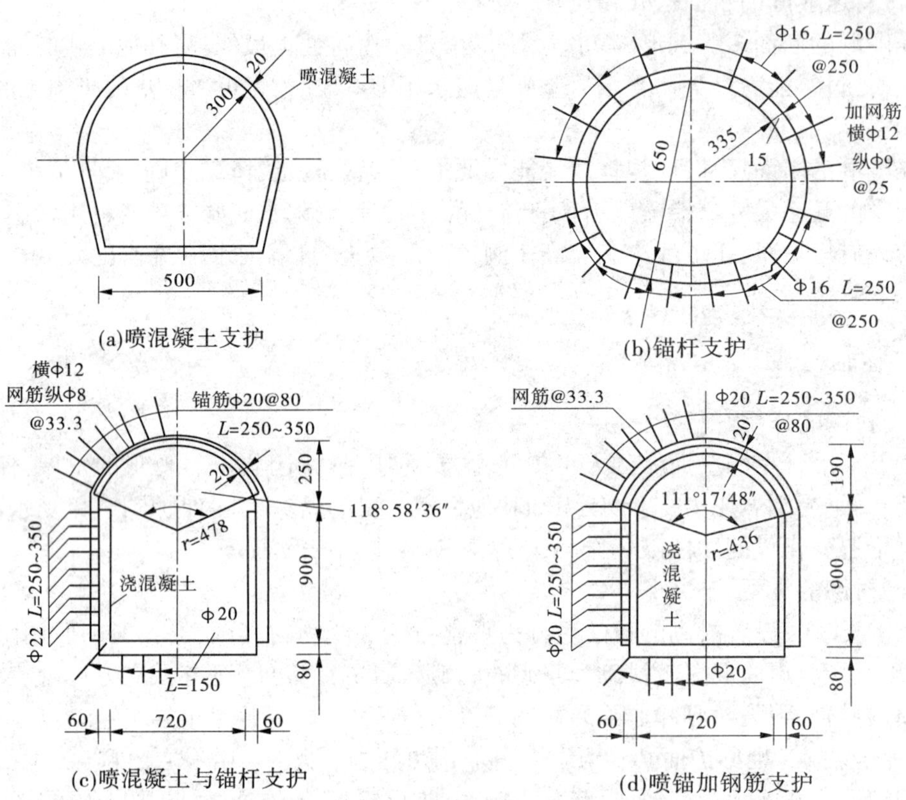

图 7-15　喷锚支护的形式　(单位:cm)

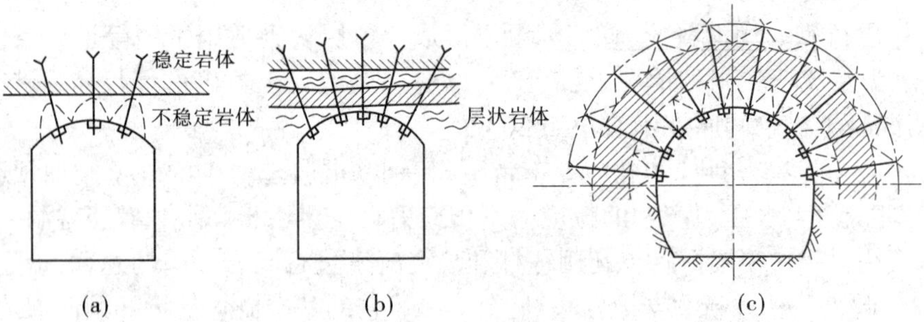

图 7-16　锚杆的支护作用

锚杆本身有各种形式,较常用的是楔缝式钢锚杆(即锚杆的嵌入端开有长 160~200 mm、宽 3~5 mm 的缝)。

喷混凝土支护的主要作用是:充填岩体表面张开的裂隙,使围岩结成整体;填补不平整表面,缓和应力集中;保护岩体表面,阻止岩块松动。

工程实践证明,采用新奥法施工可以减少混凝土衬砌量,不用模板,施工安全,造价降低,是一种多、快、好、省的施工方法。但需注意研究内外水压力、抗渗、允许流速及糙率等问题。

7.3.3 衬砌的构造

7.3.3.1 衬砌的分缝和止水

在混凝土及钢筋混凝土衬砌中，一般设有施工缝和永久性的横向变形缝。隧洞在穿过断层、软弱破碎带，以及和竖井交接处，衬砌需要加厚，应设置横向变形缝，变形缝是为防止不均匀沉陷而设置的，见图7-17。

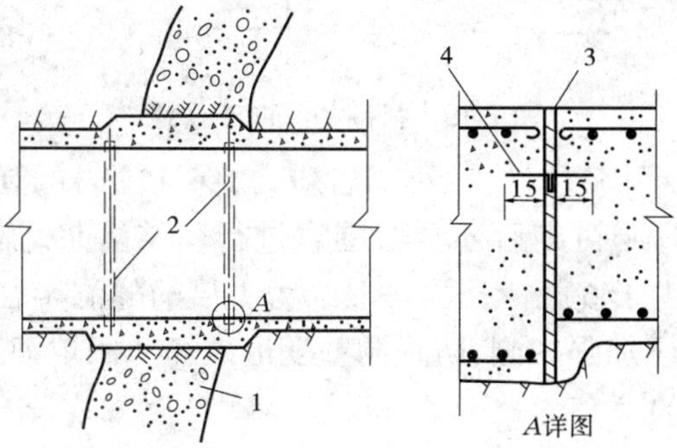

1—断层破碎带；2—沉陷缝；3—沥青油毛毡1~2 cm；4—止水片或止水带。

图7-17 伸缩变形缝 （单位：cm）

围岩地质条件比较均一的洞身段只设施工缝。一般分段长度为6~12 m，底拱和边拱、顶拱的环向缝不得错开。衬砌的分缝、分块情况见图7-18(b)，图中1、2、3、4为分块浇筑的顺序编号。纵向施工缝应设置在衬砌结构拉应力及剪应力较小的部位。无论是无压隧洞还是有压隧洞，其纵向施工缝均须凿毛处理。

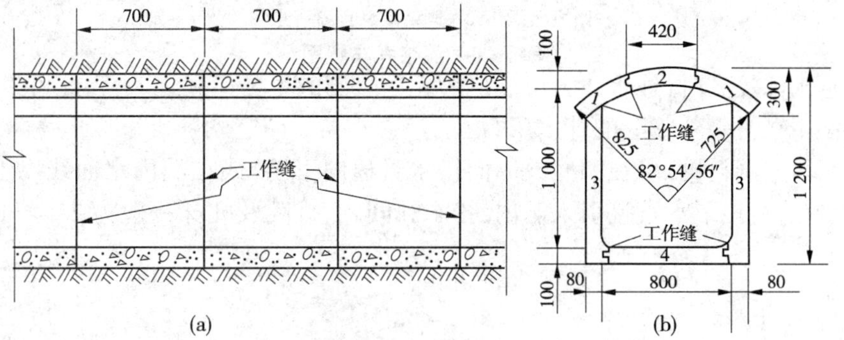

图7-18 陆浑水库泄洪洞衬砌施工缝 （单位：cm）

无压隧洞的横向施工缝，一般可不做特殊处理。对有压隧洞和有防渗要求的无压隧洞，横向施工缝应根据具体情况采取必要的接缝处理措施。还可设一些插筋以加强其整体性，必要时还可设置止水片，见图7-19。

7.3.3.2 灌浆、防渗与排水

为了充填衬砌与围岩之间的缝隙，使其紧密结合，共同受力，以改善衬砌结构传力条件和减少渗漏，常进行衬砌的回填灌浆。一般是在衬砌施工时顶拱部分预留灌浆管，待衬砌完成后，通过预埋管进行灌浆。回填灌浆的范围一般在顶拱中心角90°~120°以内，孔距和排距一般为4~6 m，灌浆压力为200~300 kPa。

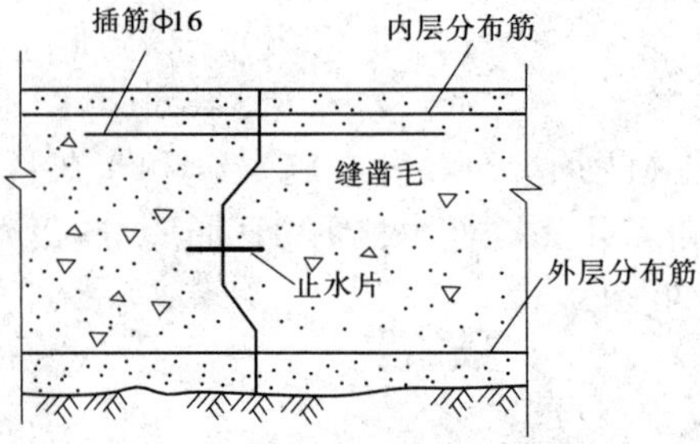

图 7-19　衬砌的纵向工作缝

为了提高围岩的强度和整体性,减小围岩应力,保证围岩的弹性抗力,减小地下水对围岩的压力,减少渗漏,隧洞衬砌后还常对围岩进行固结灌浆。固结灌浆孔通常对称布置,排距 2~4 m,每排不少于 6 孔。孔深一般约为 1 倍的隧洞半径,灌浆压力为内水压力的 1.5~2.0 倍。灌浆时应加强观测,防止洞壁变形破坏。回填灌浆孔与固结灌浆孔通常分排间隔排列(见图 7-20)。

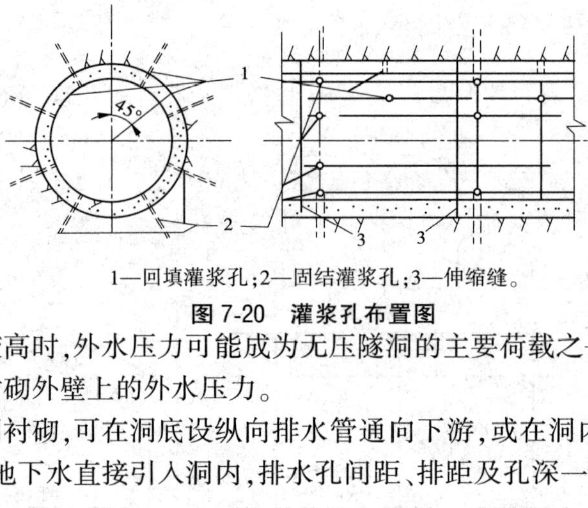

1—回填灌浆孔;2—固结灌浆孔;3—伸缩缝。

图 7-20　灌浆孔布置图

当地下水位较高时,外水压力可能成为无压隧洞的主要荷载之一,为此可采取排水措施以降低作用在衬砌外壁上的外水压力。

对于无压隧洞衬砌,可在洞底设纵向排水管通向下游,或在洞内水面线以上,通过衬砌设置排水孔,将地下水直接引入洞内,排水孔间距、排距及孔深一般为 2~4 m。具体布置见图 7-21。

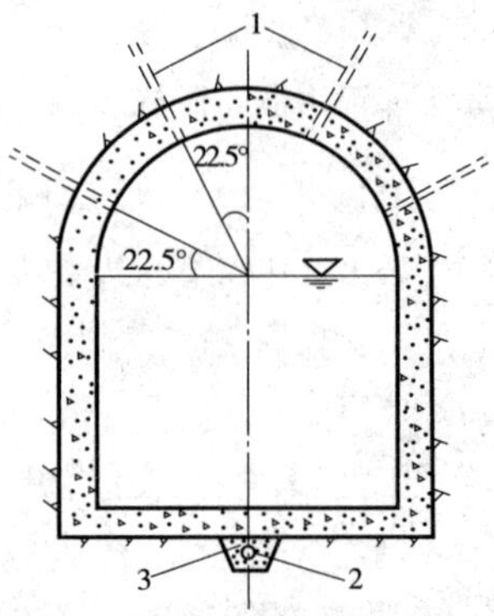

1—径向排水孔;2—纵向排水孔;3—小石子。

图 7-21　无压隧洞排水布置图

当无压隧洞边墙很高时,也可在边墙背后水面高程以下设置暗的环向及纵向排水系统。

对于有压圆形隧洞,可不设置排水设备。当外水位很高,外水压力很大,对衬砌设计起控制作用时,可在衬砌底部外侧设纵向排水管,通至下游,必要时,为提高排水效果,可沿洞轴线每隔 6~8 m 设一道环向排水槽,环向排水槽可用砾石铺筑,将收集的渗水汇入纵向排水管。具体布置见图 7-22。

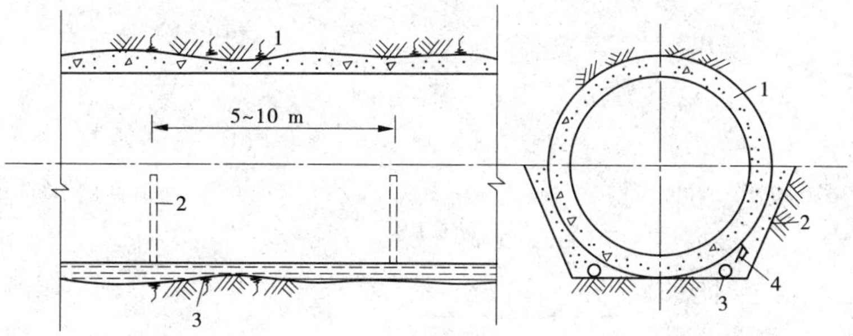

1—隧洞;2—环向排水;3—纵向排水;4—卵石。

图 7-22　有压隧洞排水布置图

【任务测试】

请扫描二维码,做任务测试卷。

码 7-6　任务 7.3 测试卷

任务 7.4　水工隧洞出口段的消能

码 7-7　微课:水工隧洞出口段的消能

【任务导航】

问题 1:水工隧洞出口消能方式有哪些?各适用于什么条件?

问题 2:窄缝式挑坎消能与等宽坎消能的区别是什么?

【任务解析】

隧洞出口常用的消能方式有以下几种。

7.4.1　挑流消能

当隧洞出口高程高于或接近下游水位,且地形、地质条件允许时,采用扩散式挑流消能比较经济合理,因为它结构简单、施工方便,国内外泄洪、排沙隧洞广泛采用这种消能方式(见图 7-23)。

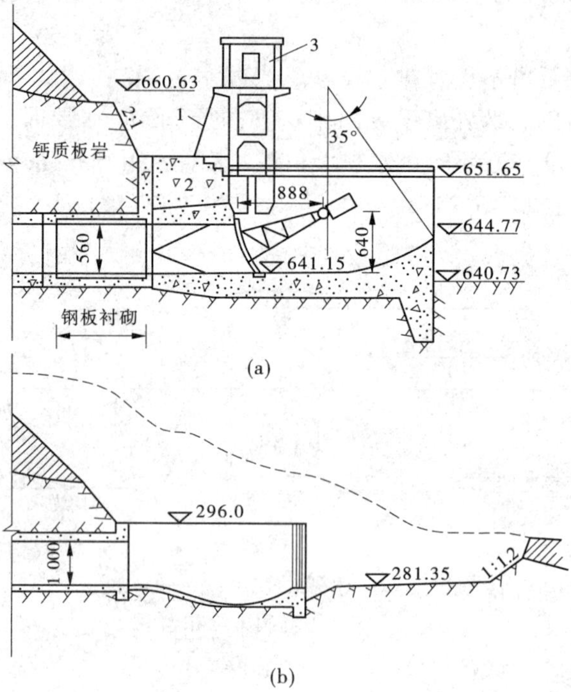

1—钢梯;2—混凝土块压重;3—启闭机操纵室。

图 7-23 挑流式消能 (单位:高程,m;尺寸,cm)

7.4.2 底流消能

当隧洞出口高程接近下游水位时,也可采用扩散式底流水跃消能。底流消能具有工作可靠、消能比较充分、对下游水面波动影响范围小的优点,但缺点是开挖量大、施工复杂、材料用量多、造价高(见图 7-24)。

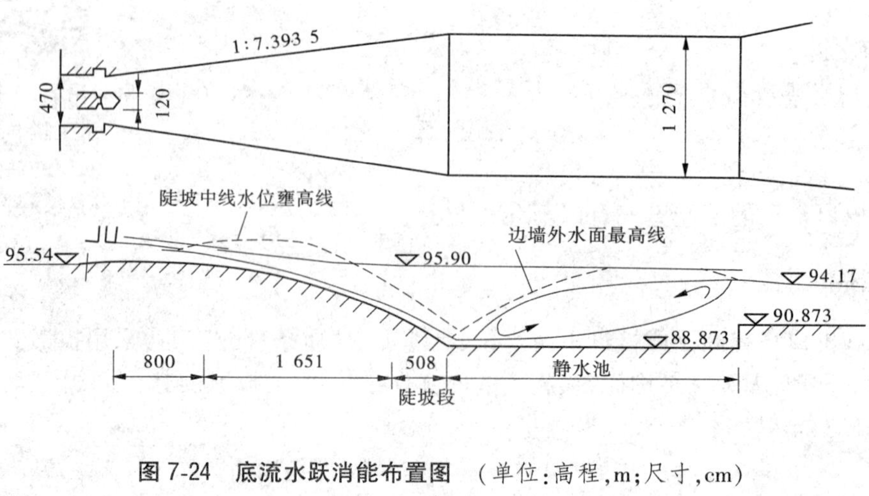

图 7-24 底流水跃消能布置图 (单位:高程,m;尺寸,cm)

7.4.3 窄缝式挑坎消能

窄缝式挑坎消能为在挑坎处采用收缩式窄缝的布置形式。窄缝式挑坎与等宽挑坎不同之处在于,它的挑角很小,一般取0°,顺水流方向,两侧边墙向中心的显著收缩使出水口处水流迅速加深,水舌的出射角在底部和表层差别很大,底部约0°,表层可达45°左右,因此水舌下缘挑距缩短,上缘挑距加大,水流挑射高度增加,使水流纵向扩散加大,减小了对河床单位面积上的冲击动能,同时水舌在空中扩散时及入水时大量掺气,在水舌进入水垫后气泡上升,大大减轻了对下游河床的冲刷。

7.4.4 洞中突扩消能

洞中突扩消能也称为孔板消能,它是在有压隧洞中设置过流断面较小的孔板,利用水流流经孔板时突缩和突扩造成的漩滚,在水流内部产生摩擦和碰撞,消减大量能量。

黄河小浪底水利枢纽中将导流洞改建为压力泄洪洞,就采用了多级孔板消能方案,在直径$D=14.5$ m的洞中布置了三道孔板,孔板间距为$3D=43.5$ m,由导流洞改建的泄洪洞,经过三级孔板消能,可将140 m水头消能去60 m水头,洞内平均流速仅10 m/s(见图7-25)。

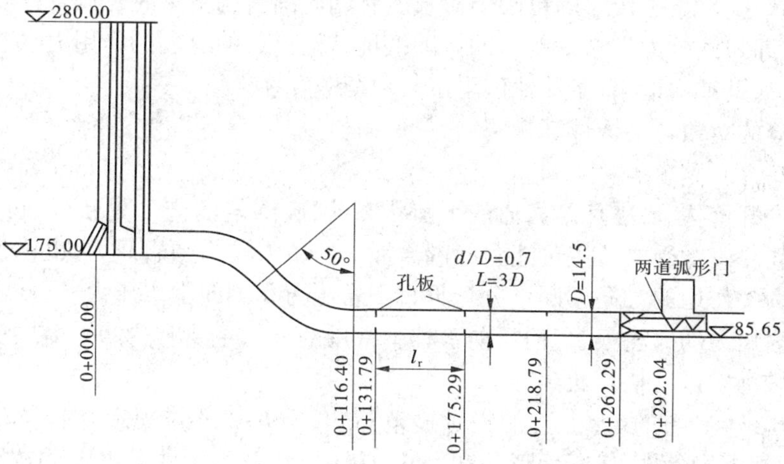

图7-25 小浪底1号孔板泄洪洞剖面 (单位:m)

【任务测试】

请扫描二维码,做任务测试卷。

码7-8 任务7.4测试卷

任务 7.5　隧洞衬砌的荷载及衬砌结构计算

【任务导航】

问题 1:什么是围岩压力? 其受哪些因素影响?

问题 2:什么是弹性抗力? 其与围岩压力有何不同? 在哪些条件下要考虑弹性抗力?

【任务解析】

7.5.1　隧洞衬砌的荷载及其组合

7.5.1.1　荷载

隧洞是地下结构,衬砌与围岩有相互作用,作用于衬砌的荷载种类与大小既取决于隧洞的工作条件,又取决于围岩地质条件及施工情况。作用在隧洞衬砌上的荷载,分为基本荷载和特殊荷载两类。基本荷载,即长期或经常作用在衬砌上的荷载,包括衬砌自重、围岩压力、设计条件下的内水压力、稳定渗流情况下的外水压力、预应力等。特殊荷载,即出现机会较少的、不经常作用在衬砌上的荷载,包括校核洪水位时的内水压力和相应的外水压力、地震荷载、施工荷载、灌浆压力、温度荷载等。

另外,当与围岩紧密接触的衬砌受荷载后有趋向围岩的变形时,围岩可施加反作用于衬砌的荷载,即弹性抗力。它是能协助衬砌抵抗其他荷载的有利的作用力,但它不是独立存在的荷载,只是被动地、有条件地依附于其他荷载存在。

荷载计算的对象与结构计算相同,为单位洞长。

1. 围岩压力

在岩体中开挖隧洞,破坏了岩体的平衡状态,引起围岩的应力重新分布,围岩发生变形,甚至塌落,衬砌承受的这些可能引起围岩崩塌的压力称为围岩压力,也称为山岩压力。

围岩压力按作用的方向不同可分为垂直围岩压力和侧向围岩压力。

计算围岩压力的方法很多,但目前工程中常用的方法主要有自然平衡拱法和估算法。这里仅介绍较为实用的估算法。

我国 2016 年颁布的《水工隧洞设计规范》(SL 279—2016)规定,围岩作用在衬砌上的载荷,应根据围岩条件、横断面形状和尺寸、施工方法及支护效果确定,围岩压力计取应符合下列规定。

(1)自稳条件好,开挖后变形很快稳定的围岩,可不计围岩压力。

(2)薄层状及破裂散体结构的围岩,作用在衬砌上的围岩压力:

垂直方向　$$q_v=(0.2\sim0.3)\gamma_1 B \tag{7-2}$$

水平方向　$$q_h=(0.05\sim0.1)\gamma_1 H \tag{7-3}$$

式中　q_v——垂直均布围岩压力,kN/m^2;

q_h——水平均布围岩压力,kN/m^2;

γ_1——岩石的容重,kN/m^3;

B——隧洞开挖宽度,m;

H——隧洞开挖高度,m。

(3)不能形成稳定拱的浅埋隧洞,宜按洞室顶拱的上覆盖层岩体重力作用计算围岩压力,再根据施工所采取的支护措施予以修正。

(4)块状、中厚层至厚层状结构的围岩,可根据围岩中不稳定块体的作用力来确定围岩压力。

(5)采取了支护或加固措施的围岩,根据其稳定状况,可不计或少计围岩压力。

(6)采用掘进机开挖的围岩,可适当少计围岩压力。

(7)具有流变或膨胀等特殊性质的围岩,可能对衬砌结构产生变形压力时,应对这种作用进行专门研究,并宜采取措施减小其对衬砌的不利作用。

2. 弹性抗力

当衬砌承受荷载后,向围岩方向变形时,会受到围岩的抵抗,这个抵抗力称为弹性抗力。弹性抗力是当衬砌受力后向围岩变形,围岩反作用于衬砌,而使衬砌受到的被动抗力。弹性抗力的存在,对于衬砌是有利的。

影响弹性抗力的因素主要有围岩的岩性、构造、强度及厚度,同时还必须保证衬砌与围岩紧密结合。为有效地利用弹性抗力,常对围岩进行灌浆加固并填实衬砌与围岩间的空隙。由于弹性抗力对衬砌是有利的,因此对弹性抗力的估算不能过高。

围岩的弹性抗力 p_0 可由式(7-4)计算:

$$p_0 = K\delta \tag{7-4}$$

式中　p_0——围岩的弹性抗力强度,kN/cm^2;

δ——围岩受力面的法向位移,cm;

K——围岩的弹性抗力系数,kN/cm^3。

围岩的法向位移 δ 值,可根据衬砌的荷载(包括弹性抗力在内),经计算求得。

围岩的弹性抗力系数 K,则与围岩岩性及开挖洞径有关。在圆形有压隧洞的衬砌计算中,常以隧洞开挖半径为 100 cm 时的单位弹性抗力系数 K_0 来表示围岩的抗力特性,则开挖半径为 r_e 时的弹性抗力系数 K 为

$$K = \frac{100}{r_e}K_0 \tag{7-5}$$

式中　r_e——隧洞实际开挖半径,cm;

K_0——开挖半径为 100 cm 时的单位弹性抗力系数。

弹性抗力系数常用类比法和现场试验方法来确定。对弹性抗力估计过高,则会使衬砌结构不安全,对弹性抗力估计过低则不经济。因此,必须对其进行认真分析和估算。

弹性抗力的存在要求围岩有足够的厚度,对于有压洞,只有在围岩厚度大于 3 倍开挖洞径,同时岩体完整、没有不利滑动面时,才可考虑弹性抗力,否则应适当降低 K 值,甚至不计入弹性抗力。对于无压洞,如果两侧有足够的厚度且无不利的滑动面,可以考虑弹性抗力。

3. 内水压力

内水压力是指作用在衬砌内壁上的水压力。它是有压隧洞的主要荷载。内水压力可分解为两部分,即均匀内水压力和非均匀内水压力(无水头洞内满水压力)。

均匀内水压力是由洞顶内壁以上的水头产生的,计算式为

$$p_1 = \gamma h \tag{7-6}$$

式中　γ——水的容重,kN/m^3;

h——高出衬砌内壁顶点以上的内水压力水头,m。

非均匀内水压力是指洞内充满水,洞顶处水压力为零,洞底处的水压力为 $2\gamma r_i$ 时的水压力。计算式为

$$p_2 = \gamma r_i (1 - \cos\theta) \tag{7-7}$$

式中　r_i——衬砌内半径,m;

θ——计算点半径与洞顶半径的夹角。

非均匀内水压力的合力,方向向下,数值等于单位洞长内的总水重。

内水压力为以上两者的叠加(见图 7-26)。

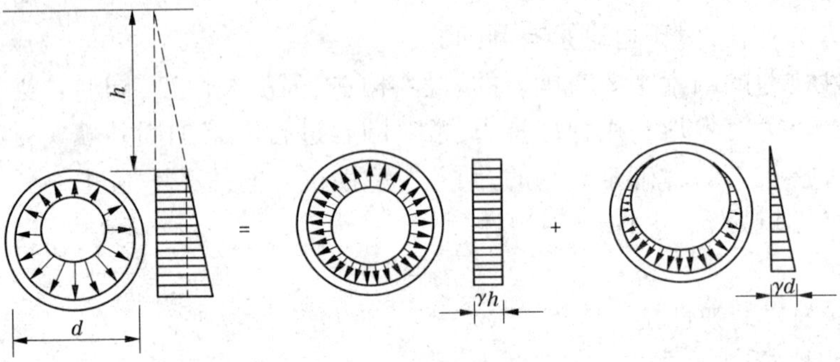

图 7-26　有压隧洞内水压力分解

对有压发电引水隧洞,还应考虑机组甩负荷时引起的水击压力,对于无压隧洞的内水压力则由洞内的水面线来计算。

4. 外水压力

外水压力是指作用在衬砌外壁上的地下水压力,其值取决于水库蓄水后的地下水位线的高低(见图 7-27),由于地质条件的复杂性,难以准确计算。一般来说,常假设隧洞进口处的地下水位线与水库正常挡水位相同,在隧洞出口处与下游水位或洞顶齐平,中间按直线变化。对于无压隧洞,一般采用在衬砌外壁布置排水设施来消除外水压力;对于有压隧洞,外水压力有抵消内水压力的作用,需要慎重考虑。

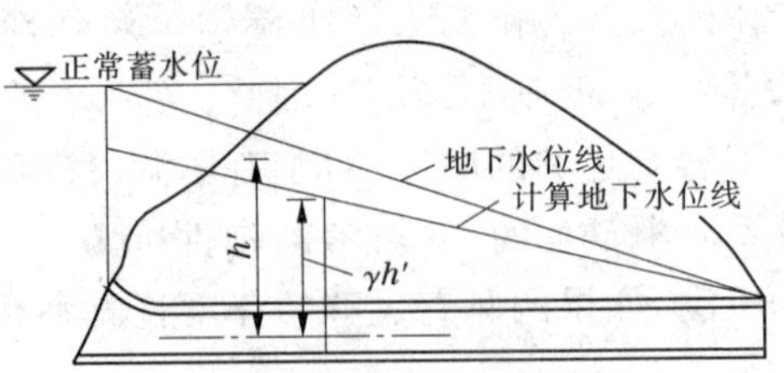

图 7-27　地下水位线分布

考虑到地下水渗流过程的水头损失,工程中实际取用外水压力的数值应等于地下水的水头乘以折减系数 β_e(见表 7-1)。设计中,当与内水压力组合时,外水压力常用偏小值;当隧洞放空时,采用偏大值。

作用在衬砌外壁上的外水压力可按式(7-8)估算：

$$p_e = \beta_e \gamma h' \tag{7-8}$$

式中　p_e——作用在衬砌结构外表面的外水压力强度，kN/m^2；

β_e——外水压力折减系数，参见表7-1；

h'——隧洞中心至地下水位线的作用水头，m；

γ——水的容重，kN/m^3。

表7-1　外水压力折减系数 β_e 值选用

级别	地下水活动状况	地下水对围岩稳定的影响	β_e 值
1	洞壁干燥或潮湿	无影响	0
2	沿结构面有渗水或滴水	风化结构面中填充物质，降低结构面的抗剪强度，对软弱岩体有软化作用	0~0.4
3	沿裂隙或软弱结构面中有大量滴水、线状流水或喷水	泥化软弱结构面中填充物质，降低结构面的抗剪强度，对中硬岩体有软化作用	0.25~0.6
4	严重股状流水，沿软弱结构面有小量涌水	地下水冲刷结构面中填充物质，加速岩体风化，使断层等软弱带软化、泥化，并使其膨胀崩解，以及产生机械管涌。有渗透压力，能鼓出较薄的软弱层	0.4~0.8
5	严重滴水或流水，断层等软弱带有大量涌水	地下水冲刷挟带结构面中填充物质，分离岩体，有渗透压力，能鼓出一定厚度的断层等软弱带，能导致围岩塌方	0.65~1.0

5. 衬砌自重

衬砌自重是沿隧洞轴线1 m长的衬砌重量，计算图见图7-28。一般根据衬砌厚度的不同，沿洞线分段进行计算，认为自重均匀作用在衬砌厚度的平均线上，衬砌单位面积上的自重强度 g 为

$$g = \gamma_c h \tag{7-9}$$

式中　γ_c——衬砌材料容重，kN/m^3；

h——衬砌厚度，m，应考虑平均超挖回填的部分。

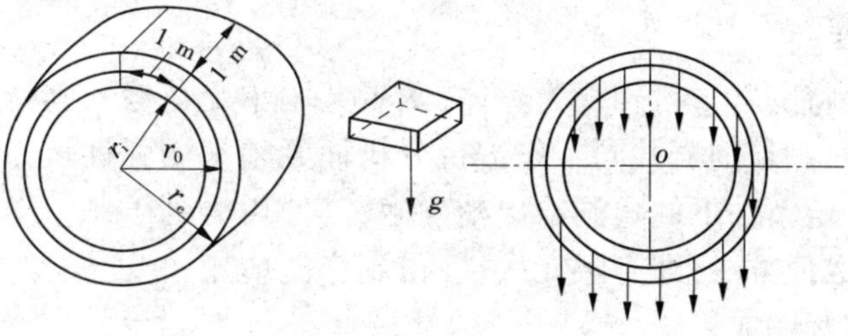

图7-28　衬砌自重计算图

6. 其他荷载

除上述主要荷载外,隧洞衬砌上还作用有灌浆压力、温度荷载、地震荷载等一些其他荷载,或为施工期临时作用或对衬砌影响较小或出现概率很小,在设计中较少考虑。

7.5.1.2 荷载组合

设计中常考虑的荷载组合有:

(1)正常运用情况:围岩压力+衬砌自重+宣泄设计洪水时内水压力+外水压力。

(2)施工、检修情况:围岩压力+衬砌自重+可能出现的最大外水压力。

(3)非常运用情况:围岩压力+衬砌自重+宣泄校核洪水时内水压力+外水压力。

正常运用情况属于基本组合,在衬砌设计时往往以正常运用情况来确定衬砌的厚度、材料强度等级和配筋量,用其他情况来作校核。

7.5.2 衬砌结构计算

衬砌结构计算的目的是确定衬砌厚度、材料强度等级及配筋量。衬砌结构计算的对象,是根据隧洞沿线荷载、断面形状与尺寸的不同将其分为若干段,每段选取一代表性的单位洞长。

衬砌结构计算的内容包括确定衬砌厚度、配置钢筋数量、校核衬砌强度。

衬砌结构计算的步骤是:根据隧洞沿线荷载及断面形状尺寸的变化情况分为若干段;每段中选出一代表性断面进行计算;初拟衬砌形式和厚度;分别计算各种荷载产生的内力,按不同的荷载组合叠加,进行强度校核、配筋及修改。

衬砌结构计算的方法,当前有两种:一种是以衬砌为计算对象的结构力学法;另一种是以隧洞整体为计算对象的弹性力学法。

7.5.2.1 结构力学法

结构力学法是将衬砌与围岩相互分开,以衬砌本身为研究对象。认为衬砌是构件,是承受荷载的主体,围岩是基础,围岩的作用是以弹性抗力的形式施加给衬砌,并按文克尔假定考虑。结构力学法的主要缺点是:首先,仅能求得衬砌的应力,而不能求出围岩的应力,也无法对围岩的稳定进行分析;其次,这种方法将围岩与衬砌相互分开,将衬砌作为承荷主体,消极地承受荷载,而实际上衬砌与围岩两者紧密结合,是一个整体,共同承受荷载,因而使衬砌尺寸过大。此外,衬砌与围岩间的相互关系复杂,不能简单地用弹性抗力来反映两者之间的相互作用,并且弹性抗力的理论假定——文克尔假定,与实际存在较大出入。尽管结构力学法存在上述问题,但在多年应用中已形成一套完整的体系,在一定程度上反映了隧洞的工作状态,并为广大设计人员所熟悉,因此在一定条件下还得以运用。

7.5.2.2 弹性力学法

弹性力学法是将围岩与衬砌视为整体,两者共同承受荷载。其特点是能对围岩进行分析,并能严格按衬砌与围岩共同工作进行分析而无须采用弹性抗力的概念。由于弹性理论仅能对某些特定条件下的隧洞给出精确解,其使用受到限制。随着计算机的发展与运用,弹性力学的数值方法,即有限元法,已得到广泛应用,它能模拟复杂的岩体结构,并能得出较为符合实际的成果。

《水工隧洞设计规范》(SL 279—2016)规定,衬砌结构计算应按各设计阶段的要求,根据衬砌的结构特点、荷载作用形式、围岩和施工条件等，选用不同的方法进行计算。

以内水压力为主要荷载，围岩为Ⅰ、Ⅱ类的圆形有压隧洞，宜采用弹性力学解析法；Ⅳ、Ⅴ类围岩中的隧洞，宜采用结构力学法；无压隧洞可采用结构力学法；Ⅱ、Ⅲ类围岩中的隧洞，视围岩的条件和所能取得的基本资料选用合适的方法。如围岩稳定性较好，有较强的自承能力，衬砌的目的主要是用来加固围岩者，或者隧洞跨度大，围岩很不均匀者，宜采用有限元法。

隧洞衬砌结构计算的具体过程，这里不做介绍。需要说明的是，在生产实践中，现已普遍通过计算程序运用计算机进行隧洞衬砌结构计算。

【任务测试】

请扫描二维码，做任务测试卷。

码 7-9　任务 7.5 测试卷

任务 7.6　坝下涵管

【任务导航】

问题 1：坝下涵管有哪些类型？

问题 2：如何布置坝下涵管？

【任务解析】

在土石坝水库枢纽中，主要泄水建筑物应是河岸溢洪道，底孔的设计流量一般不大。当由于两岸地质条件或其他原因，不宜开挖隧洞时，可以采用坝下设涵管的方法来满足泄洪、引水、放空、排沙的要求。

坝下涵管结构简单、施工方便、造价较低，故在小型水库工程中应用较多。但其最大的缺点是：如设计施工不良或运用管理不当，极易影响土石坝的安全。由于管壁和填土是两种不同性质的材料，如两者结合不紧密，库水就会沿管壁与填土之间的接触面产生集中渗流。特别是当管道由于坝基不均匀沉陷或连接结构等方面的原因，发生断裂、漏水等情况时，后果更加严重。所以，坝下涵管运用不如隧洞安全，但若涵管能置于比较完整坚硬的基岩上，辅以精心设计施工，是能够保证涵管及土石坝的安全的。在软基上，除经过技术论证外，不得采用涵管式底孔。对于高坝和多地震区的坝体，在岩基上也应尽量避免采用坝下涵管。

码 7-10　微课：坝下涵管类型和位置选择

7.6.1　涵管的类型和位置选择

涵管一般由进口段、管身段、出口段三大部分组成。进口段后的过水管道称为管身，按其水力条件也分有压和无压两类。管身断面形式和材料可按水力条件、受力条件及建筑材料供应情况等确定。

7.6.1.1　**坝下涵管的类型**

涵管按其过流形态可分为具有自由水面的无压涵管、满水的有压涵管、闸门前段满水但门后具有自由水面的半有压涵管。其管身断面形式有圆形、圆拱直墙形(城门洞形)、箱形等。涵管材料一般为预制或现浇混凝土和钢筋混凝土或浆砌石。无压涵管的断面形式如图7-29所示。

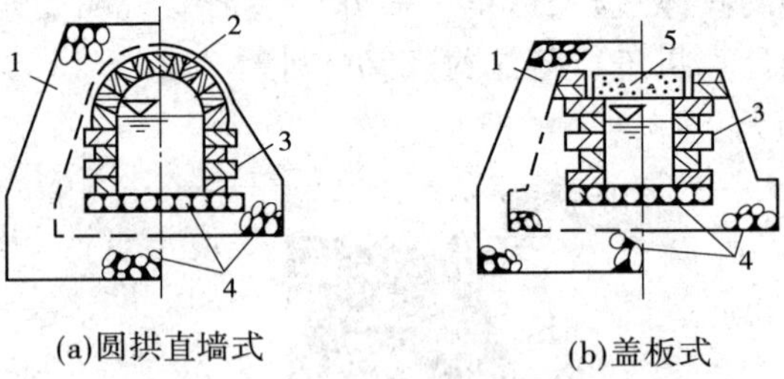

1—截渗环;2—浆砌石拱圈;3—浆砌条石;
4—浆砌块石;5—钢筋混凝土盖板。

图7-29　无压涵管的断面形式

大型无压涵管,可选用钢筋混凝土圆形或矩形断面的管道;当过水断面较大,还可选用双箱或多箱式断面(见图7-30)。选定涵管尺寸时,还应考虑进人检修的需要。

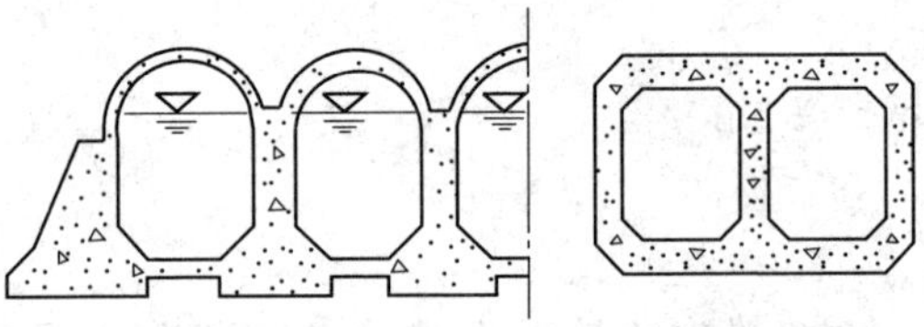

图7-30　钢筋混凝土无压涵管断面形式

7.6.1.2　**涵管的位置选择**

在进行涵管的位置选择及布置时,应综合考虑涵管的作用、地基情况、地形条件、水力条件,以及与其他建筑物(特别是土坝)之间的关系等因素,选择多方案进行技术经济比较,再加以确定。在进行线路选择及布置时,主要应注意以下几个方面的问题:

(1)地质条件。应尽可能将涵管设在岩基上。当坝高在10 m以下时,涵管也可设于压缩性小、均匀而稳定的土基上。但应避免部分是岩基、部分是土基的情况,以防止地基的不均匀沉降导致涵管断裂。涵管出口地质条件应稳定,避免地质不稳导致的滑坡堵塞涵管。

(2)地形条件。涵管应选在与进口高程相适宜的位置,以免过多的挖方。涵管的进口高程,可根据运用要求、河流泥沙情况及施工导流等因素确定。

(3)运用要求。涵管布置应尽量方便,引水灌溉的涵管,应布置于灌区同岸,以节省费用;两岸均有灌区,可在两岸分设涵管。涵管最好与溢洪道分设两岸,以免水流干扰。

(4)管线宜短而直。涵管的轴线应为直线并与坝轴线垂直,以缩短管长,使水流顺畅,降低水头损失。当受地形或地质条件的限制,涵管必须转弯时,其弯曲半径应大于 5 倍的管径。

7.6.2 涵管的布置与构造

7.6.2.1 涵管的进口形式

小型水库的坝下涵管,大多数是为灌溉引水而设的,因此其进口应尽量选择分层取水的结构形式,常用的结构形式如下:

(1)分级斜卧管式。这种形式是沿山坡修筑台阶式斜卧管,在每个台阶上设进水口,孔径 10~50 cm,用木塞或平板门控制放水。卧管的最高处设通气孔,下部与消力池或消能井相连(见图 7-31)。该形式进水口结构简单、施工方便,能引取温度较高的表层水灌溉,有利于作物生长。缺点是容易漏水,木塞闸门运用管理不便,引水流量不易控制。

(2)斜拉闸门式。该形式与隧洞的斜坡式进水口相似,如图 7-32 所示。其优缺点与隧洞斜坡式进水口类似,故不再赘述。

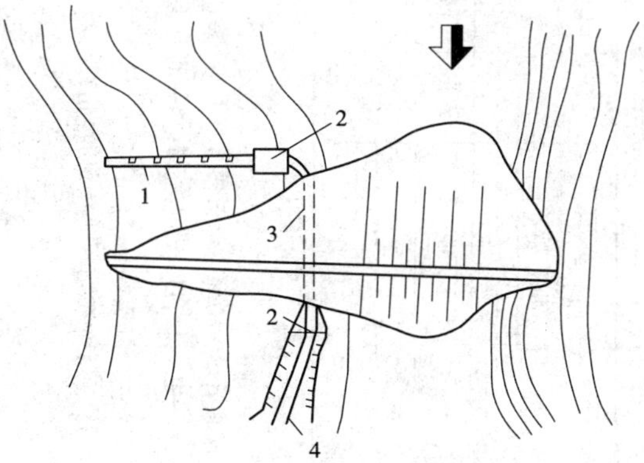

1—卧管;2—消力池;
3—坝下涵管;4—渠道。

图 7-31 分级斜卧管式

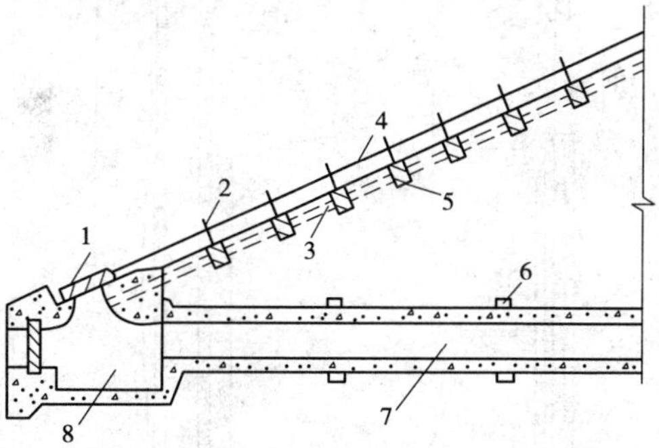

1—斜拉闸门;2—支柱;3—通气孔;4—拉杆;
5—混凝土块体;6—截渗环;7—涵管;8—消能井。

图 7-32 斜拉闸门式

(3)塔式进水口。该形式适于水头较高、流量较大、水量控制要求较严的涵管,其构造和特点与隧洞的塔式进口基本相同,如图 7-33 所示。塔的位置有三种:一种是塔靠近塔顶,一种是塔在上游坝脚,还有一种是塔设在前两种位置之间。其中,第一种最好,塔身受风浪、冰冻影响小,稳定性好,且需要的交通桥短;第二种则刚好相反,需要较长的交通桥,稳定性较差;第三种容易造成塔身与斜墙防渗体接合部漏水,故不适于斜墙坝。

7.6.2.2 管身布置与构造

管身一般设有管座、伸缩缝、截渗环、涵衣等设施,管身的断面形状通常有圆形、矩形及拱形等。

(1)管座。设置管座可以增加管身的纵向刚度,改善管身的受力条件,并使地基受力均匀,所以管座是防止管身断裂的主要结构措施之一。管座可以用浆砌石或低强度等级混凝土做成,厚度一般为 30~50 cm,见图 7-34。管座和管身的接触面成 90°~180°包角,接触面上涂以沥青或设油毛毡垫层,以减小管身受管座的约束,避免因纵向变形而导致裂缝。

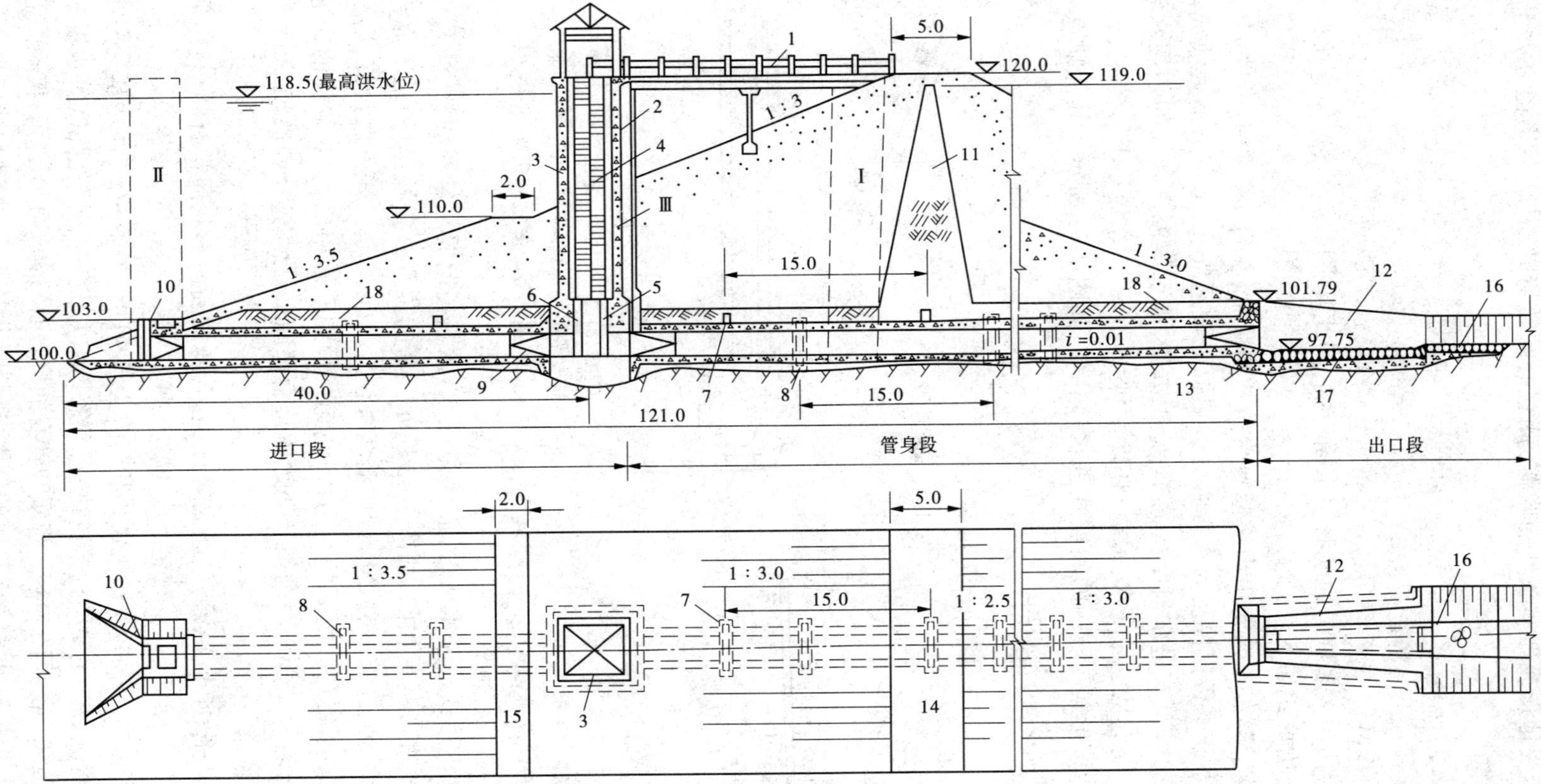

1—工作桥;2—通气孔;3—控制塔;4—爬梯;5—主闸门槽,6—检修闸门;7—截渗环;
8—伸缩缝;9—渐变段;10—拦污栅;11—黏土心墙;12—消力池;13—岩基;
14—坝顶;15—马道;16—干砌石;17—浆砌石;18—黏土。

图 7-33　涵管布置图　(单位:m)

(2)伸缩缝。土基上的涵管,应设置沉陷缝,以适应地基变形。良好的岩基,不均匀沉陷很小,为适应温度荷载,可设温度伸缩缝。通常将沉降缝和伸缩缝一起设置,统称为伸缩缝。对于现浇钢筋混凝土涵管,伸缩缝的间距一般不大于3~4倍的管径,且不大于15 m。当管壁较薄、设置止水有困难时,可将接头处的管壁加厚。对于预制涵管,其接头即为伸缩缝,多用套管接头,缝宽一般为1~3 cm,缝内设置止水,见图7-35、图7-36。

(3)截渗环。为防止沿涵管外壁产生集中渗流,并起到加长管壁的渗径、降低渗流的坡降和减小流速、避免填土产生渗透变形的作用,通常在涵管外侧每隔10~20 m设置一道截渗环。土基上的截渗环不宜设在两节管的接缝处,而应尽量靠近每节管的中间位置,以避免不均匀沉降引起破坏。岩基上的截渗环则可设在管节间的接缝处。截渗环应设在两伸缩缝之间,以减小截渗环对管身纵向变形的约束,常用混凝土建造。

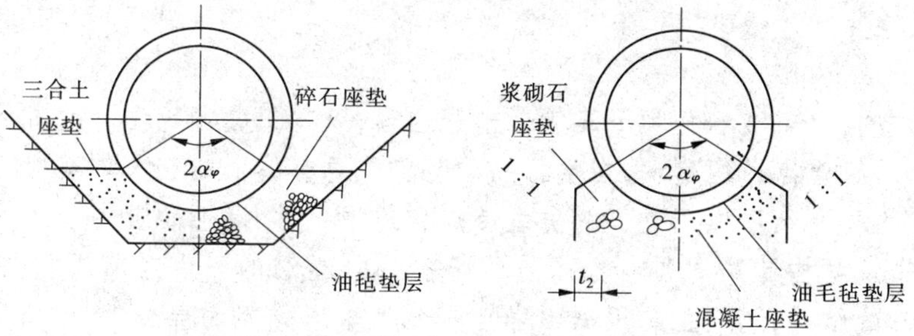

(a)岩基　　(b)土基

图7-34　管座形式

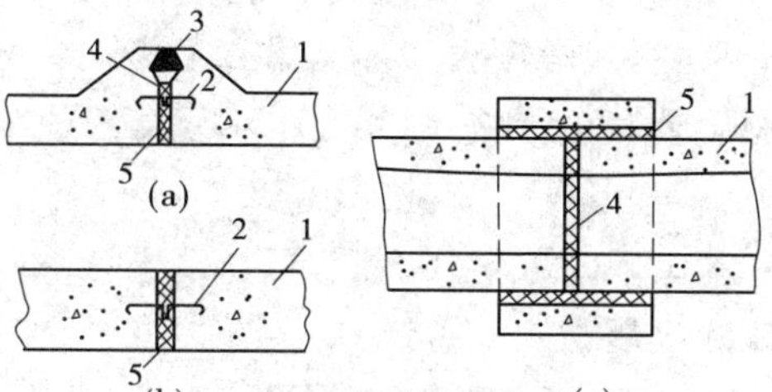

1—管壁;2—止水片;3—二期混凝土;4—沥青填料;5—二层油毡三层沥青

图7-35　伸缩缝的构造

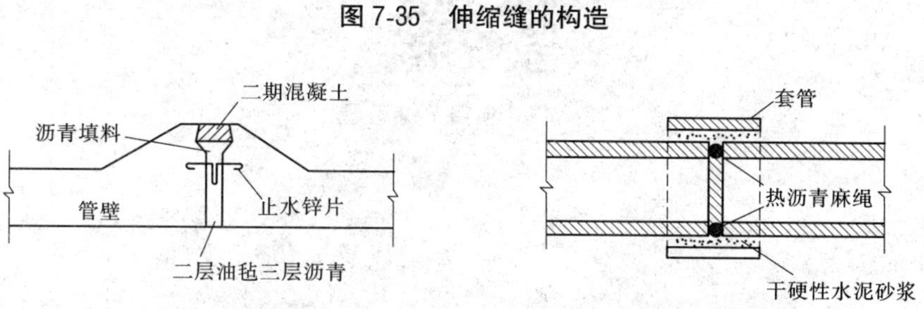

(a)现浇管预留伸缩缝　　(b)预制管接头伸缩缝

图7-36　涵管接头

(4)涵衣。为了防止集中渗流,在涵管周围铺填1~2 m厚的黏土作为防渗层,即为涵衣。

7.6.2.3 涵管的出口布置

坝下涵管通常流量不大,水头较低,多采用底流消能。其消能布置和隧洞出口相同。

【任务测试】

请扫描二维码,做任务测试卷。

码7-11 任务7.6测试卷

小 结

本项目包括水工隧洞和坝下涵管两部分内容,以水工隧洞为主。两者的位置不同,功能类似。本项目重点介绍隧洞,在学习涵管时要注意与隧洞的相关内容对比。

本项目主要介绍了隧洞进口的类型特点和适用条件,隧洞是开凿出来的,所以洞身断面形式、构造及结构计算均要考虑围岩的影响。对隧洞的衬砌要掌握衬砌的目的、种类等,关于衬砌的结构计算,主要根据围岩性质分别采用结构力学、弹性理论法或有限单元法计算,计算时要先判别弹性抗力是否参加。

本项目对坝下涵管的位置选择、进口建筑物及管身的形式、布置和构造做了一般介绍。涵管外围容易产生集中渗流,必须引起高度重视,一般处理方法都是设置截渗环和涵衣。由于管身较薄,周围不易夯实,若不注意精细施工,容易造成集中渗流。所以,施工时一定要认真仔细,确保夯土质量和防渗效果。

【项目练习】

请扫描二维码,做项目练习题。

码7-12 项目7练习题

项目8　渠系中的主要水工建筑物设计

【学习目标】

学习任务	能力目标	知识要点	素质目标
任务8.1	熟悉渠系建筑物的种类和作用；掌握渠系建筑物的布置原则	渠道、调节及配水建筑物、交叉建筑物、落差建筑物、泄水建筑物、冲沙和沉沙建筑物、量水建筑物	弘扬“忠诚、干净、担当，科学、求实、创新”的新时代水利精神；培养合理运用标准、严格遵守规范的规范意识；勇于担当，守正创新，做新时代合格的水利人
任务8.2	掌握渡槽的形式和组成与总体布置；掌握渡槽设计的要点	渡槽进出口段、槽身、支承结构	
任务8.3	掌握倒虹吸管的组成与布置形式；掌握倒虹吸管管身形式和构造；掌握倒虹吸管的水利计算	倒虹吸管组成，管身断面与材料，平接式伸缩缝、套接式伸缩缝、承插式伸缩缝、企口接伸缩缝，镇墩与座垫	
任务8.4	熟悉涵洞的特点与类型；掌握涵洞的水力计算需要考虑的荷载	无压涵洞、半有压涵洞、有压涵洞	
任务8.5	熟悉跌水与陡坡的组成与布置	跌水进出口、跌水口、跌水墙、消力池、海漫、分缝与排水	

【思政导引】

码8-1　郑国渠——世界灌溉工程遗产

任务8.1　概　述

【任务导航】

问题1：常见渠系建筑物有哪些？

问题2：渠系建筑物应如何布置？

【任务解析】

输配水渠道一般线路长,沿线地形起伏变化大,地质情况复杂,为了准确调节水位、控制流量、分配水量、穿越各种障碍,满足灌溉、水力发电、工业及生活用水的需要,需要在渠道上修建的水工建筑物统称为渠系建筑物。

8.1.1 渠系建筑物的种类和作用

码 8-2 微课：渠系建筑物的种类和作用

渠系建筑物的种类很多,一般按其作用分类,主要有以下几种:

(1)渠道。是指为农田灌溉、水力发电、工业及生活输水用的、具有自由水面的人工水道。一个灌区内的灌溉或排水渠道,一般分为干、支、斗、农四级,构成渠道系统,简称渠系。

(2)调节及配水建筑物。用以调节水位和分配流量,如节制闸、分水闸等。

(3)交叉建筑物。渠道与山谷、河流、道路、山岭等相交时所修建的建筑物,如渡槽、倒虹吸管、涵洞等。

(4)落差建筑物。在渠道落差集中处修建的建筑物,如跌水、陡坡等。

(5)泄水建筑物。为保护渠道及建筑物安全或进行维修,用以放空渠水的建筑物,如泄水闸、虹吸泄洪道等。

(6)冲沙和沉沙建筑物。为防止和减少渠道淤积,在渠首或渠系中设置的冲沙和沉沙设施,如冲沙闸、沉沙池等。

(7)量水建筑物。用以计量输配水量的设施,如量水堰、量水管嘴等。

渠系中的建筑物,一般规模不大,但数量多,总的工程量和造价在整个工程中所占比重较大。为此,应尽量简化结构,改进设计和施工,以节约原材料和劳力、降低工程造价。

8.1.2 渠系建筑物的特点

各种渠系建筑物的作用虽各有不同,但具有较多的共同点:

(1)量大面广、总投资多。单个工程的规模一般都不很大,但数量多,总的工程量往往很大。

(2)同类建筑物较为相似。建筑物位置分散在整个渠道沿线,同类建筑物的工程条件常相近。因此,宜采用定型化结构和装配式结构,以简化设计、加快施工进度、缩短工期、降低造价、节省劳力和保证工程质量。

(3)受地形环境影响较大。渠系建筑物的布置,主要取决于地形条件,与群众的生产、生活环境密切相关。

8.1.3 渠系建筑物的布置原则

(1)灌溉渠道的渠系建筑物应按设计流量设计、加大流量校核。排水沟道的渠系建筑物仅按设计流量设计。同时,应满足水面衔接、泥沙处理、排泄洪水、环保和施工、运行、管理的要求,并适应交通和群众生产、生活的需要。

(2)渠系建筑物应布置在渠线顺直、地质条件良好的缓坡渠段上。在底坡陡于临界坡的急坡渠段上不应布置改变渠道过水断面形状、尺寸、纵坡和设有阻水结构的渠系建筑物。

(3)渠系建筑物应避开不稳定场地和滑坡、崩塌等不良地质渠段,对于不能避开的其他特殊地质条件应采用适宜的布置形式或地基处理措施。

(4)顺渠向的渡槽、倒虹吸管、陡坡与跌水、节制闸等渠系建筑物的中心线应与所在渠道的中心线重合。跨渠向的渡槽、倒虹吸管、涵洞等渠系建筑物的中心线宜与所跨渠道的中心线垂直。

(5)除倒虹吸管和虹吸式溢洪堰外,渠系建筑物宜采用开敞式布置或无压明流流态。

(6)应优先采用将位置靠近、功能不同的多个渠系建筑物集中布置的形式。

(7)在渠系建筑物的水深、流急、高差大、临近高压电线及有毒有害物质等开敞部位,应针对具体情况分别采取留足安全距离、设置防护隔离设施或醒目明确的安全警示标牌等安全措施。

(8)渠系建筑物设计文件中应包含必要的安全运行规程、操作制度和安全监测设计。

【任务测试】

请扫描二维码,做任务测试卷。

码 8-3 任务 8.1 测试卷

任务 8.2 渡槽设计

码 8-4 微课:渡槽设计

【任务导航】

问题 1:渡槽一般由哪几部分组成?各部分有什么作用?

问题 2:渡槽的适用条件是什么?

【任务解析】

8.2.1 形式和组成

当渠道跨越山谷、河流、道路时,为连接渠道而设置的过水桥称为渡槽。渡槽常见的形式为梁式和拱式,见图 8-1。

渡槽由进口段、出口段、槽身及其支承结构等部分组成。

8.2.1.1 进、出口段

渡槽的进、出口段应与渐变段、渠道平顺连接,渐变段可用直立翼墙式和扭曲翼墙式,防止冲刷和渗漏。一般将槽身伸入两岸 2~5 m。出口段比进口段的扩散角应平缓些,见图 8-2。

8.2.1.2 槽身

槽身一般为矩形或 U 形,包括底板、侧墙和间隔设置的拉梁。由浆砌块石和钢筋混

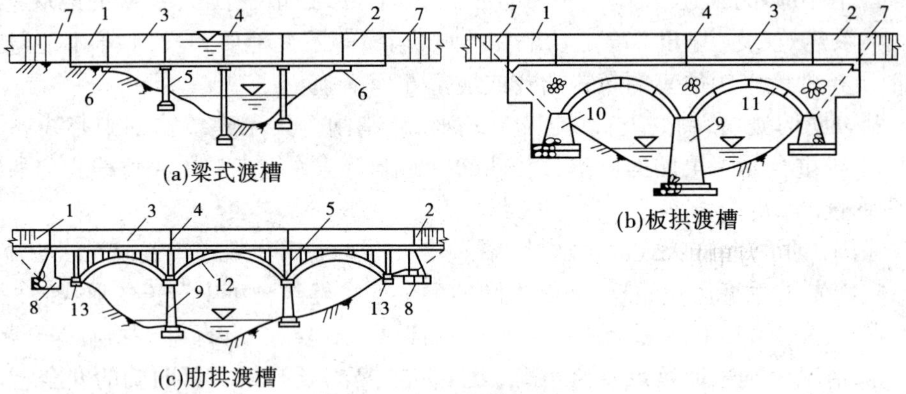

1—进口段;2—出口段;3—槽身;4—伸缩缝;5—排架;6—支墩;7—渠道;8—重力式槽台;9—槽墩;10—边墩;11—砌石板拱;12—肋拱;13—拱座。

图 8-1 各式渡槽

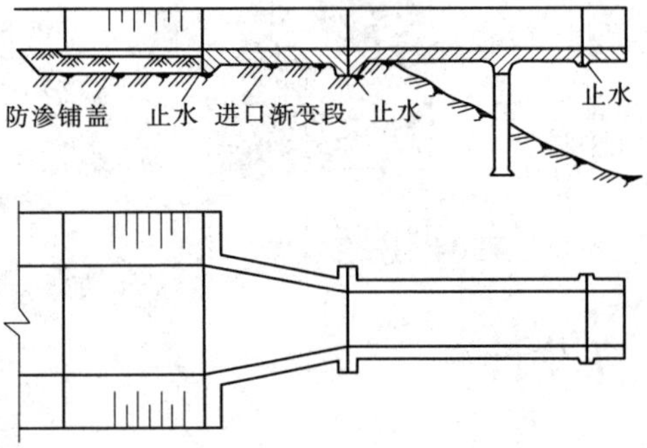

图 8-2 进、出口段连接

凝土构成。

8.2.1.3 下部支承结构

下部支承结构一般用浆砌石或钢筋混凝土材料做成。常用重力墩、空心重力墩、排架和支承拱做成。

8.2.2 渡槽总体布置及形式选择

(1)渡槽宜布置在地质条件良好、地形有利地段。应尽量缩短槽身,降低槽墩高度。

(2)跨越河流时,渡槽轴线与河道水流方向应尽量正交。槽下需有足够高度满足通航要求。

(3)渠道进出口与槽身应在平面上尽量成直线,切忌急剧转变,并以渐变段连接,有时还需设置闸门。

(4)渡槽跨越深窄山谷、河道,且地质条件良好时,宜选用大跨度拱式渡槽。地形平坦,高度不大时,宜采用梁式渡槽。河流滩地段可采用中、小跨度拱式或梁式渡槽。

8.2.3 渡槽设计要点

8.2.3.1 梁式渡槽

梁式渡槽按支承不同可分为简支、单悬臂、双悬臂或连续梁等几种。简支梁式渡槽跨度常为 8~15 m,悬臂梁式渡槽跨度可达 30~40 m。

(1)支承结构可用重力墩或排架(见图 8-3)。重力墩可为空心或实心,用浆砌石或混凝土建造。排架可为单排式、双排式、A 字形等。单排架高度可达 15 m,双排架高度为 15~25 m。A 字形排架应用较少。

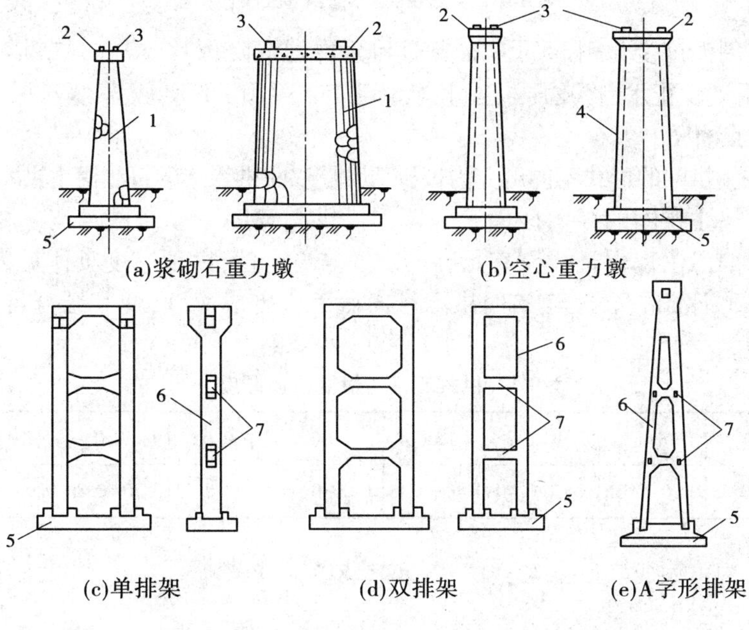

1—浆砌石;2—混凝土墩帽;3—支座钢板;4—预制块砌空心墩身;5—基础;6—排架柱;7—横梁。

图 8-3 槽墩及槽架

(2)支承结构的基础形式与上部荷载和地质条件有关,对于浅基础一般为 1.5~2.0 m,且应位于冻土层以下不少于 0.3 m,冲刷线以下 0.5 m,坡地稳定线以下,耕作地以下 0.5~0.8 m。对于深基础,入土深度同样要考虑上述因素,一般多用桩基础和沉井。

(3)槽身横断面一般为矩形或 U 形,用浆砌石或钢筋混凝土建造。对无通航要求的渡槽,为增强侧向刚度,可沿槽顶每隔 1~2 m 设置拉杆[见图 8-4(a)、(c)]。若有通航要求可适当增加侧墙厚度或沿槽长每隔一定距离设肋[见图 8-4(b)]。顶部有交通要求的可作封闭式(箱形)渡槽。

矩形槽的深宽比为 0.6~0.8,侧墙在横向计算中作悬臂梁考虑,纵向计算时作纵梁考虑。

U 形槽的深宽比为 0.7~0.8,对有拉杆的,槽身壁厚与高度的比值常为 1/10~1/15。

(4)槽身纵向结构计算按满水情况设计。横向结构计算沿槽长方向取单位长度,按平面问题分析。

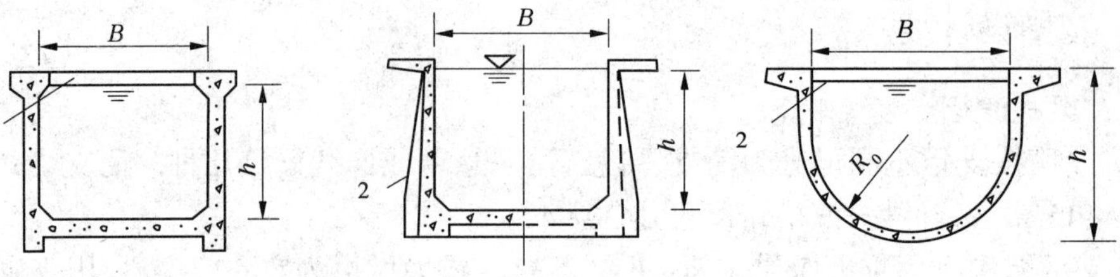

(a)设拉杆的矩形槽　　(b)设肋的矩形槽　　(c)设拉杆的U形槽

1—拉杆；2—肋。

图 8-4　矩形及 U 形槽身横断面

（5）为适应因温度变化引起的伸缩变形和允许的沉降位移，应在各节槽身之间设置沉降缝。缝内用沥青止水、橡皮压板止水等。近年来可用 PT 胶泥、聚氯乙烯塑料止水。

8.2.3.2　拱式渡槽

拱式渡槽按主拱圈的形式不同可分为板拱、肋拱、双曲拱等。砌石渡槽主拱圈多为板拱。

（1）板拱渡槽主拱圈的径向截面多为矩形。拱圈宽度一般与槽身宽度相同，同时应不小于拱跨度的 1/20，以保证拱圈有足够的刚度与稳定性，拱顶厚度具体见表 8-1。拱圈材料可用浆砌石、钢筋混凝土，砌筑时拱圈径向截面应砌成通缝，使其结合良好均匀传递轴力。

表 8-1　拱式渡槽主拱圈拱顶厚度

拱圈净跨/m	6.0	8.0	10.0	15.0	20.0	30.0	40.0	50.0	60.0
拱顶厚度/m	0.30~0.35	0.30~0.35	0.35~0.40	0.40~0.45	0.45~0.55	0.55~0.65	0.70~0.80	0.90~0.95	1.00~1.10

（2）拱上结构可做成实腹式和空腹式（见图 8-5、图 8-6）。

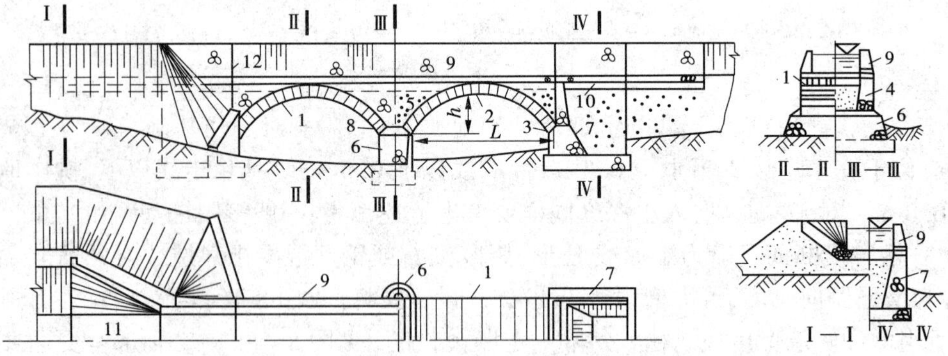

1—拱圈；2—拱顶；3—拱脚；4—边墙；5—拱上填料；6—槽墩；7—槽台；
8—排水管；9—槽身；10—垫层；11—渐变段；12—变形缝。

图 8-5　实腹式拱渡槽

实腹式多用于小跨度渡槽，空腹式多用于大跨度渡槽。

（3）肋拱渡槽的主拱圈为肋拱框架结构，即拱肋分离，肋间用横系梁连接以加强整体性，槽上结构为排架式，槽身结构为梁式，断面常为矩形或 U 形，是大、中型渡槽的常见形式,见图 8-7。一般用钢筋混凝土建造。

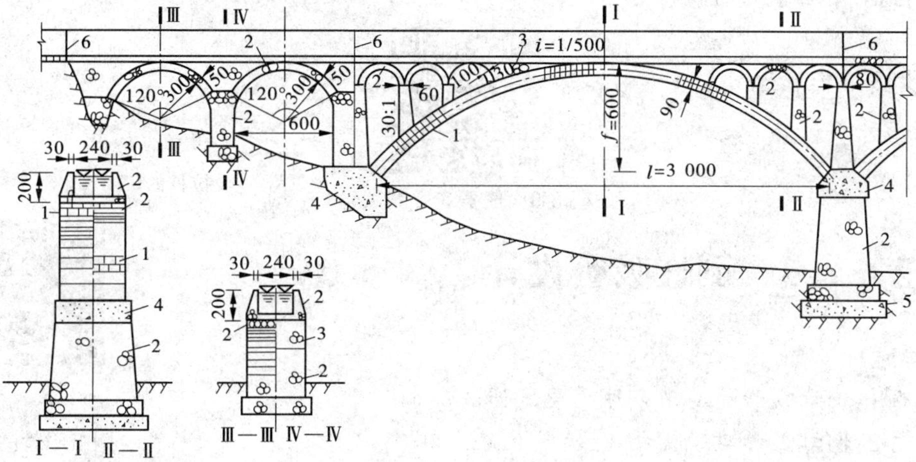

1—水泥砂浆砌条石;2—水泥砂浆砌块;3—水泥砂浆砌块石;4—C20 混凝土;5—C10 混凝土;6—伸缩缝。

图 8-6 空腹式拱渡槽 (单位:cm)

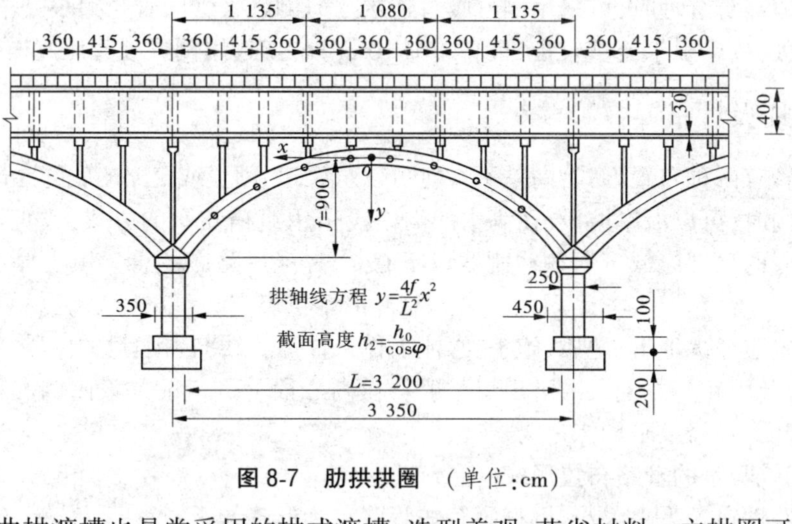

图 8-7 肋拱拱圈 (单位:cm)

(4)双曲拱渡槽也是常采用的拱式渡槽,造型美观,节省材料。主拱圈可分块预制吊装施工,适用于大跨度渡槽,主要由拱肋、拱波和横系梁(或横隔板)组成。拱上结构一般采用空腹式,见图 8-8。

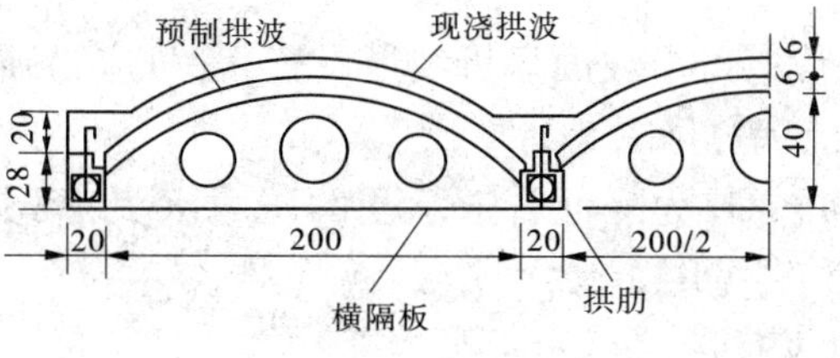

图 8-8 双曲拱拱圈 (单位:cm)

【任务测试】

请扫描二维码,做任务测试卷。

码8-5　任务8.2测试卷

任务8.3　倒虹吸管设计

码8-6　微课:倒虹吸管的设计

【任务导航】

问题1:倒虹吸管的适用条件主要是什么?

问题2:倒虹吸管与渡槽相比,有何优缺点?

【任务解析】

倒虹吸管是输送渠水通过河渠、山谷、道路等障碍物的压力管道式输水建筑物。当渠道与河流、道路等交叉,且高差不大,做渡槽有碍河流泄洪、通航或交通;或当高差较大,采用渡槽又不够经济合理时,可采用倒虹吸管连接。但倒虹吸管的管径大小受一定限制,且水头损失较大,故当引水流量较小,且高差为10 m以上时,用倒虹吸管比渡槽有优势。

8.3.1　倒虹吸管布置

倒虹吸管有两种布置方式:高差不大时可以从渠道、河流或公路的底部穿过;当渠道穿过较深的洪沟时,可以沿岸坡设,在满水的沟槽段采用渡槽支墩的方式,或直接埋设于沟底。穿过河底的顶部应低于河谷冲刷线以下0.7 m,穿过路底的管顶填土厚度应不小于1.0 m。

管线布置应考虑地形、地质、施工、水流工作条件。管线与所通过的山谷、河流或道路正交,尽量避免埋在填方地段。进出口一般均设渐变段。进口前常设闸门和拦污栅或沉沙池,便于清淤、检修及阻挡漂浮物。

8.3.1.1　倒虹吸管的管路布置形式

根据管路埋设及高差大小,倒虹吸管的管路布置形式如下:

(1)当高差不大,压力水头较小(H<3~5 m),穿越道路、河流时可用竖井式和斜管式(见图8-9、图8-10),该形式施工方便。竖井式水力条件差,斜管式水力条件较好。管身断面为矩形或圆形。

(2)当岸坡较缓时,管道可沿坡面呈折线形设置,管身应为圆形混凝土管或钢筋混凝土管,管道转折处应设置镇墩,见图8-11。

(3)当渠道穿过深河谷时,为降低管道承受的压力水头,减少水头损失,可在深槽部位建桥,管道敷设于桥面上,见图8-12。

8.3.1.2　倒虹吸管的组成

倒虹吸管由进口段、管身和出口段三部分组成。

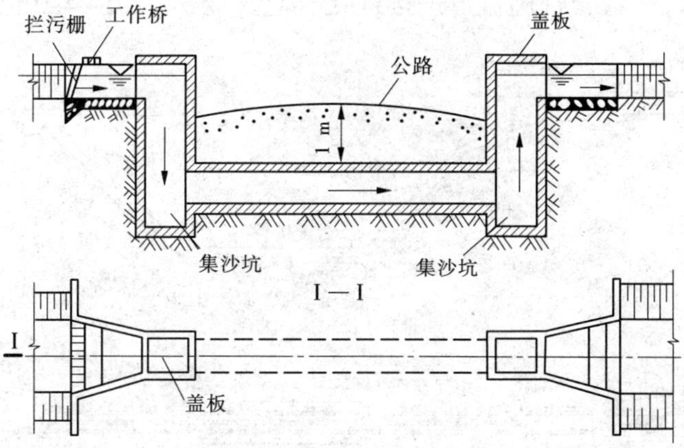

图 8-9 竖井式倒虹吸管

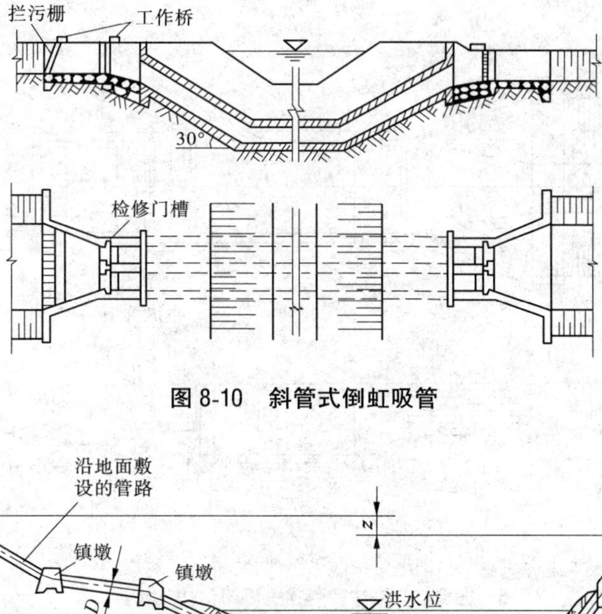

图 8-10 斜管式倒虹吸管

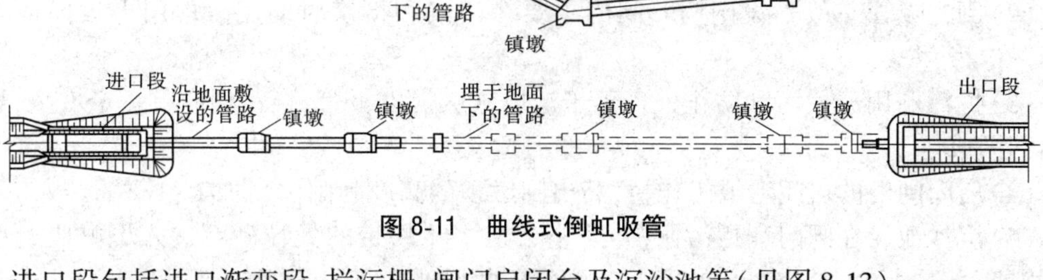

图 8-11 曲线式倒虹吸管

进口段包括进口渐变段、拦污栅、闸门启闭台及沉沙池等(见图 8-13)。

(1)进口段应与渠道水流平顺相接,以减少水头损失。渐变段可做成扭曲面或八字墙等形式,长度宜为上游的 3~4 倍渠道设计水深。进口段应修建在地质较好、渗透性较小的地段上。进水口与管身常用弯道连接,曲线半径一般为2.5~4.0倍管径。

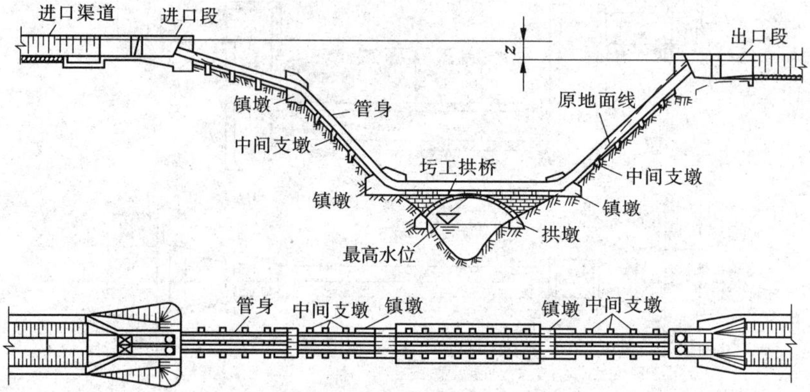

图8-12 桥式倒虹吸管

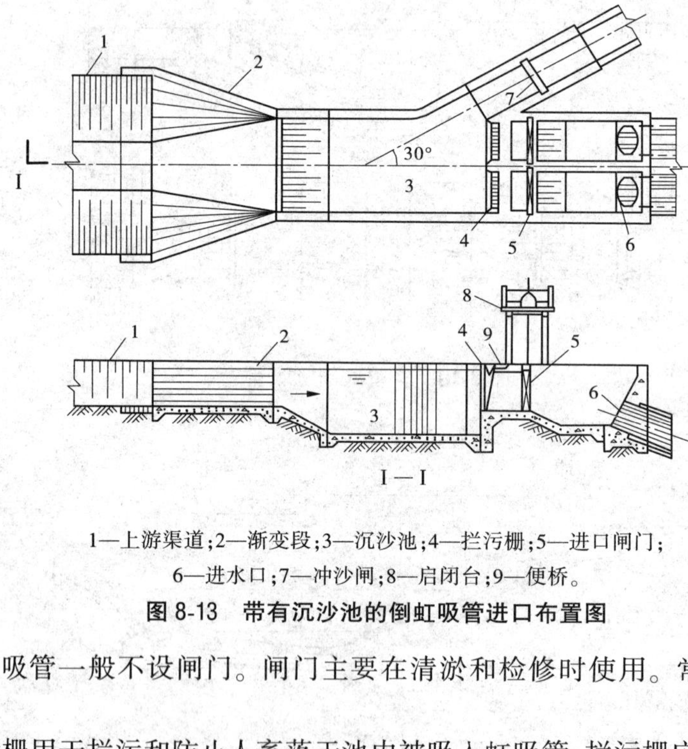

1—上游渠道;2—渐变段;3—沉沙池;4—拦污栅;5—进口闸门;
6—进水口;7—冲沙闸;8—启闭台;9—便桥。

图8-13 带有沉沙池的倒虹吸管进口布置图

(2)倒虹吸管一般不设闸门。闸门主要在清淤和检修时使用。常用平板门或叠梁闸门。

(3)拦污栅用于拦污和防止人畜落于池内被吸入虹吸管,拦污栅应有一定坡度,栅条用扁钢做成。

(4)启闭闸门的启闭台或工作桥,高出闸墩顶的高度为闸门高加1~1.5 m。

(5)沉沙池设在闸门和拦污栅前,防止渠道水流挟带的大粒砂石进入倒虹吸管引起淤积阻塞。泥沙大的渠道,可在沉沙池侧面设冲沙闸。

8.3.1.3 管身形式和构造

(1)管身断面一般为圆形或矩形。圆形管因水力条件好,多用于流量较小、高差大、埋深大的地区;矩形管仅用于低水头,中、小型与流量大、高差小的平原地区渠系上。管道材料常为混凝土、钢筋混凝土、铸铁和钢材等。混凝土管用于水头为4~6 m情况,钢筋混凝土管用于30 m水头左右,有的可达50~60 m。铸铁管及钢管多用于高水头地段,但因耗用金属材料多,目前应用较少。

(2)在较好的土基上修建小型倒虹吸管可不设连续座垫,而设中间支墩,其间距视地基、管径大小等情况而定,一般采用2~8 m。

为防止温度、冰冻、耕作、河水冲刷等不利因素影响,管道应埋设在耕用层以下;在冰冻区,管顶应布置在冰层以下;当穿越河道时,管道应布置在冲刷线以下0.5 m;当穿越公路时,为改善管身的受力条件,管顶应埋设在路面以下1.0 m左右。

(3)对于现场浇筑的钢筋混凝土管,因为温度变化在纵向产生伸缩变形,以及管外垂直压力纵向分布不均匀或地基不均匀沉陷,可能引起管道的环向裂缝。因此,一般每隔适当距离设缝一道,缝内设止水。对于预制管,每个管节就是一道缝,无须另加。

缝的间距应根据地基、材料、施工、气温等条件确定。现浇钢筋混凝土管缝的间距,在土基上一般为15~20 m,在岩基上一般为10~15 m。如果管身与岩基之间设置油毛毡垫层等,且管身采用分段间隔浇筑,缝的间距可增大至30 m。

(4)伸缩缝的形式主要有平接、套接、企口接及预制管的承插式接头等。缝的宽度一般为12 cm,缝中填塞沥青麻丝、沥青麻绳、柏油杉板或胶泥等。具体见图8-14。

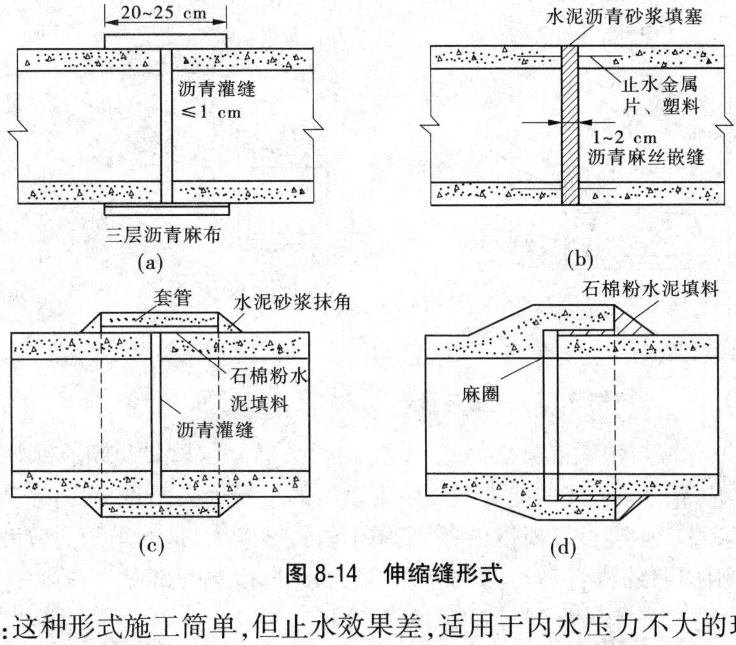

图8-14 伸缩缝形式

平接式:这种形式施工简单,但止水效果差,适用于内水压力不大的现浇管或预制混凝土管及钢筋混凝土管。其中,图8-14(b)比图8-14(a)的止水效果好,适用于现浇的且管壁厚度大于8 cm的钢筋混凝土管,但内水压力亦不宜过大,否则会将止水金属片撕裂。这种接头使整个管道的整体性较强。为了避免温度变化产生裂缝,应将管子埋在土下。

套接式:在管件接头处外加一钢筋混凝土套管,用石棉粉水泥作填料,填料石棉粉和水泥的配比是3:7(重量比),以适量的水(占总量的10%~12%)拌和均匀,达到用手抓挤能成一团、放开又能松散为宜。这种形式止水效果好,适应变形性能好,用于内水压力较大和各种管径的接头。

承插式:这种形式适用于管径较小的预制钢筋混凝土管或铸铁管。接头处用麻绳浸水后塞入两圈,再以石棉粉水泥填料塞紧承插口。这种接头形式能适应较大的内水压力和温度变化。

现浇管一般采用环氧浇筑,缝间止水金属止水片等。近几年用塑料止水带代替金属止水片,以及使用环氧基液贴橡皮已很普遍;PT胶泥防渗止水材料在山东省"引黄济青"工程中被广泛应用,效果良好。

8.3.1.4 **镇墩、座垫的形式及选择**

在倒虹吸管的变坡及转弯处都应设置镇墩,其主要作用是连接和固定管道。在斜坡段若坡度陡、长度大,为防止管身下滑,保证管道稳定,也应在斜坡段设置镇墩,一般每隔20~30 m设一个,其设置位置视地形、地质条件而定。

(1)镇墩的材料主要为砌石、混凝土或钢筋混凝土。砌石镇墩多用于小型倒虹吸工程。在岩基上的镇墩,可加锚杆与岩基连接,以增加管身的稳定性。

镇墩承受管身传来的荷载及水流产生的荷载,以及填土压力、自身重力等,为了保持稳定,镇墩一般是重力式的。

(2)镇墩与管道的连接形式有两种:刚性连接和柔性连接(见图8-15)。

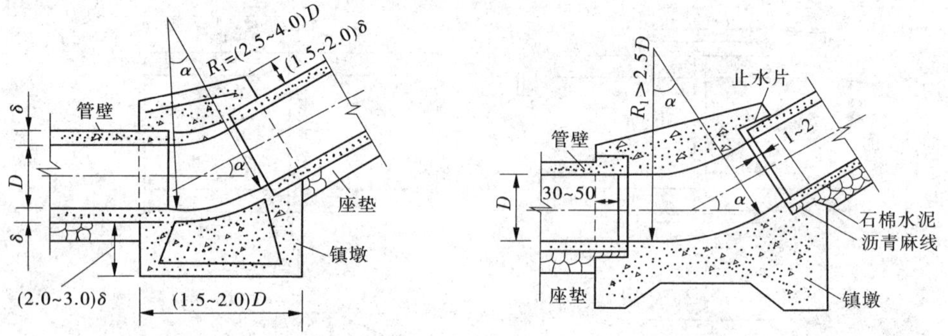

(a)刚性连接 (b)柔性连接

图8-15 镇墩与管端的连接 (单位:cm)

刚性连接是把管端与镇墩混凝土浇在一起,砌石镇墩是将管端砌筑在镇墩内。这种形式施工简单,但适应不均匀沉降的能力差。由于镇墩的重量远大于管身,当地基可能发生不均匀沉降时而使管身产生裂缝。所以,一般多用于斜管坡度大、地基承载力较大的情况。

柔性连接是用伸缩缝将管身与镇墩分开,缝内设止水,预防漏水。柔性连接施工比较复杂,但适应不均匀沉降能力好,常用于斜坡较缓的土基上。

斜坡段上的中间镇墩,其上部与管道多为刚性连接,下部多为柔性连接。

(3)镇墩的形式和各部分尺寸,可参考下列经验数据:镇墩的长度约为管道内径D的1.5~2.0倍;底部最小厚度为管壁厚度δ的2.0~3.0倍;镇墩顶部及侧墙最小厚度为管壁厚度的1.5~2.0倍;管身与镇墩的连接长度为30~50 cm。为减小水头损失,前后管在镇墩内用圆弧管段连接,圆弧外半径R_1一般为管内径的2.5~4.0倍,弯段圆心角α与前后管段的中心线夹角相等(见图8-15)。

砌石镇墩在砌筑时,可在管道周围包一层混凝土,其尺寸应考虑施工及构造要求。

(4)敷设圆形管道时一般都设座垫,座垫有连续式(即沿管长都有)和间隔支墩式(即沿管长每隔一定距离设支墩一个),后者只有在管外垂直荷载很小、沿管长的纵向弯曲应力许可的条件下才允许采用,一般适用于铸铁管或钢管,连续式座垫一般适用于混凝土管。座垫的作用是使管道在垂直压力作用下减小管底单位面积上的反力和地基的应力,减少不均匀沉陷。对于管外填土高度小、垂直压力小的倒虹吸管座垫可以用三合土座垫或分层夯实的碎石座垫,甚至不专设座垫,而在原地基上挖出一条弧形槽铺管;对于管外填土较高、垂直压力较大的倒虹吸管,可以做成浆砌石座垫(见图8-16)。

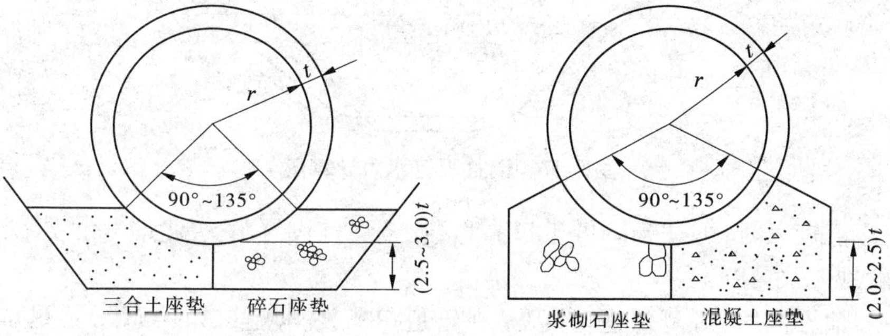

图8-16 座垫形式

箱形基础的倒虹吸管,常常在底部铺一层8~10 cm厚的素混凝土或20~30 cm厚的三合土。如果土基软弱也有用夯实的碎石层做垫层的。

8.3.2 倒虹吸管的水力计算

倒虹吸管的水力计算具体有以下三种情况:

第一种情况:上游渠道已建成,它的高程和需要通过的流量已知,选定倒虹吸管后,管径已知,需要确定倒虹吸进出口的高差,从而定出下游渠道的高程。

第二种情况:渠道已建成,通过的流量已知,因受地形条件的限制或浇筑要求,上、下游渠底高程已定,也就是倒虹吸管进出口的高差已知,需要确定管径,从而选择管子。

第三种情况:倒虹吸管设计后,管径大小和进出口高差已知,需要校核通过渠道的流量。

在这几种情况下,主要是第一种情况,即确定倒虹吸管的落差。落差的大小,取决于通过倒虹吸管的水头损失,即

$$h_f = \lambda \cdot \frac{l}{d} \cdot \frac{v_2}{2g} \tag{8-1}$$

管内流速应根据技术经济比较和管道不淤条件选定。

当通过设计流量时,管内流速通常为1.5~3.0 m/s,最大流速一般按允许水头损失值控制,在允许水头损失值范围内应尽量选择较大的流速,以减小管径。

当倒虹吸管的断面尺寸和下游渠道底部高程确定后,应核算通过小流量时管内流速

是否满足不淤要求,即不小于管内挟沙流速。若计算出的管身断面尺寸较大或通过小流量时管内流速过小,可考虑双管或多管布置。

当通过加大流量时,进口水面可能壅高,应核算其壅水高度是否超过挡水墙顶和上游渠顶,以及有无一定的超高值。

当通过小流量时,应验算上、下游渠道水位差值 z_1 是否大于管道通过小流量时计算得出的水头损失值 z_2,当 $z_1>z_2$ 时,进口水面将会产生跌落而在管道内产生水跃衔接,这将引起脉动和掺气,影响管道正常输水,严重时会导致管身破坏(见图 8-17)。为避免这种现象发生,可根据倒虹吸管总水头的大小,采取不同的进口结构布置形式。

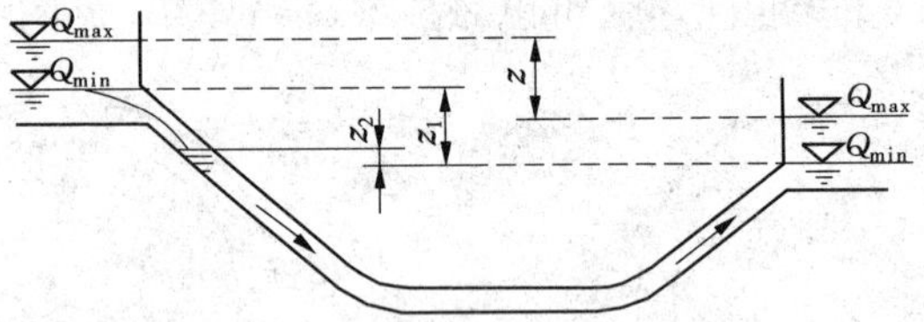

图 8-17 倒虹吸管水力计算图

当 z_1-z_2 值较大时,可适当降低进口高程,在进口前设置消力池,池中的水跃为进口处水面所淹没,见图 8-18(a)。

当 z_1-z_2 值不大时,可降低进口高程,在管道口前设斜坡段或曲线段,见图 8-18(b)。

当 z_1-z_2 值很大,在进口设置消力池不便于布置或不经济时,可考虑在出口处设置闸门,以抬高出口水位,使倒虹吸管进口淹没,消除管内水跃现象。此时应加强运行管理,以保证倒虹吸管正常工作。

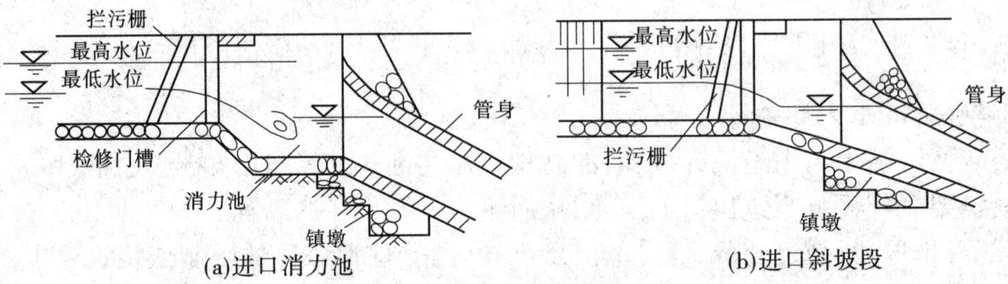

图 8-18 倒虹吸管进口水面衔接

当通过加大流量,上、下游渠道水位差值 z 小于倒虹吸管通过加大流量时所需的水位差值时,应通过计算,适当加高挡水墙及上游渠道堤顶的高度,增加超高值。

【任务测试】

请扫描二维码,做任务测试卷。

码 8-7 任务 8.3 测试卷

任务 8.4 涵洞设计

【任务导航】

问题 1:涵洞有哪几种类型?各自的适用条件是什么?

问题 2:涵洞布置时应注意什么?

【任务解析】

填土下过水的管道称涵洞。当渠道穿过填方公路或渠道,且高程较低时,可修涵洞从填方下通过(见图 8-19、图 8-20)。当渠道穿过小溪或洪沟,渠底高程比沟底高时,可修填方渠道,让涵洞宣泄溪沟中的来水量。

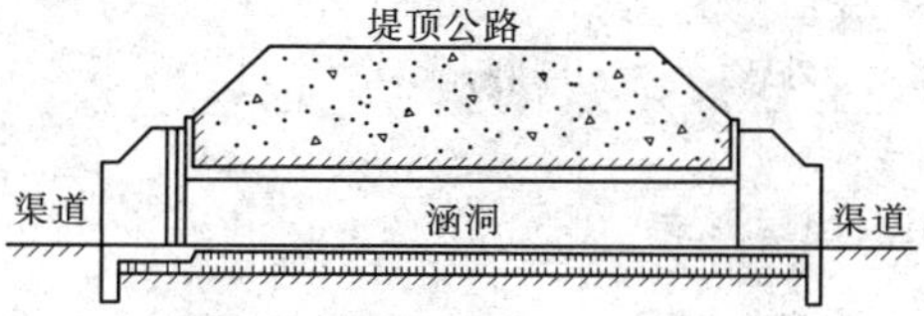

图 8-19 填方公路下的过水涵洞

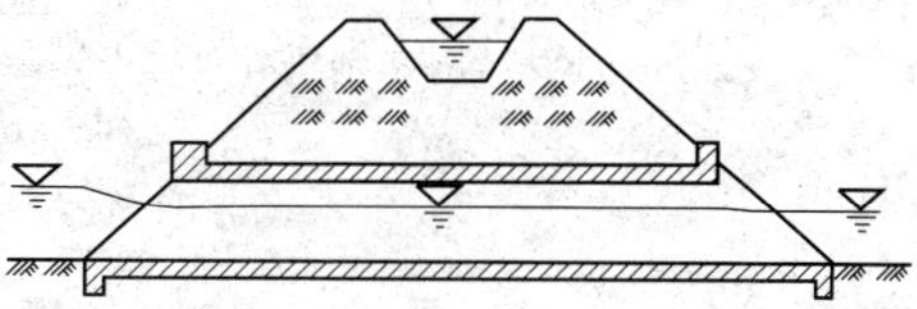

图 8-20 填方渠道下的涵洞

涵洞的走向一般应与渠堤或道路正交,以缩短洞身的长度,并尽量与原沟溪渠道水流方向一致,以保证水流顺畅,为防止冲刷或淤积,洞底高程应等于或接近于原渠道水底高程,坡度稍大于原水道坡度。

8.4.1 工作特征及类型

涵洞按水流通过时的形态可以分为无压涵洞、半有压涵洞、有压涵洞,见图 8-21。

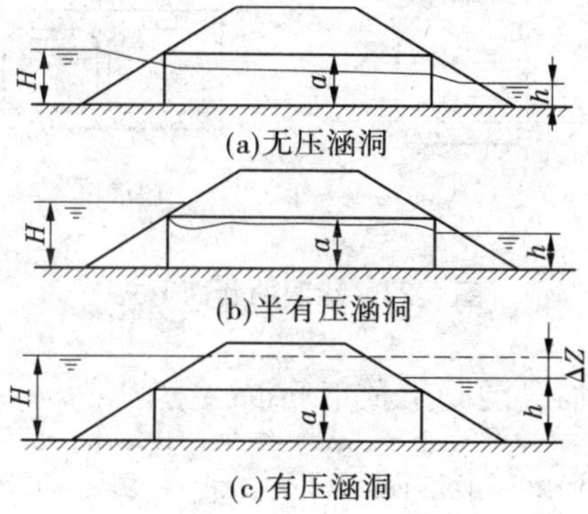

图 8-21 涵洞的流态

无压明流涵洞水头损失较少,一般适用于平原渠道。高填方土堤下的涵洞可用压力流。半有压流的状态不稳定,周期性作用时会对洞壁产生不利影响,一般情况下设计时应避免这种流态。

涵洞由进口、洞身和出口部分组成。进、出口是洞身与填土边坡相连接的部分,其结构形式和布置应保证水流平顺、工程量小,见图 8-22。

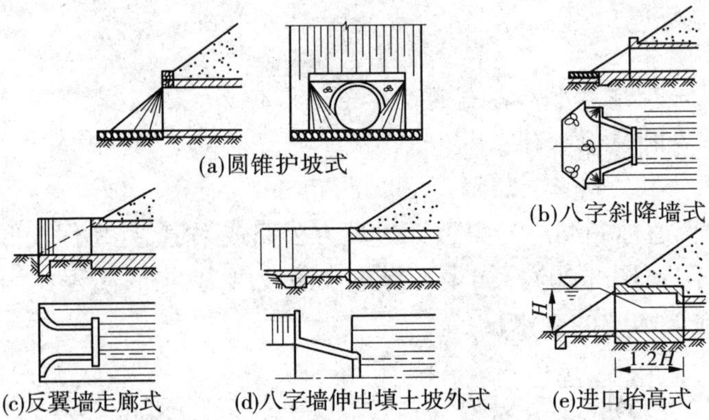

图 8-22　涵洞的进、出口形式

洞身断面形式可分为圆形、拱形及方形(见图 8-23)。圆形适用于顶部垂直荷载大的情况,可以是无压,也可以是有压。拱形适用于洞顶垂直荷载较大、跨径大于 1.57 m 的无压涵洞。方形适用于洞顶垂直荷载小、跨径小于 1 m 的无压明流涵洞。

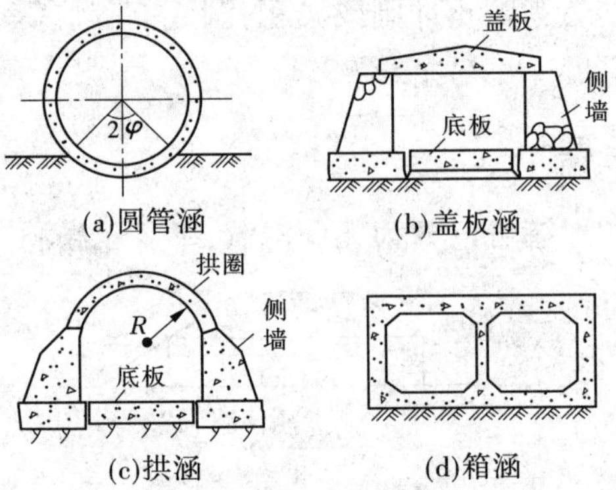

图 8-23　涵洞的断面形式

涵洞的材料一般为浆砌石、混凝土及钢筋混凝土。

8.4.2　涵洞的水力计算及结构计算

涵洞的水力计算的主要目的是确定横截面尺寸、上游水位及洞身纵坡。计算时先要判别涵洞内的水流流态,然后再进行水力计算。

涵洞的结构计算应考虑的荷载有填土压力、自重、外水压力、洞内外水压力、洞内水重、填土上的车辆行人荷载。

涵洞的进、出口结构计算与其形式有关,一般按挡土墙设计。

【任务测试】

请扫描二维码，做任务测试卷。

码 8-8　任务 8.4 测试卷

任务 8.5　跌水与陡坡

码 8-9　微课：跌水与陡坡的设计

【任务导航】

问题 1：跌水与陡坡有何区别？

问题 2：跌水由哪些部分组成？

【任务解析】

8.5.1　跌水

当渠线通过陡坎或坡度较陡的地段时，为防止渠道受冲，在陡坎处或适宜地点将渠道底突然降低，利用消力池来消除水流的多余能量，这种建筑物称为跌水，如图 8-24、图 8-25 所示。

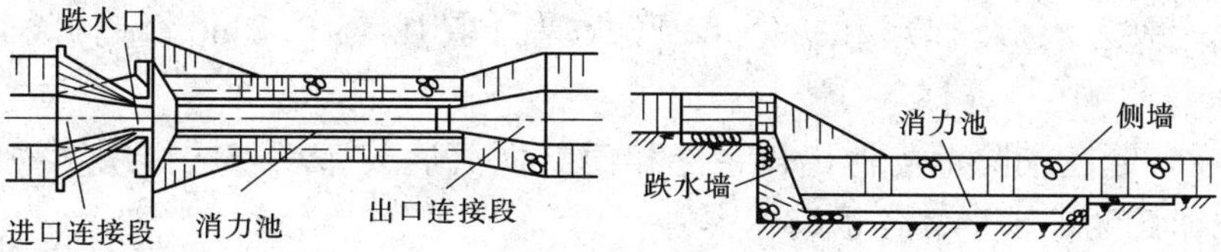

图 8-24　单级跌水

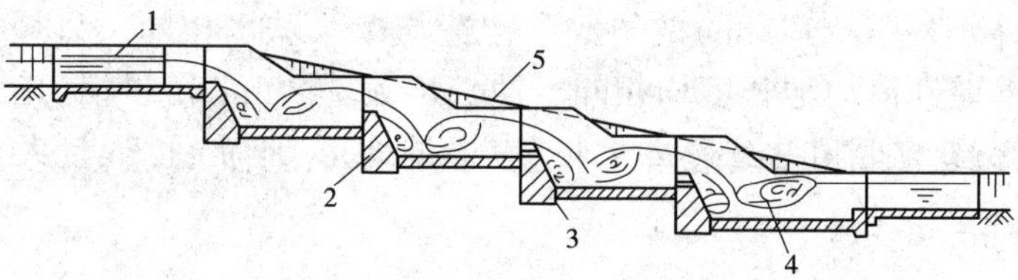

1—进口连接段；2—跌水墙；3—沉降缝；4—消力池；5—原地面。

图 8-25　多级跌水

8.5.1.1　布置

跌水可单独布置，也可与节制闸、分水闸或泄水闸布置在一起。该方式结构紧凑、管理方便，在条件许可下应尽量采用这种布置方式。

跌水可分为单级跌水和多级跌水，单级常用在跌差较小处，多级用在跌差较大处，均可用砌石、砖、混凝土和钢筋混凝土做成。

8.5.1.2　**组成**

跌水主要由进口、跌水口、跌水墙、消力池、海漫、出口等部分组成。

(1)进、出口。进、出口连接段须以渐变段连接,以保持良好的水力条件,如扭曲面、八字墙、圆锥形等。连接段常用片石和混凝土组砌。

(2)跌水口。由底板和边墙组成,构造与闸室相似,一般不设闸门,是一个自由泄流的堰。跌水口是设计跌水的关键,形式有矩形、梯形和底部抬堰式,见图8-26。

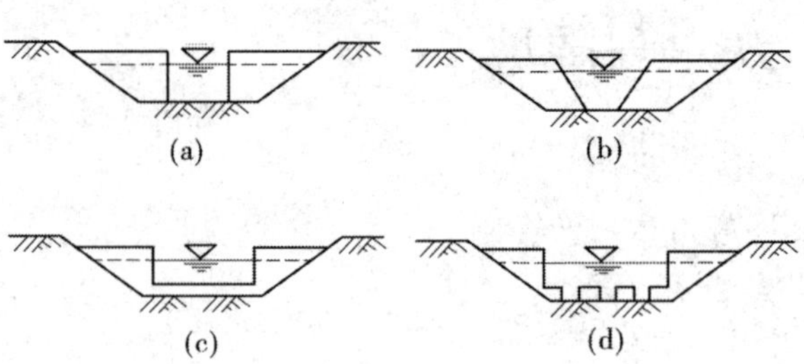

图8-26　跌水口形式

(3)跌水墙。是跌水口和消力池间的连接,属挡土墙形式,但断面比一般挡土墙小。一般有直立式和倾斜式,实际中多采用重力式挡土墙。侧墙间常设沉降缝,并设排水设施。

(4)消力池。通常宽度比跌水口宽一些,但不宜宽太多,以免引起回流,降低消能效果。横断面一般为矩形、梯形和折线形,底板厚可取0.4～0.8 m。结构设计同闸后消力池。

(5)海漫。起着消除消力池出口余能和使断面流速分布均匀的作用。一般用干砌石做成。其护砌长度不小于3倍下游水深。

(6)分缝与排水。为避免跌水各部分不均匀沉降而产生裂缝,在各部分之间应设沉陷缝,缝内填塞沥青、油毡或沥青麻丝止水。

当跌水下游水位高于消力池底板时,应在侧墙背面设排水措施,如埋管、做反滤层等。

(7)多级跌水(跌差大于3 m)的组成和构造与单级跌水相同。只是将消力池做成若干个阶梯,多级落差和消力池长度均相同。池长不大于20 m,可设消力槛或不设。

多级跌水的分级数目和多级落差大小,应根据地形、地质、工程量大小等具体情况综合分析。

8.5.2　陡坡

修建跌水还可由修建陡坡来代替。陡坡有在渠道上单独修建的,也有和节制闸、分水闸修建在一起的,实际中应尽量采用后一种方式,见图8-27。

(1)陡坡由进口连接段、溢洪段、陡槽、消力池和出口连接段等组成。其构造与跌水相似,不同的是以陡槽代替跌水墙,陡坡底可做成等宽的底宽扩散形和菱形等。

(2)陡槽一般由浆砌石或混凝土做成,纵坡1:3～1:5,过水断面可以是矩形或梯形。陡槽底板下应分缝并设反滤或排水设备。

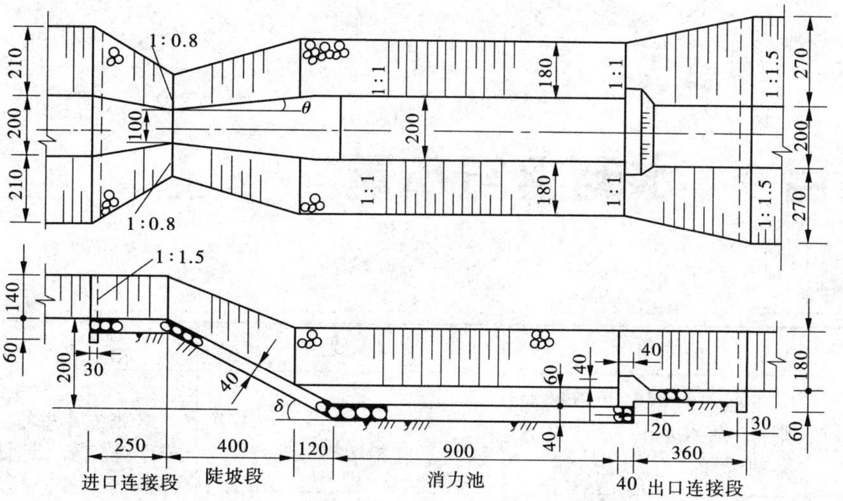

图 8-27　扩散形陡坡　(单位:cm)

(3)选择跌水或陡坡,应视具体情况而定,通常坡度较陡而落差较小(1.0~1.5 m)地段,宜用跌水;落差超过 3 m 时,以陡坡较为经济合理;落差更大时,可做多级跌水或陡坡。多级陡坡常建在落差较大且存在变坡或台阶地形的渠段上。

【任务测试】

请扫描二维码,做任务测试卷。

码 8-10　任务 8.5 测试卷

小　结

渡槽、倒虹吸管、涵洞等是几种常见的渠系水工建筑物。本项目主要学习它们的作用、种类、特点、构造和布置等,掌握渡槽、倒虹吸管的设计方法。学习中要注意区分不同渠系建筑物的形式、组成、构造和布置原则等。

【项目练习】

请扫描二维码,做项目练习题。

码 8-11　项目 8 练习题

项目9　水利枢纽布置

【学习目标】

学习任务	能力目标	知识要点	素质目标
任务9.1	掌握水利枢纽布置的原则;掌握水利枢纽布置方案的选择	水利枢纽布置原则;枢纽布置方案比较	培养统筹思维、大局观,培养严谨细致、具体问题具体分析的工作态度;牢固树立安全生产的观念和责任意识,正确处理安全和发展的关系
任务9.2	掌握蓄水枢纽中坝址与坝型的选择;掌握选择坝址、坝型时考虑的因素	坝址的选择,坝型的选择,地质条件,地形条件,施工条件,建筑材料,综合效益及环境影响	

【思政导引】

码9-1　三斗坪——三峡水利枢纽工程历经28年最好的大坝选址

任务9.1　概　述

【任务导航】

问题1:水利枢纽布置的原则有哪些?

问题2:如何选择水利枢纽布置方案?

【任务解析】

水利枢纽布置是水利工程设计首先研究的主要内容。水利枢纽的布置要因地制宜、扬长避短、协调紧凑,既要满足枢纽的各项任务和功能的要求,又要适应枢纽工程区的自然条件,便于施工布置,有利于节省投资和缩短工期。

9.1.1　水利枢纽布置的原则

9.1.1.1　满足枢纽运用管理的要求

枢纽布置应首先满足各建筑物在布置上的要求,各建筑物之间应能够协调地、无干扰地进行工作,保证在任何工作条件下都能最好地完成其本身的任务。

9.1.1.2 缩短工期，提前受益

进行枢纽布置时，应与导流方式和主要建筑物的施工方法相结合，使工期尽量缩短，促使工程早日投入运转或部分建筑物提前投产。集中布置不仅便于建筑物之间的连接，而且可以实现同工种集中作业，这无疑将会降低造价和缩短工期。在建筑物还未完成的情况下，也可以设法部分地拦蓄洪水或使枢纽中水电站及其他建筑物分期投入运行，提早发挥效益。在枢纽布置中，若能在汛期不间断地施工是使工程提前竣工的重要条件。

9.1.1.3 总造价小，年运转费用低

枢纽中的建筑物，在满足稳定、强度和运用管理要求的条件下，还要使枢纽的总造价小，年运转费用低，具有优越的经济指标。尽量采用当地材料，节约钢筋、木材、水泥等基建用料，是降低工程造价的主要措施之一。因地制宜地采用新技术、新设备，可以提高劳动生产率、缩短工期，从而降低工程造价。

9.1.1.4 注意建筑艺术

水利工程是人类征服自然的标志，反映人类向前发展的进程。因此，在可能的条件下，注意建筑物的美观，使枢纽的外观与周围环境相协调。但是，建筑物的外观应通过正确地选择结构形式、合理的布局来实现，而不应该单纯去追求美观而额外地增加工程造价。

9.1.2 水利枢纽布置方案的选择

从若干个具有代表性的枢纽布置方案中选出一个最好的方案，是一个复杂而繁重的工作。原则上说，一个最好的方案，应该是在技术上先进可行、经济上合理、运用安全、施工期短、管理维修方便。但实际上，完美的方案是很少的，每个方案总是有各自的优缺点，这就需要对各个方案进行具体分析，全面论证，综合比较，谨慎选择。

在进行方案比较时，主要从以下几个方面进行比较：

(1)工程量。如土石方、混凝土和钢筋混凝土、金属结构、机电安装、帷幕灌浆、砌石等各项工程量。

(2)主要建筑物材料。如钢筋、木材、水泥、砂石、炸药等材料的用量。

(3)施工条件。包括施工工期、发电日期、施工难度、机械化和劳动力要求等。

(4)运用管理条件。发电、通航、泄洪等是否互相干扰，建筑物和设备的检查、维修、操作是否方便，对外交通是否方便等。

(5)建筑物位置与自然条件的适应情况。如地基是否可靠，河床抗冲能力与消能方式是否适应，地形对泄水建筑物的进、出口是否有利等。

(6)经济指标。包括总投资、总造价、淹没损失、年运转费、电站单位千瓦投资、电能成本、灌溉单位面积投资及航运能力等综合利用效益。

(7)其他。根据枢纽特定条件还需要专门进行比较的项目。

以上比较项目中，有些是可以定量计算的，如工程量、造价等，有些则难以定量计算，这就增加了方案选择的复杂性。因此，应该充分掌握资料，坚持实事求是的科学态度进行方案选择。

【任务测试】

请扫描二维码,做任务测试卷。

码9-2　任务9.1测试卷

任务9.2　蓄水枢纽设计

【任务导航】

问题1:蓄水枢纽布置的原则是什么?

问题2:坝址选择要考虑哪些条件?

【任务解析】

蓄水枢纽设计的主要内容有坝址、坝型选择和枢纽布置等。坝址、坝型选择和枢纽布置共同受所在河流(区域)的社会经济和自然条件的制约。这些工作本是互相关联的一个整体,难以分而论之,但为了叙述方便,暂按各自的侧重点分别阐述。

9.2.1　坝址与坝型选择

坝址和坝型的选择工作贯穿在各设计阶段中,并且是逐步深入的。在可行性研究阶段,一般是根据开发任务的要求和地形、地质及施工等条件,初选几个可能筑坝的地段(坝段)和若干条有代表性的坝轴线。再对初步拟定的几条坝轴线,从地质、地形条件及河谷宽度,下游消能条件,枢纽建筑物布置,运行管理,施工场地布置,建筑材料开采、运输等方面进行综合技术经济比较后确定一条适当坝轴线,据此提出并推荐坝址。在推荐坝址上进行枢纽布置,通过方案比较,初选基本坝型(重力坝、拱坝、土石坝)和枢纽布置方式。在初步设计阶段,进一步通过技术经济比较,选定最合理的坝轴线,确定坝型及其他建筑物的形式和主要尺寸,并进行枢纽布置。在施工详图阶段,随着地质资料和试验资料的进一步深入和完善,对已确定的坝轴线、坝型和枢纽布置做最后的修改和定案。

混凝土坝枢纽的特点是,坝身可布置泄水、发电进水口、冲沙孔等建筑物,枢纽中泄水建筑物和发电厂房的位置及形式有各种不同的组合。土石坝枢纽按照所处河段位置分为顺直河段上的枢纽和弯曲河段上的枢纽,前者泄水建筑物和发电厂房等沿岸顺河布置,一般导流、泄水、引水系统等建筑物线路较长,枢纽建筑物布置比较拥挤,宜在地质条件允许时多采用地下厂房;后者可以利用河湾形成的河间地块布置引水发电或泄水、导流建筑物,枢纽建筑物布置相对容易些。

坝址、坝型选择和枢纽布置关系密切,不同的坝轴线可选用不同的坝型和枢纽布置;对同一条坝轴线,也可采用几种坝型和枢纽布置方案。方案的组合情况较多,需要全面深入研究,搞好优选。在选择坝址、坝型时应考虑以下因素。

9.2.1.1 **地质条件**

地质条件是建库、建坝的基础，是衡量坝址优劣的重要条件之一，在某种程度上决定着兴建枢纽工程的难易。在选择坝址、坝型阶段，应摸清各个比较方案的区域、库区和建筑物区的地质情况。坚硬完整、无构造缺陷的岩石是最理想的坝基。但如此理想的地质条件很少见，天然地基总会存在这样或那样的地质缺陷，可通过妥善的地基处理措施使其达到筑坝的要求。在该阶段做宏观决策，重要的是：①不能遗漏重大地质问题；②对重大地质问题要有正确的定性判断，以便决定坝址的取舍或定出防护处理的措施，或在坝型选择和枢纽布置上设法适应坝址的地质条件。

一般地，拱坝对两岸坝基地质条件要求较高，重力坝或支墩坝次之，土石坝要求较低；高坝要求较高，低坝要求低。

坝址选择还必须对区域地质稳定性和地质构造复杂性问题，以及水库区的渗漏、库岸塌滑、岸坡及山体稳定等地质条件做出评价和论证。

9.2.1.2 **地形条件**

坝址地形条件必须满足开发任务对枢纽布置的要求。一般地，坝址河谷狭窄，坝轴线较短，坝体工程量较小，但河谷太窄不利于泄水建筑物、发电建筑物、施工导流及施工场地的布置，是否经济需根据枢纽总造价来衡量。通常，当河谷两岸有适宜的高度和必需的挡水前缘宽度时，对枢纽布置有利。对于多泥沙河流及有漂木要求的河道，应注意坝址位置对取水、防沙及漂木是否有利；对于通航河道，还应注意通航建筑物的布置是否有利；对坝址上游，希望河谷开阔，争取在淹没损失较小的情况下获得较大库容。

坝址地形条件还必须与坝型相互适应，拱坝要求河谷狭窄；土石坝要求河谷宽阔、岸坡平缓、坝址附近或库区内有高程合适的天然垭口，可供布置河岸式溢洪道，以及坝址附近有开阔的地形，便于布置施工场地。

图9-1为湖北潘口水电站枢纽，采用高123 m的钢筋混凝土面板堆石坝，坝址选在河湾处，利用右岸凸岸布置泄洪、导流及过坝建筑物，左岸凹岸布置发电系统，结果使各建筑物相得益彰，是坝型与河谷地形相适应的较好范例。

9.2.1.3 **建筑材料**

坝址附近应有数量足够、质量能符合要求的建筑材料，应便于开采、运输，且施工期间料场不会被淹没。

9.2.1.4 **施工条件**

坝址和坝型选择要易于施工导流，便于布置施工场地和内外交通。

9.2.1.5 **综合效益及环境影响**

对不同坝址要综合考虑防洪、灌溉、发电、通航、过木、城市和工业用水、渔业及旅游等各部门的经济效益，还应考虑上游淹没损失及蓄水枢纽对上、下游环境各方面的影响：兴建蓄水枢纽将形成水库，使原来大片的陆相地表和河流型水域变为湖泊型水域，改变了地区自然景观，对自然生态和社会经济产生多方面的环境影响。其有利影响是发展了水电、灌溉、供水、养殖、旅游等水利事业和解除了洪水灾害、改善了气候条件等。但是，也会给人类带来诸如淹没损失、浸没损失、土壤盐碱化或沼泽化、水库淤积、库区塌岸或滑坡等不利影响，并诱发地震，使水温、水质及卫生条件恶化，生态平衡受到破坏，以及造成下游冲

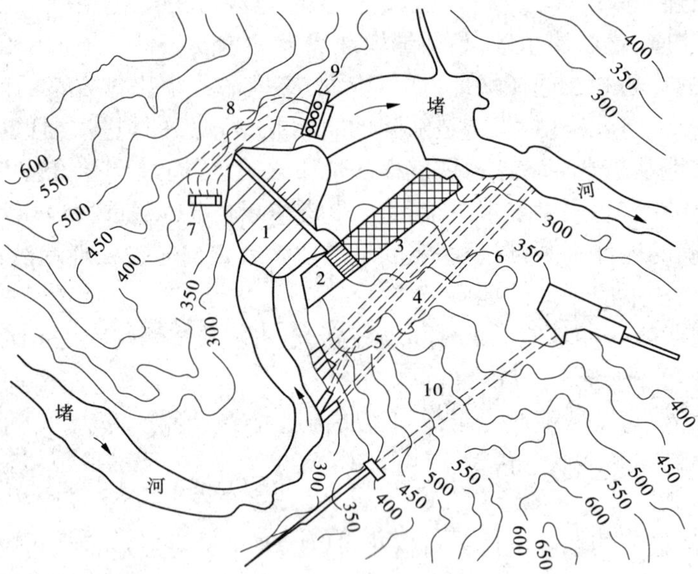

1—钢筋混凝土面板堆石坝;2—河岸式溢洪道;3、4—二级和一级泄洪洞,5、6—导流隧洞;
7—发电进水口;8—发电引水隧洞;9—发电站厂房;10—升船机隧洞。

图 9-1　潘口水电站枢纽布置示意图　(单位:m)

刷、河床演变。虽然水库对环境的不利影响与水库带给人类的经济社会效益相比,一般来说居次要地位,但处理不当也能造成严重的危害,故在进行水利规划和坝型选择时,必须对环境影响问题进行认真研究,并作为方案比较的因素之一加以考虑。

9.2.2　枢纽布置

拦河筑坝以形成水库是蓄水枢纽的主要特征。其组成建筑物除拦河坝和泄水建筑物外,根据枢纽任务还可能包括输水建筑物、水电站建筑物和过坝建筑物等。枢纽布置主要是研究和确定枢纽中各个水工建筑物的相互位置。该项工作涉及泄洪、发电、通航、导流等各项任务,并与坝址、坝型密切相关,需统筹兼顾、全面安排、认真分析、全面论证,最后通过综合比较,从若干个比较方案中选出最优的枢纽布置方案。枢纽布置的一般原则如前所述。

9.2.3　枢纽布置方案的选定

水利枢纽设计最后需通过论证比较,从若干个枢纽布置方案中选出一个最优方案。最优方案应该是技术上先进和可行、经济上合理、施工期短、运行可靠及管理维修方便的方案。

9.2.4　蓄水枢纽布置实例

9.2.4.1　中低水头水利枢纽

修建在河流中、下游的丘陵、盆地或平原地区的水利枢纽一般是位于河床坡度平缓、河谷宽阔的河段上,枢纽中的主要建筑物是较低的拦河闸或坝,由于壅水不高,可称作中、低水头水利枢纽。其库容较小,调节能力不大,电站多为径流式。挡水建筑物可建在岩基或软基上。由于地形开阔,这类枢纽比较容易布置。通常的布置形式是过坝建筑物、泄水建筑物和电站厂房一字摆开。枢纽布置的关键问题是选好过坝建筑物的位置,妥善处理好泄洪消能及防淤排沙问题。

图9-2为长江葛洲坝水利枢纽工程布置图,是我国万里长江上建设的第一个大坝,位于湖北省宜昌市三峡出口南津关下游约3 km处,下距宜昌市约6 km。长江出三峡峡谷后,水流由东急转向南,江面由390 m突然扩宽到坝址处的2 200 m。枢纽主要任务是对三峡电站进行反调节,解决未来三峡电站不稳定流对下游航道和宜昌港的不利影响。

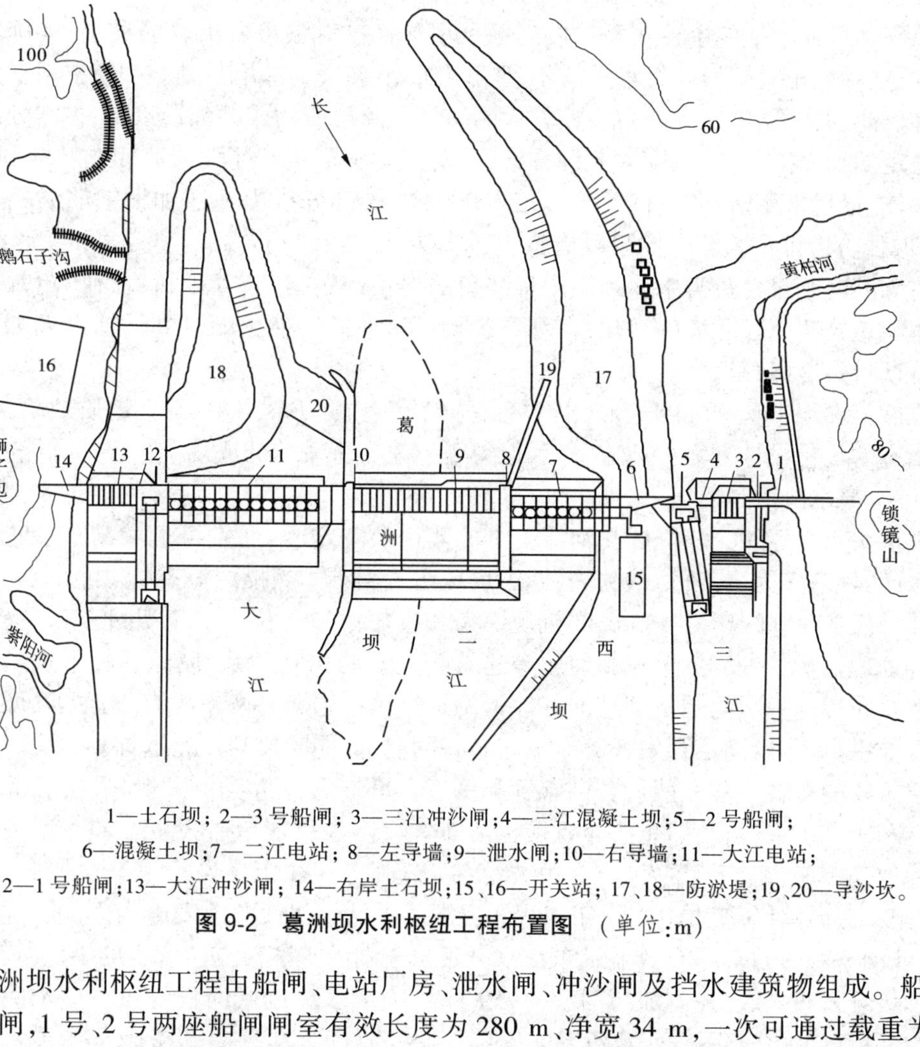

1—土石坝；2—3号船闸；3—三江冲沙闸；4—三江混凝土坝；5—2号船闸；
6—混凝土坝；7—二江电站；8—左导墙；9—泄水闸；10—右导墙；11—大江电站；
12—1号船闸；13—大江冲沙闸；14—右岸土石坝；15、16—开关站；17、18—防淤堤；19、20—导沙坎。

图9-2　葛洲坝水利枢纽工程布置图　(单位:m)

葛洲坝水利枢纽工程由船闸、电站厂房、泄水闸、冲沙闸及挡水建筑物组成。船闸为单级船闸,1号、2号两座船闸闸室有效长度为280 m、净宽34 m,一次可通过载重为1.2万~16万t的船队。每次过闸时间50~57 min,其中充水或泄水8~12 min。3号船闸闸室的有效长度为120 m,净宽为18 m,可通过3 000 t以下的客货轮。每次过闸时间约40 min,其中充水或泄水5~8 min。上、下闸首工作门均采用人字门,其中1号、2号船闸下闸首人字门每扇宽 9.7 m、高 34 m、厚 2.7 m,质量约 600 t。为解决过船与坝顶过车的矛盾,在 2 号和 3 号船闸桥墩段建有铁路、公路、活动提升桥,大江船闸下闸首建有公路桥。两座电站的厂房,分设在二江和大江。二江电站设 2 台 17 万 kW 和 5 台 12.5 万 kW 的水轮发电机组,装机容量为 96.5 万 kW。大江电站设 14 台 125 万 kW 的水轮发电机组,总装机容量为 175 万 kW。电站总装机容量为 271.5 万 kW。二江电站的 17 万 kW 水轮发电机组的水轮机,直径 11.3 m,发电机定子外径 17.6 m,是当前世界上最大的低水头转桨式水轮发电机组之一。二江泄水闸共 27 孔,是主要的泄洪建筑物,最大泄洪量为 83 900 m^3/s。三江和大江分别建有 6 孔、9 孔冲沙闸,最大泄水量分别为 10 500 m^3/s 和 20 000 m^3/s,主要功能是引流冲沙,以保持船闸和航道畅通;同时在防汛期参加泄洪。挡水大坝全长 2 595 m,最大坝高 47 m,水库库容约为 15.8 亿 m^3。

葛洲坝工程坝址的主要工程地质问题是坝基存在着黏土岩类软弱夹层,其抗剪强度低,且产状和倾角对抗滑和抗渗透均不利。因而,沿夹层的深层滑动是闸室抗滑稳定的控制条件。此外,地层中还存在着规模较大的缓倾角断层所构成的强透水带,亦需处理。对抗滑稳定的加固措施,曾研究过多种方案,并对泥化夹层进行了野外大型抗力体试验,经分析比较,最后采用防渗板、混凝土齿墙、尾岩抗力(部分抗力体还加设钢筋混凝土加固桩)和加强防渗排水等综合性阻滑措施。

对于溯河洄流性鱼类中珍稀的中华鲟鱼的保护问题,经长期的调查、研究和试验,证明中华鲟鱼已适应了环境的变化,在坝下进行了有效的自然繁殖,同时,辅以人工繁殖放流后,可取得良好效果。

虽然葛洲坝工程坝址的地形、水文和地质条件比较复杂,并有重大地质缺陷,但由于能用相应的优化设计方案去适应,最后取得了枢纽布置设计的成功。

9.2.4.2 高水头水利枢纽

高水头水利枢纽一般修建在河流上游的高山峡谷之中,通常可形成具有一定调节能力的水库,坝基多为岩基,地形陡峻,施工场地布置困难。当枢纽兼有防洪、发电和通航等多项综合任务时,尤其是洪峰高、装机规模大和过船设施吨位大的情况,枢纽布置设计必须妥善处理好泄洪、发电、导流和通航等建筑物之间的相互关系,以免互相干扰。高水头水利枢纽布置的关键问题是坝址河谷地形的选择。优选河谷两岸应有适宜的高度和必需的挡水前缘宽度,以满足开发任务对枢纽布置的要求,同时要与坝型选择相适应。泄洪和发电建筑物的布置通常有两者分散布置和两者重叠布置两大类。一般来说,分散布置可能更有利于施工和运行,但重叠布置使枢纽布置紧凑并可能节省投资。如在峡谷高边坡下修建地面厂房,需持慎重态度,高边坡稳定处理任务往往十分艰巨。

图 9-3 为湖南东江水电站枢纽工程布置图。电站枢纽任务以发电为主,兼有防洪、航运、工业用水和养殖等综合效益。东江水电站位于湖南省湘江支流耒水的中上游,为耒水流域梯级开发第六级,控制流域面积 4 719 km^2,为耒水总流域面积的 40%。水库正常蓄水位以下库容 81.2 亿 m^3,死水位以下库容 2.45 亿 m^3,有效库容 5.7 亿 m^3。水库正常蓄水具有库容大、水头高、有效蓄能多、一般水文年不弃水的特点,是国内已建和在建水电工程中调节性能较优越的水库之一。它能有效地对梯级及系统进行径流电力补偿调节,为提高系统的保证出力和改善系统运行条件发挥主导作用。

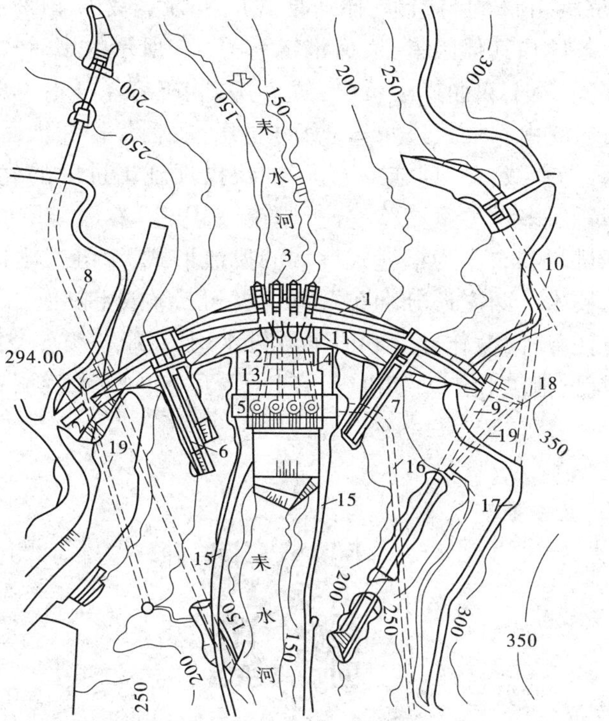

1—混凝土双曲拱坝;2—重力墩;3—电站进水口;4—坝后背管;
5—主厂房;6—右滑雪道式溢洪道;7—左滑雪道式溢洪道;
8—二级放空洞;9— 一级放空洞;10—扩机引水洞;11—电梯井;
12—开关站;13—变压器场;14—副厂房坝;15—进厂公路;16—进厂交通洞;
17—土坝公路;18—交通洞;19—交通通风洞。

图9-3 东江水电站枢纽工程布置图 (单位:m)

东江坝址河谷呈V形,两岸对称,岸坡40°~50°,基岩裸露,常水位时水面宽20~40 m,水深1~3 m,河床砂卵石覆盖层仅厚3~5 m。坝基为单一块状花岗岩,岩性致密,新鲜完整,强度高,无较大断层、岩脉通过,坝址区地震基本烈度为6°。东江坝址是一处难得的、得天独厚的优良坝址,也是优选坝址的一个范例。

东江坝型采用变圆心、变半径、混凝土双曲拱坝,最大坝高157 m,底厚35 m,顶厚7 m,厚高比0.223,最大中心角为95°07′18″,坝顶中心弧长438 m,中心半径305.8 m,倒悬度控制在0.25∶1以内。在坝型方案比较时,不少专家考虑到东江工程的重要性及顾虑当时的技术和管理水平,曾主张采用重力坝或重力拱坝,以求稳妥。而后通过综合分析、全面论证,并对设计施工条件进行了充分的估量,最后审定为较薄的混凝土双曲高拱坝。经过精心设计、施工,东江双曲拱坝已耸立在湘江耒水之上,工程质量达到了优良水平。东江拱坝的建设经验为我国双曲拱坝的大发展开拓了光明的前景。

初步设计阶段,东江拱坝枢纽的布置方案主要有以下两种:

(1)厂、坝集中布置的坝后式厂房方案。

(2)厂、坝分散布置的左岸地下式厂房或左岸长隧洞引水的河岸式厂房方案。

两种枢纽布置方案各有利弊,经综合分析,全面比较,由于坝后式厂房方案比地下式厂房方案可减少 55%~70%的洞挖量,比河岸式厂房方案减少 40%~60%的洞挖量,考虑到施工开挖的实际条件和其他因素,最后审定为图 9-3 所示的坝后式厂房方案。

枢纽建筑物有:混凝土双曲拱坝;坝后式厂房,装机容量 4×12.5 万 kW;发电引水管道,采用单管引水式,它由斜面式进水口、坝内埋管、坝后背管和坝后平管段四部分组成,坝后背管是新技术,具有减少厂坝施工干扰、加快拱坝施工进度的优点,东江电站在国内率先采用。泄洪布置经多种方案试验、分析比较,采用左、右岸滑雪道式溢洪道,其消能工选用左岸为扭曲式挑坎和右岸为窄缝式挑坎的挑流形式,窄缝式消能工也是东江电站在国内率先采用的新技术。两岸还分别布置有一级和二级放空隧洞,右岸二级放空隧洞,除用于水库二级放空任务外,兼作导流和向下游供水用,左岸一级放空隧洞除用于水库一级放空任务外,兼作辅助泄洪和扩大装机容量时地下厂房的引水隧洞;此外,在库区内设有木材转运设施。

【任务测试】

请扫描二维码,做任务测试卷。

码 9-3　任务 9.2 测试卷

小　结

本项目主要介绍水利枢纽布置中,蓄水枢纽和取水枢纽的类型、特点、布置内容和一般原则。了解专门为满足通航、过木、过鱼等要求而修建的过坝建筑物的工作原理、构造与特点等。

【项目练习】

请扫描二维码,做项目练习题。

码 9-4　项目 9 练习题

项目 10　水利工程管理

【学习目标】

学习任务	能力目标	知识要点	素质目标
任务 10.1	掌握水工建筑物的监测内容与方法	仪器观测项目	培养敏锐的风险防范意识,坚持预防为主、安全第一;培养严肃认真、高度负责的职业态度,守土有责,勇于担当,忠于职守,严格监管
任务 10.2	掌握水工建筑物养护和维修内容及处理方法	土坝的养护与维修、混凝土的养护与维修	

【思政导引】

码 10-1　抗洪抢险——护人民安危　聚中国力量

水利工程管理的目的是保持建筑物和设备经常处于良好的技术状态,正确使用工程设施,调度水资源,充分发挥工程效益,防止工程事故。

水利工程管理的工作内容包括以下几个方面:

(1)检查、观测及资料积累。管理人员通过现场观察、仪器的测验,掌握建筑物变形、渗流、应力、温度、水流、冰情、泥沙、崩塌、库区浸没等的变化规律,为工程的正确运用提供科学依据;及时发现异常迹象,确保工程安全;根据观测数据和规律,验证原设计的正确性;对水质变化动态做好预报;积累、分析及应用技术资料,建立相应的技术档案。

(2)养护修理。为保持建筑物、机电设备、管理设施及其他附属工程的完整状态和正常运用,要对它们进行日常维护和定期修理。养护与修理之间没有严格界限,建筑物及机电设备的某些轻微缺陷和损害,如果养护维修不及时,会发展成严重的破坏。

(3)调度运用和自动化管理系统。正常的调度运用是根据已批准的调度运用计划和运用指标,结合工程实际情况和管理经验,参照近期气象水文预报等资料进行的。水库大坝的自动化管理系统包括大坝安全自动监控系统、防洪调度自动化系统、调度通信和警报系统及供水调度自动化系统等。自动化管理系统是科学规范化管理、防汛抢险、保障大坝安全、充分发挥工程效益及降低运行管理费用的重要技术保障。

(4)试验研究及应用。已投入运行的水利工程,为保证安全,提高工程的社会经济效益,延长工程设施的使用年限,降低运行成本,必须对工程中采用的新技术、新材料和新工艺进行试验研究,并应用试验成果指导水利工程的管理。

(5)智慧水利管理。党的二十大报告指出,到2035年"建成现代化经济体系,形成新发展格局,基本实现新型工业化、信息化、城镇化、农业现代化""加快建设制造强国、质量强国、航天强国、交通强国、网络强国、数字中国"。目前水利行业大力推进智慧水利管理,就是为了更好地贯彻党的二十大精神,依托现代化技术手段,全面建成水利信息基础感知体系,健全保障支撑环境,推动水利综合业务精细化管理,最终形成"更透彻的感知、更全面的互联互通、更科学的决策、更高效智能的管理"的智慧水利管理体系,提升治水管水的数字化、网络化、智能化水平和科学化决策调度管理水平,提高水利行业的现代化管理水平,更好地为人民服务。

任务 10.1　水工建筑物的监测

【任务导航】

问题1:水利工程管理的工作内容包括哪些?

问题2:为什么要对水工建筑物进行监测?

问题3:仪器观测的项目主要有哪些?

【任务解析】

水工建筑物经常受到各种荷载和水的作用,内部状态不断变化,而且变化常常是隐蔽的,比较缓慢且不易察觉。因此,需要预埋一定的观测设备和仪器,在施工及正常运用期进行经常的、系统的观察和量测,对水工建筑物的性态进行监测。对水工建筑物进行原型观测和运行安全状态的监测主要应达到以下三个方面的效果。

(1)对有隐患的水工建筑物的严密监视,能及时发现和预报其异常现象,使工程缺陷得到及时处理,避免事故的发生。

(2)竣工运行初期,依靠原型观测资料全面了解大坝的实际状态,检验设计的假定和方法,并为后期正常运用和管理提供主要依据。

(3)原型观测是控制施工质量(如温度控制、接缝灌浆)的主要手段。

水工建筑物的监测包括现场检查和仪器观测两个部分。

10.1.1　现场检查

现场检查(观察)是用直觉或简单的工具,从建筑物外观显示出的不正常现象中判断建筑物内部可能发生的问题。

现场检查(观察)分为三种:经常性检查、定期检查和特别检查。经常性检查是一种制度式检查,一般一个月1~2次;定期检查则是较全面的检查,如每年汛前的检查、汛后的检查或用水期前后的检查;特别检查指发现建筑物有安全隐患时专门的、有针对性的检查。

对于土石建筑物,如土石坝、堤防等,现场检查(观察)内容有土石建筑物的边坡和坝(堤)脚的裂缝、渗水、塌陷等现象。对于堤防工程,还应观察护坡草皮和防浪林的生长情况,护坡和护岸是否完好,堤身是否有挖坑、取土等现象。对于混凝土建筑物的检查内容包括坝顶、坝面、廊道、消能设施等的裂缝,两岸接头处的渗漏,表面脱落,松软和侵蚀等现象。对于金属结构,应注意观察其有无裂缝,以及是否出现焊缝开焊、铆钉松动、生锈等现象。

对于中、小型工程,经常性的观察和检查尤其重要,应发现问题及时,处理问题得当。

10.1.2 仪器观测

仪器观测的项目包括变形观测、裂缝观测、应力及温度观测、渗流观测和水流观测等。观测方法已从单点施测向集中遥测、遥感、自动记录和数据处理、自动显示和闭路电视全面观测、全面自动化方向发展。

10.1.2.1 变形观测

变形观测包括土石及混凝土建筑物的变形(水平位移和铅直位移)观测。变形观测可以掌握变形的变化规律,研究有无裂缝、渗漏、滑坡等趋势,是判断水工建筑物正常工作的一项重要的观测项目。

1. 水平位移观测

对于测点在坝体表面上的土坝和混凝土坝,可用视准线法或三角网法施测。视准线法适用于坝顶长度不大于600 m的直线形坝(如土石坝、重力坝);三角网法适用于任何坝型。图10-1是土坝视准线法水平位移观测布置,图10-2是拱坝的水平位移三角网法的观测平面布置。

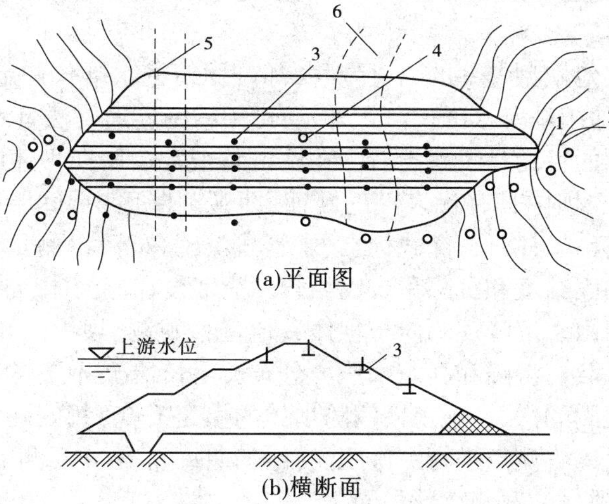

1—工作基点;2—校核基点;3—位移标点;4—增设工作基点;5—合龙段;6—原河床。

图10-1 土坝的视准线法

位移标点的布置应根据建筑物的重要性、规模、施工条件及所采用的观测方法来确定。对土坝要在有代表性、能控制主要变形的地段上选择观测断面,全坝不得少于3个断面,断面间距50~100 m。每个断面上的标点数应不少于4个(上游正常蓄水位以上至少1个)。对混凝土重力坝而言,可在平行坝轴线的坝顶下游、坝肩及坝趾各设1个标点(每个坝段中间布置1个)。对于拱坝,一般用三角网法,应在坝顶上每隔40~50 m埋设1个标点,至少在拱冠、1/4拱圈及两岸接头处各埋设1个标点。观测工作基点应置于不受任何破坏而又便于观测的岩石或坚实的土基上。用视准线法观测的工作基点,常将其布置在建筑物两岸每一纵排标点延长线上,在坝顶和坝坡上布置测点,利用工作基点间的视准线来测量各测点的水平位移。而用三角网法进行水平位移观测,则利用2~3个已知坐标

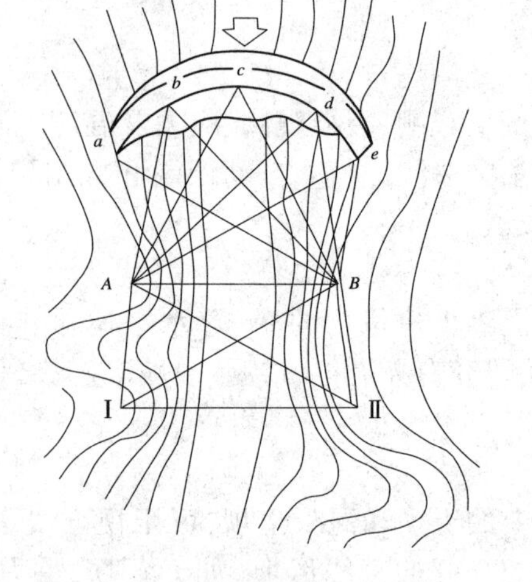

Ⅰ,Ⅱ—校核标点;A,B—三角网工作基点;a,b,c,d,e—标点或增设工作基点。

图 10-2　拱坝的水平位移三角网法

的点作为工作基点,通过对测点交会算出其坐标变化,从而确定其位移值。

2. 铅直位移(沉陷)观测

土石坝沉陷及其他坝型外部的铅直位移,都可用精密水准仪测定。混凝土坝内的铅直位移由于比较小,除用精密水准仪测定外,还可用精密连通管法量测。

土石坝固结观测的目的是了解土石坝在施工及正常运用期坝体内固结和沉降(垂直位移)的情况。它是在坝体具有代表性的断面,即观测断面内,逐层埋设横梁式沉降仪、电磁式沉降仪、干簧管式沉降仪、深式标点、水管式沉降仪等,以测量各测点的高程变化,从而计算出坝体内的固结度和沉降量。固结管一般埋设在原河床、最大坝高、合龙段及进行过固结计算的剖面内。沉降观测应与坝体其他位移观测、坝体内孔隙水压力变化的观测配合进行,以了解固结、沉降和孔隙水压力分布及消长情况,便于合理安排施工进度,核算坝坡的稳定性。观测的次数:施工期间随坝体的填筑升高,每安装一节套管或细管、标杆、沉降环,对已埋设的各测点进行一次观测;停工期每隔 10 d 观测一次;竣工后,与其他位移、孔隙水压力等项目的观测次数相同。

10.1.2.2　裂缝观测

混凝土建筑物的伸缩缝是永久性的,是随着外部荷载环境(如水库水位、水温、气温)及混凝土温度的变化而开合的。其观测方法是在测点处埋设金属标点或用测缝计进行。一般可在最大坝高、地质情况复杂或进行应力应变观测的坝段的伸缩缝上布置测点。测点的位置,一般可安设在坝顶、坝面和廊道内,一条伸缩缝上的测点不得少于 2 个。测缝计可选用差动电阻式、电位器式。需要观测空间变化的,亦可埋设"三向标点",即三点式金属标点,它由大致在同一水平面上的 3 个金属标点组成,其中 2 个标点埋设在伸缩缝的一侧,其连接线平行于伸缩缝,并与在缝的另一侧的 1 个标点构成三边大致相等的三角形,见图 10-3。

混凝土建筑物的非正常情况所产生的裂缝,其长度、宽度和深度的测量根据不同情况采用测缝计(埋设方式如图 10-4 所示)、设标点、千分表、探伤仪及坑探、槽探或钻孔等仪器或方法。对于重要裂缝的宽度的变化与发展,一般采用在裂缝两侧的混凝土表面各埋

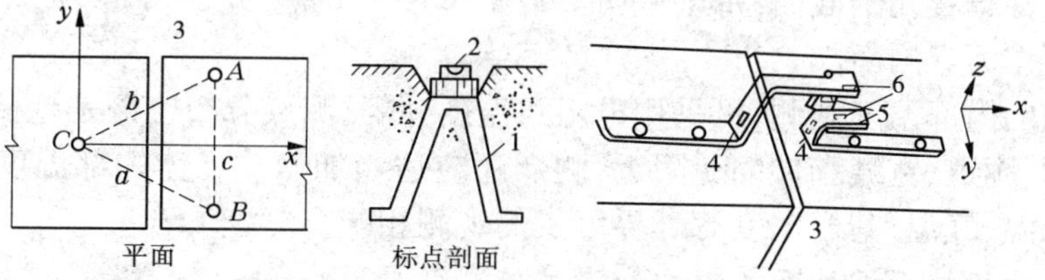

(a)三点式金属标点结构图　　(b)型板式三向标点结构安装图

A、*B*、*C*—标点；1—埋件；2—卡尺测针卡着的小坑；3—伸缩缝；4、5、6—*x*、*y*、*z* 方向的标点。

图 10-3　三向测缝计

设一个金属标点进行观测，金属标点的结构形式如图 10-5 所示。

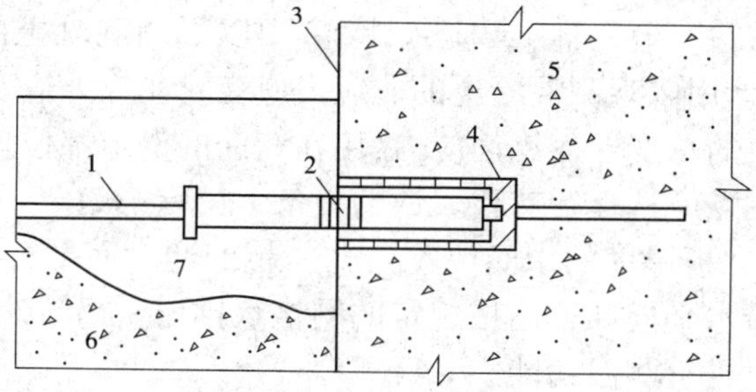

1—电缆；2—波形管；3—接缝；4—套管；5—高浇筑块；6—低浇筑块；7—挖去部分。

图 10-4　测缝计埋设示意图

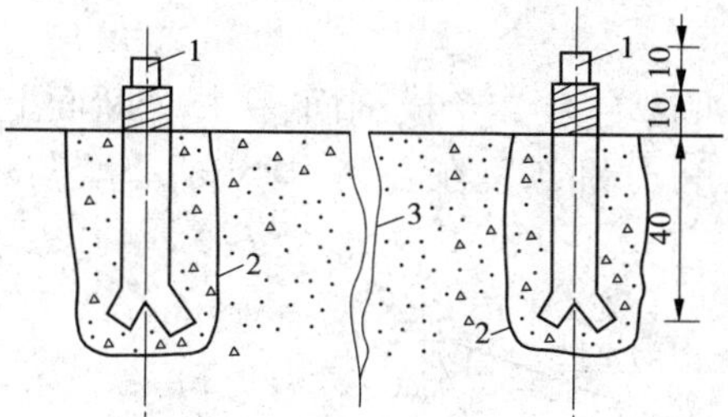

1—游标卡尺卡着处；2—钻孔线；3—裂缝。

图 10-5　金属标点的结构示意图　（单位：cm）

对于混凝土面板堆石坝的周边缝，其测点的布置，可根据大坝的级别、地形和地质、面板的规模与尺寸等情况确定，一般布置在正常水位以下的周边缝上。周边缝的测量，常用单向大量程位移计构成的测缝计组，测缝计可用国产的 TSJ 型电位器式（线位移）、3DM-200 型旋转电位器式测缝计等。其具体的构造及安装方法等可参考专门文献。

10.1.2.3　应力及温度观测

1. 混凝土坝的应力和温度观测

应力观测，可根据工程的重要性、建筑物的类型、受力情况和地基条件，选择一些具有代表性的坝段进行。如对重力坝，一般选择一个溢流坝段和一个非溢流坝段作为观测坝段，在观测坝段上除靠近地基（距地基不小于 5 m）布置一个观测截面外，还可根据坝高、结构形式等条件布置几个截面,每个截面上最少布置 5 个测点。对于拱坝,一般选择拱冠梁和拱座断面作为观测面。

混凝土坝的内部温度观测,可采用电阻式温度计等,测点分布应该是越接近坝体表面越密。在钢管、廊道、宽缝和伸缩缝附近,测点还应适当加密。坝体内部温度的观测应与坝体周围的水温、气温、基岩温度等外界因素的观测相配合。

2. 混凝土面板堆石坝的面板应力和温度观测

混凝土面板堆石坝的面板应力和温度观测包括混凝土的应力观测及钢筋应力观测两部分,对于一、二级工程须同时观测混凝土的温度。应力观测应与坝的上下游水位、气温、挠度和接缝位移等观测配合进行,同步测量,以便对观测结果进行比较分析。

面板的混凝土应力观测须在面板内埋设应变计(或应变计组),同时另外埋设无应力计并做混凝土的徐变试验。应变计(或应变计组)用以观测混凝土的应力应变及非应力应变两者之和;无应力计用以观测混凝土的非应力应变。非应力应变包括由温度、湿度及化学因素共同作用产生的总变形。钢筋应力,用在钢筋的设定部位焊接的钢筋计观测。

面板应力观测的测点应选择在有代表性的板条上(观测板条),所有应变计要埋设在观测板的中性平面(即在板厚度的中间位置),并与板的迎水面平行。所有测点在观测板中性平面上的位置应沿水平向和坡向按规定的网格状排列。钢筋计布置在钢筋网上。应变计及钢筋计还应同时具有测温功能。

3. 土压力观测

土压力的观测常用土压力计,土压力计有边界式(接触式)和埋入式(土中式)两类,前者用于测量土与混凝土建筑物表面接触处的接触压力;后者用于测量坝体(土坝)填土的内部土压力。

土坝土压力的观测断面可选取 1~2 个横剖面,在每个断面上按不同高程布置 2~3 排测点。对于心墙坝,每排测点可分别布置在心墙中心线、心墙与坝壳接触面上,以及下游坝壳内,见图 10-6。

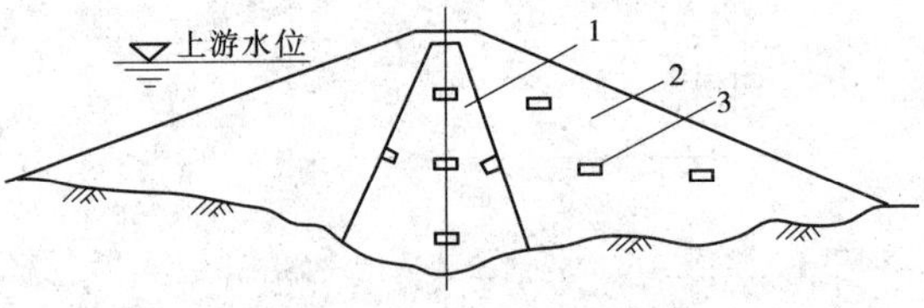

1—心墙;2—坝壳;3—测点。

图 10-6　土坝坝体内土压力测点布置示意图

为计算大小主应力、剪应力,仪器应成组埋设(每组 2~3 个)。如与孔隙水压力计配合埋设,则可求得总应力。

适用于土石坝压力观测的土压力计(埋入式)有钢弦式和差动电阻式。钢弦式仪器长期稳定性好,结构牢固,操作方便,易自动化,分为立式和卧式,它是利用钢弦伸长或缩短而引起自振频率的变化来反映应力的变化,经常采用。

接触面处的土压力观测,在承受填土侧压力的建筑物部位,如岸墙、与土石坝连接的溢洪道等建筑物的边墙,选择受力最大的 1~2 个断面布置测点,测点在挡土建筑物 1/2 墙高以下布置应密一些,上部可稀一些。

土压力计的埋设,应在混凝土建筑物施工的同时进行,观测后应绘制出断面上的土压力分布图和接触压力过程线。

4. 土坝孔隙水压力观测

土坝孔隙水压力观测的目的是了解土石坝坝身或坝基产生的孔隙水压力大小及其分布与消散情况,以及其对施工阶段的质量、进度的影响,大坝运用期间的渗流状态与坝身稳定状况,以确保大坝安全。孔隙水压力观测应与变形观测、土压力观测配合进行,并应同时观测上、下游水位,降雨量和地下水位(包括坝两岸山体内的水位)。

观测设备的布置,一般应在原河床、最大坝高处、合龙段、地基状况较差的横断面布设。观测断面至少应有2个(包括最大坝断面),并尽可能与沉降和土压力观测设在同一横断面上,测点应尽量靠近。孔隙水压力观测仪器设备分为水管式、测压管式、钢弦式、差动电阻式和电阻应变片式等,不同结构形式应采用不同的埋设方法。

对孔隙水压力观测资料,应及时整理分析,绘成成果曲线并对计算值对比论证,结合施工运用,分析孔隙水压力变化速率、范围和趋势,提出对设计、施工和运用的意见和建议。成果曲线包括:①土坝孔隙水压力过程线;②孔隙水压力与荷载的关系曲线;③孔隙水压力等值线;④库水位与孔隙水压力水头过程线;⑤沉降量与孔隙水压力关系曲线等。

10.1.2.4 渗流观测

水工建筑物渗流观测的目的是以水工建筑物中的渗流规律来监视其施工期和运行期的性态和安全,检验理论计算结果。渗流观测的主要内容包括渗流量、扬压力、浸润线、绕坝渗流及孔隙水压力等。

1. 土石坝的渗流观测

土石坝渗流观测的主要项目包括坝体浸润线的位置变化,坝基的渗流动水压力及导渗减压的效能,绕坝渗流情况,渗流量及渗水温度等。

(1)浸润线观测。通过测压管可以观测坝体内浸润线的位置变化。观测断面一般布置在最重要、最有代表性,而且能够控制主要渗流情况和估计可能发生问题的地方,例如河床段最大坝高断面、合龙断面和可能产生裂缝的断面等。对大、中型工程,观测断面不少于3个。测点的布置,在每一个断面内,位置和数目应根据影响浸润线位置的因素和能绘出等水位线或等势线的分布而定。

测压管水位常用测深锤、电测水位计等测量。测压管有金属管、塑料管和无砂混凝土管等几种,其构造大体由进水管段、导管和管口保护3部分组成。

测压管是在土坝竣工后、蓄水之前钻孔埋设的,埋设后应及时进行注水试验,检查其灵敏度是否合乎要求。检查合格后应在管口加盖上锁并编号。观测的次数根据坝的稳定情况而定。初次蓄水期,应每3 d观测一次;投入正常运行期,当上游水位低于设计水位时,观测次数可以减少,但至少每10 d观测一次;在汛期,当上游水位超过正常水位或上涨较快时,应每天观测一次。观测时应同时进行上、下游水位观测。

(2)渗流量观测。渗流量观测的目的是了解渗流量的变化及水库渗漏水量损失,据此分析土石坝的安全性。坝的渗流量包括坝体渗流量、坝基渗流量和绕渗或两岸地下水补给的渗流量,应尽量做到分区观测,以监测各种渗流量大小的变化及渗透稳定性。

渗流量的观测方法,根据渗流量的大小和汇集条件,一般可采用容积法(适用于渗流量小于1 L/s的情形)、量水堰法(一般要求渗流量小于300 L/s)和测流速法(渗水能引入具有较规则的平直段的排水沟内时采用)。最常用的是量水堰法。量水堰又分为三种形式,即三角堰(适用于渗流量为1~70 L/s时)、梯形堰(适用于渗流量为10~300 L/s时)和矩形堰(适用于渗流量大于50 L/s时)。

渗流量量测位置布置,一种是在下游坝脚附近设堰量测总渗流量;另一种采用分区观测渗流量布置,即不同渗透部位设堰量测局部渗流量。前者易受降雨、发电尾水和人为破坏因素影响,但设备简单,能掌握总渗流量的长期变化情况。

(3)绕渗观测。绕渗观测也是浸润面(线)的观测,可用水管式孔隙水压力仪等观测。其观测测点布置,应根据坝型、两岸山体的地质构成情况、防渗与排水措施的形式、坝体与两岸或混凝土建筑物的连接形式等特点而定。图10-7是两岸山体透水性相差不大的均质坝的测点布置,每岸一般要求设3~4个观测断面,每个断面上设3~4个钻孔,每个钻孔设2~3个观测点,且不同钻孔内设的测点最好位于同一高程。

2. 混凝土建筑物的渗流观测

混凝土建筑物的渗流观测包括地基扬压力观测、建筑物内部渗透压力观测、渗流量和绕坝渗流观测、外水压力观测等。

地基扬压力观测,常采用的是测压管或差动电阻式渗压计,测点沿建筑与地基接触面布置。对大、中型混凝土建筑物,测压断面不少于3个,每个断面测点也不少于3个。图10-8是重力坝坝基扬压力测点布置图。渗透流量及绕坝渗流的观测方法与土坝相同。混凝土建筑物其他的几种渗流观测可参考专门文献。

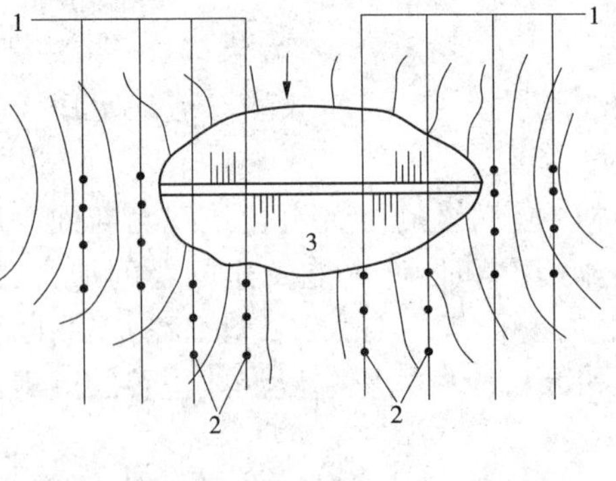

1—观测断面;2—钻孔;3—均质坝(平面)。

图10-7 绕坝渗漏测点布置平面图

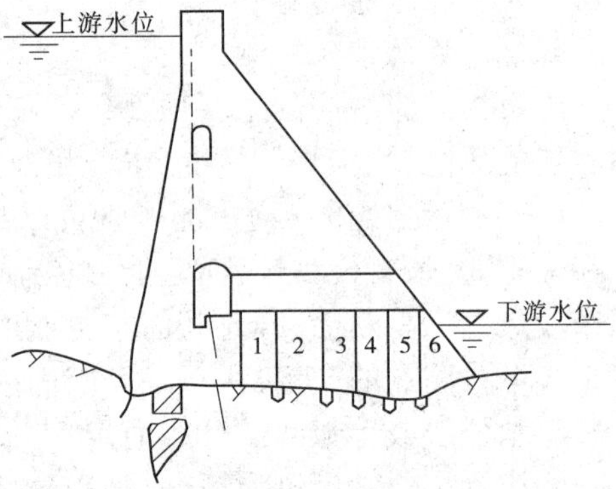

1,2,3,4,5,6—测压管。

图10-8 重力坝坝基扬压力测点布置图

10.1.2.5 水流观测

1. 水流形态观测

水流形态观测包括水流平面形态、水跃、水面线及挑射水流的观测等。观测是不定期的,观测时应同时记录上、下游水位,流量,闸门开度,风力和风向等。水流形态观测一般是用水文观测的方法进行,辅以摄影、录像、目测、描绘和描述等。

2. 高速水流的观测

水工建筑物的高速水流会引起建筑物的震动、空蚀等现象,因此要对其产生的震动、空蚀、进气量、过水面压力(脉动压力和负压等)进行观测,其观测部位、方法和设备等参见《高速水流原型观测手册》。

【任务测试】

请扫描二维码，做任务测试卷。

码 10-2 任务 10.1 测试卷

任务 10.2 水工建筑物的养护和维修

【任务导航】

问题 1：水工建筑物如何进行养护？

问题 2：对于出险的水工建筑物如何维修？

【任务解析】

水工建筑物长期与水接触，在复杂的外界自然条件影响和各种外力作用下，其状态随时都在变化。有的遭受侵蚀、腐蚀等化学作用，泄流时的水流还可能产生冲刷、空蚀和磨损等；有的存在设计不周、施工不完善或运行管理不当的问题；还有的曾遭遇特大洪水、地震等破坏，所造成的缺陷必将逐渐发展，影响建筑物的安全运用，严重的还会导致失事。因此，需要对水工建筑物采取积极的、经常性的养护和及时维修，以确保工程的安全和完整，充分发挥并扩大工程效益，延长工程使用寿命。

水工建筑物的养护和维修，必须以防为主，防重于抢，首先做好防护，防止缺陷的发生和发展。

10.2.1 水工建筑物的养护

水工建筑物的养护是指保持水工建筑物完整状态和正常运用所进行的日常维护工作，还包括一般的小修小补，是经常的、定期的、有计划的和有次序的管理工作。

水工建筑物的养护，按其结构的材料性质，有以下几个方面的主要内容。

10.2.1.1 土坝的养护

土坝最容易产生的问题是土坝的裂缝、滑坡、漏水，排水设施堵塞和破坏，护坡的裂缝、松动、风化和崩塌等。土坝的损坏有一个从小到大、从轻到重、由量变到质变的发展过程。因此，对轻微缺陷要及时处理，防止其扩展。

土坝经常性的养护工作包括以下几个方面：

（1）土坝的表面，如坝顶、防浪墙、坝坡、平台等要经常检查，保持完整。如有塌陷、散浸、隆起、裂缝、兽穴隐患、护坡松动、垫层流失和架空损坏现象，应分析原因，采取措施，并及时修补。

（2）保持土坝坝面纵横向排水沟及岸坡排水沟的清洁完整，及时清除沟内的障碍和淤积物，保证排水畅通，避免坝后坡积水而形成沉降。

（3）保护好各种观测仪器和埋设的设备，以保证观测工作的准确进行。

(4)结合日常工作,检查所采取的修补措施是否起到预期作用;按安全管理的规定,禁止在坝身上堆放大量物料,禁止在土坝附近取土、爆破等。

10.2.1.2 混凝土、砌石和钢筋混凝土建筑物的养护

(1)建筑物表面应经常保持清洁完整,有磨损、冲刷、剥蚀、风化、裂缝等缺陷,应及时修补,防止其继续发展。

(2)建筑物的排水孔及周围的排水沟、排水管、集水井等各种排水系统,均应畅通,如有淤积、堵塞或破坏,应加以修复、疏通或增设新的排水设施。

(3)预留伸缩缝的建筑物要定期检查,观察伸缩缝的变化,防止杂物卡塞、堵料流失或止水破坏。

(4)对各种观测设备都要做好保护工作,如有损坏或失效,应及时处理。

(5)对专门的建筑物应有专门的规章制度。如泄洪建筑物泄洪前后的检查,渡槽、倒虹吸管过水前后的检查,混凝土和砌石坝的安全运行,厂房、隧洞、涵管、跌水与陡坡、船闸、鱼道等建筑物的检查等均需有专门而又详尽的规定。

10.2.1.3 钢、木结构的养护

钢结构应定期除锈、涂漆,并检查铆钉、螺栓是否松动,焊缝是否变形。对露天式压力钢管,应检查钢板及焊缝(尤其是叉管段)有无裂纹、渗水现象,铆钉孔及铆接缝处是否有渗漏现象,铆钉头有无损坏,支墩或镇墩混凝土有无裂缝,伸缩节有无漏水等。对于坝内式或隧洞式压力钢管,主要检查钢管与混凝土衬砌段接头处的淘刷、磨损情况,钢管内壁防腐保护层是否完好,管壁锈蚀程度和发展,焊缝及钢板有无裂纹和漏水等现象。对于闸门,应定期启动,以防止泥沙淤积卡死,检查橡皮止水的老化程度,拦污栅清污是否正常,以及闸门的门叶变形、杆件弯曲或断裂、焊缝开裂、铆钉和螺栓松动与脱落、保护涂料剥落等情况。

对于木结构,应尽量保持干燥,定期涂油漆或沥青进行防腐处理,对个别损坏构件应及时更换。

10.2.1.4 启闭设备的养护

启闭设备包括动力部分、传动部分、制动器、悬吊装置及附属设备。应保持设备的清洁,防止灰尘、潮湿,并定期检修;传动部分的轴承、联轴器、齿轮、滑轮等,应定期加润滑油,定期清洗,发现问题及时处理。

10.2.2 水工建筑物的维修

10.2.2.1 土坝的维修

土坝常见的破坏主要是土坝的裂缝、渗漏、滑坡等,由于产生的原理和危害程度不同,所采取的处理方法也不同。

土坝的裂缝,按其部位可分为表面裂缝和内部裂缝;按产生的原因可分为干缩裂缝、冻融裂缝、横向裂缝和纵向裂缝。一般的处理方法是:①对于细小的干裂缝(龟裂缝)可只进行翻松夯实处理;②将发生裂缝部分的土料全部挖出重新回填,适用于缝深度在 2 m 之内而且已停止发展的裂缝;③裂缝部位较深的非清坡性裂缝,可采取充填灌浆处理。

土坝渗漏,在允许的正常范围是难以避免的。对于可能引起土体渗透破坏和正常蓄

水的异常渗漏应及时处理。按渗漏的部位,可分为坝体渗漏、坝基渗漏、接触渗漏和绕坝渗漏;按渗漏的现象,可分为坝体散浸和集中渗漏两种。在查出渗漏的原因后,可按"上截、下排"的原则进行处理。"上截"是指在上游(坝轴线以上)封堵渗漏入口,截断渗漏途径,防止渗入,主要采取抛土和放淤,重做黏土铺盖、黏土斜墙或截水墙、灌浆等垂直和水平防渗措施;"下排"是指在下游采用导渗和滤水措施,使渗水在不带走土颗粒的前提下,迅速排出,以达到渗透稳定的目的。

土坝滑坡是指坝坡局部失去稳定,发生滑动,上部坍塌,下部隆起外移。土坝滑坡,有些是突然发生的,有些则是由裂缝开始的。滑坡多是由于滑动体的滑动力超过了滑裂面上的抗滑力所致,或由于坝基上的抗剪强度不足因而连同坝基一起滑动。滑坡的产生有勘测设计、施工和运行管理等方面的原因。在管理工作中,首先应预防和消除形成滑坡的因素。防止滑坡发生,当发现有滑坡先兆时,应及时抢护和处理,防止险情恶化;一旦发生滑坡,则应采取可靠措施,恢复并补强坝坡,提高抗滑能力。滑坡的彻底处理方法有开挖回填、放缓坝坡、增设防滑体(如抛石压脚、砌石固脚、设镇压台)等。

10.2.2.2 混凝土、砌石及钢筋混凝土建筑物的维修

1. 表面损坏的维修

水工混凝土、砌石及钢筋混凝土建筑物表面,由于设计考虑不周、施工质量差或管理运用不善和其他因素的影响,会引起不同的损坏,如混凝土表面出现蜂窝、麻面、接缝不平、磨损,冰融和风化引起疏松脱壳(脱落),砌石表面出现的缺损、破裂,以及灰缝和勾缝开裂与剥落等。

表面损坏的原因是多方面的,处理措施也不完全一样。对于因水流边界条件不好引起的表面损坏,主要应采取改善水流边界条件的措施补救,并对已损坏部位进行修补。

对于钢筋混凝土或混凝土建筑物表面损坏,清除损坏部分后,根据不同情况采用不同的修补方法:①当修补面积较大,深度大于 20 cm 时,可用普通混凝土、喷混凝土、压浆混凝土或真空作业混凝土回填;深度为 5~20 cm,可用喷混凝土或普通混凝土回填;深度为 5~10 cm,可用普通砂浆、喷浆或挂网喷浆填补;深度小于 5 cm,可用预缩砂浆、环氧砂浆或喷浆填补。②当修补面积较小,深度大于 10 cm,也可用普通混凝土回填;深度小于 10 cm,可用预缩砂浆或环氧砂浆填补;深度在 5 mm 左右的小缺陷,可用环氧石膏填补。修补的混凝土强度不得低于原混凝土的强度,水灰比应尽量小。对于砌石表面的勾缝剥落,可清除缝内松动的原砂浆体,用水冲洗干净,使之露出砌石,再用高标号水泥砂浆填塞压实,表面抹光。

2. 裂缝的处理

裂缝产生的原因有很多,对于表面裂缝,采取的处理方法有以下几种:

(1)表面涂抹。用水泥浆、水泥砂浆、防水快凝砂浆、环氧基液及环氧砂浆等涂抹在裂缝部位的混凝土(砌石)表面。表面涂抹处理只能用于非溢流表面的堵缝截漏。

(2)表面粘补。用胶黏剂把橡皮或其他材料粘贴在裂缝部位的混凝土(砌石)表面上,达到封闭裂缝、防渗堵漏的目的。表面粘补主要用于修理裂缝尚未稳定,且对建筑物强度没有影响,尤其用在修补伸缩缝及温度缝时。

(3)凿槽嵌补。沿裂缝凿一条深槽,槽内嵌填各种防水材料,如环氧砂浆及沥青油

膏、干硬性砂浆、聚氯乙烯胶泥、预缩砂浆等,以防止内水外渗或外水内渗。凿槽嵌补主要用于对结构强度没有影响的裂缝。

(4)喷浆修补。在裂缝部位并已凿毛处理的混凝土表面,喷射一层密实且强度高的水泥砂浆保护层,达到封闭裂缝、防渗堵漏或提高混凝土表面抗冲耐蚀能力的目的。根据裂缝的部位、性质和修理要求等,可采用无筋素喷浆、挂网喷浆、挂网喷浆与凿槽嵌补结合的方法。对于裂缝的内部处理,一般采用钻孔灌浆方法。对于浅缝和某些仅需防渗堵漏的裂缝,可采用骑缝灌浆方法。灌浆材料常用的有水泥和化学材料,视裂缝的性质、开度和施工条件等具体情况而定。对开度大于 0.3 mm 的裂缝,一般用水泥灌浆;对开度小于 0.3 mm 的裂缝,宜采用化学灌浆;渗透流速较大(大于 600 m/d)的裂缝或受温度变化影响的裂缝(如伸缩缝),无论开度如何,都宜采用化学灌浆。化学灌浆的材料,视裂缝的性质、开度和干燥情况,有水玻璃、铬木素、丙凝、甲凝、环氧树脂等。其中,甲凝多用于较干燥或经处理后无渗水的裂缝补强,能灌细微裂缝,并可在低温下进行灌浆;环氧树脂也多用于较干燥或处理后无渗水裂缝的补强,能灌注 0.3 mm 左右的细裂缝;其他材料用于渗水裂缝的堵水止漏。

10.2.2.3 堤防的维修

堤防是挡水的土工建筑物,它的安全条件与土坝一样,一般的养护和修理的方法也与土坝大致相同。但堤防工程主要是防御流动的洪水,且江、湖、河的水位涨落不易控制,堤身很长,所以堤防的维修有其特殊的一面。

堤防的隐患主要是渗漏(堤身渗漏、接触渗漏和堤基渗漏)及其引起的管涌、岸坡崩塌、堤坡损坏、蚁穴和兽洞等。近年来,在处理堤防的隐患方面应用了许多新的技术和新的材料。堤防的堤基管涌处理方法有垂直防渗技术(包括薄抓斗成槽造墙技术、射水法成槽造墙技术、锯槽造墙技术等)、"后压法(即在堤后用吹填技术设盖重)"、"导渗"等。堤防崩岸的治理主要有抛石护脚、铰链混凝土块防护、土工膜袋防护、土工织物软体排防护、四面六边透水框架防护等技术。堤身除险加固方法有垂直铺塑(用土工防渗膜作为防渗材料)和劈裂灌浆等。

【任务测试】

请扫描二维码,做任务测试卷。

码 10-3　任务 10.2 测试卷

■ 小　结

水利工程建成后,必须进行全面有效的管理,才能实现预期的工程效益。水利工程管理的任务就是保持建筑物和设备经常处于良好的技术状态,防止工程事故,主要工作是检查与观测、养护与维修等。通过本项目了解常见的管理内容和方法等。

【项目练习】

请扫描二维码,做项目练习题。

码 10-4 项目 10 练习题

参考文献

[1] 中华人民共和国水利部. 水利水电工程等级划分及洪水标准:SL 252—2017[S]. 北京:中国水利水电出版社,2017.
[2] 中华人民共和国水利部. 水工建筑物抗震设计规范:SL 203—97[S]. 北京:中国水利水电出版社,1997.
[3] 中华人民共和国水利部. 混凝土重力坝设计规范:SL 319—2018[S]. 北京:中国电力出版社,2018.
[4] 中华人民共和国水利部. 混凝土拱坝设计规范:SL 282—2018[S]. 北京:中国水利水电出版社,2018.
[5] 中华人民共和国水利部. 碾压式土石坝设计规范:SL 274—2020[S]. 北京:中国水利水电出版社,2020.
[6] 住房和城乡建设部. 土木合成材料应用技术规范:GB/T 50290—2014[S]. 北京:中国计划出版社,2014.
[7] 中华人民共和国水利部. 溢洪道设计规范:SL 253—2018[S]. 北京:中国水利水电出版社,2018.
[8] 中华人民共和国水利部. 水闸设计规范:SL 265—2016[S]. 北京:中国水利水电出版社,2017.
[9] 中华人民共和国水利部. 水工隧洞设计规范:SL 279—2016[S]. 北京:中国水利水电出版社,2016.
[10] 中华人民共和国水利部. 小型水电站初步设计报告编制规程:SL/T 179—2019[S]. 北京:中国水利水电出版社,2011.
[11] 李瓒,陈兴华,郑建波,等. 混凝土拱坝设计[M]. 北京:中国电力出版社,2000.
[12] 王仁坤,张敬,周钟,等. 复杂地质特高拱坝设计关键技术[M]. 北京:中国水利水电出版社,2022.
[13] 索丽生,刘宁. 水工设计手册:第5卷 混凝土坝[M]. 2版. 北京:中国水利水电出版社,2011.
[14] 王复来,陈洪天. 土石坝变形与稳定分析[M]. 北京:水利水电出版社,2008.
[15] 王正中,赵春龙,张雪才,等. 水工钢闸门数字化设计新技术[M]. 北京:中国水利水电出版社,2021.
[16] 索丽生,刘宁. 水工设计手册:第6卷 土石坝[M]. 2版. 北京:中国水利水电出版社,2014.
[17] 茹建辉. 水工设计计算文选[M]. 北京:中国水利水电出版社,2016.
[18] 牛志国. 船闸水工建筑物设计与工程实践[M]. 南京:东南大学出版社,2019.
[19] 洪伟. 水工建筑物设计与优化研究[M]. 天津:天津科学技术出版社,2021.
[20] 潘家铮. 潘家铮全集:第七卷 水工建筑物设计[M]. 北京:中国电力出版社,2016.
[21] 中国水电建设集团十五工程局有限公司,中国水利学会混凝土面板堆石坝专业委员会. 土石坝新技术应用[M]. 北京:水利水电出版社,2018.
[22] 王柏乐. 中国当代土石坝工程[M]. 北京:水利水电出版社,2004.
[23] 杜延龄. 高土石坝关键技术问题研究[M]. 北京:中国水利水电出版社,2013.
[24] 关志诚. 土石坝工程[M]. 北京:中国水利水电出版社,2015.
[25]《水闸设计》撰写委员会. 水闸设计[M]. 北京:中国水利水电出版社,2013.